"十四五"职业教育国家规划教材

U0733105

应用高等数学

第四版

主　编　沈跃云　马怀远

副主编　韩彦林　宋　兵　张晓华　王　娟

主　审　高建宁

中国教育出版传媒集团

高等教育出版社·北京

内容提要

本书是"十四五"职业教育国家规划教材,高等职业教育数学类新形态一体化教材。

本书按照当前高职教育的实际情况和人才培养的目标,对第三版进行了全面修订。在保持前三版特色的基础上,本书调整了部分章节的内容分布,更加突出实际应用性。

全书共六章,分别是函数极限与连续、导数与微分、积分、常微分方程、二元微积分、无穷级数。每章都由三部分组成,分别是基础知识部分、应用部分和总结·拓展部分。

本书无论是教学内容,还是对课程考核方式的建议都有新颖的构思,具有思想性、科学性、趣味性、实用性、前瞻性和内容伸缩性,特色明显,有利于"教、学、做"一体化。

本书在相关知识点旁边配有讲解视频的二维码,读者可扫一扫进行学习。本书配套开发有 PPT 等数字化资源,具体获取方式请见书后"郑重声明"页的资源服务提示。

本书既适合作为高职院校、成人院校、继续教育学院和民办高校的高等数学教材,也可作为有关人员学习高等数学知识的参考用书。

图书在版编目(CIP)数据

应用高等数学 / 沈跃云,马怀远主编. -- 4 版. --
北京:高等教育出版社,2023.7(2024.10 重印)
    ISBN 978 - 7 - 04 - 059849 - 0

    Ⅰ.①应… Ⅱ.①沈… ②马… Ⅲ.①高等数学-高
等职业教育-教材 Ⅳ.①O13

中国国家版本馆 CIP 数据核字(2023)第 017229 号

YINGYONG GAODENG SHUXUE

策划编辑	马玉珍	责任编辑	马玉珍	封面设计	贺雅馨	版式设计 马 云
责任绘图	于 博	责任校对	窦丽娜	责任印制	刁 毅	

出版发行	高等教育出版社	网　　址	http://www.hep.edu.cn
社　　址	北京市西城区德外大街 4 号		http://www.hep.com.cn
邮政编码	100120	网上订购	http://www.hepmall.com.cn
印　　刷	北京市鑫霸印务有限公司		http://www.hepmall.com
开　　本	787mm×1092mm　1/16		http://www.hepmall.cn
印　　张	20	版　　次	2010 年 8 月第 1 版
字　　数	430 千字		2023 年 7 月第 4 版
购书热线	010 - 58581118	印　　次	2024 年 10 月第 4 次印刷
咨询电话	400 - 810 - 0598	定　　价	49.80 元

第四版前言

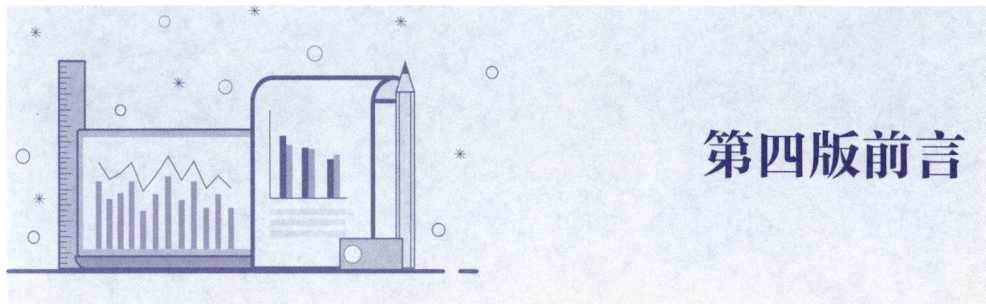

为贯彻落实党的二十大精神,同时结合新时代背景下的教学需求,我们对第三版教材作了如下修订。

首先,教材编写坚持为党育人,为国育才原则,充分发挥数学课程在人才培养中的基础性、战略性支撑地位与作用,将每章的数学文化小故事升级,从数学名人轶事、数学家的人格魅力及科学严谨的治学态度中,挖掘丰富的课程思政元素,以感染学生,使他们在潜移默化之中养成良好的求学态度;增加了"想一想"环节,让读者在阅读这些文化小故事时能思考和理解数学与人类社会发展,特别是与科学技术发展的关系,帮助学生树立正确的世界观、人生观和价值观,推动立德树人与知识传授的有机统一。

其次,根据职业教育发展的新要求、新标准,对知识点及相关概念进行优化和调整,比如将"无穷大与无穷小"知识点调整到基础知识部分,并且将一些基础概念阐述得更加精准,使读者更易懂。同时,为体现时代特征,对第一章、第四章工程应用,第一章、第三章习题进行了修订,如将自动驾驶、神舟飞船、空间站等科技创新成果融入素材背景,使读者感受数学知识在科技实践中的应用。

最后,为顺应"互联网+职业教育"的需求,推进教育数字化,把课程建设、配套资源开发、信息技术应用统筹推进到新形态一体化教材编写中,我们进一步对"应用高等数学"课程资源进行完善。与本教材配套建设的在线课程已在爱课程网站上线。欢迎广大读者学习和交流。

本教材由沈跃云、马怀远任主编,韩彦林、宋兵、张晓华、王娟任副主编,国家级教学名师高建宁教授任主审。数学文化小故事升级由沈跃云负责,课程知识点和概念优化调整由马怀远负责,同时韩彦林、宋兵、张晓华、王娟、查进道、熊建华、孙永红、韩鑫、薛敏等参与了在线课程资源建设。

本次教材修订得到了江苏经贸职业技术学院基础教学部(博雅学院)和数学教研室的大力支持以及多所兄弟院校的指导与帮助,高等教育出版社的数学编辑也付出了辛勤的劳动,在此一并表示衷心感谢!

由于编者的水平所限,书中难免有不足之处,敬请专家、教师及广大读者批评指正!

编　者
2023年4月

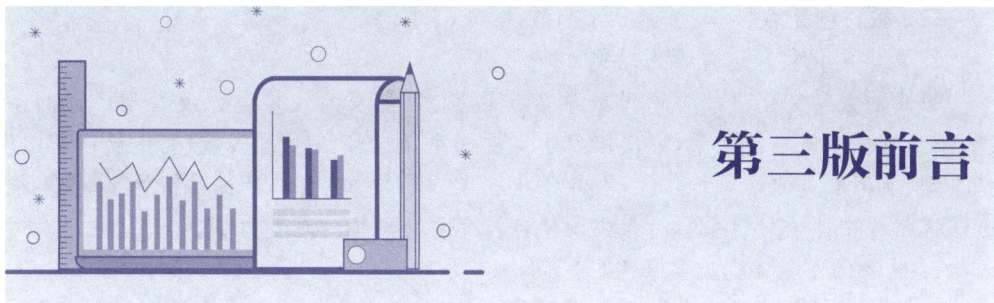

第三版前言

本教材顺应信息时代人们思维方式和学习方式的改变,更新广大师生的教学模式与学习观念,培养在信息技术环境中高效学习的方法与能力。这是时代的要求,也是当今世界教育改革发展的大趋势。课程改革的核心是课堂教学改革,课堂教学改革的核心是教学方式和学习方式的转变,本教材能辅助课堂教学的革新,并促进课程和学习方式走向信息化、网络化、全球化、个性化、团队化、智能化。

"应用高等数学"
课程介绍

沈跃云

本教材修订的目的就是为教师翻转课堂和学生自主学习做好资源准备,为教材的每一个章节重、难点都做好了微课视频和电子试题库,学生可扫描书中二维码观看部分教学视频。本次修订对教材的纸质内容只作少量调整。《应用高等数学》2013年获江苏省"十二五"高等学校重点教材立项(修订),2014年获教育部"十二五"职业教育国家规划教材立项(修订),经过充分论证,2015年第二版正式出版发行,教材内容符合高职通识课程需要,较有前瞻性。2016年《应用高等数学(第二版)》获江苏省"十三五"高等学校重点教材立项(修订)。此次升版重点是将教材作为学生学习的工具和教师实施教学的手段,同时,也为教师开设线上课程打好基础。2020年,《应用高等数学(第三版)》被评为"十三五"职业教育国家规划教材。在重印时对书的内容进行了完善,以提升教材德技并修培养功能。

一、教材特色

1. 转变教学方式,激发高职学生能"学"会"问",解决"满堂灌"问题

教材中有相关视频,学生可以通过扫描二维码随时随地学习,是"以教为主"转为"以学为主"的真正体现,做到"先说后教,先学后教,先练后教",让学生先学先练,然后在课堂上让学生说,教师做到:学生不会说的,鼓励他说;学生说不准的,引导他说;学生说不好的,帮助他说;学生说不了的,示范着说。也就是让课堂焕发生命活力,让课堂产生学生思想,让课堂展示教学个性。让学生能"学"会"问",解决"满堂灌"问题。这就是翻转课堂教学方式的变革。

2. 让手机变成学习工具,解决课堂"低头族"问题

手机在方便了沟通及信息分享的同时,也带来了课堂教学的困难。很多学生沉迷于网络世界无法自拔,尽管各个学校采取了不同的管制措施,但收效甚微。本教材的修订可使学生将手机作为学习的工具,同步与教师讨论、发言、问答、解题、投票、绘图与练习,解决课堂"低头族"问题。

二、教材创新点

1. 数学文化故事增强育人功能

每章的数学文化小故事通过数学名人轶事、数学家的人格魅力及科学严谨的态度,不断挖掘丰富思政元素,突出培养学生爱国主义情怀,锤炼他(她)们一丝不苟、坚持真理、实事求是的学风和作风,引导学生在学习科学知识、培育科学精神、掌握思维方法等过程中体悟习近平新时代中国特色社会主义思想的真理力量。

2. 数字化资源赋能教学服务

本教材将每章节重难点拍成微视频,学生可以多次重复学习。根据每一章节关键知识点设置了二维码"测一测"环节,让学生能及时了解知识点掌握情况,也有利于教师的教学进度掌控。

3. 将教材开发成自主学习平台

所有的学习只有是自主自发的才会有效,通过自主学习,学生可以发现问题,主动思考,带着问题进课堂,这样学生才会学通学精。

第三版教材由沈跃云、马怀远担任主编,韩彦林、宋兵、张晓华担任副主编,国家级教学名师高建宁教授担任主审。课程视频介绍建设者沈跃云,第一章和第五章视频建设者马怀远、第三章和第六章视频建设者韩彦林、第二章和第四章视频建设者张晓华,课程每章考试测试卷建设者沈跃云,知识点测试题第一章建设者马怀远,知识点测试题第二章建设者宋兵,知识点测试题第三至六章建设者沈跃云,同时参与修订的人员还有查进道、熊建华、王娟、孙永红、韩鑫、薛敏等。

此次教材修订得到了江苏经贸职业技术学院领导和数学教研室同事的大力支持,多所兄弟院校同行的指导与支持,在此一并表示衷心感谢!

由于编者的水平所限,本书难免有不足之处,敬请专家、同行及广大读者批评指正!

编　者

2021 年 12 月

第二版前言

本书第一版自 2010 年 7 月出版以来,被省内外许多同行教师和学生使用,并给予了很高的评价。三年来,随着高职数学教学改革的不断深入和外部教学环境的不断变化,以及为了适应学生、教师对该教材的新要求、新期待,我们决定对该教材作进一步修订。修订教材不仅是一个修改完善的过程,更是一个创新的过程,主要体现在以下几个方面。

1. 高职数学教育观的进一步转变,需及时反映在教材编写中

高职数学教学改革的不断深入推动着教育管理者和教师的数学教育观念的变化。高职数学教育的价值、功能、目的、内容、培养目标都不断被重新认识,这些必然要被反映到数学教学的实践中,更需要首先反映在数学教材的编写和修订中。例如,对知识系统性和理论性的淡化;知识引入中的案例驱动;数学文化内容的充实;数学建模思想和方法的渗透;突出数学的工具性和文化性等都是数学教学改革成果的体现。

2. 高职数学教育的外部环境在不断发生变化,需调整数学课程体系

课时减少、生源质量参差不齐、学生对数学学习兴趣减弱等都是客观的事实。在这种背景下,我们更需要在数学课程本身的体系内容上有所创新。例如,应该更注重数学工具和数学思想的教育但基础知识难度须适当降低;应该通过数学文化内容的教学来使学生体验数学思想与方法,提高学生学习数学的兴趣;应该通过多媒体教学、网络教学等方式提高数学学习效率;等等。

3. 激发高职学生学习数学的热情,需进一步加强数学与社会实际的联系

数学反映了现实,学生从现实生活中学习数学,再把学到的数学知识应用到实践中去,这是高职数学教育的必然趋势。学生的数学能力不仅表现在掌握了多少数学知识,更在于是否具备运用数学知识解决实际问题的能力。教育心理学研究表明,当学习的数学内容与学生已有的知识和生活经验相联系时,可以使学生对数学产生亲近感,激发学生学习数学的热情。在这一方面,数学文化内容的学习在一定程度上起到了较好的作用。

本书在第一版的基础上主要在以下几个方面进行了修订。

1. 进一步优化基础知识部分

(1) 将基础知识中的部分内容移至总结·拓展部分,如单向导数的概念与讨论,二阶常系数非齐次线性微分方程,二元复合函数一阶偏导数运算法则;

(2) 对有些过于复杂、教学费时费力而学生难于掌握的数学概念进行了改写,如

定积分的概念、二重积分的概念；

（3）对部分内容进行了整合，使每章的基础知识部分更加精练，如在第一章中将§1.5 的内容整合到§1.2 中，在第三章中将§3.6 的内容整合到§3.5 中；

（4）对部分内容的表述作了必要的修改，调整了部分例题、习题。

这些修改调整都是从一切有利于教师教学、学生学习和理解出发，使教学内容的结构更加合理，更符合教学实际，更接地气；同时也可以方便教师安排教学，大大减少教学学时。

2. 对每章的"本章内容总结"进行进一步提炼

总结是对本章学习内容的回顾、分析，起到温故而知新的作用。因此，我们对每章的总结部分进行了认真的提炼与修改，让读者快速了解本章的要点、重点和难点。

3. 增加了附录 4，即"数学文化欣赏"

我们试图通过增加"数学文化"内容的自主学习，让学生可以更多地了解数学与人类社会发展特别是与科学技术发展的关系；体会数学的科学价值、应用价值、人文价值，并提高学习数学的兴趣；开阔视野，加强对数学的宏观认识和整体把握；受到优秀文化的熏陶，领会数学的理性精神，从而提高自身的文化素养。

4. 开发出教材对应的网络课程共享资源

我们将在本书出版后进一步开发一系列的视频、多媒体等网络共享资源，建立该教材的立体教学资源库，实现教材具有交互性、共享性、开放性、协作性和自主性的目标。

此次教材修订由沈跃云、马怀远担任主编，韩彦林、查进道、宋兵、熊建华担任副主编，国家级教学名师高建宁教授担任主审。参与教材修订的人员还有王娟、孙永红等老师。

此次教材修订得到了江苏经贸职业技术学院领导和数学教研室的大力支持以及多所兄弟院校同行的指导和支持，高等教育出版社王玲玲编辑对本书的修订工作给予了多次指导与帮助，在此一并表示衷心感谢！

由于编者的水平所限，本书难免有不足之处，敬请专家、同行及广大读者批评指正。

编　者

2014 年 11 月

第一版前言

高职院校人才培养目标是以就业为导向,面向产业和服务业第一线,培养具有丰富理论知识和较强动手能力的高级技术应用型人才。因此,很多学校为了增加实训课,将高等数学学时数进行了大量削减。但我们深知,高等数学对学生适应社会需求变化和可持续发展的能力提高所起的作用是其他任何课程无法替代的。在这样的形势下,我们大胆进行教材改革。按照普通高等教育"十一五"国家级规划教材建设的要求,在知识、能力、素质的三维空间构建数学内容体系,用有限的课时着重培养学生的思维能力、应用能力、自学能力和创新能力,从而全面提高学生的数学素质。

全书共六章,分别是函数极限与连续、导数与微分、积分、常微分方程、二元微积分、无穷级数。每章都由三部分组成,分别是基础知识部分、应用部分和总结・拓展部分。

本教材无论是教学内容,还是对课程考核方式的建议都有大胆的构想,特色明显,具有思想性、科学性、趣味性、实用性、前瞻性和内容伸缩性,有利于"教、学、做"一体化。

本教材主要特色如下:

1. 贯彻以应用为目的,以"必需、够用"为度的原则。本书对基础知识必学内容进行了合理的整合,同时省略了定理的严格证明。不求深,不求全,只求实用,注重与专业课接轨。体现"有所为,必须有所不为",追求全书体系的整体优化(基础知识内容由有多年教学经验的教师编写)。

2. 注重数学文化和思想的渗透,在教材开篇和每章开头分别介绍了微积分发展简史和数学文化小故事等。

3. 增加了"想一想"环节,让学生能从思考中感受到微积分的魅力。

4. 介绍数学建模入门知识,引进流行并常用的最新版本 MATLAB 数学软件,以提高学生利用计算机及数学软件求解高等数学问题及建立数学模型的能力(该部分内容由指导学生多次获得全国数学建模竞赛一等奖的教师编写)。

5. 例题、习题经过精心设计与编选,与概念、理论、方法的讲述完全配套。带" * "的习题是针对应用及拓展内容的习题,题量充足,不需要另配习题册就可以完全巩固所学知识,满足教学需要。

6. 总结・拓展部分留给教师选教和学生自主学习,很符合高职教学的理念。

7. 注重微积分在经济、工程中的应用,以期有力地提高学生的解题应用能力,同时通过案例带给学生一种时代感和亲近感。

8. 注重经济类专业和理工类专业对高等数学的不同需求,让教师可以随意地选择与专业需要匹配的内容进行教学。

9. 根据各部分内容的教学特征,可以选择多种考核方式,避免以往单一的闭卷考核定成绩的现象。

教学模式的建议:

内　　容	建议学时	教学模式	建议考核方式	适合专业
第一章　函数极限与连续 基础知识部分	10	课堂教学	笔试	经济类 理工类
第二章　导数与微分 基础知识部分	8	课堂教学	笔试	经济类 理工类
第三章　积分 基础知识部分	16	课堂教学	笔试	经济类 理工类
第四章　常微分方程 基础知识部分	6	课堂教学	笔试	经济类 理工类
第五章　二元微积分 基础知识部分	10	课堂教学	笔试	经济类 理工类
第六章　无穷级数 基础知识部分	10	课堂教学	笔试	经济类 理工类
第一至六章 软件应用计算	3 小时	讲座	应用到论文中	经济类 理工类
第一至六章 经济应用	3 小时	讲座	论文	经济类
第一至六章 工程应用	3 小时	讲座	论文	理工类
第一至六章 总结·拓展部分	根据各学校 实际情况决定	自学或选学	不参与考核	经济类 理工类

考核方式的建议:

1. 采用基础考试和实践考试两种考核方式

基础考试范围是教材中的基础知识部分,考查最基本的问题,考试题型与教材上的例题与习题相近,只要是认真学习的学生都能通过。这样可以促使学生养成认真读书的良好习惯,使学生具有较为扎实的基本功。实践考试范围是教材中的应用部分,按照教师的两次讲座内容写一篇论文或报告,主要是考查学生应用数学知识解决实际问题的能力。

2. 考试时间

基础考试为 90 分钟,在期末进行;实践考试方式为递交论文或报告,可以在平时进行。

3. 计分方法

基础考试总分为 100 分,考试成绩≥60 分视为合格,考试成绩<60 分视为不合格,基础考试不合格者必须参加补考(不论其实践考试的成绩怎样);实践考试的总分为 40 分。

基础考试合格者的总分计算公式为

$$60＋0.2(A－60)＋0.8B,$$

其中 A 表示基础考试的分数, B 表示实践考试的分数。如某位同学基础考试成绩为 85 分,实践考试成绩为 30 分,那么该同学的总分为 $60＋0.2×(85－60)＋0.8×30＝89$(分)。

本教材由沈跃云、马怀远担任主编,查进道、李继玲、熊建华、宋兵、冯晨担任副主编,国家级教学名师高建宁教授担任主审。参加本教材编写、讨论、修改和定稿的还有王娟、孙永红、韩彦林、宋涟钟、韩鑫(排名不分先后)等。

本教材的编写得到了黑龙江人民出版社以及江苏经贸职业技术学院领导的理解和大力支持,在此深表感谢!

由于编者的水平所限,加之时间仓促,不妥之处在所难免,还望专家、同行及广大读者批评指正。

编　者

2010 年 5 月

目　录

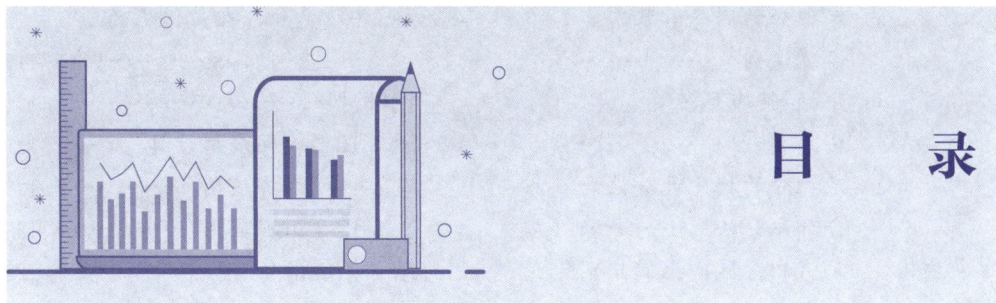

第四章　常微分方程   139

第五章　二元微积分   163

第六章　无穷级数   202

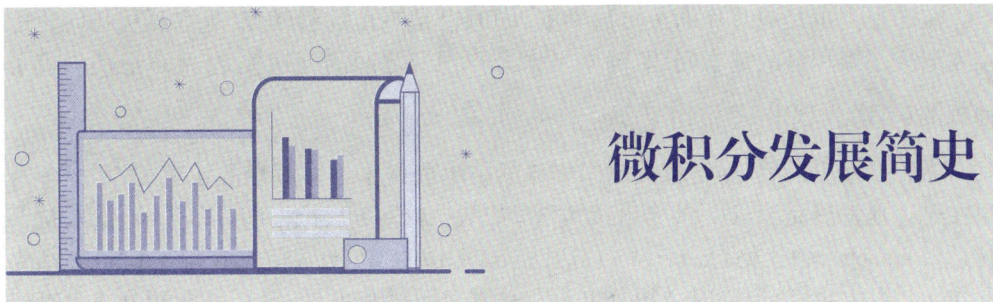

微积分发展简史

微积分是微分学（Differential Calculus）和积分学（Integral Calculus）的统称，英文简称 Calculus，意为计算。这是因为早期微积分主要用于天文学、力学、几何学中的计算问题。后来人们也将微积分称为分析学（Analysis）或无穷小分析，意指用无穷小或无穷大等极限过程分析处理计算问题。

微积分诞生于 17 世纪，是由牛顿（Newton）与莱布尼茨（Leibniz）在前人研究的基础上各自独立创立的。微积分的产生是人类智慧的光辉结晶，是人类自然科学史上最重大的事件之一，是开启近代文明的钥匙，对当时自然科学的各个领域，如力学、天文学、物理学以及数学本身的发展，产生了空前巨大的推动作用，充分显示了数学的发展对人类文明的影响。

虽然直到 17 世纪，微积分才真正创立，但微积分的萌芽和发展酝酿却是从公元前就开始了。

早在公元前 4 世纪前后，古希腊数学家就已经初步有了极限的思想，如欧多克斯（Eudoxus）、阿基米德（Archimedes）的著作中都有一些关于"无限"的思想和研究。同时期，我国也产生了"一尺之棰，日取其半，万世不竭"的极限观念。3 世纪刘徽的"割圆术"以及 5、6 世纪祖冲之、祖暅对圆周率、面积和体积的研究，也应用了极限的思想方法。

到了 16 世纪至 17 世纪上半叶，随着科学技术的发展和对数学研究的深入，一些长期未能解决的数学问题的研究促进了微积分的发展。一批杰出数学家从几何等各个角度为微积分的正式诞生奠定了基础，如开普勒（Kepler）、帕斯卡（Pascal）、费马（Fermat）、巴罗（Barrow）等。但他们的工作仍然没能全面、完整地建立微积分学的体系。

与此同时，随着天文学、力学、航海、机械以及解析几何等许多新兴科学的巨大发展，一大批迫切需要解决的力学和数学问题摆在数学家面前。例如，已知物体的移动距离为 $s = s(t)$（t 为移动的时间），如何求瞬时速度；如何求已知曲线上某一点的切线；如何求曲线围成的平面图形的面积等。正是在这个背景下，17 世纪下半叶，微积分应运而生。

牛顿作为那个时代的科学巨人，对力学、天文学、数学、光学都作出了卓越的贡献。他从力学的研究出发，发现了微积分的一般计算方法，确立了微分与积分的逆运算关系（微积分基本定理），他在其划时代的巨著《自然哲学的数学原理》中首次发表了这些成果，他把微积分称为"流数术"。

莱布尼茨也是同时代的杰出数学家,同时也是杰出的哲学家.他主要从几何角度出发研究了微积分的基本问题,确立了微分与积分之间的互逆关系.莱布尼茨创设了便利的记号"dx""$\int$"等沿用至今.

微积分诞生以后,尽管将其应用于科学技术取得了许多辉煌的成就,微积分本身也在迅速地发展完善,这一时期的数学家,如欧拉(Euler)、拉格朗日(Lagrange)、拉普拉斯(Laplace)、勒让德(Legendre)、达朗贝尔(d'Alembert)、傅里叶(Fourier)等都为此作出过巨大贡献,但同时微积分也不断暴露出问题和不足,特别是微积分并没有建立在严格的极限理论基础上.微积分的发展历史并不是如我们今天学习的顺序一样——先有极限理论,再有导数概念、积分概念,牛顿、莱布尼茨是用不甚严密的方法建立起微积分理论的.尽管很多数学家为弥补其缺陷作出了努力,但收效甚微.

直到 19 世纪后,在波尔察诺(Bolzano)、阿贝尔(Abel),特别是柯西(Cauchy)、魏尔斯特拉斯(Weierstrass)、戴德金(Dedekind)等数学家的努力下,微积分的体系才被严格地建立起来.1821 年,柯西以无穷小作为基本工具比较明确地给出了极限的概念,这也就是本书所采用的极限概念.但这仅仅是一种描述性定义,严格的极限定义直到 1856 年才出现.

微积分发展到今天已远远超越了当初的面貌,以微积分为基础,发展出来许多数学学科,如微分方程、复分析、实分析、微分几何等,它们成为数学大厦中的重要组成部分.微积分的思想方法也深深地印刻在数学发展的历史上,成为人类文化的重要组成部分.

1895 年,中国有了第一本微积分著作的中译本,这本书是由晚清杰出的数学家李善兰与传教士伟烈亚力合译的,书上首次出现了微分、积分等名词.五四运动以后,微积分作为大学课程普遍开设,我国的现代数学迎来全面发展的时期.中华人民共和国成立之后,党和国家高度重视数学教育工作,微积分成为了高等院校的必修课程,一些基础知识已经进入了中学课堂,走进寻常百姓家.

微积分,作为人类文明的宝贵财富,已经深刻影响了我们的生活.同学们,作为新时代的大学生.希望你们学好微积分,用好微积分,为人民创造更加幸福美好的生活!

第一章
函数极限与连续

数学文化小故事之一

——祖冲之的故事和华罗庚的故事

数学是一门历史性或者说累积性很强的学科,经过上千年的演化发展才逐渐兴盛起来,同时也反映着每个时代的特征.早在两千多年以前,我国人民就已经产生了对无穷的认识,也就是无限的概念.

我国著名的《庄子》一书中有言:"一尺之棰,日取其半,万世不竭."从中就可看出我国古代人民对无穷已有初步认识.我国人民很早就创造性地将无穷思想运用到数学中,运用相当自如的是魏晋时期著名数学家刘徽.他提出用增加圆内接正多边形的边数来逼近圆的"割圆术",并阐述道:"割之弥细,所失弥少,割之又割,以至于不可割,则与圆周合体而无所失矣."可见刘徽对无穷的认识已相当深刻,正是以"割圆术"为理论基础,刘徽得出"徽率".刘徽是中算史上第一位建立可靠理论来推算圆周率的数学家.

第一章 导学

马怀远

祖冲之(429—500)是我国南北朝时期范阳郡遒县(今河北省涞水县)人.他出生于历法世家,是历代为数很少能名列正史的数学家之一.

祖冲之经过艰苦的计算,终于得出圆周率介于 3.141 592 6 与 3.141 592 7 之间的结论.祖冲之求出的圆周率,精确到小数点后七位,他为世界数学史和文明史做出的这一伟大贡献,是中华民族的骄傲.特别是他在非常艰苦的环境下,持之以恒、潜心钻研、勇于攻关的精神,激励千千万万有志之士走上了攀登科学高峰的道路.华罗庚就是我国数学家中最杰出的代表之一.

华罗庚(1910—1985)为中国数学的发展做出了巨大的贡献,被誉为"中国现代数学之父".他是中国科学院院士,美国国家科学院外籍院士,第三世界科学院院士,联邦德国巴伐利亚科学院院士,中国科学院数学与系统科学研究院研究员.

华罗庚作为自学成才的科学巨匠和誉满中外的著名数学家,一生致力于数学研究和发展,他是中国解析数论、典型群、矩阵几何学、自守函数论与多复变函数论等方面研究的创始人与开拓者.他以科学家的博大胸怀提携后进和培养人才,以高度的历史责任感投身科普和应用数学推广,为数学科学事业的发展做出了巨大贡献,为祖国现代化建设贡献出了毕生精力.

中华人民共和国成立之初,正在美国伊利诺伊大学担任终身教授的华罗庚舍弃优厚待遇,踏上归国征程.1950 年 2 月,华罗庚携夫人、孩子从美国经香港抵达北京,在途中写下了《致中国全体留美学生的公开信》.之后回到了清华园,担任清华大学数学系主任.他用一生践行"为祖国的建设和发展而奋斗"的承诺.

华罗庚在从事数学理论研究的同时,努力尝试寻找一条数学和工农业实践相结合的道路.经过实践,他发现数学中的统筹法和优选法是在工农业生产中能够比较普遍应用的方法,可以提高工作效率,改变工作管理面貌.于是,他一面讲课,一面带领学生到工厂和农村中去推广优选法、统筹法.华罗庚的努力,为国家节约了大量资金和资源.

我国数学的发展与繁荣离不开代代相传的数学家精神的支撑.他们的伟大之处不单单是在数学领域取得的成就,更在于他们所具备的胸怀祖国、服务人民的爱国精神,勇攀高峰、敢为人先的创新精神,追求真理、严谨治学的求实精神和淡泊名利、潜心研究的奉献精神,这也是他们留给后人弥足珍贵的财富.这些精神值得我们体会与学习.

> **想一想**
>
> 1. 什么是匠人精神?数学家祖冲之、华罗庚身上有持之以恒、勇于攻关的匠人精神吗?
>
> 2. 华罗庚为什么能放弃国外优越条件,回国参加新中国社会主义建设?他的爱国情怀体现在哪些方面?

基础知识部分

我们先来看一个银行连续复利的计算问题.

设银行某种定期储蓄的年利率是 r,本金是 1 万元,按年计算复利,那么 10 年后,本金与利息合计值应为 $A_{10} = (1+r)^{10}$ 万元;

若改为每半年计息一次,则每半年的利率应是 $\dfrac{r}{2}$,共计息 20 次,10 年后的本利和为 $A'_{10} = \left(1 + \dfrac{r}{2}\right)^{20}$ 万元;

若改为每月计息一次,则每月的利率应是 $\dfrac{r}{12}$,共计息 120 次,10 年后的本利和为 $A''_{10} = \left(1 + \dfrac{r}{12}\right)^{120}$ 万元;

············

有银行为吸引储户,宣称采用连续复利,即瞬时复利,每时每刻都计利息,那么在这种储蓄方式下 10 年后的本利和为多少?

我们假设每年计息 n 次,则每次计息的利率为 $\dfrac{r}{n}$,共计息 $10n$ 次,故 10 年后的本利和为 $A'''_{10} = \left(1 + \dfrac{r}{n}\right)^{10n}$ 万元.如果计算瞬时复利,就是 n 的取值应该很大很大乃至无限大,这时 A'''_{10} 的值会是多少呢? 还是一个确定的数吗? 会不会无限变大导致银行倒闭?

这是一个初等数学无法解决的问题,实际上这是本利和 $\left(1+\dfrac{r}{n}\right)^{10n}$ 在 n 无限增大时(记作 $n\to\infty$)的极限问题,我们将在本章 §1.6 中给出更一般情况的解答.

现实世界中的很多自然规律、社会现象、经济问题都需要用极限来描述和解决.微积分正是利用极限工具研究实际问题的科学方法和理论.微积分的两类基本问题:一类如变速直线运动的瞬时速度问题、平面曲线的切线问题(详见 §2.1),一类如曲线围成的平面图形的面积问题(详见 §3.5),最终都归结为极限问题.因此,极限是微积分的基础,是研究微积分的主要工具.同时,极限也是一种研究问题的思想方法,在形成科学的思维方式上起着独特的作用.在中学阶段同学们已经有了数列极限、函数极限的初步概念,但这些知识对于我们进一步学习微积分来说还远远不够.微积分的研究对象是函数,而极限是打开微积分大门的钥匙.因此,我们将在中学有关函数知识的基础上进一步学习函数极限的知识,为后面几章的学习打好基础.

§1.1 初等函数

函数是中学阶段、特别是高中阶段数学的重要学习内容.这里将中学阶段的函数知识作一简要总结,并补充一些必需的内容,为进一步学习打下基础.本节最后将给出初等函数的概念,并举一些有用的函数的例子.

一、函数的概念

1. 函数的定义

函数是从量的角度对运动变化的抽象描述,是一种刻画运动变化中变量相依关系的数学模型.

定义 1.1 设有两个变量 x 与 y,如果对于变量 x 在实数集合 D 内的每一个值,变量 y 按照一定的法则都有唯一的值与之对应,那么就称 x 是**自变量**,y 是 x 的**函数**,记作 $y=f(x)$,其中自变量 x 取值的集合 D 叫做函数的**定义域**,函数值的集合叫做函数的**值域**.

"函数"一词,最早见于德国数学家莱布尼茨的著作.函数概念的形成经历了长期和曲折的过程,现代意义上的函数概念是由德国数学家狄利克雷在 19 世纪给出的,而函数记号 $f(x)$ 则是由瑞士数学家欧拉首先使用的.

函数也可以用映射来定义,这里就不叙述了.

函数的实质是指明了某个变化过程中两个变量具有的特殊关系.函数概念的提出是数学发展的重要转折点,数学因此由对常量的研究深入到对变量的研究.恩格斯对此高度评价:数学中的转折点是笛卡儿的变数,有了变数,运动进入了数学,有

函数的概念
反函数

马怀远

了变数,辩证法进入了数学,有了变数,微分和积分也就立刻成为必要的了.这里说的"变数"即变量.

2. 函数的表示方法

常用的函数表示方法有三种:

(1) 解析法

即用解析式(或称数学式)表示函数.如 $y=2x+1$,$y=|x|$,$y=\lg(x+1)$,$y=\sin 3x$ 等.

(2) 列表法

即用表格形式给出两个变量之间函数关系的方法.如汽车站的票价表,其中运输里程是自变量,票价是函数.又如数学用表中的平方表、平方根表、三角函数表等,也是用列表法来表示函数关系的.

(3) 图像法

即用图像来表示函数关系的方法.这在中学里已经很熟悉了,我们经常通过某个函数的图像来研究其性质.日常生活中见到的某地某天的气温随时间变化的曲线,也是用图像来表示函数关系的.

这三种表示方法各有特点,如图像法非常形象直观,能从图像上看出函数的某些特性;列表法则便于查得某一处的函数值;解析法便于对函数进行精确的计算和深入的分析.

用解析法表示函数时,除了很常见的如 $y=3x+2$ 这样最简单的形式外,还有一些特殊的形式:

分段函数——即当自变量取不同值时,函数的表达式不一样,如

$$y=\begin{cases} 2x+1, & x\geqslant 0, \\ -2x-1, & x<0, \end{cases} \qquad f(x)=\begin{cases} x\sin\dfrac{1}{x}, & x\neq 0, \\ 0, & x=0 \end{cases}$$

等.

隐函数——相对于显函数而言的一种函数形式.所谓显函数,即直接用含自变量的式子表示的函数,如 $y=x^2+2x+3$,这是最常见的函数形式.而隐函数是指变量 x,y 之间的函数关系是由一个含 x,y 的方程 $F(x,y)=0$ 给出的,如 $2x+y-3=0$,$e^{x+y}-x-y=0$ 等.而由 $2x+y-3=0$ 可得 $y=3-2x$,即该隐函数可化为显函数.

> **想一想**
> 所有的隐函数都能化为显函数吗?

例如,$e^{2x}-e^y+x-y=0$ 就不能化为显函数.这说明,隐函数是函数表达中不可缺少的一种形式.

参数式函数——若变量 x,y 之间的函数关系是通过参数方程

$$\begin{cases} x=\varphi(t), \\ y=\psi(t) \end{cases} \qquad (t\in T)$$

给出的,这样的函数称为由参数方程确定的函数,简称参数式函数,t 称为参数.例如,

炮弹发射后运动曲线的函数,可写成

$$\begin{cases} x = v_0 t \cos \alpha, \\ y = v_0 t \sin \alpha - \dfrac{1}{2} g t^2, \end{cases}$$

其中 α 为发射角,v_0 为炮弹的初速度.

3. 反函数

定义 1.2 如果在已给的函数 $y = f(x)$ 中,把 y 看作自变量,x 也是 y 的函数,则所确定的函数 $x = \varphi(y)$ 叫做 $y = f(x)$ 的**反函数**,记作 $x = f^{-1}(y)$ 或 $y = f^{-1}(x)$(以 x 表示自变量).

其实,$y = f(x)$ 与 $y = f^{-1}(x)$ 互为反函数.互为反函数的两个函数的图像关于直线 $y = x$ 对称.

例如,$y = 2x$ 与 $y = \dfrac{1}{2}x$ 互为反函数,$y = 2^x$ 与 $y = \log_2 x$ 互为反函数.

注:并非每个函数都存在反函数.例如,函数 $y = x^2 (x \in \mathbf{R})$ 就没有反函数,因为若以 y 为自变量,所对应的 x 值不止一个($y \neq 0$ 时),不符合函数的定义,因此这里 x 不是 y 的函数.

二、函数的常见性质

设函数 $f(x)$ 的定义域为 D.

1. 单调性

定义 1.3 设 x_1, x_2 是定义域 D 内某个区间 I 上的任意两个自变量的值,若 $x_1 < x_2$ 时,有 $f(x_1) < f(x_2)$,则称函数 $f(x)$ 在区间 I 上是**单调增加**的.若 $x_1 < x_2$ 时,有 $f(x_1) > f(x_2)$,则称函数 $f(x)$ 在区间 I 上是**单调减少**的.

在区间 I 上单调增加或单调减少的函数称为区间 I 上的**单调函数**,区间 I 称为函数的**单调区间**.

在单调区间上单调增加函数的图像是上升的,单调减少函数的图像是下降的.

例如,$y = 2x + 1$ 在 $\mathbf{R}$ 上是单调增加的,$y = x^2$ 在 $(-\infty, 0]$ 上是单调减少的,在 $[0, +\infty)$ 上是单调增加的.

2. 奇偶性

定义 1.4 设 D 关于原点对称,若对任意 $x \in D$,有 $f(-x) = -f(x)$,则称 $f(x)$ 为**奇函数**;若对任意 $x \in D$,有 $f(-x) = f(x)$,则称 $f(x)$ 为**偶函数**.

奇函数的图像关于原点对称,偶函数的图像关于 y 轴对称.

例如,$y = \sin x, y = x^3 + x$ 是奇函数;$y = |x|, y = \cos x$ 是偶函数;$y = 2x + 1, y = x^3 (x \in \mathbf{R}^+)$ 是非奇非偶函数.

3. 周期性

定义 1.5 若存在一个不为零的常数 T,对任意 $x \in D$,都有 $x + T \in D$ 且 $f(x+T) = f(x)$ 恒成立,则称函数 $f(x)$ 为**周期函数**,T 为 $f(x)$ 的**周期**.通常我们所说的周期函数的周期指的是最小正周期.例如,$y = \sin x$ 的周期为 2π,$y = A\sin(\omega x + \varphi)$ $(A \neq 0, \omega \neq 0)$ 的周期 $T = \dfrac{2\pi}{|\omega|}$.

周期函数的图像每间隔一段(一个周期)是重复出现的.

4. 有界性

定义 1.6 设存在常数 $M > 0$,对任意 $x \in D$,有 $|f(x)| \leqslant M$,则称 $f(x)$ 在 D 上**有界**.如果不存在这样的常数 M,则称 $f(x)$ 在 D 上**无界**.

从图像上看,$f(x)$ 有界,是指其图像介于直线 $y = M$ 与 $y = -M$ 之间,如图 1-1 所示.

例如,$y = \sin x$ 在 **R** 上是有界的,因为 $|\sin x| \leqslant 1$;$f(x) = 3x + 2$ 在 **R** 上是无界的,但在 $[1,2]$ 上是有界的,因为 $5 \leqslant f(x) \leqslant 8, x \in [1,2]$.

5. 极大值、极小值

定义 1.7 设 $f(x)$ 在点 x_0 处及其左右有定义,对于 x_0 处左右小范围的任意 $x \neq x_0$,若总有 $f(x_0) > f(x)$,则称 $f(x_0)$ 为 $f(x)$ 的一个**极大值**,x_0 为 $f(x)$ 的一个**极大值点**.若总有 $f(x_0) < f(x)$,则称 $f(x_0)$ 为 $f(x)$ 的一个**极小值**,x_0 为 $f(x)$ 的一个**极小值点**.

例如,在图 1-2 中 x_1 是 $f(x)$ 的极大值点,x_2 是 $f(x)$ 的极小值点.

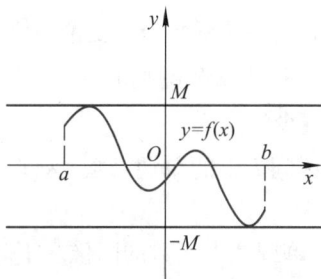

图 1-1

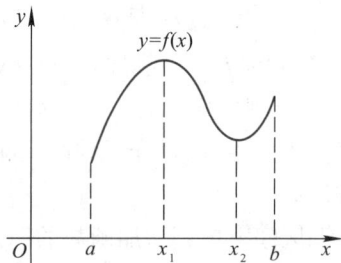

图 1-2

6. 最大值、最小值

定义 1.8 设 $f(x)$ 在区间 I 上有定义,$x_0 \in I$,对于任意 $x \in I$,若恒有 $f(x_0) \geqslant f(x)$,则称 $f(x_0)$ 为 $f(x)$ 在区间 I 上的**最大值**,点 x_0 为 $f(x)$ 在区间 I 上的**最大值点**;若恒有 $f(x_0) \leqslant f(x)$,则称 $f(x_0)$ 为 $f(x)$ 在区间 I 上的**最小值**,点 x_0 为 $f(x)$ 在区间 I 上的**最小值点**.

最大值、最小值与极大值、极小值是不同的概念,极值点只能是给定区间内部的点,是函数的局部性质.而最值点可以是给定区间内部的点,也可以是给定区间

的端点,是函数在某个区间的整体性质.最值点不一定是极值点,极值点也不一定是最值点.

例如,$y=x^2$ 的极小值点 $x=0$ 也是函数在 $(-\infty,+\infty)$ 内的最小值点,而在图 $1-2$ 中函数的最小值点是 $x=a$,最大值点是 $x=x_1$.

三、初等函数

1. 基本初等函数

中学阶段学过的常数函数、幂函数、指数函数、对数函数、三角函数及反三角函数共六类函数统称为**基本初等函数**,它们是最常见、最简单、最基本的几种函数.很多复杂函数是以它们为基础构成的,它们的性质、图像如表 $1-1$ 所示.

表 $1-1$

函　数	图　像	性　质
常数函数 $y=c$		定义域为 $(-\infty,+\infty)$ 值域为 $\{c\}$ 偶函数 有界
幂函数 $y=x^\alpha$ $(\alpha\neq0)$		定义域、值域与 α 有关 都过点 $(1,1)$ $\alpha>0$ 时,在 $(0,+\infty)$ 内单调增加 $\alpha<0$ 时,在 $(0,+\infty)$ 内单调减少
指数函数 $y=a^x$ $(a>0,$ $a\neq1)$		定义域为 $(-\infty,+\infty)$ 值域为 $(0,+\infty)$ 都过点 $(0,1)$ $a>1$ 时是单调增加函数 $0<a<1$ 时是单调减少函数

基本初等函数

马怀远

函　　数	图　　像	性　　质
对数函数 $y = \log_a x$ $(a > 0,$ $a \neq 1)$		定义域为$(0, +\infty)$ 值域为$(-\infty, +\infty)$ 都过点$(1, 0)$ $a > 1$ 时是单调增加函数 $0 < a < 1$ 时是单调减少函数
三角函数 $y = \sin x$ $y = \cos x$		定义域为$(-\infty, +\infty)$ 值域为$[-1, 1]$ $y = \sin x$ 是奇函数 $y = \cos x$ 是偶函数 周期为2π 有界
三角函数 $y = \tan x$ $y = \cot x$		$y = \tan x$ 的定义域为 $\left\{ x \mid x \neq k\pi + \dfrac{\pi}{2}, k \in \mathbf{Z} \right\}$ $y = \cot x$ 的定义域为 $\left\{ x \mid x \neq k\pi, k \in \mathbf{Z} \right\}$ 值域都是$(-\infty, +\infty)$ 周期为π 奇函数
反三角函数 $y = \arcsin x$ $y = \arccos x$		$y = \arcsin x$ 的定义域为$[-1, 1]$ 值域为$\left[-\dfrac{\pi}{2}, \dfrac{\pi}{2} \right]$ 奇函数，单调增加函数，有界 $y = \arccos x$ 的定义域为$[-1, 1]$ 值域为$[0, \pi]$ 单调减少函数，有界

续表

函　数	图　像	性　质
反三角函数 $y=\arctan x$ $y=\operatorname{arccot} x$		$y=\arctan x$ 的定义域为$(-\infty,+\infty)$ 值域为$\left(-\dfrac{\pi}{2},\dfrac{\pi}{2}\right)$ 奇函数,单调增加函数,有界 $y=\operatorname{arccot} x$ 的定义域为$(-\infty,+\infty)$ 值域为$(0,\pi)$ 单调减少函数,有界

2. 复合函数

假如 y 是 u 的函数 $y=3u$,但同时 u 又是 x 的函数 $u=\mathrm{e}^x$,则 y 也是 x 的函数,即 $y=3\mathrm{e}^x$.由函数 $y=3u$ 与 $u=\mathrm{e}^x$ 复合成了一个函数 $y=3\mathrm{e}^x$,u 称为**中间变量**.

定义 1.9　如果 y 是 u 的函数 $y=f(u)$.而 u 又是 x 的函数 $u=\varphi(x)$,且 $\varphi(x)$ 的值域包含于 $f(u)$ 的定义域,那么 y 也是 x 的函数,称为由 $y=f(u)$ 与 $u=\varphi(x)$ 复合而成的**复合函数**,记作 $y=f(\varphi(x))$.

> **想一想**
> 任何两个函数都可以复合成一个复合函数吗?

例如,$y=\arcsin u$,$u=x^2+2$ 就不能复合成一个复合函数,因为前者的定义域与后者的值域没有公共部分,所以任意的 x 的取值,都没有确定的 y 值与之相对应.

由基本初等函数经过有限次四则运算(加、减、乘、除)得到的函数称为**简单函数**.例如 $y=3x^2+\dfrac{\sin x}{\ln x}$ 就是简单函数.把几个函数复合成一个函数或将一个复合函数分解成为几个简单函数,可以帮助我们研究比较复杂的函数问题.

例 1　已知 $y=u^3$,$u=\sin v$,$v=2x$,试把 y 表示为 x 的函数.

解　显然,u,v 都是中间变量,所以 $y=u^3=\sin^3 v=\sin^3 2x$.

例 2　分解复合函数 $y=\ln\sqrt{x}$.

解　设 $u=\sqrt{x}$,则 $y=\ln u$,故 $y=\ln\sqrt{x}$ 是由 $y=\ln u$,$u=\sqrt{x}$ 复合而成的.

例 3　分解复合函数 $y=\cos^4(5x+1)$.

解　设 $u=\cos(5x+1)$,则 $y=u^4$;再设 $v=5x+1$,则 $u=\cos v$.故 $y=\cos^4(5x+1)$ 是由 $y=u^4$,$u=\cos v$,$v=5x+1$ 复合而成的.

注:这里 $v=5x+1$ 不能再继续分解了.它不是基本初等函数,而是一个简单函数.

> **想一想**
> 复合函数分解到什么程度为止呢?

若分解结果为基本初等函数或简单函数,则分解终止;若分解结果仍为复合函数,则应继续分解.

3. 初等函数

初等函数

马怀远

由基本初等函数经过四则运算和复合,可以得到比较复杂的函数.

定义 1.10　由基本初等函数经过有限次四则运算和有限次的函数复合构成的,并且能用一个数学式子表示的函数,称为初等函数.

例如,$y=2x-1$,$y=\sin\dfrac{1}{x}$,$y=\sqrt{x^2}=|x|$ 都是初等函数.

初等函数是一个重要的概念,初等函数具有一些特殊的性质.本书研究的函数主要是初等函数.

很多分段函数不是初等函数,如函数 $y=\begin{cases}1, & x\geqslant 0, \\ 0, & x<0\end{cases}$ 由于不能用一个式子表示,故不是初等函数.

四、函数关系举例与经济函数关系式

1. 函数关系举例

尽管中学阶段已有很多建立函数关系的例子,从拓宽视野、进一步学习的需要出发,这里仍然再举一些中学鲜见的函数例子.对于实际问题来说,建立函数关系模型是解决问题的基础.

例 4　$f(x)=kx+b(k\neq 0)$ 称为**线性函数**,因为其图像是直线.

例 5　$f(x)=a_nx^n+a_{n-1}x^{n-1}+\cdots+a_1x+a_0(a_n\neq 0)$ 称为**多项式函数**.

例 6　出行乘坐出租车要按里程付费:不超过 3 km 需付起步价 12 元,超过 3 km 部分按每 0.5 km 2 元(不足 0.5 km 以 0.5 km 计)计费.这样,乘车费 y(单位:元)与行驶里程 x(单位:km)的函数关系为

$$y=\begin{cases}12, & 0<x\leqslant 3, \\ 12+2\times 1, & 3<x\leqslant 3.5, \\ 12+2\times 2, & 3.5<x\leqslant 4, \\ 12+2\times 3, & 4<x\leqslant 4.5, \\ \cdots\cdots \end{cases}$$

这是一个分段函数,它的图像是阶梯状的一些线段.

例 7 为落实国家创新驱动发展战略,支持中小企业创新发展,深化资本市场改革,2021 年 11 月 15 日北京证券交易所开市.图 1-3 是北京证券交易所某上市公司股票某日的成交价格变动曲线,时间 t 是自变量,股票成交价格 P 是 t 的函数 $P=f(t)$.这个函数的特点是其对应规则 f 很难用数学式子来表示,但这并不影响它成为一个函数.需要说明的是,股票的成交价格虽然与交易时间联系在一起,但并非单纯是由时间因素决定的,而是由市场、公司经营状况、政策消息、股民心理等多重因素决定的,这就使得这个函数的性质和规律很难把握.

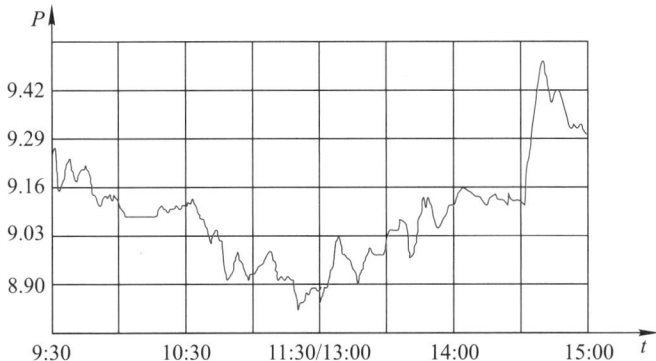

图 1-3

* **例 8** 工程技术上常用到所谓的双曲函数:

(1) $\operatorname{sh} x=\dfrac{e^x-e^{-x}}{2}$ 称为双曲正弦函数;

(2) $\operatorname{ch} x=\dfrac{e^x+e^{-x}}{2}$ 称为双曲余弦函数;

(3) $\operatorname{th} x=\dfrac{\operatorname{sh} x}{\operatorname{ch} x}=\dfrac{e^x-e^{-x}}{e^x+e^{-x}}$ 称为双曲正切函数;

(4) $\operatorname{cth} x=\dfrac{\operatorname{ch} x}{\operatorname{sh} x}=\dfrac{e^x+e^{-x}}{e^x-e^{-x}}$ 称为双曲余切函数.

它们的图像如图 1-4 所示.

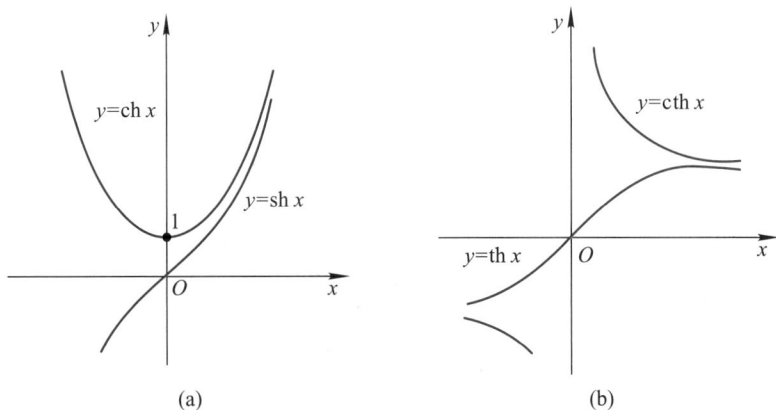

(a) (b)

图 1-4

双曲函数之间有一些与三角函数很相似的恒等关系：

(1) $\mathrm{ch}^2 x - \mathrm{sh}^2 x = 1$；

(2) $\mathrm{sh}(x \pm y) = \mathrm{sh}\, x \cdot \mathrm{ch}\, y \pm \mathrm{ch}\, x \cdot \mathrm{sh}\, y$；

(3) $\mathrm{ch}(x \pm y) = \mathrm{ch}\, x \cdot \mathrm{ch}\, y \pm \mathrm{sh}\, x \cdot \mathrm{sh}\, y$；

(4) $\mathrm{sh}(2x) = 2\mathrm{sh}\, x \cdot \mathrm{ch}\, x$；

(5) $\mathrm{ch}(2x) = \mathrm{ch}^2 x + \mathrm{sh}^2 x = 2\mathrm{ch}^2 x - 1 = 1 + 2\mathrm{sh}^2 x$；

(6) $1 - \mathrm{th}^2 x = \dfrac{1}{\mathrm{ch}^2 x}$.

2. 经济函数关系式

在经济活动中常用的一些函数关系式介绍如下.

（1）总成本函数

设在生产过程中，x 表示产量，产品的总成本为 C 或 $C(x)$，C_0 表示固定成本（如厂房、设备的折旧费、保险费、工人固定工资等），C_1 或 $C_1(x)$ 表示变动成本（如原材料消耗、工人奖金等），它受产量 x 的影响.则有 $C = C(x) = C_0 + C_1(x)$，显然当 $x = 0$ 时，$C(0) = C_0$.

当 $x > 0$ 时，记 $\overline{C}(x) = \dfrac{C(x)}{x}$，称为**平均单位成本**，它表示每单位产量的成本.

（2）总收益函数

设产品销售价格为 P，销售总收益为 R 或 $R(x)$，则有 $R = R(x) = Px$.若 P 是 x 的函数 $P(x)$，则又可写作 $R(x) = xP(x)$.

（3）总利润函数

产品全部销售后获得的总利润 L 或 $L(x)$ 应等于总收益 $R(x)$ 减去总成本 $C(x)$，即 $L = L(x) = R(x) - C(x)$.

（4）需求函数

社会对某产品的需求量 Q 是与产品销售价格 P 有关的，此外还涉及消费者的数量、收入等其他因素.若这些因素固定不变，则需求量 Q 为销售价格 P 的函数，记为 $Q = f(P)$.一般来说，当产品提价时，需求量会减少，反之，需求量就会增加.在理想情况下，社会需求量 Q 正好等于产量 x，这时需求函数又记为 $x = x(P)$.

下面举几个经济函数关系式的例题.

例 9 某产品总成本 C 万元为年产量 x t 的函数 $C = C(x) = a + bx^2$，其中 a，b 为待定常数.已知固定成本为 400 万元，且当年产量 $x = 100$ t 时，总成本 $C = 500$ 万元，试将平均单位成本 $\overline{C}$ 万元/t 表示为年产量 x t 的函数.

解 固定成本为 400 万元即 $C(0) = 400$，因此 $a = 400$.又由已知条件得 $C(100) = 500$，因此 $400 + b \cdot 100^2 = 500$，解得 $b = \dfrac{1}{100}$.于是得到总成本函数

$$C = C(x) = 400 + \frac{x^2}{100},$$

常用经济函数

马怀远

所以平均单位成本

$$\overline{C}=\overline{C}(x)=\frac{C(x)}{x}=\frac{400}{x}+\frac{x}{100} \quad (x>0).$$

例 10 某产品的单价 P 与产量 x 的关系为 $P=10-\dfrac{x}{5}$,试将总收益 R 表示为产量 x 的函数.又若总成本函数为 $C(x)=5+2x$,试将总利润 L 表示为产量 x 的函数.

解 总收益函数

$$R=R(x)=Px=\left(10-\frac{x}{5}\right)x=-\frac{x^2}{5}+10x.$$

由于单价 $P>0$,故 $10-\dfrac{x}{5}>0$,即 $x<50$.同时产量 $x>0$,因此总收益函数的定义域为 $(0,50)$.

已知总成本函数 $C(x)=5+2x$,则总利润函数

$$\begin{aligned}
L=L(x)&=R(x)-C(x)\\
&=-\frac{x^2}{5}+10x-5-2x\\
&=-\frac{x^2}{5}+8x-5,x\in(0,50).
\end{aligned}$$

例 11 某厂每批生产 x t 某产品的总成本为 $C=C(x)=x^2+4x+10$(万元),售价为 P 万元/t,需求函数为 $x=\dfrac{1}{5}(28-P)$,试将每批产品销售后获得的总利润 L 万元表示为产量 x t 的函数.

解 从需求函数 $x=\dfrac{1}{5}(28-P)$ 中解出 $P=28-5x$,它表示单价 P 为产量 x 的函数,因此总收益

$$R=R(x)=xP=x(28-5x)=-5x^2+28x.$$

所以总利润

$$\begin{aligned}
L=L(x)&=R(x)-C(x)\\
&=(-5x^2+28x)-(x^2+4x+10)\\
&=-6x^2+24x-10.
\end{aligned}$$

由于单价 $P>0$,即 $28-5x>0$,解得 $x<\dfrac{28}{5}$,又由于产量 $x>0$,故总利润函数定义域为 $\left(0,\dfrac{28}{5}\right)$.

这里仅仅讨论了经济函数关系式的建立,我们将在第二章继续研究它们的性质,其中一部分内容是求经济函数的最值点,即讨论最优化问题.

§1.2 函数的极限与连续性

极限是在研究函数的变化趋势时总结抽象出来的一个重要概念,它既是微积分的基本概念与基本运算,又是微积分研究的基本方法.极限贯穿于微积分的始终,是微积分的基石.

一、数列的极限

对数列而言,不仅要考察其变化规则,更重要的是要研究它在某一变化过程中的变化趋势.现考察下面几个数列:

(1) $\left\{\dfrac{(-1)^n}{n}\right\}:-1,\dfrac{1}{2},-\dfrac{1}{3},\dfrac{1}{4},\cdots,\dfrac{(-1)^n}{n},\cdots;$

(2) $\left\{\dfrac{1+(-1)^n}{n}\right\}:0,1,0,\dfrac{1}{2},\cdots,\dfrac{1+(-1)^n}{n},\cdots;$

函数的极限(一)

马怀远

(3) $\left\{\dfrac{1}{2^n}\right\}:\dfrac{1}{2},\dfrac{1}{4},\dfrac{1}{8},\dfrac{1}{16},\cdots,\dfrac{1}{2^n},\cdots;$

(4) $\left\{1+\dfrac{1}{n}\right\}:2,\dfrac{3}{2},\dfrac{4}{3}\cdot\dfrac{5}{4},\cdots,1+\dfrac{1}{n},\cdots;$

(5) $\left\{\dfrac{n}{n+1}\right\}:\dfrac{1}{2},\dfrac{2}{3},\dfrac{3}{4},\dfrac{4}{5},\cdots,\dfrac{n}{n+1},\cdots.$

可以发现,虽然它们的变化方式不一样,但其变化趋势有一个共同的特点:当 n 无限增大时,数列的通项 a_n 无限接近于某一常数 A,也就是 a_n 与 A 的距离 $|a_n-A|$ 越来越小,且无限接近于零.

定义 1.11　对于无穷数列 $\{a_n\}$,当项数 n 无限增大时,如果 a_n 无限接近于一个确定的常数 A,则称 A 为数列 $\{a_n\}$ 的**极限**,记为

$$\lim_{n\to\infty}a_n=A,\text{或当 } n\to\infty\text{时},a_n\to A.$$

若数列 $\{a_n\}$ 存在极限,则称数列 $\{a_n\}$ **收敛**.

例如,$\lim\limits_{n\to\infty}\dfrac{1}{n}=0,\lim\limits_{n\to\infty}C=C(C$ 为常数$),\lim\limits_{n\to\infty}q^n=0(|q|<1).$

若数列 $\{a_n\}$ 没有极限,则称数列 $\{a_n\}$ **发散**.

数列极限不存在有两种情况:

(1) 数列有界,但当 $n\to\infty$ 时,数列通项不与任何常数无限接近,如数列 $\{(-1)^{n-1}\}$;

(2) 数列无界,如数列 $\{n^2\}$.

二、当 $x\to\infty$ 时,函数 $f(x)$ 的极限

定义 1.12　如果当 x 的绝对值无限增大(记作 $x\to\infty$)时,函数 $f(x)$ 无限地接近一个确定的常数 A,则称 A 为函数 $f(x)$ 当 $x\to\infty$ 时的**极限**,记作 $\lim\limits_{x\to\infty}f(x)=A$,或当

$x\rightarrow\infty$时,$f(x)\rightarrow A$.

注:这里 $x\rightarrow\infty$ 既包含 x 取正值趋于正无穷大(记作 $x\rightarrow+\infty$),也包含 x 取负值趋于负无穷大(记作 $x\rightarrow-\infty$),但当 x 的变化趋势只是其中一种时,就有如下单向极限的定义.

定义 1.13 如果当 $x\rightarrow+\infty$(或 $x\rightarrow-\infty$)时,函数 $f(x)$ 无限接近一个确定的常数 A,那么称 A 为函数 $f(x)$ 当 $x\rightarrow+\infty$(或 $x\rightarrow-\infty$)时的极限,记作 $\lim\limits_{x\rightarrow+\infty}f(x)=A$($\lim\limits_{x\rightarrow-\infty}f(x)=A$),或当 $x\rightarrow+\infty$ 时,$f(x)\rightarrow A$(当 $x\rightarrow-\infty$ 时,$f(x)\rightarrow A$).

例 1 讨论函数 $f(x)=\dfrac{1}{x}$ 当 $x\rightarrow\infty$ 时的极限.

解 由图 1-5 可以看出当 $|x|$ 无限增大时,$f(x)=\dfrac{1}{x}$ 的值无限接近于零,所以 $\lim\limits_{x\rightarrow\infty}\dfrac{1}{x}=0$.同时也能看出 $\lim\limits_{x\rightarrow+\infty}\dfrac{1}{x}=0$,$\lim\limits_{x\rightarrow-\infty}\dfrac{1}{x}=0$.

函数的极限
(一)测一测

例 2 讨论函数 $f(x)=\arctan x$ 当 $x\rightarrow\infty$ 时的极限.

解 由图 1-6 可以看出 $\lim\limits_{x\rightarrow-\infty}\arctan x=-\dfrac{\pi}{2}$,$\lim\limits_{x\rightarrow+\infty}\arctan x=\dfrac{\pi}{2}$,所以当 $x\rightarrow\infty$ 时,$f(x)$ 不接近于一个确定的常数,因此当 $x\rightarrow\infty$ 时,$f(x)=\arctan x$ 的极限不存在.

例 3 讨论函数 $y=2^x$ 当 $x\rightarrow+\infty$ 与 $x\rightarrow-\infty$ 时的极限.

解 由图 1-7 可以看出 $\lim\limits_{x\rightarrow+\infty}2^x$ 不存在,$\lim\limits_{x\rightarrow-\infty}2^x=0$.

一般地,$\lim\limits_{x\rightarrow\infty}f(x)=A$ 的**充要条件**是

$$\lim\limits_{x\rightarrow+\infty}f(x)=\lim\limits_{x\rightarrow-\infty}f(x)=A.$$

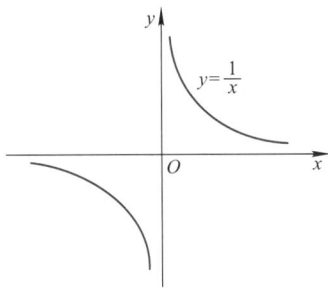

图 1-5

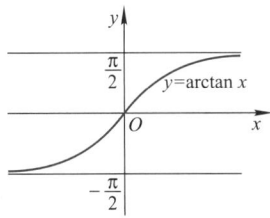

图 1-6

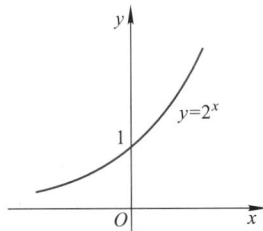

图 1-7

三、当 $x \to x_0$ 时,函数 $f(x)$ 的极限

1. 当 $x \to x_0$ 时,函数 $f(x)$ 的极限的定义

定义 1.14 如果当 x 无限接近 x_0(记作 $x \to x_0$)时,函数 $f(x)$ 无限接近于一个确定的常数 A,则称 A 为函数 $f(x)$ 当 $x \to x_0$ 时的极限,记作

$$\lim_{x \to x_0} f(x) = A,\text{或当 } x \to x_0 \text{ 时}, f(x) \to A.$$

例如,$\lim\limits_{x \to x_0} C = C, \lim\limits_{x \to x_0} x = x_0, \lim\limits_{x \to 1}(x+2) = 3$.

注:"$x \to x_0$"只表示 x 无限接近于 x_0,这个过程中不包含 $x = x_0$.

函数的极限(二)

马怀远

> **想一想**
> $f(x)$ 在 $x \to x_0$ 时有无极限与 $f(x)$ 在 x_0 处有无定义有关系吗?

例 4 讨论当 $x \to 1$ 时 $f(x) = \dfrac{x^2 - 1}{x - 1}$ 的极限.

解 虽然 $f(x) = \dfrac{x^2 - 1}{x - 1}$ 在 $x = 1$ 处无定义,但当 $x \to 1$ 时 $x \neq 1$,故此时 $\dfrac{x^2 - 1}{x - 1} = x + 1$,因此

$$\lim_{x \to 1} \frac{x^2 - 1}{x - 1} = \lim_{x \to 1}(x + 1) = 2.$$

2. 当 $x \to x_0$ 时,函数 $f(x)$ 的左极限和右极限

定义 1.14 中,$x \to x_0$ 既包含从 x_0 的左边(即 $x < x_0$)趋于 x_0(记作 $x \to x_0^-$),也包含从 x_0 的右边(即 $x > x_0$)趋于 x_0(记作 $x \to x_0^+$).但有时只考虑 x 从一边趋于 x_0,这时有如下定义:

定义 1.15 如果当 $x \to x_0^-$(或 $x \to x_0^+$)时,函数 $f(x)$ 无限接近一个确定的常数 A,则称函数 $f(x)$ 当 $x \to x_0$ 时的左极限(右极限)为 A,记作

$$\lim_{x \to x_0^-} f(x) = A\left(\lim_{x \to x_0^+} f(x) = A\right),\text{或当 } x \to x_0^- \text{ 时,}$$

$$f(x) \to A(\text{当 } x \to x_0^+ \text{ 时}, f(x) \to A).$$

例如,$\lim\limits_{x \to 1^-} \dfrac{x^2 - 1}{x - 1} = 2, \lim\limits_{x \to 1^+} \dfrac{x^2 - 1}{x - 1} = 2$(如图 1 - 8 所示).

又如对于函数 $f(x) = \begin{cases} x - 1, & x \leqslant 0, \\ x + 1, & x > 0, \end{cases}$ 有 $\lim\limits_{x \to 0^-} f(x) = \lim\limits_{x \to 0^-}(x - 1) = -1,$
$\lim\limits_{x \to 0^+} f(x) = \lim\limits_{x \to 0^+}(x + 1) = 1.$

一般地,$\lim\limits_{x \to x_0} f(x) = A$ 的充要条件是

$$\lim_{x \to x_0^-} f(x) = \lim_{x \to x_0^+} f(x) = A.$$

例 5　讨论函数 $f(x)=\begin{cases} x+1, & x<0, \\ 0, & x=0, \\ x-1, & x>0 \end{cases}$ 当 $x\to 0$ 时的极限是否存在.

函数的极限
(二)测一测

解　因为 $\lim\limits_{x\to 0^{-}} f(x)=\lim\limits_{x\to 0^{-}}(x+1)=1$, $\lim\limits_{x\to 0^{+}} f(x)=\lim\limits_{x\to 0^{+}}(x-1)=-1$, 所以 $\lim\limits_{x\to 0^{-}} f(x)\neq\lim\limits_{x\to 0^{+}} f(x)$, 故 $\lim\limits_{x\to 0} f(x)$ 不存在(如图 1-9 所示).

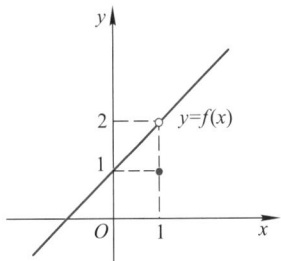

图 1-8

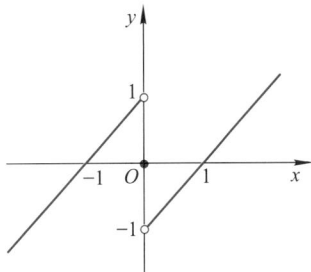

图 1-9

例 6　讨论函数 $f(x)=\begin{cases} \mathrm{e}^{-\frac{1}{x^2}}, & x\neq 0, \\ 0, & x=0 \end{cases}$ 当 $x\to 0$ 时的极限.

解　这个分段函数同例 5 不同,其分界点 $x=0$ 左右的函数表达式一样.因此

$$\lim_{x\to 0} f(x)=\lim_{x\to 0} \mathrm{e}^{-\frac{1}{x^2}}=0.$$

函数极限不存在有三种情况:

(1) 函数有界,但不与任何常数无限接近,如 $y=\sin x$ 当 $x\to\infty$ 时;

(2) 函数无界,如 $y=\dfrac{1}{x}$ 当 $x\to 0$ 时;

(3) 当 $x\to -\infty$ 与 $x\to +\infty$ 时,函数的极限存在但不相等,或当 $x\to x_0$ (有限值)时函数的左极限与右极限存在但不相等,如 $y=\arctan x$ 当 $x\to\infty$ 时.

最后,我们指出:函数极限是与变量记号无关的.例如,

$$\lim_{x\to x_0} f(x)=\lim_{u\to x_0} f(u), \lim_{x\to\infty} f(x)=\lim_{u\to\infty} f(u).$$

四、无穷大与无穷小

在函数变化过程中有两种特殊情况在今后经常会遇到,一种是函数极限为零的情况,另一种是在自变量的某个变化过程中,函数的绝对值无限增大的情况.

1. 无穷大与无穷小的定义

定义 1.16　如果当 $x\to x_0$ 时,$f(x)\to 0$,就称函数 $f(x)$ 当 $x\to x_0$ 时为**无穷小**,记作

$$\lim_{x\to x_0} f(x)=0;$$

如果当 $x\to x_0$ 时,$\dfrac{1}{f(x)}$ 是无穷小,就称函数 $f(x)$ 当 $x\to x_0$ 时为**无穷大**,记作

$$\lim_{x \to x_0} f(x) = \infty.$$

其中,如果当 $x \to x_0$ 时,$f(x)$ 向正的方向无限增大,就称函数 $f(x)$ 当 $x \to x_0$ 时为正无穷大,记作

$$\lim_{x \to x_0} f(x) = +\infty;$$

如果当 $x \to x_0$ 时,$f(x)$ 向负的方向无限增大,就称函数 $f(x)$ 当 $x \to x_0$ 时为负无穷大,记作

$$\lim_{x \to x_0} f(x) = -\infty.$$

上面的 $x \to x_0$ 也可以是 $x \to \infty$,$x \to x_0^-$,$x \to +\infty$ 等.

例如,当 $x \to 0$ 时,$\sin x$ 是无穷小,$\frac{1}{x}$ 是无穷大;当 $x \to \infty$ 时,x^3 是无穷大,$\frac{1}{x^3}$ 是无穷小.

注:① 无穷小或无穷大不是一个很小或很大的数,而是指一个函数的变化趋势.例如,10^{-8},10^{-100} 并不是无穷小(但 0 是可以作为无穷小的唯一的常数,因为 $\lim_{x \to x_0} 0 = 0$),10^8,-10^{100} 并不是无穷大.

② 无穷小或无穷大与自变量的变化趋势联系在一起.例如,

$$\lim_{x \to 0} \sin x = 0, \lim_{x \to \frac{\pi}{2}} \sin x = 1,$$

因此,$\sin x$ 当 $x \to 0$ 时是无穷小,当 $x \to \frac{\pi}{2}$ 时就不是无穷小.

③ 无穷大是极限不存在的情形,"∞"仅是记号,不表示极限存在.

例 7 指出下列变化过程中的函数是否为无穷大或无穷小:

① $x \to \frac{1}{2}$ 时,$y = \frac{1}{2x-1}$;　　② $x \to 2$ 时,$y = 2x - 4$;

③ $x \to -\infty$ 时,$y = \left(\frac{1}{2}\right)^x$;　　④ $x \to 0^+$ 时,$y = \log_2 x$;

⑤ $x \to \infty$ 时,$y = \sin x$.

解 ① 是无穷大,$\lim\limits_{x \to \frac{1}{2}} \dfrac{1}{2x-1} = \infty$;

② 是无穷小,$\lim\limits_{x \to 2} (2x - 4) = 0$;

③ 是无穷大,$\lim\limits_{x \to -\infty} \left(\dfrac{1}{2}\right)^x = +\infty$;

④ 是无穷大,$\lim\limits_{x \to 0^+} \log_2 x = -\infty$;

⑤ 既不是无穷大,也不是无穷小.

2. 无穷小与无穷大的关系

在自变量的同一变化过程中,如果 $f(x)$ 为无穷大,那么 $\frac{1}{f(x)}$ 为无穷小;反之,如果 $f(x)$ 为无穷小,且 $f(x) \neq 0$,那么 $\frac{1}{f(x)}$ 为无穷大.

例如,当 $x \to 0$ 时,$\sin x$ 是无穷小,$\frac{1}{\sin x}$ 则为无穷大.

根据这个性质,无穷大的问题可以转化为无穷小的问题.

3. 无穷小的性质

在自变量的同一变化过程中,无穷小具有以下性质.

性质 1 有限个无穷小的代数和为无穷小.

性质 2 有限个无穷小的乘积为无穷小.

性质 3 有界函数与无穷小的乘积为无穷小.

> **想一想**
> 两个无穷小的商一定是无穷小吗?

例 8 求 $\lim\limits_{x\to 0} x\sin\dfrac{1}{x}$.

解 因为

$$\lim\limits_{x\to 0} x=0, \left|\sin\dfrac{1}{x}\right|\leqslant 1,$$

即当 $x\to 0$ 时,x 是无穷小,$\sin\dfrac{1}{x}$ 是有界函数,由无穷小的性质 3 可知

$$\lim\limits_{x\to 0} x\sin\dfrac{1}{x}=0.$$

4. 无穷小阶的比较

两个无穷小的商未必是无穷小.例如当 $x\to 0$ 时,$2x,3x,x^2$ 都是无穷小,而

$$\lim\limits_{x\to 0}\dfrac{3x}{2x}=\dfrac{3}{2}, \lim\limits_{x\to 0}\dfrac{x^2}{3x}=0, \lim\limits_{x\to 0}\dfrac{3x}{x^2}=\infty.$$

这说明分子、分母同样是无穷小,但趋于零的"快慢"程度不同,就上面的例子来说,在 $x\to 0$ 的过程中,$x^2\to 0$ 比 $3x\to 0$"快些",反过来,$3x\to 0$ 比 $x^2\to 0$"慢些",而 $2x\to 0$ 与 $3x\to 0$"快慢相仿".

为了比较无穷小趋于零的"快慢"程度,我们引进如下定义.

定义 1.17 设 α 与 β 是自变量同一变化过程中的两个无穷小,即 $\lim\alpha=0, \lim\beta=0$.

(1) 如果 $\lim\dfrac{\alpha}{\beta}=0$,则称 α 是比 β 高阶的无穷小,记作 $\alpha=o(\beta)$;

(2) 如果 $\lim\dfrac{\alpha}{\beta}=\infty$,则称 α 是比 β 低阶的无穷小;

(3) 如果 $\lim\dfrac{\alpha}{\beta}=c(c$ 为非零常数),则称 α 与 β 是同阶的无穷小.

特别地,当 $c=1$ 即 $\lim\dfrac{\alpha}{\beta}=1$ 时,称 α 与 β 是等价无穷小,记作 $\alpha\sim\beta$.

例如,在上面的例子中,当 $x\to 0$ 时 x^2 是比 $3x$ 高阶的无穷小,$x^2=o(3x)(x\to 0)$,而 $3x$ 是比 x^2 低阶的无穷小,$3x$ 与 $2x$ 是同阶的无穷小.

例 9 当 $x\to 0$ 时,比较无穷小 $(2+x)^2-4$ 与 x 的阶.

解 因为

$$\lim_{x\to 0}\frac{(2+x)^2-4}{x}=\lim_{x\to 0}\frac{x^2+4x}{x}=\lim_{x\to 0}(x+4)=4,$$

所以当 $x\to 0$ 时，$(2+x)^2-4$ 与 x 是同阶无穷小.

五、函数的连续性

许多自然现象如气温的变化、生物的生长等，都是连续不断地变化的.这种现象反映到数学的函数关系上，就是函数的连续性，这是函数的一种重要的性质.

1. 函数在某点处的连续性

从字面或直观上，可以把函数在某点处连续理解为它的图像在此点是连续不断的.我们见到的很多函数都具有这个性质.例如 $f(x)=\sin x$ 的图像就是一条连续不断的曲线，它在任何一点都连续.但下面两个函数则不然：

函数 $f(x)=\dfrac{x^2-1}{x-1}$ 在点 $x=1$ 处无定义，在这一点处当然不连续，如图 1-8 所示；

函数 $f(x)=\begin{cases}x+1, & x\geqslant 0,\\ x-1, & x<0\end{cases}$ 虽然在点 $x=0$ 处有定义，但在该点仍不连续，如图 1-10 所示.

那么，函数在某点满足什么条件才连续呢？

定义 1.18 若函数 $f(x)$ 在点 x_0 及其左右有定义，且 $\lim_{x\to x_0}f(x)=f(x_0)$，则称函数 $f(x)$ 在点 x_0 处连续，x_0 为函数 $f(x)$ 的连续点.

如果 $\lim_{x\to x_0^-}f(x)=f(x_0^-)$ 存在且等于 $f(x_0)$，即 $f(x_0^-)=f(x_0)$，那么就说函数 $f(x)$ 在点 x_0 左连续.如果 $\lim_{x\to x_0^+}f(x)=f(x_0^+)$ 存在且等于 $f(x_0)$，即 $f(x_0^+)=f(x_0)$，那么就说函数 $f(x)$ 在点 x_0 右连续.

理解这个定义要把握三个要点：

(1) $f(x)$ 在点 x_0 及其左右有定义；

(2) $\lim_{x\to x_0}f(x)$ 存在；

(3) $\lim_{x\to x_0}f(x)=f(x_0)$.

在上面提到的三个函数中，$f(x)=\sin x$ 在任一点都满足这三点要求；$f(x)=\dfrac{x^2-1}{x-1}$ 在点 $x=1$ 处无定义，所以 $f(x)$ 在点 $x=1$ 处不连续；对于函数 $f(x)=\begin{cases}x+1, & x\geqslant 0,\\ x-1, & x<0,\end{cases}$ $\lim_{x\to 0^+}f(x)=1$, $\lim_{x\to 0^-}f(x)=-1$，故 $\lim_{x\to 0}f(x)$ 不存在，不满足定义条件，故 $f(x)$ 在点 $x=0$ 处不连续.

例 10 讨论函数 $f(x)=\begin{cases}x\sin\dfrac{1}{x}, & x\neq 0,\\ 0, & x=0\end{cases}$ 在点 $x=0$ 处的连续性.

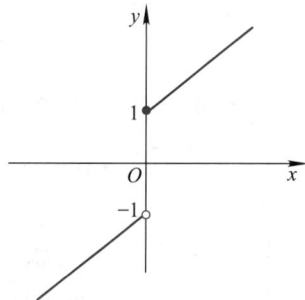

函数的连续性

马怀远

图 1-10

解 函数的定义域是$(-\infty,+\infty)$,因此$f(x)$在点$x=0$及其左右有定义.

显然$f(0)=0,\lim\limits_{x\to0}f(x)=\lim\limits_{x\to0}x\sin\dfrac{1}{x}=0$(见例8),所以

$$f(0)=\lim\limits_{x\to0}f(x).$$

$f(x)$在点$x=0$处连续.

例11 讨论函数$f(x)=\begin{cases}-x+1, & 0\leqslant x<1,\\ 1, & x=1,\\ -x+2, & 1<x\leqslant2\end{cases}$在点$x=1$处的连续性.

解 函数的定义域是$[0,2]$,因此$f(x)$在$x=1$及左右有定义.因为

$$f(1)=1,\lim\limits_{x\to1^-}f(x)=\lim\limits_{x\to1^-}(-x+1)=0,\lim\limits_{x\to1^+}f(x)=\lim\limits_{x\to1^+}(-x+2)=1,$$

所以$\lim\limits_{x\to1}f(x)$不存在,故$f(x)$在点$x=1$处不连续.

2. 函数在区间上的连续性、连续函数

有了函数在某点处连续的概念,我们就可以给出函数在区间上连续的定义.

定义 1.19 如果函数$f(x)$在区间(a,b)内每一点都连续,则称函数$f(x)$在区间(a,b)内连续.

如果函数$f(x)$在某个区间上连续,就称$f(x)$是这个区间上的连续函数.如果区间包括端点,那么函数在右端点连续是指左连续,在左端点连续是指右连续.

3. 连续函数的运算

连续函数的和、差、积、商(分母不为零)以及连续函数的复合函数仍然是连续函数.

定理 1.1 如果两个函数在某一点连续,那么它们的和、差、积、商(分母不为零)在这一点也连续.

定理 1.2 设函数$u=\varphi(x)$在点x_0处连续,且$u_0=\varphi(x_0)$,函数$y=f(u)$在点u_0处连续,那么复合函数$y=f[\varphi(x)]$在点x_0处也连续.

例如,$u=\ln x$在点$x=1$处连续,且$x=1$时$u=0$,而函数$y=\cos u$在点$u=0$处连续,因此复合函数$y=\cos\ln x$在点$x=1$处连续.

4. 初等函数的连续性

可以证明,基本初等函数在其定义区间内是连续的,而初等函数是由基本初等函数经过复合和四则运算得到的,保持了这种连续性.因此可以得出一个重要结论:

定理 1.3 初等函数在其定义区间内是连续的.

因此,用初等函数模型来描述连续的自然规律、社会现象和经济问题非常方便.

初等函数的连续性表明,只要是在定义区间内,求初等函数在某点处的极限可转化为求这点的函数值,即$\lim\limits_{x\to x_0}f(x)=f(x_0)$,这种极限称为确定式极限.如果当$x\to x_0$(或$x\to\infty$)时,两个函数$f(x)$与$g(x)$都趋于零或趋于无穷大,那么$\lim\limits_{\substack{x\to x_0\\(x\to\infty)}}\dfrac{f(x)}{g(x)}$可能存在,也可能不存在.通常把这种极限叫做未定式极限.事实上,未定式极限最终也需

化为确定式极限来计算,我们已经反复使用了这种求极限的方法.

对于非初等函数,如某些分段函数在分界点处的极限,则需单独讨论.

例 12　求 $\lim\limits_{x \to \frac{\pi}{4}} (\sin 2x)^3$.

解　因为初等函数 $y = (\sin 2x)^3$ 在 $x = \dfrac{\pi}{4}$ 处连续,所以,

$$\lim_{x \to \frac{\pi}{4}} (\sin 2x)^3 = \left(\sin 2 \cdot \frac{\pi}{4}\right)^3 = 1^3 = 1.$$

例 13　求 $\lim\limits_{x \to 2} \dfrac{\sqrt{x-1}-1}{x-2}$.

解　$\dfrac{\sqrt{x-1}-1}{x-2}$ 在点 $x = 2$ 处无定义,因此需先约去 $(x-2)$,然后由初等函数的连续性得

$$\lim_{x \to 2} \frac{\sqrt{x-1}-1}{x-2} = \lim_{x \to 2} \frac{(x-1)-1}{(x-2)(\sqrt{x-1}+1)} = \lim_{x \to 2} \frac{1}{\sqrt{x-1}+1} = \frac{1}{1+1} = \frac{1}{2}.$$

例 14　求 $\lim\limits_{x \to 0} \dfrac{\ln(1+x)}{x}$.

解　因为

$$\frac{\ln(1+x)}{x} = \ln(1+x)^{\frac{1}{x}},$$

虽然 $(1+x)^{\frac{1}{x}}$ 在点 $x = 0$ 处不连续,但极限存在,所以可以先求出 $(1+x)^{\frac{1}{x}}$ 的极限,即有

$$\lim_{x \to 0} \frac{\ln(1+x)}{x} = \lim_{x \to 0} \ln(1+x)^{\frac{1}{x}} = \ln \lim_{x \to 0} (1+x)^{\frac{1}{x}} = \ln e = 1,$$

其中,$\lim\limits_{x \to 0} (1+x)^{\frac{1}{x}} = e$ 是 §1.4 第二个重要极限的结论.

§1.3　极限运算法则

根据定义可以求出一些简单函数的极限,如果求一些较为复杂的函数的极限,则需要用到如下的极限四则运算法则.设 $u(x) = u$, $v(x) = v$.

法则 1　若 $\lim u = A$, $\lim v = B$,则

$$\lim(u \pm v) = \lim u \pm \lim v = A \pm B;$$

法则 2　若 $\lim u = A$, $\lim v = B$,则

$$\lim(u \cdot v) = \lim u \cdot \lim v = A \cdot B;$$

法则 3　若 $\lim u = A$, $\lim v = B$,且 $B \neq 0$,则

$$\lim \frac{u}{v} = \frac{\lim u}{\lim v} = \frac{A}{B}.$$

注:这里"lim"是通用极限符号,表示 $x \to x_0$, $x \to \infty$, $n \to \infty$ 等各种情形下的极限.

法则 1 和法则 2 可以推广到有限个的情形.

推论　若 $\lim u = A$, C 为常数,$k \in \mathbf{N}^*$,则

（1）$\lim Cu = C\lim u = CA$；

（2）$\lim u^k = (\lim u)^k = A^k$.

上述极限的四则运算法则表明：在自变量的某一变化过程中，u 与 v 的和、差、积、商的极限分别等于它们极限的和、差、积、商（在商的情况下，分母的极限不能为零），也就是说，极限运算与四则运算的次序可以交换.

注：运用这一法则的前提条件是 u 与 v 的极限存在（在商的情况下还要求分母的极限不为零）.

例 1　求 $\lim\limits_{x\to 1}(x^2 + 2x - 1)$.

解　$\lim\limits_{x\to 1}(x^2 + 2x - 1) = \lim\limits_{x\to 1}x^2 + \lim\limits_{x\to 1}2x + \lim\limits_{x\to 1}(-1)$

$$= (\lim\limits_{x\to 1}x)^2 + 2\lim\limits_{x\to 1}x - 1$$

$$= 1^2 + 2 - 1 = 2.$$

例 2　求 $\lim\limits_{x\to 0}x\cos x$.

解　因为 $\lim\limits_{x\to 0}x = 0, \lim\limits_{x\to 0}\cos x = 1$，所以

$$\lim\limits_{x\to 0}x\cos x = \lim\limits_{x\to 0}x \cdot \lim\limits_{x\to 0}\cos x = 0 \times 1 = 0.$$

但若求 $\lim\limits_{x\to 0}x\cos\dfrac{1}{x}$，则不能应用极限的四则运算法则，因为 $\lim\limits_{x\to 0}\cos\dfrac{1}{x}$ 不存在.

例 3　求 $\lim\limits_{x\to 1}\dfrac{x^2 - 2x + 5}{x^2 + 6}$.

解　由于当 $x\to 1$ 时，$x^2 + 6 \to 7 \neq 0$，故由极限的四则运算法则得

$$\lim\limits_{x\to 1}\frac{x^2 - 2x + 5}{x^2 + 6} = \frac{\lim\limits_{x\to 1}(x^2 - 2x + 5)}{\lim\limits_{x\to 1}(x^2 + 6)} = \frac{4}{7}.$$

例 4　求 $\lim\limits_{x\to 1}\dfrac{x^2 + x}{x^2 - 1}$.

解　当 $x\to 1$ 时，$x^2 - 1 \to 0, x^2 + x \to 2$，因此不能用法则 3.因为 $\lim\limits_{x\to 1}\dfrac{x^2 - 1}{x^2 + x} = \dfrac{1^2 - 1}{1^2 + 1} = 0$，所以

$$\lim\limits_{x\to 1}\frac{x^2 + x}{x^2 - 1} = \infty.$$

例 5　求 $\lim\limits_{x\to 1}\dfrac{x^2 + x - 2}{x - 1}$.

解　显然 $\lim\limits_{x\to 1}(x - 1) = 0, \lim\limits_{x\to 1}(x^2 + x - 2) = 0$，故不能用法则 3，这种情形的极限称为"$\dfrac{0}{0}$"型的未定式极限.注意到 $x\to 1$ 是指 $x\neq 1$ 但接近于 1，所以在 $x\to 1$ 的过程中 $x - 1 \neq 0$，故可以进行约分.所以

$$\lim\limits_{x\to 1}\frac{x^2 + x - 2}{x - 1} = \lim\limits_{x\to 1}(x + 2) = 1 + 2 = 3.$$

例 6　求 $\lim\limits_{x\to 1}\dfrac{\sqrt{3x + 1} - 2}{x - 1}$.

解　这也是"$\dfrac{0}{0}$"型的未定式极限，可以将分子、分母同乘分子的有理化因式后，约

极限运算法则

马怀远

极限运算
法则测一测

分化简求得极限：

$$\lim_{x \to 1} \frac{\sqrt{3x+1}-2}{x-1}$$

$$=\lim_{x \to 1} \frac{(\sqrt{3x+1}-2)(\sqrt{3x+1}+2)}{(x-1)(\sqrt{3x+1}+2)} = \lim_{x \to 1} \frac{3x-3}{(x-1)(\sqrt{3x+1}+2)}$$

$$=\lim_{x \to 1} \frac{3}{\sqrt{3x+1}+2} = \frac{3}{4}.$$

例 7　求 $\lim\limits_{n \to \infty} \dfrac{2n^2+3n-1}{3n^2-n}$.

解　这样计算

$$\lim_{n \to \infty} \frac{2n^2+3n-1}{3n^2-n} = \frac{\lim\limits_{n \to \infty}(2n^2+3n-1)}{\lim\limits_{n \to \infty}(3n^2-n)}$$

显然是错误的,因为分子、分母当 $n \to \infty$ 时极限均不存在,不符合法则 3 的条件.这种情形的极限称为"$\dfrac{\infty}{\infty}$"型的未定式极限.

正确的做法是:将 $\dfrac{2n^2+3n-1}{3n^2-n}$ 的分子、分母同时除以 n^2,得

$$\lim_{n \to \infty} \frac{2n^2+3n-1}{3n^2-n} = \lim_{n \to \infty} \frac{2+\dfrac{3}{n}-\dfrac{1}{n^2}}{3-\dfrac{1}{n}} = \frac{\lim\limits_{n \to \infty}\left(2+\dfrac{3}{n}-\dfrac{1}{n^2}\right)}{\lim\limits_{n \to \infty}\left(3-\dfrac{1}{n}\right)}$$

$$= \frac{\lim\limits_{n \to \infty}2+\lim\limits_{n \to \infty}\dfrac{3}{n}-\lim\limits_{n \to \infty}\dfrac{1}{n^2}}{\lim\limits_{n \to \infty}3-\lim\limits_{n \to \infty}\dfrac{1}{n}} = \frac{2}{3}.$$

例 8　求 $\lim\limits_{x \to \infty} \dfrac{2x^2-x+5}{3x^3-2x-1}$.

解　这也是"$\dfrac{\infty}{\infty}$"型的未定式极限,

$$\lim_{x \to \infty} \frac{2x^2-x+5}{3x^3-2x-1} = \lim_{x \to \infty} \frac{\dfrac{2}{x}-\dfrac{1}{x^2}+\dfrac{5}{x^3}}{3-\dfrac{2}{x^2}-\dfrac{1}{x^3}} = \frac{0}{3} = 0.$$

同理可得

$$\lim_{x \to \infty} \frac{2x^2-x+5}{3x^2-2x-1} = \lim_{x \to \infty} \frac{2-\dfrac{1}{x}+\dfrac{5}{x^2}}{3-\dfrac{2}{x}-\dfrac{1}{x^2}} = \frac{2}{3},$$

$$\lim_{x \to \infty} \frac{2x^3-x+5}{3x^2-2x-1} = \lim_{x \to \infty} \frac{2-\dfrac{1}{x^2}+\dfrac{5}{x^3}}{\dfrac{3}{x}-\dfrac{2}{x^2}-\dfrac{1}{x^3}} = \infty.$$

一般地,设 $a_0 \neq 0, b_0 \neq 0$,有如下结论:

$$\lim_{x \to \infty} \frac{a_0 x^n + a_1 x^{n-1} + \cdots + a_n}{b_0 x^m + b_1 x^{m-1} + \cdots + b_m} = \begin{cases} 0, & \text{当 } n < m \text{ 时,} \\ \dfrac{a_0}{b_0}, & \text{当 } n = m \text{ 时,} \\ \infty, & \text{当 } n > m \text{ 时.} \end{cases}$$

例 9 求 $\lim\limits_{x \to 1}\left(\dfrac{1}{1-x} - \dfrac{3}{1-x^3}\right)$.

解 当 $x \to 1$ 时,

$$\frac{1}{1-x} \to \infty, \frac{3}{1-x^3} \to \infty,$$

故不能用法则 1 求极限,这种情形的极限称为"$\infty - \infty$"型未定式极限,可先通分变形后再求极限.

$$\lim_{x \to 1}\left(\frac{1}{1-x} - \frac{3}{1-x^3}\right) = \lim_{x \to 1}\frac{1+x+x^2-3}{1-x^3} = \lim_{x \to 1}\frac{x^2+x-2}{1-x^3}$$

$$= \lim_{x \to 1}\frac{(x-1)(x+2)}{(1-x)(1+x+x^2)} = \lim_{x \to 1}\frac{-(x+2)}{1+x+x^2} = -1.$$

例 10 已知 $\lim\limits_{x \to 2}\dfrac{x^2-x+a}{x-2}$ 存在,求 a 的值,并求这个极限.

解 因为 $\lim\limits_{x \to 2}\dfrac{x^2-x+a}{x-2}$ 存在且 $\lim\limits_{x \to 2}(x-2)=0$,所以分子的极限必为 0,即 $\lim\limits_{x \to 2}(x^2-x+a)=0$,所以 $2^2-2+a=0$,解得 $a=-2$.所求极限为

$$\lim_{x \to 2}\frac{x^2-x-2}{x-2} = \lim_{x \to 2}(x+1) = 3.$$

§1.4 两个重要极限

有两个非常特殊的极限,在今后的理论推导和极限计算中十分重要,因此本节单独研究它们.

一、$\lim\limits_{x \to 0}\dfrac{\sin x}{x} = 1$

显然 $\lim\limits_{x \to 0}\sin x = 0, \lim\limits_{x \to 0}x = 0$,这是一个"$\dfrac{0}{0}$"型的未定式极限,我们无法用以前的方法求出其极限值.当 $x > 0$ 时,函数关系如表 1-2 所示.

重要极限(一)

马怀远

表 1-2

x	0.50	0.10	0.05	0.04	0.03	0.02	$\cdots$
$\dfrac{\sin x}{x}$	0.958 5	0.998 3	0.999 6	0.999 7	0.999 8	0.999 9	$\cdots$

当 $x \to 0^+$ 时，$\dfrac{\sin x}{x} \to 1$；当 $x \to 0^-$ 时，有

$$-x \to 0^+, -x > 0, \sin(-x) > 0.$$

于是，

$$\lim_{x \to 0^-} \frac{\sin x}{x} = \lim_{-x \to 0^+} \frac{\sin(-x)}{-x} = 1.$$

因此，我们得到

$$\lim_{x \to 0} \frac{\sin x}{x} = 1.$$

重要极限（一）
测一测

这个极限也可以从图 1-11 的单位圆中看出，当 $x > 0$ 时，$x = \overset{\frown}{AB}$，$\sin x = CB$，若 $x \to 0$，则 $\overset{\frown}{AB}$ 无限接近于 AB，从而与 CB 无限接近. 当 $x < 0$ 时，也有类似结果.

这个结果也可以推广成

$$\lim_{\varphi(x) \to 0} \frac{\sin \varphi(x)}{\varphi(x)} = 1.$$

例 1　求 $\lim\limits_{x \to 0} \dfrac{\tan x}{x}$.

图 1-11

解　$\lim\limits_{x \to 0} \dfrac{\tan x}{x} = \lim\limits_{x \to 0} \dfrac{\dfrac{\sin x}{\cos x}}{x} = \lim\limits_{x \to 0} \dfrac{\sin x}{x} \cdot \dfrac{1}{\cos x}$

$$= \lim_{x \to 0} \frac{\sin x}{x} \cdot \lim_{x \to 0} \frac{1}{\cos x} = 1 \cdot 1 = 1.$$

例 2　求 $\lim\limits_{x \to 0} \dfrac{\sin 3x}{x}$.

解　$\lim\limits_{x \to 0} \dfrac{\sin 3x}{x} = \lim\limits_{x \to 0} \dfrac{3\sin 3x}{3x} = 3 \lim\limits_{x \to 0} \dfrac{\sin 3x}{3x} = 3 \times 1 = 3.$

例 3　求 $\lim\limits_{x \to 0} \dfrac{1 - \cos x}{x^2}$.

解　$\lim\limits_{x \to 0} \dfrac{1 - \cos x}{x^2}$

$$= \lim_{x \to 0} \frac{2 \sin^2 \dfrac{x}{2}}{x^2} = \lim_{x \to 0} \frac{\sin^2 \dfrac{x}{2}}{2 \cdot \left(\dfrac{x}{2}\right)^2} = \lim_{x \to 0} \frac{1}{2} \left(\frac{\sin \dfrac{x}{2}}{\dfrac{x}{2}}\right)^2$$

$$= \frac{1}{2} \lim_{x \to 0} \left(\frac{\sin \dfrac{x}{2}}{\dfrac{x}{2}}\right)^2 = \frac{1}{2} \times 1^2 = \frac{1}{2}.$$

例 4　求 $\lim\limits_{x \to \infty} x \sin \dfrac{3}{x}$.

解　$\lim\limits_{x \to \infty} x \sin \dfrac{3}{x} = \lim\limits_{x \to \infty} \dfrac{3\sin \dfrac{3}{x}}{\dfrac{3}{x}} = 3 \lim\limits_{x \to \infty} \dfrac{\sin \dfrac{3}{x}}{\dfrac{3}{x}} = 3.$

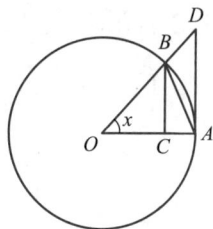

例 5 求 $\lim\limits_{x\to 0}\dfrac{\tan x-\sin x}{x^3}$.

解

$$\lim_{x\to 0}\frac{\tan x-\sin x}{x^3}$$

$$=\lim_{x\to 0}\frac{\dfrac{\sin x}{\cos x}-\sin x}{x^3}=\lim_{x\to 0}\frac{\sin x\cdot\dfrac{1-\cos x}{\cos x}}{x^3}$$

$$=\lim_{x\to 0}\frac{\sin x}{x}\cdot\lim_{x\to 0}\frac{1}{\cos x}\cdot\lim_{x\to 0}\frac{1-\cos x}{x^2}$$

$$=1\times 1\times\frac{1}{2}=\frac{1}{2}.$$

二、$\lim\limits_{x\to\infty}\left(1+\dfrac{1}{x}\right)^x=\mathrm{e}$

如表 1-3 所示,从中可以看出:

重要极限(二)

马怀远

表 1-3

x	10	100	1 000	10 000	100 000	1 000 000	⋯
$\left(1+\dfrac{1}{x}\right)^x$	2.593 74	2.704 81	2.716 92	2.718 15	2.718 27	2.718 28	⋯
x	−10	−100	−1 000	−10 000	−100 000	−1 000 000	⋯
$\left(1+\dfrac{1}{x}\right)^x$	2.867 97	2.732 00	2.719 64	2.718 42	2.718 30	2.718 28	⋯

当 $x\to+\infty$ 时,$\left(1+\dfrac{1}{x}\right)^x$ 逐渐增大且接近于一个确定的数 2.718 28⋯,同样当 $x\to-\infty$ 时,$\left(1+\dfrac{1}{x}\right)^x$ 逐渐减少且接近于 2.718 28⋯.这个极限值 2.718 28⋯,我们用 e 来表示,于是得到

$$\lim_{x\to\infty}\left(1+\frac{1}{x}\right)^x=\mathrm{e}.$$

数 e 是一个无理数,是自然对数的底.

这个重要极限在形式上的特点是:当 $x\to\infty$ 时,底 $1+\dfrac{1}{x}\to 1$,指数 $x\to\infty$,因此称为 "1^{∞}" 型的未定式极限.令 $\dfrac{1}{x}=t$,则当 $x\to\infty$ 时,$t\to 0$.因此,这个极限也可以变形为 $\lim\limits_{t\to 0}(1+t)^{\frac{1}{t}}=\mathrm{e}$,也即

$$\lim_{x\to 0}(1+x)^{\frac{1}{x}}=\mathrm{e}.$$

这两种形式还可以推广为

$$\lim_{\varphi(x)\to\infty}\left[1+\frac{1}{\varphi(x)}\right]^{\varphi(x)}=\mathrm{e},\ \lim_{\varphi(x)\to0}\left[1+\varphi(x)\right]^{\frac{1}{\varphi(x)}}=\mathrm{e}.$$

例 6　求 $\lim\limits_{x\to\infty}\left(1+\dfrac{2}{x}\right)^{x}$.

解　$\lim\limits_{x\to\infty}\left(1+\dfrac{2}{x}\right)^{x}=\lim\limits_{x\to\infty}\left[\left(1+\dfrac{1}{\frac{x}{2}}\right)^{\frac{x}{2}}\right]^{2}=\left[\lim\limits_{x\to\infty}\left(1+\dfrac{1}{\frac{x}{2}}\right)^{\frac{x}{2}}\right]^{2}=\mathrm{e}^{2}.$

例 7　求 $\lim\limits_{x\to0}(1-2x)^{\frac{1}{x}}$.

解　令 $-2x=t$，则

$$x=-\frac{t}{2},\frac{1}{x}=-\frac{2}{t}.$$

当 $x\to0$ 时 $t\to0$，于是

$$\lim_{x\to0}(1-2x)^{\frac{1}{x}}=\lim_{t\to0}(1+t)^{-\frac{2}{t}}=\lim_{t\to0}\left[(1+t)^{\frac{1}{t}}\right]^{-2}=\mathrm{e}^{-2}.$$

当然也可以这样做：

$$\lim_{x\to0}(1-2x)^{\frac{1}{x}}=\lim_{x\to0}\left[1+(-2x)\right]^{\frac{1}{-2x}\cdot(-2)}=\mathrm{e}^{-2}.$$

例 8　求 $\lim\limits_{x\to\infty}\left(\dfrac{x+2}{x+1}\right)^{2x}$.

解　$\lim\limits_{x\to\infty}\left(\dfrac{x+2}{x+1}\right)^{2x}=\lim\limits_{x\to\infty}\left(1+\dfrac{1}{x+1}\right)^{2(x+1)-2}$

$$=\left[\lim_{x\to\infty}\left(1+\frac{1}{x+1}\right)^{x+1}\right]^{2}\cdot\lim_{x\to\infty}\left(1+\frac{1}{x+1}\right)^{-2}$$

$$=\mathrm{e}^{2}\cdot1=\mathrm{e}^{2}.$$

或者设 $\dfrac{x+2}{x+1}=1+u$，则 $x=\dfrac{1}{u}-1$，当 $x\to\infty$ 时，$u\to0$. 于是

$$\lim_{x\to\infty}\left(\frac{x+2}{x+1}\right)^{2x}=\lim_{u\to0}(1+u)^{2\left(\frac{1}{u}-1\right)}$$

$$=\lim_{u\to0}(1+u)^{\frac{2}{u}}\cdot\lim_{u\to0}(1+u)^{-2}$$

$$=\mathrm{e}^{2}\cdot1=\mathrm{e}^{2}.$$

也可这样解：

$$\lim_{x\to\infty}\left(\frac{x+2}{x+1}\right)^{2x}=\lim_{x\to\infty}\left(\frac{1+\frac{2}{x}}{1+\frac{1}{x}}\right)^{2x}=\frac{\lim\limits_{x\to\infty}\left(1+\frac{2}{x}\right)^{2x}}{\lim\limits_{x\to\infty}\left(1+\frac{1}{x}\right)^{2x}}=\frac{\mathrm{e}^{4}}{\mathrm{e}^{2}}=\mathrm{e}^{2}.$$

例 9　求 $\lim\limits_{x\to0}(1+\tan x)^{\cot x}$.

解　$\lim\limits_{x\to0}(1+\tan x)^{\cot x}=\lim\limits_{\tan x\to0}(1+\tan x)^{\frac{1}{\tan x}}=\mathrm{e}.$

例 10　求 $\lim\limits_{x\to\infty}\left(\dfrac{x^{2}}{x^{2}-1}\right)^{x}$.

解　$\lim\limits_{x\to\infty}\left(\dfrac{x^{2}}{x^{2}-1}\right)^{x}=\lim\limits_{x\to\infty}\left(\dfrac{x}{x+1}\cdot\dfrac{x}{x-1}\right)^{x}=\lim\limits_{x\to\infty}\left(\dfrac{x}{x+1}\right)^{x}\cdot\lim\limits_{x\to\infty}\left(\dfrac{x}{x-1}\right)^{x}$

重要极限（二）

测一测

$$=\lim_{x\to\infty}\frac{1}{\left(1+\dfrac{1}{x}\right)^x}\cdot\lim_{x\to\infty}\frac{1}{\left(1-\dfrac{1}{x}\right)^x}=\frac{1}{e}\cdot\lim_{x\to\infty}\frac{1}{\left[\left(1+\dfrac{1}{-x}\right)^{-x}\right]^{-1}}$$

$$=\frac{1}{e}\cdot\frac{1}{e^{-1}}=1.$$

注:应用两个重要极限解题时,一定要注意符合它们的条件,例如,$\lim\limits_{x\to0}\dfrac{\sin x}{x}$中若将 $x\to0$ 改为 $x\to a(a\neq0)$,就不是特殊极限了.

应用部分

§1.5 软件应用计算

一、函数作图

在 MATLAB 中可用命令 ezplot 作出函数的图形,其使用方法如表 1-4 所示.

表 1-4

MATLAB命令	功　能
ezplot(f,[min,max])	在指定区间[min,max]上作出函数图形
ezplot(f,[xmin,xmax,ymin,ymax])	在平面矩形区域[xmin,xmax]×[ymin,ymax]上作出函数 $f(x,y)=0$ 的图形
ezplot(f,g,[tmin,tmax])	在区间[tmin,tmax]上作出 $\begin{cases}x=f(t),\\y=g(t)\end{cases}$ 的图形

例 1　作出 $f(x)=\dfrac{\sin x}{x}$ 在 $[-5\pi,5\pi]$ 上的图形.

解　输入命令:

syms x;

ezplot(sin(x)/x,[−5*pi,5*pi])

输出结果如图 1-12 所示.

例 2　作出 $4x^2+9y^2=1$ 的图形.

解　输入命令:

ezplot('4*x^2+9*y^2−1',[−0.5,0.5,−0.5,0.5])

输出结果如图 1-13 所示.

例 3　作出 $\begin{cases}x=\sin 2t,\\y=\cos t\end{cases}$ 的图形.

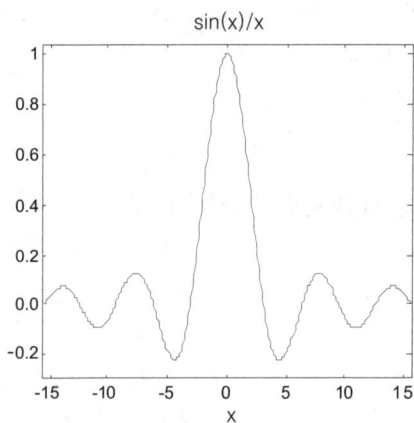

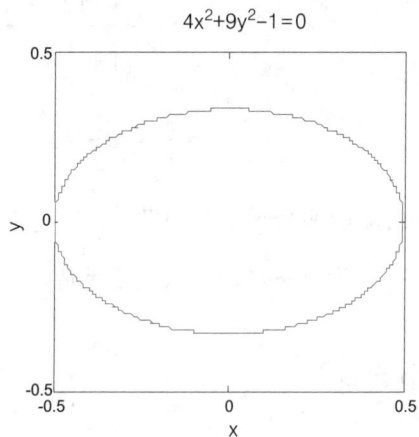

图 1-12　　　　　　　　　　　　　图 1-13

解　输入命令：
$ezplot('sin(2*t)','cos(t)',[0,2*pi])$
输出结果如图 1-14 所示.

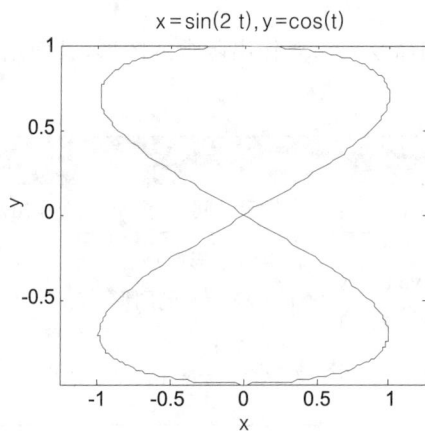

图 1-14

二、极限的计算

在 MATLAB 中可以使用命令 limit 来计算函数在某一点处的极限，其使用方法如表 1-5 所示.

表 1-5

数学表达式	MATLAB 命令	数学表达式	MATLAB 命令
$\lim\limits_{x\to\infty} f(x)\,(\lim\limits_{x\to+\infty} f(x))$	limit(f,x,inf)	$\lim\limits_{x\to a^-} f(x)$	limit(f,x,a,'left')
$\lim\limits_{x\to-\infty} f(x)$	limit(f,x,-inf)	$\lim\limits_{x\to a^+} f(x)$	limit(f,x,a,'right')
$\lim\limits_{x\to a} f(x)$	limit(f,x,a)或者 limit(f,a)		

极限计算方法

马怀远

例 4   计算 $\lim\limits_{x\to\infty}\left(1+\dfrac{k}{x}\right)^{x}$.

解   输入命令：

syms x k;

limit((1+k/x)^x,x,inf)

输出结果为 ans＝exp(k)，即 e^{k}.

例 5   计算 $\lim\limits_{x\to1}\dfrac{x^{n}-1}{x-1}$.

解   输入命令：

syms x n;

limit((x^n−1)/(x−1),x,1)

输出结果为 ans＝n.

例 6   设 $f(x)=\dfrac{|x|}{x}$，求 $\lim\limits_{x\to0}f(x)$.

解   首先计算 $f(x)$ 的左、右极限，输入命令：

syms x;

f_left＝limit(abs(x)/x,x,0,'left')

f_right＝limit(abs(x)/x,x,0,'right')

输出结果为 f_left＝−1，f_right＝1.

函数 $f(x)$ 在 $x=0$ 处的左右极限存在但不相等，因此 $f(x)$ 在 $x=0$ 处的极限不存在.也可以直接输入命令：

syms x;

limit(abs(x)/x,x,0)

输出结果为 ans＝NaN，表示极限不存在.

§1.6 经济应用

一、需求函数与供给函数

在不考虑其他因素对商品需求量影响的情况下，**需求函数** $Q=f(P)$ 反映了某商品的需求量 Q 与商品销售价格 P 的关系.需求函数是价格 P 的减函数，商品价格上扬会抑制消费，反之则会刺激消费.

对于不同的商品，价格影响需求量变动的规律是不同的，所以不同的商品有不同的需求函数.即使同一种商品，因时间、地域的不同，也会有不同的需求函数.常用的需求函数模型有：

(1) 线性函数 $f(P)=a-bP$ （$a>0,b>0$）；

(2) 幂函数 $f(P)=aP^{-b}$ （$a>0,b>0$）；

(3) 指数函数 $f(P)=a\,e^{-bP}$ （$a>0,b>0$）.

需求函数
与供给函数

马怀远

至于选择哪一种具体函数模型,应该通过市场调查,根据需求量的主要变化特征加以确定.

一种商品的市场供给量也是由多种因素决定的,如生产条件、原材料供应、成本、商品价格等.如果我们只考虑价格因素,那么供给量 Q 是价格 P 的函数 $Q=g(P)$,称为**供给函数**.商品价格上扬会刺激生产从而增加供给,反之则会抑制生产从而减少供给,所以供给函数是价格 P 的增函数.

供给函数也有多种类型,常用的供给函数模型有:

(1) 线性函数 $g(P)=a+bP$ $(b>0)$;

(2) 幂函数 $g(P)=aP^b$ $(a>0,b>0)$;

(3) 指数函数 $g(P)=a\mathrm{e}^{bP}$ $(a>0,b>0)$.

需求函数和供给函数的单调性恰好相反,商品价格与需求、供给这三者之间的关系如图 1-15 所示.

从图像上可以看出,需求曲线和供给曲线有一个交点,在这个点上市场的需求量和供给量相等,需求和供给处于平衡状态,这时的价格 P_0 称为**均衡价格**,需求(供给)量 Q_0 称为**均衡数量**.

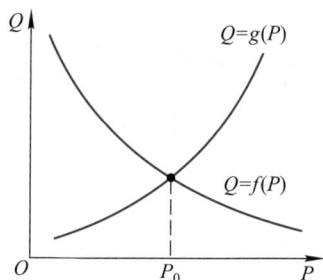

图 1-15

例 1 已知某商品的需求函数和供给函数分别为 $Q=50-\dfrac{4}{3}P$,$Q=-4+\dfrac{2}{3}P$,求该商品的均衡价格 P_0 和均衡数量 Q_0.

解 由均衡条件得

$$50-\frac{4}{3}P=-4+\frac{2}{3}P,$$

解得均衡价格 $P_0=27$,对应的均衡数量 $Q_0=14$.

二、银行连续复利的计算

我们来讨论本章一开始提出的银行连续复利计算问题,并考虑更一般的情况.

例 2 设银行某种定期储蓄的年利率是 r,本金是 A_0,按年计算复利,那么 t 年后,本金与利息合计值 A_t 应为 $A_0(1+r)^t$.若改为每半年计息一次,t 年后的本利和为多少?若改为每月计息一次,t 年后的本利和为多少?有银行为吸引储户,宣称采用连续复利,即瞬时复利,每时每刻都计利息,请问在这种储蓄方式下 t 年后的本利和为多少?

解 若每半年计息一次,每半年的利率应是 $\dfrac{r}{2}$,共计息 $2t$ 次,故 t 年后的本利和为

$$A_t'=A_0\left(1+\frac{r}{2}\right)^{2t}.$$

若每月计息一次,每月的利率应是 $\dfrac{r}{12}$,共计息 $12t$ 次,故 t 年后的本利和为

$$A''_t = A_0 \left(1 + \frac{r}{12}\right)^{12t}.$$

若每年计息 n 次, 则每次计息的利率为 $\frac{r}{n}$, 共计息 nt 次, 故 t 年后的本利和为

$$A_0 \left(1 + \frac{r}{n}\right)^{nt}.$$

当 $n \to \infty$ 时, 即得连续复利储蓄时 t 年后的本利和为

$$A'''_t = \lim_{n \to \infty} A_0 \left(1 + \frac{r}{n}\right)^{nt} = A_0 \lim_{n \to \infty}\left[\left(1 + \frac{r}{n}\right)^{\frac{n}{r}}\right]^{rt} = A_0 e^{rt}.$$

以我国某银行一年定期储蓄利率 $r = 0.0225$ 代入, 当 $t = 1$ 时, 可得

$$A_1 = 1.0225A_0, A'_1 \approx 1.02263A_0,$$
$$A''_1 \approx 1.02273A_0, A'''_1 \approx 1.02276A_0.$$

当 $t = 10$ 时, 可得

$$A_{10} \approx 1.2492A_0, A'_{10} \approx 1.2508A_0,$$
$$A''_{10} \approx 1.2521A_0, A'''_{10} \approx 1.2523A_0.$$

可见这种连续复利的储蓄方式并未使储户的本利和大幅增加, 仅仅是银行的吸储策略而已.

假设 $r = 1, t = 1$, 我们更容易看出其中的奥秘, 这时

$$A_1 = A_0(1+1)^1 = 2A_0,$$
$$A'_1 = A_0\left(1 + \frac{1}{2}\right)^2 = 2.25A_0,$$
$$A''_1 = A_0\left(1 + \frac{1}{12}\right)^{12} \approx 2.61304A_0,$$
$$A'''_1 = A_0 e \approx 2.71828A_0.$$

这表明, 即使是计算瞬时复利, 一年后的本利和也只能达到本金的 e 倍.

我国银行的定期储蓄一般不计算复利, 这样结算比较简便. 若储户办理的是预约转存储蓄, 银行就自动将到期存款的本利和按原存期转存, 这时计算复利. 复利在计算货币的时间价值上有着重要的应用.

三、产品利润中的极限问题

例 3 已知生产 x 件某产品的成本是 $C(x) = 10 + \sqrt{1 + x^2}$ (元), 每件的售价为 5 元. 于是销售 x 件的收益为 $R(x) = 5x$ (元).

(1) 出售 $x + 1$ 件比出售 x 件所产生的利润增长额为

$$I(x) = [R(x+1) - C(x+1)] - [R(x) - C(x)],$$

当生产稳定、产量很大时, 这个增长额为 $\lim\limits_{x \to +\infty} I(x)$, 试求这个极限值;

(2) 生产了 x 件某产品时, 每件的平均成本为 $\frac{C(x)}{x}$, 同样当产品产量很大时, 每件的成本大致是 $\lim\limits_{x \to +\infty} \frac{C(x)}{x}$, 试求这个极限值.

解　(1) $I(x) = [5(x+1) - (10 + \sqrt{1+(1+x)^2})] -$
$[5x - (10 + \sqrt{1+x^2})]$
$= 5 + \sqrt{1+x^2} - \sqrt{1+(1+x)^2}$,

求 $\lim\limits_{x \to +\infty} I(x)$,实质上是求

$$\lim_{x \to +\infty} (\sqrt{1+x^2} - \sqrt{1+(1+x)^2})$$

$$= \lim_{x \to +\infty} \frac{1+x^2 - [1+(1+x)^2]}{\sqrt{1+x^2} + \sqrt{1+(1+x)^2}}$$

$$= \lim_{x \to +\infty} \frac{-2x-1}{\sqrt{1+x^2} + \sqrt{1+(1+x)^2}}$$

$$= \lim_{x \to +\infty} \frac{-2 - \dfrac{1}{x}}{\sqrt{\dfrac{1}{x^2} + 1} + \sqrt{\dfrac{1}{x^2} + \left(1 + \dfrac{1}{x}\right)^2}} = -1,$$

即

$$\lim_{x \to +\infty} I(x) = 5 - 1 = 4.$$

(2) $\lim\limits_{x \to +\infty} \dfrac{C(x)}{x} = \lim\limits_{x \to +\infty} \dfrac{10 + \sqrt{1+x^2}}{x}$

$$= \lim_{x \to +\infty} \left(\frac{10}{x} + \sqrt{\frac{1}{x^2} + 1}\right) = 1.$$

§1.7　工程应用

一、古墓年代推算

例 1　放射性物质的含量 N 是时间 t(单位:年)的函数 $N(t) = N_0 e^{-\lambda t}$,其中 N_0 为放射性物质的初始含量,λ 为衰变系数.通过测量放射性物质的衰变,可对文物的年代进行推算.某处古墓发掘中,测得墓中木制品内的^{14}C 含量是初始值的 78%,已知 ^{14}C 的半衰期为 5 568 年,试求^{14}C 的衰变系数并估计该古墓的年代.

解　所谓放射性物质的半衰期,是指一定数量的该物质衰变到只剩下原来的一半时所经过的时间.

根据已知条件可得

$$N(5\ 568) = N_0 e^{-5\ 568\lambda} = \frac{N_0}{2},$$

故 $-5\ 568\lambda = \ln \dfrac{1}{2}$,衰变系数

$$\lambda = \frac{1}{5\ 568} \ln 2 \approx 0.000\ 124\ 488.$$

当 $N(t)=0.78N_0$ 时,有

$$N_0 e^{-\lambda t}=0.78N_0.$$

于是 $-\lambda t=\ln 0.78$,所以

$$t=-\frac{1}{\lambda}\ln 0.78=-\frac{5\,568}{\ln 2}\ln 0.78\approx1\,996.$$

即该古墓的年代约为 1 996 年前.

二、CO_2 的吸收

例 2 空气通过盛有 CO_2 吸收剂的圆柱形器皿,已知该器皿吸收 CO_2 的量与 CO_2 的体积分数及吸收层厚度成正比.今有 CO_2 体积分数为 8% 的空气,通过厚度为 10 cm 的吸收层后,CO_2 体积分数为 2%.问:

(1) 若吸收层厚度为 30 cm,则出口处空气中 CO_2 的体积分数是多少?

(2) 若要使出口处空气中 CO_2 的体积分数为 1%,则吸收层厚度应为多少?

解 设吸收层厚度为 d cm,现将吸收层分成 n 小段,每小段的厚度为 $\frac{d}{n}$ cm.

已知吸收 CO_2 的量与 CO_2 的体积分数及吸收层厚度成正比.今有 CO_2 体积分数为 8% 的空气,设通过第 1 小段吸收层后,吸收 CO_2 的量为 $k\cdot8\%\cdot\frac{d}{n}$($k$ 为常数),则空气中 CO_2 的体积分数为

$$8\%-k\cdot8\%\frac{d}{n}=8\%\left(1-k\frac{d}{n}\right);$$

通过第 2 小段吸收层后,吸收 CO_2 的量为

$$k\cdot8\%\left(1-k\frac{d}{n}\right)\frac{d}{n},$$

空气中 CO_2 的体积分数为

$$8\%\left(1-k\frac{d}{n}\right)-k\cdot8\%\left(1-k\frac{d}{n}\right)\frac{d}{n}=8\%\left(1-k\frac{d}{n}\right)^2,$$

············

依此类推,通过第 n 小段吸收层后,空气中 CO_2 的体积分数为

$$8\%\left(1-k\frac{d}{n}\right)^n.$$

当 $n\to\infty$ 时,即将吸收层无限细分,通过厚度为 d cm 的吸收层后,出口处空气中 CO_2 的体积分数为

$$\lim_{n\to\infty}8\%\left(1-k\frac{d}{n}\right)^n=\lim_{n\to\infty}8\%\left[\left(1+\frac{1}{-\frac{n}{kd}}\right)^{-\frac{n}{kd}}\right]^{-kd}=8\%e^{-kd}.$$

已知通过厚度为 10 cm 的吸收层后,CO_2 的体积分数为 2%,即 $8\%e^{-10k}=2\%$,解得 $k=\frac{\ln 2}{5}$.

（1）若吸收层厚度为 30 cm，即 $d=30$，则出口处空气中 CO_2 的体积分数为

$$8\%e^{-\frac{\ln 2}{5}\times 30}=\frac{8\%}{2^6}=0.125\%.$$

（2）要使出口处空气中 CO_2 的体积分数为 1%，则 $8\%e^{-\frac{\ln 2}{5}d}=1\%$，即 $2^{\frac{d}{5}}=8$，$\frac{d}{5}=3$，$d=15$，即此时吸收层厚度为 15 cm.

总结·拓展部分

一、本章内容总结

本章的内容主要是微积分的基础，对后面几章的学习非常重要，主要包括：

（1）函数的概念与常见性质，复合函数、初等函数的概念，经济函数关系式；

（2）数列极限与函数极限的概念；

（3）函数的连续性的概念，连续函数的运算，初等函数的连续性；

（4）极限的四则运算法则；

（5）两个重要极限.

求极限是一种重要的运算，解题方法比较灵活，除根据极限的定义求一些简单的极限外，主要方法还有：

（1）根据初等函数的连续性求极限；

（2）根据极限的四则运算法则求极限；

（3）根据无穷小的性质——无穷小与有界变量的积是无穷小求极限；

（4）根据两个重要极限求极限；

（5）利用等价无穷小代换求极限（见本章内容拓展）；

（6）利用变量代换求极限（见习题一，25(11)）；

（7）根据洛必达法则求极限（见第二章拓展部分）.

还须指出，极限问题可分为两类——确定式极限和未定式极限.求未定式极限一般都是进行恒等变形，化为确定式极限.在求极限过程中有时需要综合运用几种方法.

二、本章内容拓展

1. 利用等价无穷小代换求极限

根据无穷小的比较，我们知道，可以比较两个无穷小的阶，特别地，当两个无穷小等价时，它们趋于零的"快慢"程度是相同的.

例如，当 $x\to 0$ 时，有下列常见的等价无穷小：

$$x\sim\sin x\sim\tan x\sim\arcsin x\sim\arctan x\sim\ln(1+x)\sim e^x-1,1-\cos x\sim\frac{x^2}{2}.$$

利用等价无穷小代换，可以比较方便地求出一些"$\frac{0}{0}$"型的极限.

定理 1.4　设 $\alpha,\beta,\alpha',\beta'$ 是自变量同一变化过程中的无穷小,且 $\alpha\sim\alpha',\beta\sim\beta'$, $\lim\dfrac{\alpha'}{\beta'}=A$,则

$$\lim\frac{\alpha}{\beta}=\lim\frac{\alpha'}{\beta'}=A.$$

证明　$\lim\dfrac{\alpha}{\beta}=\lim\left(\dfrac{\alpha}{\alpha'}\cdot\dfrac{\alpha'}{\beta'}\cdot\dfrac{\beta'}{\beta}\right)=\lim\dfrac{\alpha}{\alpha'}\cdot\lim\dfrac{\alpha'}{\beta'}\cdot\lim\dfrac{\beta'}{\beta}=\lim\dfrac{\alpha'}{\beta'}.$

这个定理表明,在计算"$\dfrac{0}{0}$"型的极限时,可将分子、分母或它们的因子换成其等价无穷小,从而简化极限的计算.

例 1　求下列极限:

(1) $\lim\limits_{x\to 0}\dfrac{\sin 2x}{\tan 5x}$;　　　　(2) $\lim\limits_{x\to 0}\dfrac{\tan x-\sin x}{x^3}$.

解　(1) 因为当 $x\to 0$ 时,$\sin 2x\sim 2x$,$\tan 5x\sim 5x$,所以

$$\lim_{x\to 0}\frac{\sin 2x}{\tan 5x}=\lim_{x\to 0}\frac{2x}{5x}=\frac{2}{5}.$$

(2) 因为 $\tan x-\sin x=\tan x(1-\cos x)$,而 $\tan x\sim x$,$1-\cos x\sim\dfrac{1}{2}x^2$(当 $x\to 0$ 时),所以

$$\lim_{x\to 0}\frac{\tan x-\sin x}{x^3}=\lim_{x\to 0}\frac{x\cdot\dfrac{1}{2}x^2}{x^3}=\frac{1}{2}.$$

注:这里只能对分子或分母的因子进行整体代换,不能对分子或分母的加项用等价无穷小代换,如在(2)中,将 $\tan x\sim x$,$\sin x\sim x$ 代入分子,就会得到

$$\lim_{x\to 0}\frac{\tan x-\sin x}{x^3}=\lim_{x\to 0}\frac{x-x}{x^3}=0$$

的错误结果(这样的代换使得分子 $\tan x-\sin x$ 与 $x-x$ 不是等价无穷小).

2. 闭区间上的连续函数的性质

闭区间上的连续函数有一些非常重要且有用的性质,通过图形很容易理解它们.

定理 1.5(最大值最小值定理)　如果函数 $f(x)$ 在闭区间 $[a,b]$ 上连续,那么函数 $f(x)$ 在 $[a,b]$ 上一定有最大值和最小值.

连续函数 $f(x)$ 的图像在 $[a,b]$ 上是不间断的曲线,必有最高点和最低点,如图 1-16 所示,这里 $f(\xi)$ 是最小值,$f(\eta)$ 是最大值,最大值或最小值也有可能是区间端点的函数值.

注:当定理的两个条件不完全满足时,结论就不一定成立.

例如,$f(x)=2x+1$ 在 $(0,1)$ 内连续,但没有最大值、最小值.

又如,$f(x)=\begin{cases}-x+1, & 0\leqslant x<1,\\ 1, & x=1,\\ -x+3, & 1<x\leqslant 2\end{cases}$　在闭区间 $[0,2]$ 上有间断点 $x=1$,它在闭区间 $[0,2]$ 上既无最大值,也无最小值,如图 1-17 所示.

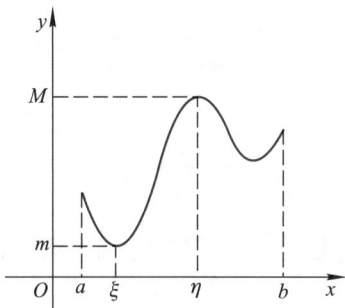

图 1-16

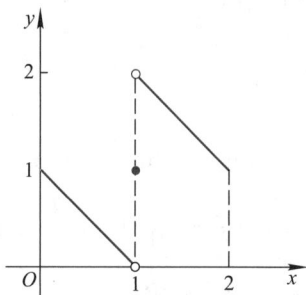

图 1-17

推论 如果函数 $f(x)$ 在闭区间 $[a,b]$ 上连续,则函数 $f(x)$ 一定在 $[a,b]$ 上有界.

设 m,M 分别是 $f(x)$ 在 $[a,b]$ 上的最小值与最大值,由定理 1.5,显然 $m \leqslant f(x) \leqslant M$.

定理 1.6(介值定理) 如果函数 $f(x)$ 在闭区间 $[a,b]$ 上连续,M 与 m 分别是 $f(x)$ 在 $[a,b]$ 上的最大值与最小值,则 $f(x)$ 在 $[a,b]$ 上一定能取到 M 与 m 之间的一切值.

定理 1.6 表明,若给定 c 满足 $m \leqslant c \leqslant M$,则在 $[a,b]$ 上至少存在一点 ξ,使 $f(\xi)=c$,如图 1-18 所示.

特别地,有下面的推论.

推论(零点存在定理) 如果函数 $f(x)$ 在闭区间 $[a,b]$ 上连续,且 $f(a)$ 与 $f(b)$ 异号,那么至少存在一点 $\xi(a<\xi<b)$ 使得 $f(\xi)=0$. 也就是说,$f(x)=0$ 在 (a,b) 内至少有一个实根,如图 1-19 所示.

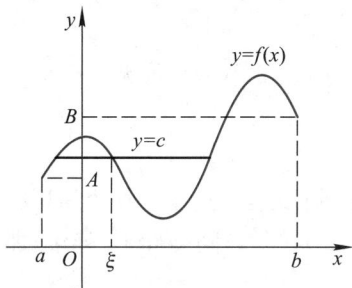

图 1-18

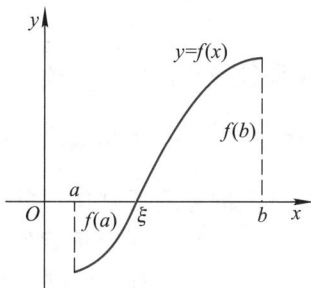

图 1-19

从图形上看,当连续函数 $f(x)$ 的曲线两端点分别落在 x 轴的上、下方时,曲线必定与 x 轴至少有一个交点.这个性质可以帮助我们判定某些方程根的情况.

例 2 讨论方程 $x^3+2x^2+x-1=0$ 在区间 $(0,1)$ 内的根的情况.

解 设 $f(x)=x^3+2x^2+x-1$,它在 $[0,1]$ 上连续,且

$$f(0)=-1, \quad f(1)=3,$$

根据零点存在定理,在 $(0,1)$ 内至少存在一点 ξ,使 $f(\xi)=0$,即方程 $x^3+2x^2+x-1=0$ 在 $(0,1)$ 内至少有一个根.

3. 函数的间断点

定义 1.20 如果函数 $f(x)$ 在 x_0 处不连续,则称 $f(x)$ 在 x_0 处间断,x_0 是函数 $f(x)$ 的间断点或不连续点.

根据函数在一点处连续的定义,$f(x)$ 在 x_0 处连续必须满足三个条件:

(1) 函数 $f(x)$ 在 x_0 处有定义;

(2) 极限 $\lim\limits_{x \to x_0} f(x)$ 存在;

(3) $\lim\limits_{x \to x_0} f(x) = f(x_0)$.

因此,当函数 $f(x)$ 有下列情形之一时,$f(x)$ 在 x_0 处是间断的:

(1) $f(x)$ 在 x_0 处无定义;

(2) $f(x)$ 在 x_0 处有定义,但 $\lim\limits_{x \to x_0} f(x)$ 不存在;

(3) $f(x)$ 在 x_0 处有定义,且 $\lim\limits_{x \to x_0} f(x)$ 存在,但 $\lim\limits_{x \to x_0} f(x) \neq f(x_0)$.

例 3 $f(x) = \dfrac{x^2 - 1}{x - 1}$ 在 $x = 1$ 处无定义,故 $f(x)$ 在 $x = 1$ 处间断,如图 1-10 所示.但 $\lim\limits_{x \to 1} f(x) = \lim\limits_{x \to 1}(x + 1) = 2$,故可补充定义

$$f(x) = \begin{cases} \dfrac{x^2 - 1}{x - 1}, & x \neq 1, \\ 2, & x = 1, \end{cases}$$

则 $f(x)$ 在 $x = 1$ 处连续.

这种左、右极限存在且相等的间断点称为**可去间断点**,即可通过补充或改变定义而使函数在该点连续.

例 4 $f(x) = \begin{cases} x - 2, & x < 1, \\ 0, & x = 1, \\ x, & x > 1 \end{cases}$ 在 $x = 1$ 处有 $\lim\limits_{x \to 1^-} f(x) =$

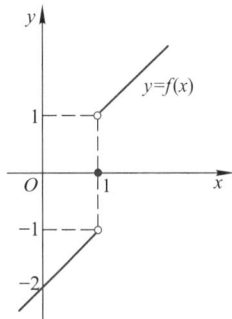
图 1-20

$\lim\limits_{x \to 1^-}(x - 2) = -1$,$\lim\limits_{x \to 1^+} f(x) = \lim\limits_{x \to 1^+} x = 1$,所以 $\lim\limits_{x \to 1} f(x)$ 不存在,因此 $f(x)$ 在 $x = 1$ 处间断,如图 1-20 所示.

这种左、右极限存在但不相等的间断点称为跳跃间断点. 可去间断点、跳跃间断点的左、右极限均存在,它们统称为**第一类间断点**.若 $\lim\limits_{x \to x_0^-} f(x)$ 与 $\lim\limits_{x \to x_0^+} f(x)$ 至少有一个不存在,则称 x_0 为第二类间断点.

例 5 $f(x) = \dfrac{1}{x^2}$ 在 $x = 0$ 处无定义,且 $\lim\limits_{x \to 0^-} f(x) = \infty$,$\lim\limits_{x \to 0^+} f(x) = \infty$,故 $x = 0$ 是 $f(x)$ 的第二类间断点.由于 $\lim\limits_{x \to 0} f(x) = \infty$,此时又称 $x = 0$ 为**无穷间断点**,如图 1-21 所示.

例 6 $f(x) = \sin\dfrac{1}{x}$ 在 $x = 0$ 处无定义,且 $\lim\limits_{x \to 0^-} \sin\dfrac{1}{x}$ 与 $\lim\limits_{x \to 0^+} \sin\dfrac{1}{x}$ 不存在,故 $x = 0$ 是 $f(x)$ 的第二类间断点.由于 $\sin\dfrac{1}{x}$ 在 $x = 0$ 附近永远在 -1 与 $+1$ 之间振荡,这时又称 $x = 0$ 为 $f(x)$ 的**振荡间断点**,如图 1-22 所示.

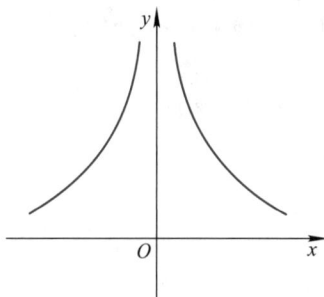

图 1-21

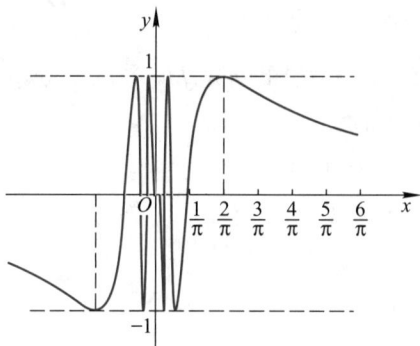

图 1-22

例 7　求函数 $f(x)=\begin{cases} x, & x\leqslant 1, \\ 6x-5, & x>1 \end{cases}$ 的连续区间.

解　在 $x\neq 1$ 处，$f(x)$ 有定义，且是连续的，故只需判断在点 $x=1$ 处是否连续.

因为 $\lim\limits_{x\to 1^+} f(x)=\lim\limits_{x\to 1^+}(6x-5)=6-5=1$，$\lim\limits_{x\to 1^-} f(x)=\lim\limits_{x\to 1^+} x=1$，又 $f(1)=1$，故在点 $x=1$ 处，$f(x)$ 连续，所以 $f(x)$ 的连续区间为 **R**.

例 8　求函数 $f(x)=\dfrac{\mathrm{e}^x}{x^2-1}$ 的间断点与连续区间.

解　$f(x)=\dfrac{\mathrm{e}^x}{x^2-1}$ 是初等函数，其定义域为 $(-\infty,-1)\bigcup(-1,1)\bigcup(1,+\infty)$，因此它的间断点为 $x=-1$ 与 $x=1$，连续区间为 $(-\infty,-1)$，$(-1,1)$，$(1,+\infty)$.

4. 函数曲线的渐近线

有些函数的定义域或值域为无限区间，此时函数曲线向无限远处延伸.

定义 1.21　当函数曲线上的一点沿着曲线趋向无限远时，若该点无限接近于某条直线，则称此直线为该函数曲线的渐近线.

例如，$f(x)=\dfrac{1}{x}$ 有水平与垂直的渐近线各一条.通过求极限，我们可以求得曲线的两种特殊类型的渐近线——水平渐近线与垂直渐近线.

如果函数 $f(x)$ 的定义域为无限区间，且有极限 $\lim\limits_{x\to-\infty} f(x)=b$ 或 $\lim\limits_{x\to+\infty} f(x)=b$，则函数曲线 $y=f(x)$ 有水平渐近线 $y=b$，如图 1-23 所示.

如果函数 $f(x)$ 的定义开区间的端点为有限点 a，或者函数 $f(x)$ 的间断点为点 a，且有极限 $\lim\limits_{x\to a^-} f(x)=\infty$ 或 $\lim\limits_{x\to a^+} f(x)=\infty$，则函数曲线 $y=f(x)$ 有**垂直渐近线** $x=a$，如图 1-24 所示.

例 9　求函数曲线 $y=\dfrac{2x+1}{x-1}$ 的水平渐近线与垂直渐近线.

解　由于 $\lim\limits_{x\to\infty}\dfrac{2x+1}{x-1}=2$，故函数曲线有水平渐近线 $y=2$.

由于 $\lim\limits_{x\to 1}\dfrac{2x+1}{x-1}=\infty$，故函数曲线有垂直渐近线 $x=1$.

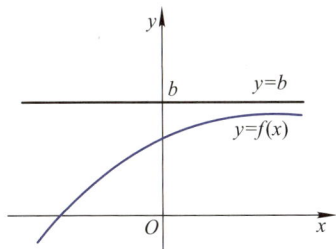

图 1 - 23

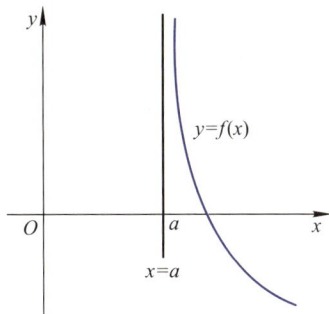

图 1 - 24

例 10 求函数曲线 $y=\ln\dfrac{x^2}{2}$ 的水平渐近线与垂直渐近线.

解 由于 $\lim\limits_{x\to\infty}\ln\dfrac{x^2}{2}$ 不存在,故函数曲线没有水平渐近线.

函数曲线有间断点 $x=0$,由于 $\lim\limits_{x\to 0}\ln\dfrac{x^2}{2}=-\infty$,故函数曲线有垂直渐近线 $x=0$.

 习题一

1. 求下列函数的定义域:

(1) $y=\sqrt{3-x}+\dfrac{1}{\ln(x+1)}$;　　　(2) $y=\begin{cases} 2x, & -1\leqslant x<0, \\ 1+x, & x>0; \end{cases}$

(3) $y=\lg\dfrac{1+x}{1-x}$;

(4) $y=f(x-1)+f(x+1)$,已知 $f(u)$ 的定义域为 $(0,3)$.

2. 作函数 $f(x)=\begin{cases} x^2, & x<0, \\ 1+x, & x\geqslant 0 \end{cases}$ 的图像,并求 $f(-2)$,$f(0)$,$f[f(3)]$.

3. 设 $f(x-1)=x^2-3x+2$,求 $f(x)$.

4. 判断下列函数的奇偶性:

(1) $f(x)=\mathrm{e}^x+\mathrm{e}^{-x}$;　　　(2) $f(x)=\log_2(x+\sqrt{x^2+1})$;

(3) $f(x)=\lg\dfrac{1-x}{1+x}$;　　　(4) $f(x)=\dfrac{x(\mathrm{e}^x-1)}{\mathrm{e}^x+1}$.

5. 把下列函数复合成一个函数,并写出它们的定义域:

(1) $y=\sqrt{u}$,$u=x^2-1$;　　　(2) $y=\sin u$,$u=\sqrt{v}$,$v=2x-1$.

6. 指出下列复合函数的复合过程:

(1) $y=\cos 3x$;　　　(2) $y=(3x+2)^8$;

(3) $y=\lg\lg x$;　　　(4) $y=\arcsin\sqrt{x^2-1}$;

(5) $y=\sin^2\left(3x+\dfrac{\pi}{4}\right)$;　　　(6) $y=\lg\sqrt{\sin(2x+1)}$.

7. 设一个无盖的圆柱形容器的容积为 V,试将其表面积 S 表示为底面半径 r 的函数.

8. 设 1～14 岁的儿童的平均身高 y(cm) 与年龄 x 成线性函数关系.已知 1 岁儿童的平均身高为 75 cm,10 岁儿童的平均身高为 138 cm,写出 y 与 x 的函数关系.

9. 圆柱形的容器底面半径为 R cm,高为 h cm,现用 k cm^3/s 的均匀流量向容器注水,求容器内水深 y cm 随时间 x s 变化的函数关系,并求出定义域.

10. 某化肥厂生产某产品 1 000 t,定价为 130 元/t,销售量在 700 t 以内时,按原价出售;超过 700 t 时,超过的部分以九折出售.写出销售总收益 y 元与销售量 x t 之间的函数关系.

11. 图 1-25 是我国国内生产总值(GDP)的增长变化曲线图,2022 年我国的 GDP 达到 121.02 万亿元.观察这个曲线近似于什么函数曲线? 已知 1992 年我国的 GDP 为 2.72 万亿元,如果以 1992 年为时间起点,写出这个近似函数的表达式.假如依此规律发展下去,预测 2032 年我国 GDP 的数值.

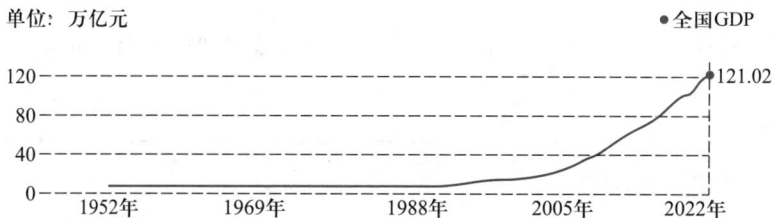

图 1-25

12. 某产品成本 C 万元为年产量 x t 的函数:

$$C = C(x) = a + b\sqrt{x^3},$$

其中 a,b 为待定系数,已知固定成本为 4 万元,且当年产量 $x=9$ t 时,总成本 $C=31$ 万元,试将平均单位成本 $\overline{C}$ 万元/t 表示为年产量 x t 的函数.

13. 某商品的销售量 x 与单价 P 的关系为

$$x = 8\,000 - 8P,$$

试将总收益 R 表示为销售量 x 的函数.

14. 某厂每日生产 x 单位某商品的总成本为 C 元,其中固定成本为 200 元,且生产 1 单位商品的变动成本均为 10 元,每单位售价 P 元,又需求函数为 $x=150-2P$,试将每日商品销售后获得的利润 L 元表示为产量 x 单位的函数.

15. 求下列极限:

(1) $\lim\limits_{x\to\infty}\dfrac{1}{x^2}$;

(2) $\lim\limits_{x\to-\infty} 10^x$;

(3) $\lim\limits_{x\to 0^+}\lg x$;

(4) $\lim\limits_{x\to 0}\tan x$;

(5) $\lim\limits_{x\to-2}\dfrac{x^2-4}{x+2}$;

(6) $\lim\limits_{n\to\infty}\cos\dfrac{n\pi}{2}$;

(7) $\lim\limits_{x\to 0}\dfrac{1}{1+\cos x}$;

(8) $\lim\limits_{x\to\infty}\lg\left(1-\dfrac{1}{x}\right)$.

16. 求下列函数当 $x\to 0$ 时的左、右极限,并指出当 $x\to 0$ 时极限是否存在.

(1) $f(x) = \dfrac{|x|}{x}$;

(2) $f(x) = \begin{cases} x+1, & x<0, \\ 2^x, & x \geqslant 0; \end{cases}$

(3) $f(x) = \begin{cases} \cos x, & x>0, \\ 1+x, & x<0. \end{cases}$

17. 讨论下列函数在分界点处的连续性:

(1) $f(x) = \begin{cases} x+1, & x \leqslant 0, \\ e^x, & x>0; \end{cases}$

(2) $f(x) = \begin{cases} x^2 \sin \dfrac{1}{x}, & x \neq 0, \\ 0, & x=0; \end{cases}$

(3) $f(x) = \begin{cases} \dfrac{x^2-1}{x-1}, & x<1, \\ 1, & x=1, \\ 1+x, & x>1. \end{cases}$

18. 在定义域内任意点 x_0 处,当自变量有了改变量 $\Delta x \neq 0$ 时,求下列函数的改变量 $f(x_0+\Delta x) - f(x_0)$.

(1) $f(x) = 2x+1$;

(2) $f(x) = \sin x$;

(3) $f(x) = \ln x$;

(4) $f(x) = x^2 + x$.

19. 求下列极限:

(1) $\lim\limits_{x \to 1}(2x^2 + x - 3)$;

(2) $\lim\limits_{x \to 2}\dfrac{x+1}{x^2-3}$;

(3) $\lim\limits_{x \to -2}\dfrac{x^3+8}{x+2}$;

(4) $\lim\limits_{x \to 2}\dfrac{x^2-4}{x^2-3x+2}$;

(5) $\lim\limits_{x \to 0}\dfrac{\sqrt{x^2+1}-1}{2x^2}$;

(6) $\lim\limits_{x \to 0}\dfrac{x}{1-\sqrt{1-x}}$;

(7) $\lim\limits_{x \to +\infty}(\sqrt{x^2+1}-\sqrt{x^2-1})$;

(8) $\lim\limits_{x \to 3}\left(\dfrac{1}{x-3}-\dfrac{6}{x^2-9}\right)$;

(9) $\lim\limits_{n \to \infty}\dfrac{n^2-5n+4}{2n^2+n+1}$;

(10) $\lim\limits_{x \to \infty}\dfrac{1-x^2}{2x^2-1}$;

(11) $\lim\limits_{x \to \infty}\dfrac{2x^3-x^2+1}{x^4-1}$;

(12) $\lim\limits_{x \to \infty}\dfrac{(x^4+1)(5x-2)}{(x^2+1)^2}$;

(13) $\lim\limits_{x \to +\infty}\dfrac{\sqrt{3x^2+1}}{x+1}$;

(14) $\lim\limits_{x \to +\infty}\dfrac{3^{x+1}+1}{3^x+2}$.

20. 已知 $\lim\limits_{n \to \infty}\dfrac{an^2+bn+2}{2n-1}=3$,求常数 a, b.

21. 求下列极限:

(1) $\lim\limits_{x \to 0}\dfrac{\sin mx}{x}(m \neq 0)$;

(2) $\lim\limits_{x \to 0}\dfrac{\sin 2x}{\sin 3x}$;

(3) $\lim\limits_{x \to \infty}x \cdot \sin \dfrac{1}{x}$;

(4) $\lim\limits_{x \to 0}\dfrac{\tan 2x}{x}$;

(5) $\lim\limits_{x \to 0}\dfrac{1-\cos 2x}{x \sin x}$;

(6) $\lim\limits_{x \to 0}\dfrac{x-\sin x}{x+\sin x}$.

22. 求下列极限：

(1) $\lim\limits_{x\to\infty}\left(1+\dfrac{5}{x}\right)^{x}$；

(2) $\lim\limits_{x\to\infty}\left(1+\dfrac{1}{x}\right)^{3x}$；

(3) $\lim\limits_{x\to 0}(1-3x)^{\frac{1}{x}}$；

(4) $\lim\limits_{x\to\infty}\left(1-\dfrac{k}{x}\right)^{x}$ $(k\neq 0)$；

(5) $\lim\limits_{x\to\infty}\left(\dfrac{x}{x-1}\right)^{x}$；

(6) $\lim\limits_{x\to\frac{\pi}{2}}(1+\cos x)^{3\sec x}$.

23. 求下列极限：

(1) $\lim\limits_{x\to\frac{\pi}{4}}\ln(\sqrt{\sin 2x})$；

(2) $\lim\limits_{x\to 2}\left(\sqrt{2+x}+\arcsin\dfrac{x^2-2}{4}\right)$；

(3) $\lim\limits_{x\to 0}\tan\dfrac{\sin x}{x}$；

(4) $\lim\limits_{x\to 0}\dfrac{\ln(1-2x)}{x}$.

24. 利用无穷小的性质求下列极限：

(1) $\lim\limits_{x\to 2}\dfrac{x^2}{x-2}$；

(2) $\lim\limits_{x\to\infty}\dfrac{\sin x}{x}$；

(3) $\lim\limits_{x\to\pi}\dfrac{x}{\sin x}$；

(4) $\lim\limits_{x\to\infty}2^{-x^2}\cos x$.

25. 比较下列无穷小的阶：

(1) $x\to 0$ 时，x^3+x^2 与 x；

(2) $x\to 0^+$ 时，$\sqrt[3]{x}$ 与 $\sqrt{x}$；

(3) $x\to 2$ 时，x^2-4 与 $4x-8$；

(4) $x\to\infty$ 时，$\dfrac{1}{x}$ 与 $\dfrac{1}{x^2}$.

*26. 求下列极限：

(1) $\lim\limits_{x\to 0}\dfrac{\sqrt[3]{1+x}-1}{x}$；

(2) $\lim\limits_{x\to 0}x\left(\sin\dfrac{1}{x^2}-\dfrac{1}{\sin 2x}\right)$；

(3) $\lim\limits_{x\to+\infty}(\sqrt{x^2+x+1}-\sqrt{x^2-x+1})$；

(4) $\lim\limits_{\Delta x\to 0}\dfrac{\sqrt{x+\Delta x}-\sqrt{x}}{\Delta x}$；

(5) $\lim\limits_{h\to 0}\dfrac{(x+h)^2-x^2}{h}$；

(6) $\lim\limits_{x\to 0}\dfrac{\sin(\sin x)}{\sin x}$；

(7) $\lim\limits_{x\to 0}\left(\dfrac{1}{x\sin x}-\dfrac{1}{x\tan x}\right)$；

(8) $\lim\limits_{x\to 0}\dfrac{x-\sin x}{x^2+x}$；

(9) $\lim\limits_{x\to 0}\dfrac{x^2\sin\dfrac{1}{x}}{\sin x}$；

(10) $\lim\limits_{x\to\infty}\left(\dfrac{3x-1}{3x+1}\right)^{2x}$；

(11) $\lim\limits_{x\to 0}\dfrac{\arcsin x}{2x}$（提示：令 $\arcsin x=t$ 作代换）；

(12) $\lim\limits_{n\to\infty}\left(1+\dfrac{1}{2}+\dfrac{1}{2^2}+\cdots+\dfrac{1}{2^n}\right)$.

*27. 讨论函数 $f(x)=\begin{cases}\dfrac{\sin x}{x}, & \text{当 }x<0\text{ 时},\\ 1, & \text{当 }x=0\text{ 时},\\ \dfrac{\ln(1+x)}{x}, & \text{当 }x>0\text{ 时}\end{cases}$ 在点 $x=0$ 处的连续性.

*28. 利用等价无穷小代换求下列极限:

(1) $\lim\limits_{x\to 0}\dfrac{\tan 2x}{\sin 3x}$;

(2) $\lim\limits_{x\to 0}\dfrac{\ln(1+x)}{\sin x}$;

(3) $\lim\limits_{x\to 0}\dfrac{1-\cos x}{\sin^2 x}$;

(4) $\lim\limits_{x\to 0}\dfrac{x}{\tan x+\sin x}$.

*29. 指出下列函数的间断点,并分析间断点的类型:

(1) $f(x)=\dfrac{x}{x+2}$;

(2) $f(x)=\dfrac{\sqrt{1+x^2}-1}{x^2}$;

(3) $f(x)=\begin{cases} x, & -1\leqslant x\leqslant 1, \\ 1, & \text{其他}; \end{cases}$

(4) $f(x)=\dfrac{x^2-1}{x(x-1)}$.

*30. 求下列函数的连续区间:

(1) $f(x)=\dfrac{x^2+1}{x^2-1}$;

(2) $f(x)=\begin{cases} x^2, & 0\leqslant x\leqslant 1, \\ 2-x, & 1<x\leqslant 2. \end{cases}$

*31. 求下列函数曲线的水平渐近线与垂直渐近线:

(1) $f(x)=\dfrac{x+1}{x-1}$;

(2) $f(x)=\dfrac{1}{1+x^2}$;

(3) $f(x)=\mathrm{e}^x$;

(4) $f(x)=\ln(x-1)$.

*32. 证明方程 $x^4-4x+2=0$ 在区间 $(1,2)$ 内至少有一个根.

*33. 证明方程 $x\cdot 2^x-1=0$ 至少有一个小于 1 的正根.

34. 判断题.

(1) 函数的最大值一定是它的极大值;   (   )

(2) 函数 $y=\ln u, u=-x^2-2$ 不能复合成一个函数;   (   )

(3) 若 $\lim\limits_{x\to +\infty} f(x)=A$,则 $\lim\limits_{x\to\infty} f(x)=A$;   (   )

(4) 若函数 $f(x)$ 在点 x_0 处无定义,则 $f(x)$ 在点 x_0 处极限不存在;   (   )

(5) 若 $\lim\limits_{x\to x_0^-} f(x)$ 与 $\lim\limits_{x\to x_0^+} f(x)$ 均存在,则极限 $\lim\limits_{x\to x_0} f(x)$ 必存在;   (   )

(6) 有限个无穷大之和仍是无穷大;   (   )

(7) 无穷小就是零;   (   )

(8) 若 $\lim\limits_{x\to x_0}[f(x)+g(x)]$, $\lim\limits_{x\to x_0} f(x)$ 都存在,则 $\lim\limits_{x\to x_0} g(x)$ 也存在;   (   )

(9) 若 $\lim\limits_{x\to x_0}[f(x)\cdot g(x)]$, $\lim\limits_{x\to x_0} f(x)$ 都存在,则 $\lim\limits_{x\to x_0} g(x)$ 也存在;   (   )

(10) 若函数 $f(x)$ 在点 x_0 处有定义,且极限 $\lim\limits_{x\to x_0} f(x)$ 存在,则 $f(x)$ 在点 x_0 处连续;   (   )

(11) 函数 $y=\sin\dfrac{1}{x}$ 在定义域内有界.   (   )

35. 填空题.

(1) 设函数 $f(x)=\dfrac{|x-1|}{x-1}$,则 $\lim\limits_{x\to 1^-} f(x)=$ _____ , $\lim\limits_{x\to 1^+} f(x)=$ _____ ;

(2) 当 _____ 时,函数 $f(x)=\dfrac{1+2x}{x}$ 为无穷大;

(3) 若 $\lim\limits_{x\to\infty} f(x)=5$，$\lim\limits_{x\to\infty} g(x)=3$，则 $\lim\limits_{x\to\infty}\dfrac{f(x)+g(x)}{f(x)-g(x)}=$ _____，

$\lim\limits_{x\to\infty}\dfrac{x+f(x)}{2x+g(x)}=$ _____；

(4) 若 $\lim\limits_{x\to\infty} f(x)$ 存在，$\lim\limits_{x\to\infty} g(x)$ 不存在，则 $\lim\limits_{x\to\infty}[f(x)+g(x)]$ _____；

(5) 已知极限 $\lim\limits_{x\to 1}\dfrac{kx^2+x-2}{x-1}$ 存在，则常数 $k=$ _____；

(6) $\lim\limits_{n\to\infty}\dfrac{\sqrt{(2n-1)^3}}{n^2+1}=$ _____；

(7) $\lim\limits_{x\to+\infty} x[\ln(x+1)-\ln x]=$ _____；

(8) 已知 $f(x)=e^x$，则 $f(0+\Delta x)-f(0)=$ _____；

(9) 已知函数 $f(x)$ 在点 $x=0$ 处连续，且当 $x\neq 0$ 时，$f(x)=2^{-\frac{1}{x^2}}$，则 $f(0)=$ _____；

*(10) 用 MATLAB 计算 $\lim\limits_{x\to 0^-}\dfrac{x}{\sqrt{1-\cos x}}=$ _____；

*(11) 用 MATLAB 计算 $\lim\limits_{x\to\infty}\left(\dfrac{2-2x}{3-2x}\right)^x=$ _____．

36. 单项选择题.

(1) 下列函数中，( )为初等函数.

(A) $y=\lg(-x)$ 　　　　　　　　(B) $y=\lg(-x^2)$

(C) $y=\begin{cases} \dfrac{x}{x}, & x\neq 0, \\ 0, & x=0 \end{cases}$ 　　　(D) $y=\begin{cases} -1, & x<0, \\ 1, & x\geqslant 0 \end{cases}$

(2) $f(x)$ 在点 x_0 处有定义是当 $x\to x_0$ 时 $f(x)$ 有极限的( ).

(A) 必要条件 　　　　　　　　(B) 充分条件

(C) 充要条件 　　　　　　　　(D) 无关条件

(3) 下列分段函数( )在 $x\to 0$ 时的极限存在.

(A) $f(x)=\begin{cases} x-1, & x<0, \\ x+1, & x>0 \end{cases}$ 　　(B) $g(x)=\begin{cases} e^{\frac{1}{x}}, & x<0, \\ \ln(1+x), & x>0 \end{cases}$

(C) $h(x)=\begin{cases} x\sin\dfrac{1}{x}, & x<0, \\ \dfrac{\ln(1+x)}{x}, & x>0 \end{cases}$ 　　(D) $l(x)=\begin{cases} \dfrac{1}{x}\sin x, & x<0, \\ 1-\cos x, & x\geqslant 0 \end{cases}$

(4) 当 $x\to 0$ 时，无穷小 $u=-x+\sin x^2$ 与无穷小 $v=x$ 的关系是( ).

(A) u 是比 v 高阶的无穷小

(B) u 是比 v 低阶的无穷小

(C) u 与 v 是同阶但非等价的无穷小

(D) u 与 v 是等价的无穷小

*(5) 若 $\lim\limits_{x\to\infty} f(x)=\infty$，$\lim\limits_{x\to\infty} g(x)=\infty$，则下列关系中( )恒成立.

(A) $\lim\limits_{x\to\infty}[f(x)+g(x)]=\infty$ (B) $\lim\limits_{x\to\infty}[f(x)-g(x)]=0$

(C) $\lim\limits_{x\to\infty}[f(x)g(x)]=\infty$ (D) $\lim\limits_{x\to\infty}\dfrac{f(x)}{g(x)}=0$

(6) $\lim\limits_{x\to1}\dfrac{\sin(x^2-1)}{x-1}=$（   ）.

(A) 1   (B) 0   (C) 2   (D) $\dfrac{1}{2}$

(7) 若 $\lim\limits_{x\to0}(1+kx)^{\frac{1}{x}}=\mathrm{e}^2$，则常数 $k=$（   ）.

(A) -2 (B) 2   (C) $-\dfrac{1}{2}$ (D) $\dfrac{1}{2}$

(8) $\lim\limits_{x\to\infty}\left(1+\dfrac{2}{x}\right)^{x-2}=$（   ）.

(A) e^{-2} (B) e^2 (C) e^{-4} (D) e^4

(9) $f(x)$ 在 $x\to x_0$ 时极限存在是 $f(x)$ 在点 x_0 处连续的（   ）.

(A) 充要条件   (B) 必要非充分条件

(C) 充分非必要条件   (D) 既非充分也非必要条件

(10) 函数 $f(x)=\begin{cases}\dfrac{1}{x}\sin x, & x<0, \\ a, & x=0, \\ x\sin\dfrac{1}{x}+b, & x>0\end{cases}$ 在分界点 $x=0$ 处连续,则（   ）.

(A) $a=0,b=0$ (B) $a=0,b=1$

(C) $a=1,b=0$ (D) $a=1,b=1$

第二章
导数与微分

数学文化小故事之二
——牛顿的故事

第二章 导学

张晓华

艾萨克·牛顿(1643—1727),英国著名的物理学家、数学家,为科学发展做出了巨大的贡献.他的三大成就——光学分析、万有引力定律和微积分,为现代科学的发展奠定了基础,因此,牛顿被誉为近代科学的开创者.

牛顿出生在英格兰的一个自耕农家庭,出生前父亲便去世了.五岁时牛顿被送到学校读书.牛顿在中学时代学习成绩并不突出,但他酷爱读书,喜欢看一些介绍各种简单机械模型制作方法的读物,并自己动手制作一些玩具.后来迫于生活,母亲让牛顿停学在家务农,但牛顿一有机会便埋首书卷.牛顿的舅父劝服了牛顿的母亲让牛顿复学,并鼓励牛顿上大学.于是,牛顿又重新回到了学校,如饥似渴地汲取着书本上的营养.

1661年,牛顿进入剑桥大学三一学院.在剑桥大学学习期间,牛顿遇到了他的伯乐——科学家伊萨克·巴罗.他看出了牛顿具有深邃的观察力和敏锐的理解力.牛顿在巴罗门下掌握了算术和三角方面的知识,钻研了开普勒的《光学》,笛卡儿的《几何学》和《哲学原理》,伽利略的《两大世界体系的对话》,胡克的《显微图集》,还有皇家学会的历史和早期的《哲学学报》等.

牛顿的数学知识主要是自学的.对牛顿具有决定性影响的要数笛卡儿的《几何学》和沃利斯的《无穷算术》,它们将牛顿迅速引导到当时数学的最前沿——解析几何与微积分.1664年,牛顿被选为巴罗的助手,第二年,剑桥大学评议会通过了授予牛顿学士学位的决定.

1665年,严重的鼠疫席卷了伦敦,剑桥大学因瘟疫而关闭,牛顿离校返乡.由于牛顿在剑桥大学受到数学和自然科学的熏陶和培养,对探索自然现象产生浓厚的兴趣,家乡安静的环境又让他能够专心思考.这段短暂的时光成为牛顿科学生涯中的黄金岁月,他在自然科学领域内思潮奔腾,才华迸发,思考前人从未思考过的问题,踏进了前人没有涉足的领域,做出了前所未有的惊人业绩.

在牛顿的科学贡献中,数学成就占有突出的地位.他数学生涯中的第一项创造性成果就是发现了二项式定理.据牛顿本人回忆,他是在1664年和1665年间的冬天,研读沃利斯的《无穷算术》并试图修改他的求圆面积的级数时发现这一定理的.

创立微积分是牛顿最卓越的数学成就.牛顿为解决运动问题而创立了这种和物理概念直接联系的数学理论,称之为"流数术".牛顿将自古希腊以来求解无穷小问题的各种技巧统一为两类普通的运算——微分和积分,并发现了这两类运算的互逆关系.牛顿的这些研究,极大促进了近代科学的发展,开辟了人类历史的新纪元.

想一想

1. 牛顿身上具备哪些品质?
2. 新时代大学生应该怎样培养自己的创新能力?

基础知识部分

导数与微分是微积分学的重要组成部分.本章将介绍一元函数的导数与微分的概念,并着重讨论导数的运算和应用.

§2.1　导数的概念

在自然科学、工程技术和经济学中,往往需要研究函数的因变量随自变量变化的快慢程度.

例1　物体作直线运动的瞬时速度.

导数的概念

张晓华

当一物体作匀速直线运动时它的瞬时速度等于平均速度.但物体的运动不是匀速直线运动时,物体在某一时刻的瞬时速度是多少?设物体作变速直线运动,以 s 表示所走过的路程,t 表示经历的时间,运动方程为 $s=f(t)$.当 $t=t_0$ 时物体走过的路程为 $f(t_0)$,当 $t=t_0+\Delta t$ 时物体走过的路程为 $f(t_0+\Delta t)$,于是从 t_0 到 $t_0+\Delta t$ 这段时间内,物体走过的路程为

$$\Delta s=f(t_0+\Delta t)-f(t_0),$$

物体运动的平均速度是

$$\bar{v}=\frac{\Delta s}{\Delta t}=\frac{f(t_0+\Delta t)-f(t_0)}{\Delta t}.$$

当 Δt 很小时,$\bar{v}$ 即是物体在时刻 t_0 的运动速度的近似值.显然,Δt 越小,即时刻 $t_0+\Delta t$ 越接近于时刻 t_0,其近似程度越好.

现令 $\Delta t\to 0$,平均速度 $\bar{v}$ 的极限就是物体在时刻 t_0 运动的瞬时速度,即

$$v(t_0)=\lim_{\Delta t\to 0}\frac{\Delta s}{\Delta t}=\lim_{\Delta t\to 0}\frac{f(t_0+\Delta t)-f(t_0)}{\Delta t},$$

这反映物体运动的路程 s 在时刻 t_0 变化的快慢程度.

例2　平面曲线的切线的斜率.

设平面上有曲线 $y=f(x)$,$M_0(x_0,y_0)$ 为曲线上某一定点,过曲线上另一点 $M(x_0+\Delta x,y_0+\Delta y)$ 作割线 M_0M,以 φ 表示 M_0M 的倾斜角,如图 2-1 所示,从而

割线的斜率为

$$\tan \varphi = \frac{\Delta y}{\Delta x} = \frac{f(x_0 + \Delta x) - f(x_0)}{\Delta x}.$$

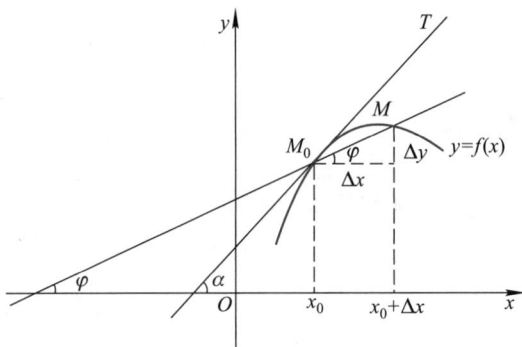

图 2-1

令 $\Delta x \to 0$,则动点 M 沿曲线趋于定点 M_0,角 φ 也趋于某个值 α.若割线 M_0M 的极限位置存在,则此时 M_0M 即为曲线 $y = f(x)$ 在 M_0 处的切线,而 α 为切线的倾斜角.当 $\alpha \neq \dfrac{\pi}{2}$ 时,切线的斜率为

$$\tan \alpha = \lim_{\Delta x \to 0} \frac{\Delta y}{\Delta x} = \lim_{\Delta x \to 0} \frac{f(x_0 + \Delta x) - f(x_0)}{\Delta x}.$$

以上两个问题的实际意义虽然不同,但从数学上看,解决它们的方法却完全相同,都是计算同一形式的极限——当自变量的改变量趋于零时,计算函数的改变量与自变量的改变量之比的极限.

对于函数 $y = f(x)$,若自变量 x 在点 x_0 处的改变量 $\Delta x = x - x_0 \neq 0$,函数相应的改变量为 $\Delta y = f(x_0 + \Delta x) - f(x_0)$.

定义 2.1 设函数 $y = f(x)$ 在点 x_0 处及其左右两侧的小范围内有定义,当 $\Delta x \to 0$ 时,若 $\dfrac{\Delta y}{\Delta x}$ 的极限存在,则称函数 $y = f(x)$ 在点 x_0 处可导,并称此极限值为函数 $y = f(x)$ 在点 x_0 处的导数,记作

$$f'(x_0) = \lim_{\Delta x \to 0} \frac{\Delta y}{\Delta x} = \lim_{\Delta x \to 0} \frac{f(x_0 + \Delta x) - f(x_0)}{\Delta x},$$

还可记作

$$y'\big|_{x=x_0} \text{ 或 } \frac{\mathrm{d}f}{\mathrm{d}x}\bigg|_{x=x_0}, \frac{\mathrm{d}y}{\mathrm{d}x}\bigg|_{x=x_0}.$$

若函数在点 x_0 处的导数 $f'(x_0)$ 存在,则曲线 $y = f(x)$ 在点 $M_0(x_0, f(x_0))$ 处的切线斜率为 $f'(x_0)$,这就是**导数的几何意义**.

定理 2.1 如果函数 $y = f(x)$ 在点 x_0 处可导,则函数 $y = f(x)$ 在点 x_0 处连续.

想一想
若函数 $y = f(x)$ 在点 x_0 处连续,那么 $y = f(x)$ 在点 x_0 处可导吗?

设函数 $f(x)$ 在区间 I 上每一点处都可导,则对每一个 $x \in I$,都有 $f(x)$ 的一个导数值 $f'(x)$ 与之对应.这样就得到一个定义在 I 上的函数,称为函数 $y = f(x)$ 的导函数,简称导数,记作

$$f'(x) \text{ 或 } y', \frac{\mathrm{d}y}{\mathrm{d}x}, \frac{\mathrm{d}f}{\mathrm{d}x},$$

即

$$f'(x) = \lim_{\Delta x \to 0} \frac{\Delta y}{\Delta x} = \lim_{\Delta x \to 0} \frac{f(x + \Delta x) - f(x)}{\Delta x}.$$

例 3 求函数 $y = c$(c 为常数)的导数.

解 $y' = \lim\limits_{\Delta x \to 0} \dfrac{\Delta y}{\Delta x} = \lim\limits_{\Delta x \to 0} \dfrac{c - c}{\Delta x} = 0.$

例 4 求函数 $y = x^3$ 的导数.

解 $y' = \lim\limits_{\Delta x \to 0} \dfrac{\Delta y}{\Delta x} = \lim\limits_{\Delta x \to 0} \dfrac{(x + \Delta x)^3 - x^3}{\Delta x}$

$\quad\quad = \lim\limits_{\Delta x \to 0} [3x^2 + 3x \cdot \Delta x + (\Delta x)^2] = 3x^2.$

一般地,对任意非零实数 α,幂函数 $y = x^\alpha$ 的导数

$$y' = (x^\alpha)' = \alpha x^{\alpha - 1}.$$

例如 $x' = 1$,$(x^{10})' = 10x^9$,$(\sqrt[3]{x})' = (x^{\frac{1}{3}})' = \dfrac{1}{3} x^{-\frac{2}{3}}$,$\left(\dfrac{1}{\sqrt{x}}\right)' = (x^{-\frac{1}{2}})'$

$= -\dfrac{1}{2} x^{-\frac{3}{2}}.$

例 5 求函数 $y = \sin x$ 的导数.

解 $y' = \lim\limits_{\Delta x \to 0} \dfrac{\Delta y}{\Delta x} = \lim\limits_{\Delta x \to 0} \dfrac{\sin(x + \Delta x) - \sin x}{\Delta x}$

$\quad\quad = \lim\limits_{\Delta x \to 0} \dfrac{\sin \dfrac{\Delta x}{2}}{\dfrac{\Delta x}{2}} \cos\left(x + \dfrac{\Delta x}{2}\right)$

$\quad\quad = \cos x.$

同样地,可求得函数 $y = \cos x$ 的导数 $y' = -\sin x$.

例 6 求函数 $y = a^x$($a > 0$ 且 $a \neq 1$)的导数.

解 $y' = \lim\limits_{\Delta x \to 0} \dfrac{\Delta y}{\Delta x} = \lim\limits_{\Delta x \to 0} \dfrac{a^{x + \Delta x} - a^x}{\Delta x} = \lim\limits_{\Delta x \to 0} \dfrac{a^x(a^{\Delta x} - 1)}{\Delta x}$

$\quad\quad = a^x \lim\limits_{\Delta x \to 0} \dfrac{a^{\Delta x} - 1}{\Delta x} = a^x \ln a.$

最后的等号用到了极限 $\lim\limits_{x \to 0} \dfrac{a^x - 1}{x} = \ln a$.事实上,令 $t = a^x - 1$,有 $x = \log_a(1 + t)$.当 $x \to 0$ 时,$t \to 0$,从而

$$\lim_{x \to 0} \frac{a^x - 1}{x} = \lim_{t \to 0} \frac{t}{\log_a(1 + t)} = \lim_{t \to 0} \frac{1}{\log_a(1 + t)^{\frac{1}{t}}} = \frac{1}{\log_a \mathrm{e}} = \ln a.$$

特别地,函数 $y = \mathrm{e}^x$ 的导数 $y' = \mathrm{e}^x$.

§2.2　导数的四则运算法则和基本公式

在具体的计算过程中,利用导数的定义求一个函数的导数往往比较困难.因此我们给出导数的四则运算法则和基本初等函数的求导公式,以简化计算.

一、导数的四则运算法则

导数的四则
运算法则

张晓华

定理 2.2　设函数 $u=u(x),v=v(x)$ 都可导,则

(1) $(u \pm v)' = u' \pm v'$;

(2) $(u \cdot v)' = u' \cdot v + u \cdot v'$,特别地,$(k \cdot u)' = k \cdot u'$,其中 k 为常数.

(3) 若 $v \neq 0$,则 $\left(\dfrac{u}{v}\right)' = \dfrac{u' \cdot v - u \cdot v'}{v^2}$, 特别地,$\left(\dfrac{1}{v}\right)' = -\dfrac{v'}{v^2}$.

推论　若函数 $u_1=u_1(x),u_2=u_2(x),\cdots,u_m=u_m(x)$ 都可导,则

(1) $(u_1+u_2+\cdots+u_m)' = u_1'+u_2'+\cdots+u_m'$;

(2) $(u_1 u_2 \cdots u_m)' = u_1' u_2 \cdots u_m + u_1 u_2' \cdots u_m + \cdots + u_1 u_2 \cdots u_m'$.

例 1　求函数 $y = x^5 + 4x^{\frac{1}{3}} - 7x + 1$ 的导数.

解　$\begin{aligned}
y' &= (x^5 + 4x^{\frac{1}{3}} - 7x + 1)' \\
&= (x^5)' + 4(x^{\frac{1}{3}})' - 7(x)' + (1)' \\
&= 5x^4 + \frac{4}{3}x^{-\frac{2}{3}} - 7.
\end{aligned}$

例 2　求函数 $y = \tan x$ 的导数.

解　由上一节知 $(\sin x)' = \cos x$,$(\cos x)' = -\sin x$.由商的求导法则得

$$y' = (\tan x)' = \left(\frac{\sin x}{\cos x}\right)'$$

$$= \frac{(\sin x)' \cos x - \sin x (\cos x)'}{\cos^2 x}$$

$$= \frac{\cos x \cdot \cos x - \sin x \cdot (-\sin x)}{\cos^2 x}$$

$$= \frac{1}{\cos^2 x} = \sec^2 x.$$

类似地,可求得 $(\cot x)' = -\dfrac{1}{\sin^2 x} = -\csc^2 x$.

例 3　求函数 $y = x^4 \sin x + \cot x$ 的导数.

解　$\begin{aligned}
y' &= (x^4 \sin x + \cot x)' = (x^4 \sin x)' + (\cot x)' \\
&= (x^4)' \sin x + x^4 (\sin x)' + (\cot x)' \\
&= 4x^3 \sin x + x^4 \cos x - \csc^2 x.
\end{aligned}$

定理 2.3　若函数 $y = f(x)$ 在开区间 I 内单调、可导,且 $f'(x) \neq 0$,则反函数 $x = f^{-1}(y)$ 在对应区间内可导,且

$$[f^{-1}(y)]' = \frac{1}{f'(x)}$$

或

$$y'_x \cdot x'_y = 1.$$

例 4 求函数 $y = \arcsin x\,(-1 < x < 1)$ 的导数.

解 $y = \arcsin x\,(-1 < x < 1)$ 的反函数是 $x = \sin y\left(-\frac{\pi}{2} < y < \frac{\pi}{2}\right)$，由定理 2.3，

$$y' = y'_x = \frac{1}{x'_y} = \frac{1}{\cos y} = \frac{1}{\sqrt{1-\sin^2 y}} = \frac{1}{\sqrt{1-x^2}}.$$

类似地，可以得到

$$(\arccos x)' = -\frac{1}{\sqrt{1-x^2}}\,(-1 < x < 1),$$

$$(\arctan x)' = \frac{1}{1+x^2},\ (\text{arccot}\ x)' = -\frac{1}{1+x^2}.$$

例 5 求函数 $y = \log_a x\,(a > 0, a \neq 1)$ 的导数.

解 $y = \log_a x$ 的反函数是 $x = a^y\,(a > 0, a \neq 1)$，由定理 2.3，

$$y' = y'_x = \frac{1}{x'_y} = \frac{1}{(a^y)'} = \frac{1}{a^y \ln a} = \frac{1}{x \ln a}.$$

二、导数基本公式

综合前面的讨论，我们得到如下的导数基本公式：

导数的基本公式

张晓华

(1) $(c)' = 0$，c 为任意常数；

(2) $(x^\alpha)' = \alpha \cdot x^{\alpha-1}$，$\alpha$ 为任意非零实数；

(3) $(a^x)' = a^x \ln a$，$a > 0$ 且 $a \neq 1$；

(4) $(e^x)' = e^x$；

(5) $(\log_a x)' = \frac{1}{x \ln a}$，$a > 0$ 且 $a \neq 1$；

(6) $(\ln x)' = \frac{1}{x}$；

(7) $(\sin x)' = \cos x$；

(8) $(\cos x)' = -\sin x$；

(9) $(\tan x)' = \sec^2 x$；

(10) $(\cot x)' = -\csc^2 x$；

(11) $(\arcsin x)' = \frac{1}{\sqrt{1-x^2}}$；

(12) $(\arccos x)' = -\frac{1}{\sqrt{1-x^2}}$；

(13) $(\arctan x)' = \dfrac{1}{1+x^2}$;

(14) $(\operatorname{arccot} x)' = -\dfrac{1}{1+x^2}$.

例 6　求函数 $y = 10^x \ln x$ 的导数.

解　$y' = (10^x)' \ln x + 10^x (\ln x)'$

$\qquad = 10^x \ln 10 \ln x + 10^x \cdot \dfrac{1}{x}$

$\qquad = 10^x \left(\ln 10 \ln x + \dfrac{1}{x} \right)$.

例 7　求函数 $y = \sqrt[3]{x} - \arcsin x$ 的导数.

解　$y' = (\sqrt[3]{x})' - (\arcsin x)'$

$\qquad = \dfrac{1}{3} x^{-\frac{2}{3}} - \dfrac{1}{\sqrt{1-x^2}}$.

例 8　求函数 $y = 2^x e^x + x^{\sqrt{3}} \log_2 x$ 的导数.

解　$y' = (2^x e^x)' + (x^{\sqrt{3}} \log_2 x)'$

$\qquad = (2^x)' \cdot e^x + 2^x \cdot (e^x)' + (x^{\sqrt{3}})' \cdot \log_2 x + x^{\sqrt{3}} \cdot (\log_2 x)'$

$\qquad = 2^x e^x \ln 2 + 2^x e^x + \sqrt{3} x^{\sqrt{3}-1} \log_2 x + \dfrac{1}{\ln 2} x^{\sqrt{3}-1}$.

例 9　求函数 $y = \dfrac{\arctan x}{1+x^2}$ 的导数.

解　$y' = \left(\dfrac{\arctan x}{1+x^2} \right)' = \dfrac{\dfrac{1}{1+x^2}(1+x^2) - \arctan x \cdot 2x}{(1+x^2)^2}$

$\qquad = \dfrac{1 - 2x \arctan x}{(1+x^2)^2}$.

[*] **例 10**　求函数 $y = x e^x \arcsin x$ 的导数.

解　$y' = (x e^x \arcsin x)'$

$\qquad = (x)' e^x \arcsin x + x(e^x)' \arcsin x + x e^x (\arcsin x)'$

$\qquad = e^x \arcsin x + x e^x \arcsin x + x e^x \dfrac{1}{\sqrt{1-x^2}}$

$\qquad = e^x \left(\arcsin x + x \arcsin x + \dfrac{x}{\sqrt{1-x^2}} \right)$.

§2.3 复合函数、隐函数求导法则

一、复合函数求导法则

设 $y=f(u)$，$u=u(x)$，则 $y=f(u(x))$ 为 x 的复合函数，其中 u 称为中间变量，x 为自变量，同时把 $f(u)$ 对中间变量 u 的导数记作 $f'_u(u)$.

定理 2.4　设函数 $y=f(u)$ 在 u 处可导，$u=u(x)$ 在 x 处可导，则复合函数 $y=f(u(x))$ 在 x 处可导，且导数为 $\dfrac{\mathrm{d}y}{\mathrm{d}x}=\dfrac{\mathrm{d}y}{\mathrm{d}u}\cdot\dfrac{\mathrm{d}u}{\mathrm{d}x}$ 或 $y'=f'_u(u)\cdot u'(x)$.

可见，复合函数对自变量的导数等于复合函数对中间变量的导数乘中间变量对自变量的导数.具体的求导步骤如下：

(1) 引进中间变量 u，将复合函数分解为基本初等函数 $y=f(u)$ 与函数 $u=u(x)$.

(2) 计算 $f'_u(u)$，再将 $u=u(x)$ 代入，表示成关于 x 的表达式 $f'(u(x))$.

(3) 计算 $u'(x)$，若 $u(x)$ 是基本初等函数或简单函数，直接求出 $u'(x)$.若 $u=u(x)$ 仍为复合函数，则继续分解，重复上述步骤，直至求出 $u'(x)$.最后作乘积 $f'(u(x))\cdot u'(x)$ 即求得 y'.

例 1　求函数 $y=(2x^3-5x+1)^7$ 的导数.

解　将复合函数 $y=(2x^3-5x+1)^7$ 分解为 $y=u^7$，$u=2x^3-5x+1$，于是
$$y'=(u^7)'_u u'=7(2x^3-5x+1)^6(6x^2-5).$$

例 2　求函数 $y=\sqrt{2-3x^2}$ 的导数.

解　将复合函数 $y=\sqrt{2-3x^2}$ 分解为 $y=\sqrt{u}$，$u=2-3x^2$，于是
$$y'=(\sqrt{u})'_u u'=\frac{1}{2\sqrt{u}}u'=\frac{1}{2\sqrt{2-3x^2}}(2-3x^2)'=-\frac{3x}{\sqrt{2-3x^2}}.$$

对复合函数分解和复合函数的求导法则非常熟练时，就可以省略中间步骤，直接求导.

例 3　求函数 $y=2^{-x^3}$ 的导数.

解　$y'=2^{-x^3}\ln 2\cdot(-x^3)'=-3x^2 2^{-x^3}\ln 2.$

例 4　求函数 $y=\ln(2x-x^2)$ 的导数.

解　$y'=\dfrac{1}{2x-x^2}(2x-x^2)'=\dfrac{2-2x}{2x-x^2}.$

例 5　求函数 $y=\cos 3x$ 的导数.

解　$y'=(-\sin 3x)(3x)'=-3\sin 3x.$

例 6　求函数 $y=\arcsin\dfrac{1}{x}$ 的导数.

解　$y'=\dfrac{1}{\sqrt{1-\left(\dfrac{1}{x}\right)^2}}\left(\dfrac{1}{x}\right)'=\dfrac{1}{\sqrt{1-\left(\dfrac{1}{x}\right)^2}}\left(-\dfrac{1}{x^2}\right)=-\dfrac{1}{|x|\sqrt{x^2-1}}.$

例 7　求函数 $y = \cos^3 \dfrac{x}{2}$ 的导数.

解　$y' = 3\cos^2 \dfrac{x}{2} \left(\cos \dfrac{x}{2} \right)' = 3\cos^2 \dfrac{x}{2} \left(-\sin \dfrac{x}{2} \right) \left(\dfrac{x}{2} \right)'$

$= -\dfrac{3}{2} \cos^2 \dfrac{x}{2} \sin \dfrac{x}{2} = -\dfrac{3}{4} \sin x \cos \dfrac{x}{2}.$

例 8　求函数 $y = \arctan^2 \ln x$ 的导数.

解　$y' = 2\arctan \ln x \cdot (\arctan \ln x)' = 2\arctan \ln x \cdot \dfrac{1}{1 + \ln^2 x} \cdot (\ln x)'$

$= 2\arctan \ln x \cdot \dfrac{1}{1 + \ln^2 x} \cdot \dfrac{1}{x} = \dfrac{2\arctan \ln x}{x(1 + \ln^2 x)}.$

利用导数基本公式、导数四则运算法则和复合函数求导法则就可以求出初等函数的导数.进一步利用 $f'(x_0) = f'(x)|_{x=x_0}$ 可求出初等函数 $f(x)$ 在其定义域内的点 x_0 处的导数值.

例 9　求函数 $y = \ln(x + \sqrt{1 + x^2})$ 的导数,并求 $y'|_{x=1}$.

解　$y' = \dfrac{1}{x + \sqrt{1 + x^2}} (x + \sqrt{1 + x^2})'$

$= \dfrac{1}{x + \sqrt{1 + x^2}} \left[1 + \dfrac{1}{2\sqrt{1 + x^2}} (1 + x^2)' \right]$

$= \dfrac{1}{x + \sqrt{1 + x^2}} \left(1 + \dfrac{x}{\sqrt{1 + x^2}} \right)$

$= \dfrac{1}{x + \sqrt{1 + x^2}} \cdot \dfrac{\sqrt{1 + x^2} + x}{\sqrt{1 + x^2}}$

$= \dfrac{1}{\sqrt{1 + x^2}},$

从而

$$y'|_{x=1} = \dfrac{1}{\sqrt{2}} = \dfrac{\sqrt{2}}{2}.$$

例 10　已知 $f(x) = \dfrac{x}{\sqrt{1 + x^2}}$,求 $f'(x)$ 及 $f'(0)$.

解　$f'(x) = \left(\dfrac{x}{\sqrt{1 + x^2}} \right)' = \dfrac{(x)'\sqrt{1 + x^2} - x(\sqrt{1 + x^2})'}{1 + x^2}$

$= \dfrac{\sqrt{1 + x^2} - x \dfrac{1}{2\sqrt{1 + x^2}} (1 + x^2)'}{1 + x^2}$

$= \dfrac{\sqrt{1 + x^2} - \dfrac{x^2}{\sqrt{1 + x^2}}}{1 + x^2} = \dfrac{1}{\sqrt{(1 + x^2)^3}},$

从而 $f'(0) = 1.$

* **例 11** 求函数 $y = e^{x^2} \sin^2 x$ 的导数.

解 $y' = (e^{x^2} \sin^2 x)' = (e^{x^2})' \sin^2 x + e^{x^2} (\sin^2 x)'$

$\qquad = e^{x^2} (x^2)' \sin^2 x + e^{x^2} \cdot 2 \sin x \cdot (\sin x)'$

$\qquad = 2 e^{x^2} x \sin^2 x + 2 e^{x^2} \sin x \cos x$

$\qquad = e^{x^2} (2x \sin^2 x + \sin 2x).$

隐函数求导法则

张晓华

二、隐函数求导法则

已知方程 $F(x, y) = 0$ 确定隐函数 $y = y(x)$,并且可导,则可以利用复合函数求导法则求出隐函数 y 对 x 的导数.方法是方程 $F(x, y) = 0$ 两端都对 x 求导,其中 y 应看成关于 x 的函数,然后解出 y'.

例 12 已知方程 $x^2 + y + y^2 = 1$ 确定 y 是 x 的函数,求 y'.

解 方程 $x^2 + y + y^2 = 1$ 两端都对自变量 x 求导,得

$$2x + y' + 2yy' = 0, (1 + 2y)y' = -2x,$$

解得

$$y' = \frac{-2x}{1 + 2y}.$$

例 13 已知方程 $y + x^2 + \sin y = 0$ 确定 y 是 x 的函数,求 y'.

解 方程 $y + x^2 + \sin y = 0$ 两端都对自变量 x 求导,得

$$y' + 2x + \cos y \cdot y' = 0,$$

解得

$$y' = \frac{-2x}{1 + \cos y}.$$

* **例 14** 已知方程 $\cos y + \ln(x + y) - x e^y = 0$ 确定 y 是 x 的函数,求 y'.

解 方程 $\cos y + \ln(x + y) - x e^y = 0$ 两端都对自变量 x 求导,得

$$-\sin y \cdot y' + \frac{1}{x + y}(1 + y') - (e^y + x e^y y') = 0,$$

解得

$$y' = \frac{(x + y)e^y - 1}{1 - (x + y)\sin y - x(x + y)e^y}.$$

若需求隐函数 y 在点 x_0 处的导数值 $y'|_{x = x_0}$,具体求法是:

(1) 先由方程 $F(x, y) = 0$ 求出对应于 $x = x_0$ 的函数值 $y = y_0$;

(2) 再求出 y',然后将 $x = x_0, y = y_0$ 代入,所得数值即为 $y'|_{x = x_0}$.

例 15 已知方程 $y \sin x + e^y - x = 1$ 确定 y 是 x 的函数,求 $y'|_{x = 0}$.

解 在方程 $y \sin x + e^y - x = 1$ 中,令 $x = 0$,得 $e^y = 1$,由此解得 $y = 0$.方程 $y \sin x + e^y - x = 1$ 两端都对 x 求导,得

$$y' \sin x + y \cos x + e^y y' - 1 = 0,$$

从而

$$y' = \frac{1 - y \cos x}{\sin x + e^y}.$$

所以
$$y'|_{x=0}=\frac{1-0\cdot\cos 0}{\sin 0+\mathrm{e}^0}=1.$$

例 16　求曲线 $y^3+y^2=2x$ 在点 $(1,1)$ 处的切线方程.

解　方程 $y^3+y^2=2x$ 两端都对自变量 x 求导,得
$$3y^2y'+2yy'=2,$$
从而
$$y'=\frac{2}{3y^2+2y}.$$
所以
$$y'|_{(1,1)}=\frac{2}{5}.$$

由导数的几何意义知,曲线在点 $(1,1)$ 处的切线的斜率 $k=\dfrac{2}{5}$.故所求切线方程为

$y-1=\dfrac{2}{5}(x-1)$，即 $2x-5y+3=0$.

§2.4　高阶导数

若函数 $y=f(x)$ 的导数 $f'(x)$ 仍然可导,则称 $f'(x)$ 的导数为函数 $y=f(x)$ 的二阶导数,记作
$$y''或\ f''(x),\frac{\mathrm{d}^2y}{\mathrm{d}x^2},\frac{\mathrm{d}^2f}{\mathrm{d}x^2}.$$

显然
$$f''(x)=[f'(x)]'.$$

类似地,可以定义函数的 n 阶导数.

定义 2.2　函数 $y=f(x)$ 的 $n-1$ 阶导数 $f^{(n-1)}(x)$ 的导数称为函数 $y=f(x)$ 的 n 阶导数,记作
$$y^{(n)}或\ f^{(n)}(x),\frac{\mathrm{d}^ny}{\mathrm{d}x^n},\frac{\mathrm{d}^nf}{\mathrm{d}x^n}.$$

同样地,
$$f^{(n)}(x)=[f^{(n-1)}(x)]'.$$

二阶和二阶以上的导数统称为高阶导数,相应地,函数 $y=f(x)$ 的导数 $f'(x)$ 称为一阶导数.求高阶导数只需反复进行一阶导数的求导运算即可.

例 1　求函数 $y=2x^3-5x+1$ 的二阶导数.

解　$y'=(2x^3-5x+1)'=6x^2-5$,
　　　$y''=(6x^2-5)'=12x$.

例 2　设 $y=\mathrm{e}^{-x^2}$,求 $y''|_{x=0}$.

解　$y'=\mathrm{e}^{-x^2}\cdot(-2x)=-2x\mathrm{e}^{-x^2}$,
　　　$y''=-2\mathrm{e}^{-x^2}-2x\mathrm{e}^{-x^2}\cdot(-2x)=2\mathrm{e}^{-x^2}(2x^2-1)$,

高阶导数

张晓华

从而
$$y''|_{x=0}=-2.$$

例3 已知 $y^{(n-2)}=(1+x^2)\arctan x$，求 $y^{(n)}|_{x=1}$.

解 $y^{(n-1)}=\left[(1+x^2)\arctan x\right]'$

$$=2x\arctan x+(1+x^2)\cdot\frac{1}{1+x^2}$$

$$=1+2x\arctan x,$$

$$y^{(n)}=(1+2x\arctan x)'=2\left(\arctan x+\frac{x}{1+x^2}\right),$$

从而
$$y^{(n)}|_{x=1}=2\left(\frac{\pi}{4}+\frac{1}{2}\right)=\frac{\pi}{2}+1.$$

例4 设 $y=x^3$，求 $y^{(3)},y^{(4)},y^{(5)}$.

解 $y'=3x^2,y''=6x,y^{(3)}=6=3!,y^{(4)}=0,y^{(5)}=0$.

一般地，对于 $y=x^n$，有
$$y^{(n)}=n!,y^{(n+1)}=0.$$

更一般地，对于
$$y=a_0x^n+a_1x^{n-1}+\cdots+a_{n-1}x+a_n,$$

有
$$y^{(n)}=a_0n!,\ y^{(n+1)}=0.$$

例5 已知 $y=a^x(a>0,a\neq1)$，求 $y^{(n)}$.

解 $y'=a^x\ln a$，

$y''=a^x\ln a\cdot\ln a=a^x\ln^2a$，

$y^{(3)}=a^x\ln a\cdot\ln^2a=a^x\ln^3a$，

$\cdots\cdots\cdots\cdots$

于是
$$y^{(n)}=a^x\ln^na.$$

> **想一想**
> 取 $a=\mathrm{e}$，求 $(\mathrm{e}^x)^{(n)}$.

§2.5 函数的微分

函数的微分

张晓华

在实际问题中，有时需估计当函数 $y=f(x)$ 在某一点 x_0 处自变量 x 有一个微小的改变量 $\Delta x=x-x_0$ 时，y 取得相应改变量 $\Delta y=f(x)-f(x_0)$ 的大小.

例1 设有一个边长为 $x=x_0$ 的正方形，边长 x 的改变量 $\Delta x\neq0$，求面积 y 相应改变量 Δy 的近似值.

解 $\Delta y=(x_0+\Delta x)^2-x_0^2=2x_0\Delta x+(\Delta x)^2$，即
$$\Delta y-2x_0\Delta x=(\Delta x)^2.$$

此式表明，存在一个常数 $A=2x_0$，使得当 $\Delta x\rightarrow0$ 时，$\Delta y-A\Delta x=\Delta y-2x_0\Delta x$ 是比

Δx 高阶的无穷小.因而,可以把 $2x_0\Delta x$ 作为 Δy 的近似值,即

$$\Delta y \approx 2x_0\Delta x \quad (|\Delta x| \text{很小}).$$

如图 2-2 所示,可以用划斜线的两块矩形面积的和 $2x_0\Delta x$ 近似代替正方形面积的改变量 Δy,误差为边长是 $|\Delta x|$ 的小正方形的面积 $(\Delta x)^2$.

定义 2.3　设函数 $y=f(x)$ 在点 x_0 处及其左右两侧的小范围内有定义,自变量 x 在点 x_0 处有改变量 $\Delta x \neq 0$,相应的函数改变量为 Δy.若存在常数 A,使得当 $\Delta x \to 0$ 时,Δy 可表示为 $\Delta y = A\Delta x + o(\Delta x)$,则称函数 $y=f(x)$ **在点 x_0 处可微**,并称 $A\Delta x$ 为函数 $y=f(x)$ **在点 x_0 处的微分**,记作 $\mathrm{d}y|_{x=x_0} = A\Delta x$.

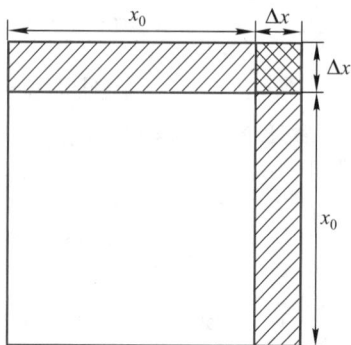

可见,若函数 $y=f(x)$ 在点 x_0 处可微,当自变量 x 在 x_0 处的改变量的绝对值 $|\Delta x|$ 很小时,函数在点 x_0 处的改变量 Δy 近似等于 $\mathrm{d}y|_{x=x_0}$,即 $\Delta y \approx \mathrm{d}y|_{x=x_0}(|\Delta x| \text{很小})$.

图 2-2

常数 A 与 Δx 无关,但可能与 x_0 有关.例如前面讲到的正方形面积 y 在边长 $x=x_0$ 处的微分是 $\mathrm{d}y|_{x=x_0} = 2x_0\Delta x$,其中 $A=2x_0$.

定理 2.5　函数 $y=f(x)$ 在点 x_0 处可微与在点 x_0 处可导等价,且

$$\mathrm{d}y|_{x=x_0} = f'(x_0)\Delta x.$$

我们知道,导数 $f'(x_0)$ 的几何意义是曲线 $y=f(x)$ 在 x_0 处的切线斜率.由定理 2.5 可知微分的几何意义.如图 2-3,导数 $f'(x_0) = \tan\varphi$,微分 $\mathrm{d}y|_{x=x_0} = f'(x_0)\Delta x$ 则是线段 PQ 的长,正是 Δy 的近似值,当 $|\Delta x|$ 较小时,$\mathrm{d}y|_{x=x_0} \approx \Delta y$.

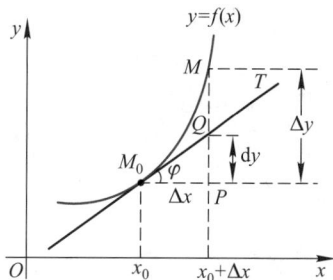

若函数 $y=f(x)$ 在区间 I 上每一点处都可微,则称函数 $y=f(x)$ **在区间 I 上可微**.由定理 2.5,对区间 I 内每一点 x,函数 $y=f(x)$ 的微分为 $\mathrm{d}y = f'(x)\Delta x$.

如果将自变量 x 看作自己的函数 $y=x$,则得 $\mathrm{d}x = \mathrm{d}y = (x)' \cdot \Delta x = \Delta x$,从而自变量的微分等于

图 2-3

自变量的改变量.于是,函数的微分可以写成 $\mathrm{d}y = f'(x)\mathrm{d}x$.

可见,函数的微分就是函数的导数与自变量的微分的乘积,可写成 $\dfrac{\mathrm{d}y}{\mathrm{d}x} = f'(x)$,

此式说明 $\dfrac{\mathrm{d}y}{\mathrm{d}x}$ 既表示函数对自变量的导数,又表示函数的微分与自变量的微分的商.所以又称导数为**微商**.因此,求微分问题可归结为求导数问题.

设有复合函数 $y=f(u),u=u(x)$,则它的微分是

$$\mathrm{d}(f(u(x))) = f'(u(x))u'(x)\mathrm{d}x = f'(u(x))\mathrm{d}(u(x)),\quad \text{即}\ \mathrm{d}(f(u)) = f'(u)\mathrm{d}u.$$

这一公式是复合函数微分法则.由此可以得到微分的一个重要定理:

定理 2.6 如果函数 $y = f(u)$ 对 u 可微，$u = u(x)$ 对 x 可微，则
$$\mathrm{d}y = f'(u)\mathrm{d}u = f'(u(x))u'(x)\mathrm{d}x.$$

我们把这个定理称为微分形式不变性，它表明，无论 u 是自变量还是中间变量，函数 $y = f(u)$ 的微分形式 $\mathrm{d}y = f'(u)\mathrm{d}u$ 不变. 它是第三章不定积分换元积分法的理论基础.

例 2 求 $\mathrm{d}(x+2), \mathrm{d}(2x), \mathrm{d}(-x), \mathrm{d}(1-3x)$.

解 $\mathrm{d}(x+2) = \mathrm{d}x, \mathrm{d}(2x) = 2\mathrm{d}x,$
  $\mathrm{d}(-x) = -\mathrm{d}x, \mathrm{d}(1-3x) = -3\mathrm{d}x.$

例 3 求函数 $y = x^4 + \sin x$ 的微分.

解 $y' = 4x^3 + \cos x, \mathrm{d}y = (4x^3 + \cos x)\mathrm{d}x.$

例 4 求函数 $y = \dfrac{\ln x}{\sqrt{x}}$ 的微分.

函数的微分测一测

解 $y' = \dfrac{(\ln x)'\sqrt{x} - \ln x(\sqrt{x})'}{(\sqrt{x})^2} = \dfrac{\dfrac{1}{x}\sqrt{x} - \dfrac{1}{2\sqrt{x}}\ln x}{x}$

  $= \dfrac{2 - \ln x}{2x\sqrt{x}},$

所以
$$\mathrm{d}y = \frac{2 - \ln x}{2x\sqrt{x}}\mathrm{d}x.$$

例 5 求函数 $y = \mathrm{e}^{-x}(1 + x^2)$ 的微分.

解 $y' = -\mathrm{e}^{-x}(1 + x^2) + \mathrm{e}^{-x} \cdot 2x$
  $= -\mathrm{e}^{-x}(1 + x^2 - 2x)$
  $= -(x-1)^2 \mathrm{e}^{-x},$

所以
$$\mathrm{d}y = -(x-1)^2 \mathrm{e}^{-x}\mathrm{d}x.$$

例 6 求由方程 $x^2 + y^2 - 3xy = 0$ 所确定的隐函数 $y = y(x)$ 的微分.

解 方程 $x^2 + y^2 - 3xy = 0$ 两端对 x 求导，有
$$2x + 2yy' - 3(y + xy') = 0,$$
$$y' = \frac{3y - 2x}{2y - 3x}.$$

于是
$$\mathrm{d}y = y'\mathrm{d}x = \frac{3y - 2x}{2y - 3x}\mathrm{d}x.$$

*例 7** 已知函数 $y = \sqrt{1 + x}$，求在 $x = 3$ 处，当 $\Delta x = 0.01$ 时函数改变量的近似值.

解 $y' = \dfrac{1}{2\sqrt{1+x}}, \mathrm{d}y = \dfrac{1}{2\sqrt{1+x}}\Delta x$，在 $x = 3$ 处，当 $\Delta x = 0.01$ 时，
$$\mathrm{d}y = \frac{1}{2\sqrt{1+3}} \times 0.01 = \frac{1}{4} \times 0.01 = 0.002\ 5.$$

从而
$$\Delta y \approx \mathrm{d}y = 0.002\ 5.$$

§2.6 函数的单调性、极值与最值

函数的单调性

张晓华

第一章我们已经学过函数单调性、极值以及最值的概念,但是直接根据定义确定函数的单调性、极值以及最值是比较困难的,现在我们可以利用函数的导数解决这个问题.

一、函数的单调性

从几何上看,如果可导函数 $f(x)$ 在开区间 (a,b) 内单调增加,则函数曲线 $y=f(x)$ 上任意点 (x,y) 处切线的倾斜角 α 是锐角,根据导数的几何意义,函数 $f(x)$ 在点 (x,y) 处的导数 $f'(x)=\tan\alpha>0$,如图 2-4 所示.

如果可导函数 $f(x)$ 在开区间 (a,b) 内单调减少,此时函数曲线 $y=f(x)$ 上任意点 (x,y) 处切线的倾斜角 α 是钝角,由导数的几何意义可知,函数 $f(x)$ 在点 (x,y) 处的导数 $f'(x)=\tan\alpha<0$,如图 2-5 所示.

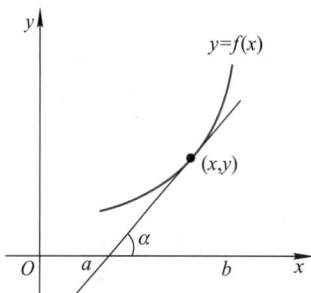
图 2-4

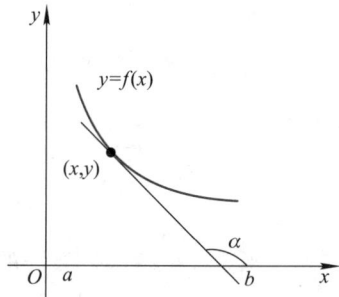
图 2-5

因此,可以根据导数的正负来判断函数的单调性.

定理 2.7 设函数 $f(x)$ 在开区间 I 内可导.

(1) 如果 $f'(x)>0$,那么函数 $f(x)$ 在 I 内单调增加;

(2) 如果 $f'(x)<0$,那么函数 $f(x)$ 在 I 内单调减少.

注:在区间 I 内,$f'(x)>0(f'(x)<0)$ 是函数 $f(x)$ 在区间 I 内单调增加(单调减少)的充分条件,而不是必要条件.例如,函数 $y=x^3$ 在区间 $(-\infty,+\infty)$ 内是单调增加的,但是 $y'=3x^2$,当 $x=0$ 时,$y'=0$;当 $x\neq0$ 时,$y'>0$.

这说明函数 $f(x)$ 在某区间内单调增加(减少)时,在个别点 x_0 处,可以有 $f'(x_0)=0$.所以我们得到以下推论:

推论 如果函数 $f(x)$ 的一阶导数 $f'(x)$ 在开区间 I 内恒非负(恒非正),且使得 $f'(x)=0$ 的点只是一些孤立的点,则开区间 I 为函数 $f(x)$ 的单调增加区间(单调减少区间).

例 1 讨论函数 $f(x)=x^4$ 的单调性.

解 函数 $f(x)=x^4$ 的定义域为 $(-\infty,+\infty)$,$f'(x)=4x^3$,当 $x<0$ 时,$y'<0$;当 $x>0$ 时,$y'>0$.故 $f(x)=x^4$ 的单调增加区间为 $[0,+\infty)$,单调减少区间为 $(-\infty,0)$.

例 2 求函数 $f(x)=x^3-3x^2-9x+1$ 的单调区间.

解 函数 $f(x)$ 的定义域为 $(-\infty,+\infty)$,
$$f'(x)=3x^2-6x-9=3(x+1)(x-3),$$
当 $x<-1$ 或 $x>3$ 时,$f'(x)>0$;当 $-1<x<3$ 时,$f'(x)<0$,所以 $f(x)=x^3-3x^2-9x+1$ 的单调增加区间为 $(-\infty,-1)$ 和 $(3,+\infty)$,单调减少区间为 $(-1,3)$.

例 3 证明函数 $y=x-\ln(1+x^2)$ 为单调增加函数.

证 函数 $y=x-\ln(1+x^2)$ 的定义域为 $(-\infty,+\infty)$,且
$$y'=1-\frac{2x}{1+x^2}=\frac{(1-x)^2}{1+x^2}\geq0,$$
所以函数 $y=x-\ln(1+x^2)$ 在 $(-\infty,+\infty)$ 内单调增加,即为单调增加函数.

二、函数的极值

函数的极值

张晓华

函数曲线在其上升、下降的变化过程中取得极大(小)值或最大(小)值是很普遍的现象.如何找到我们需要的极值点?导数是解决这个问题的重要工具.

定义 2.4(驻点) 若函数 $f(x)$ 在点 x_0 处的一阶导数值 $f'(x_0)=0$,则称点 x_0 为函数 $f(x)$ 的驻点.

定理 2.8 若函数 $f(x)$ 在点 x_0 处可导,且 x_0 是 $f(x)$ 的极值点,则 x_0 必是函数 $f(x)$ 的驻点.

> **想一想**
> 对于可导函数,极值点一定是驻点,但驻点是否一定是极值点?

考虑函数 $f(x)=x^3$,有 $f'(0)=0$,但 $x=0$ 不是该函数的极值点.可见,驻点并不一定是极值点.另外,导数不存在的点也有可能是极值点,例如 $f(x)=|x|$ 在 $x=0$ 处导数不存在,但在 $x=0$ 处函数有极小值 $f(0)=0$.

这说明,极值点可能为函数的驻点和导数不存在的点.

下面介绍判别极值存在的两个定理.

定理 2.9(极值存在的第一充分条件) 设函数 $f(x)$ 只可能在有限的几个点处不可导,点 x_0 为 $f(x)$ 的驻点或一阶导数不存在的点,当 x 从点 x_0 的左侧变化到右侧时:

(1) 如果一阶导数 $f'(x)$ 变号,且从正号(负号)变化到负号(正号),则点 x_0 为函数 $f(x)$ 的极大值点(极小值点);

(2) 如果一阶导数 $f'(x)$ 不变号,则点 x_0 不是函数 $f(x)$ 的极值点.

例 4 求函数 $f(x)=x-\sin x$ 的极值.

解 函数 $f(x)$ 的定义域为 $(-\infty,+\infty)$,其一阶导数 $f'(x)=1-\cos x\geq0$,$f(x)$ 在 $(-\infty,+\infty)$ 内单调增加,所以函数 $f(x)=x-\sin x$ 在其定义域内无极值.

例 5 求函数 $f(x)=4x^3+3x^4$ 的单调区间和极值.

解 函数 $f(x)$ 的定义域为 $(-\infty,+\infty)$,其一阶导数 $f'(x)=12x^2+12x^3=12x^2(x+1)$.令 $f'(x)=0$,得驻点 $x=0$ 与 $x=-1$.现列表 2-1 讨论如下:

表 2-1

x	$(-\infty,-1)$	-1	$(-1,0)$	0	$(0,+\infty)$
$f'(x)$	$-$	0	$+$	0	$+$
$f(x)$	单调减少	极小值	单调增加	非极值	单调增加

所以，$f(x)$ 的单调增加区间为 $(-1,+\infty)$，单调减少区间为 $(-\infty,-1)$，极小值为 $f(-1)=-1$，无极大值.

例 6　求函数 $f(x)=(x-1)\sqrt[3]{x^2}$ 的极值.

解　函数 $f(x)$ 的定义域为 $(-\infty,+\infty)$，其一阶导数 $f'(x)=\dfrac{5}{3}x^{\frac{2}{3}}-\dfrac{2}{3}x^{-\frac{1}{3}}$，令 $f'(x)=0$，求得驻点 $x=\dfrac{2}{5}$. 又当 $x=0$ 时，$f(x)$ 的导数不存在. 现列表 2-2 讨论如下.

表 2-2

x	$(-\infty,0)$	0	$\left(0,\dfrac{2}{5}\right)$	$\dfrac{2}{5}$	$\left(\dfrac{2}{5},+\infty\right)$
$f'(x)$	$+$	不存在	$-$	0	$+$
$f(x)$	单调增加	极大值	单调减少	极小值	单调增加

所以，在 $x=0$ 处，函数有极大值 $f(0)=0$；在 $x=\dfrac{2}{5}$ 处，函数有极小值 $f\left(\dfrac{2}{5}\right)=-\dfrac{3}{5}\sqrt[3]{\dfrac{4}{25}}$.

定理 2.10（极值存在的第二充分条件）　设函数 $f(x)$ 在其驻点 x_0 处二阶可导.

(1) 若 $f''(x_0)<0$，则 x_0 是函数 $f(x)$ 的极大值点；

(2) 若 $f''(x_0)>0$，则 x_0 是函数 $f(x)$ 的极小值点.

例 7　求函数 $f(x)=2x^2-\ln x$ 的极值.

解　函数 $f(x)=2x^2-\ln x$ 的定义域为 $(0,+\infty)$. 一阶导数 $f'(x)=4x-\dfrac{1}{x}$，令 $f'(x)=0$，得 $x=\dfrac{1}{2}$ 或 $-\dfrac{1}{2}$. 因为 $-\dfrac{1}{2}$ 不在定义域内，故应舍去.

二阶导数 $f''(x)=4+\dfrac{1}{x^2}$，因为 $f''\left(\dfrac{1}{2}\right)=8>0$，根据定理 2.10，$x=\dfrac{1}{2}$ 是极小值点，极小值是 $f\left(\dfrac{1}{2}\right)=\dfrac{1}{2}-\ln\dfrac{1}{2}=\dfrac{1}{2}+\ln 2$.

例 8　求函数 $f(x)=x^3-3x$ 的极值.

解　函数 $f(x)=x^3-3x$ 的定义域为 $(-\infty,+\infty)$，$f'(x)=3x^2-3$，$f''(x)=6x$. 令 $f'(x)=0$，得 $x=\pm1$.

因为 $f''(-1)=-6<0$，所以 $f(-1)=2$ 为极大值；因为 $f''(1)=6>0$，所以 $f(1)=-2$ 为极小值.

> **想一想**
> 在应用定理 2.9 和定理 2.10 时有何区别?

三、函数的最值

根据函数定义域的不同，函数最值的情况有较大差别，下面三种情况下的函数最值问题最为常见.

情况 1 第一章拓展部分中的闭区间上连续函数的最值定理告诉我们：闭区间上的连续函数必有最值.最值可在区间内部取得，也可在区间端点取得.结合最值与极值的关系，求函数 $f(x)$ 在 $[a,b]$ 上的最值的步骤如下：

（1）求出函数在开区间 (a,b) 内所有可能的极值点的函数值（包括驻点、导数不存在的点的函数值）；

（2）求出区间端点的函数值 $f(a)$ 和 $f(b)$；

（3）将这些函数值进行比较，其中最大（小）者为最大（小）值.

情况 2 连续函数 $f(x)$ 在区间 I（开区间、闭区间、无穷区间）内只有一个极值点 x_0，那么，如果 $f(x_0)$ 是极大（小）值，则 $f(x_0)$ 是区间 I 上的最大（小）值.

情况 3 如果函数 $f(x)$ 在区间 I 上单调增加（减少），则 $f(x)$ 若有最值应在区间端点取得.

例 9 求函数 $f(x)=\dfrac{x^2}{1+x}$ 在区间 $\left[-\dfrac{1}{2},1\right]$ 上的最大值与最小值.

解 因为 $f(x)$ 在 $\left[-\dfrac{1}{2},1\right]$ 上连续，所以 $f(x)$ 在 $\left[-\dfrac{1}{2},1\right]$ 上有最大值和最小值.先求一阶导数

$$f'(x)=\frac{x(2+x)}{(1+x)^2},$$

由 $f'(x)=0$ 得 $x_1=0, x_2=-2$.因为 $x_2=-2$ 不在区间 $\left[-\dfrac{1}{2},1\right]$ 内，应舍去，而 $f(0)=0$.

再求区间端点的函数值

$$f\left(-\frac{1}{2}\right)=\frac{1}{2}, f(1)=\frac{1}{2}.$$

最后进行比较：$f(0)=0$ 是最小值，$f\left(-\dfrac{1}{2}\right)=f(1)=\dfrac{1}{2}$ 是最大值.

例 10 求函数 $f(x)=(1-x)\mathrm{e}^x$ 在定义域内的最大值或最小值.

解 函数 $f(x)=(1-x)\mathrm{e}^x$ 的定义域为 $(-\infty,+\infty)$，一阶导数

$$f'(x) = -e^x + (1-x)e^x = -xe^x.$$

令 $f'(x) = 0$,得唯一驻点 $x = 0$.二阶导数

$$f''(x) = -(e^x + xe^x) = -(1+x)e^x,$$

而 $f''(0) = -1 < 0$.于是,唯一驻点 $x = 0$ 为唯一极大值点,也是最大值点.所以,函数 $f(x) = (1-x)e^x$ 在定义域 $(-\infty, +\infty)$ 内有最大值,最大值为 $f(0) = 1$.

对于实际问题,如果函数 $f(x)$ 的最大(小)值一定存在,而在定义区间内函数 $f(x)$ 有唯一的极大(小)值点,则这个极值点就是函数 $f(x)$ 的最大(小)值点.

例 11 将边长为 a 的一块正方形铁皮,四角各截去一个大小相同的小正方形,然后将四边折起做成一个无盖的方盒.问截掉的小正方形边长为多大时,所得方盒的容积最大?

解 设截掉的小正方形边长为 x,则盒底的边长为 $a - 2x$,因此方盒的容积为

$$V = x(a-2x)^2, x \in \left(0, \frac{a}{2}\right).$$

求得 $V' = (a-2x)(a-6x)$,令 $V' = 0$,得 $x_1 = \frac{a}{6}$,$x_2 = \frac{a}{2}$.因为只有点 $x_1 = \frac{a}{6}$ 在区间 $\left(0, \frac{a}{2}\right)$ 内,所以只需对 $x_1 = \frac{a}{6}$ 进行检验.

列表 2-3 讨论如下.

表 2-3

x	$\left(0, \frac{a}{6}\right)$	$\frac{a}{6}$	$\left(\frac{a}{6}, \frac{a}{2}\right)$
V'	$+$	0	$-$
V	单调增加	极大值	单调减少

所以函数 V 在点 $x_1 = \frac{a}{6}$ 处取得极大值,这个极大值就是函数 V 的最大值.由此可知,当截取的小正方形的边长等于所给正方形铁皮边长的 $\frac{1}{6}$ 时,所做成的方盒容积最大.

例 12 某工厂每年分若干批进行生产,一年中库存费与生产准备费的和 $P(x)$ 与每批产量 x 的函数关系为 $P(x) = \frac{ab}{x} + \frac{c}{2}x$,$x \in (0, a)$,其中 a 为年产量,b 为每批生产的生产准备费,c 为每台产品的库存费.问在不考虑生产能力的条件下,每批生产多少台时,$P(x)$ 最小?

解 $P'(x) = -\frac{ab}{x^2} + \frac{c}{2}$,令 $P'(x) = 0$,有 $cx^2 - 2ab = 0$,所以 $x = \pm\sqrt{\frac{2ab}{c}}$.

因为 $x = -\sqrt{\frac{2ab}{c}} \notin (0, a)$,且 $P''(x) = \frac{2ab}{x^3} > 0$,所以,当 $x = \sqrt{\frac{2ab}{c}}$ 时 $P(x)$ 取得极小值,也就是函数 $P(x)$ 的最小值.于是得出,要使一年中库存费与生产准备费之和最小,最优批量应为 $\sqrt{\frac{2ab}{c}}$.

应用部分

§2.7 软件应用计算

一、导数的计算

在 MATLAB 中可以使用 diff 命令来求一个函数的导数,使用格式如表 2-4 所示.

表 2-4

数学表达式	MATLAB命令
$\dfrac{\mathrm{d}f}{\mathrm{d}x}$	diff(f)或 diff(f,x)
$\dfrac{\mathrm{d}^n f}{\mathrm{d}x^n}$	diff(f,n)或 diff(f,x,n),其中 n 为正整数

例 1 设 $f(x)=\ln(x+\sqrt{a+x^2})$,求 $\dfrac{\mathrm{d}f}{\mathrm{d}x}$.

解 输入命令:

syms a x;

rt=diff(log(x+sqrt(a^2+x^2)),'x');

simplify(rt)   %使输出的结果简单化

输出结果:

ans=1/(a^2+x^2)^(1/2)

例 2 求 $f(x)=x^5$ 的 5 阶导数.

解 输入命令:

syms x;

diff(x^5,5)

输出结果:

ans=120

二、函数在一点处的导数值的计算

在 MATLAB 中可以使用命令 subs 来计算函数在某一点处的导数值.subs 命令使用格式为

$$subs(s,old,new),$$

其中 s 表示表达式,新值 new 用来替换旧值 old.比如输入命令:

```
syms a b;
subs(a+b,a,4)
```
输出结果:
```
ans=4+b
```
当然也可以同时替换多个变量,比如输入命令:
```
syms a b x;
subs(a+b,{a,b},{4,x})
```
输出结果:
```
ans=4+x
```

例 3 求函数 $f(x)=\dfrac{x}{\sqrt{1+x^2}}$ 在 $x=0$ 处的导数值.

解 输入命令:
```
syms x;
f=x/sqrt(1+x^2);
f_x=diff(f,x);
subs(f_x,x,0)
```
输出结果:
```
ans=1
```

三、函数最小值的计算

在 MATLAB 中可以使用 fminbnd 命令来计算函数 $y=f(x)$ 在给定区间 $[x_1,x_2]$ 上的最小值.MATLAB 没有提供计算在给定区间上函数的最大值的命令,如果需要计算 $y=f(x)$ 在区间 $[x_1,x_2]$ 上的最大值,可以对函数 $y=f(x)$ 作变换:令 $w=-y$,则 $w=-f(x)$,那么就把求函数 y 的最大值问题转化为求函数 w 的最小值问题.fminbnd 命令的使用格式如表 2-5 所示.

表 2-5

命 令 格 式	功 能
x=fminbnd(f,x1,x2)	返回函数 f 在区间[x1,x2]上的最小值点 x
[x,vfal]=fminbnd(f,x1,x2)	返回函数 f 在区间[x1,x2]上的最小值点 x 和最小值 vfal

例 4 求函数 $f(x)=(x-1)^2-5$ 在区间 $[0,2]$ 上的最小值.
解 输入命令:
```
[x,fval]=fminbnd('(x-1)^2-5',0,2)
```
输出结果:
```
x=1.0000   fval=-5
```
例 5 求函数 $f(x)=\dfrac{x^2}{1+x}$ 在区间 $\left[-\dfrac{1}{2},1\right]$ 上的最小值.

解 容易看出该函数在 $x=0$ 处达到最小值 0. 但 MATLAB 计算结果却并非如此.

输入命令:

$[x, fval]=fminbnd('x^2/(1+x)', -1/2, 1)$

输出结果:

$x=3.7685e-006 \quad fval=1.4202e-011$

这是 MATLAB 所用的算法造成的,因为在 MATLAB 中寻找函数 $y=f(x)$ 的最小值并不是先算出该函数的导数 $f'(x)$,然后再找出导数等于零或不存在的点,算出它们的函数值,再一一比较,从而找出最小值. MATLAB 是使用黄金分割法和插值法来计算函数的最小值的,所以会造成这样的结果.

§2.8 经济应用

导数在经济中的应用

张晓华

一、边际函数

在经济分析中,通常用"边际"这一概念来描述一个经济变量相对于另一个经济变量的变化情况. 常见的有边际成本函数、边际收益函数和边际利润函数.

定义 2.5 总成本函数 $C=C(x)$ 对产量 x 的一阶导数 $C'(x)$ 称为边际成本函数;总收益函数 $R=R(x)$ 对产量 x 的一阶导数 $R'(x)$ 称为边际收益函数;总利润函数 $L=L(x)$ 对产量 x 的一阶导数 $L'(x)$ 称为边际利润函数.

考虑边际成本函数:根据微分的概念,当产量在 x_0 水平上有了改变量 Δx 时,总成本函数的改变量 $\Delta C \approx \mathrm{d}C|_{x=x_0}=C'(x_0)\Delta x$. 特别地,若取 $\Delta x=1$,则有 $\Delta C \approx C'(x_0)$.

因此,在产量为 x_0 水平上的边际成本值可以近似表示在产量 x_0 水平上增加一个单位产量所需要增加的成本.

同理,在产量为 x_0 水平上的边际收益值可以近似表示在产量 x_0 水平上增加一个单位产量所获得的收益;在产量为 x_0 水平上的边际利润值可以近似表示在产量 x_0 水平上增加一个单位产量所获得的利润.

例 1 某产品总成本 C 元为产量 x 个的函数,

$$C=C(x)=900+\frac{x^2}{100},$$

求产量为 100 个水平上的平均单位成本值与边际成本值.

解 平均单位成本函数为

$$\overline{C}(x)=\frac{C(x)}{x}=\frac{900}{x}+\frac{x}{100},$$

所以在产量为 100 个水平上的平均单位成本值为

$$\overline{C}(100)=\frac{C(100)}{100}=\frac{900}{100}+\frac{100}{100}=10.$$

边际成本函数为

$$C'(x)=\frac{x}{50},$$

所以,在产量为 100 个水平上的边际成本值为

$$C'(100)=\frac{100}{50}=2.$$

上述结果说明,在生产 100 个产品时,均摊在每个产品上的成本为 10 元,而生产第 101 个产品所需增添的成本为 2 元.

例 2 设某产品的价格 P 与销售量 x 的关系为 $P=10-\frac{x}{5}$,求销售量为 30 时的总收益、平均收益与边际收益.

解 $R(x)=xP=10x-\frac{x^2}{5}$,$R(30)=120$;

$$\overline{R}(x)=10-\frac{x}{5},\overline{R}(30)=4;$$

$$R'(x)=10-\frac{2x}{5},R'(30)=-2.$$

例 3 某工厂生产某种产品,固定成本为 20 000 元,每生产一单位产品,成本增加 100 元.已知总收益 R 元是年产量 x 单位的函数,

$$R=R(x)=\begin{cases}400x-\dfrac{1}{2}x^2,0<x\leqslant400,\\80\,000,\qquad x>400.\end{cases}$$

问每年生产多少产品时,总利润最大? 此时总利润是多少?

解 根据题意,总成本函数为

$$C=C(x)=20\,000+100x.$$

从而可得总利润函数为

$$L=L(x)=R(x)-C(x)=\begin{cases}300x-\dfrac{x^2}{2}-20\,000,0<x\leqslant400,\\60\,000-100x,\qquad x>400.\end{cases}$$

当 $0<x<400$ 时,$L'(x)=300-x$;当 $x>400$ 时,$L'(x)=-100$;当 $x=400$ 时,易求得 $L'(400)=-100$,从而

$$L'(x)=\begin{cases}300-x,\quad 0<x\leqslant400,\\-100,\qquad x>400.\end{cases}$$

令 $L'(x)=0$,得 $x=300$,而 $L''(300)<0$,所以 $x=300$ 时 L 最大.此时 $L(300)=25\,000$,即当年产量为 300 单位时,总利润最大,此时总利润为 25 000 元.

二、需求弹性函数

在销售过程中,商品的需求量 Q 与商品的销售价格 P 有关.假设 $Q=Q(P)$,那么,销售价格 P 的变动会对需求函数 Q 产生多大程度的影响呢? 假设在销售价格 P_0 水平上的需求量为 $Q_0=Q(P_0)$.当销售价格 P 有了改变量 $\Delta P\neq0$ 时,需求函数 Q 有

相应的改变量 $\Delta Q \neq 0$.但这不足以说明问题,如销售价格水平分别为 10 000 元/件和 100 元/件的商品,增加需求量的效果肯定不一样.于是,我们考虑销售价格的相对改变量 $\dfrac{\Delta P}{P_0}$ 对需求量的相对改变量 $\dfrac{\Delta Q}{Q_0}$ 的影响程度.

比值

$$\bar{\eta}(P_0) = \frac{\dfrac{\Delta Q}{Q_0}}{\dfrac{\Delta P}{P_0}} = \frac{\Delta Q}{\Delta P} \cdot \frac{P_0}{Q_0}$$

称为需求函数在销售价格 P_0 水平上对销售价格的平均相对变化率.

当 $\Delta P \to 0$ 时,比值 $\bar{\eta}(P_0)$ 的极限称为需求函数在销售价格 P_0 水平上对销售价格的相对变化率,记作

$$\eta(P_0) = \lim_{\Delta P \to 0} \frac{\dfrac{\Delta Q}{\Delta P}}{Q_0} P_0.$$

定义 2.6 需求函数 $Q = Q(P)$ 对销售价格 P 的相对变化率称为**需求弹性函数**,记作

$$\eta(P) = \frac{Q'(P)}{Q(P)} P.$$

根据这个定义,需求函数在销售价格 P_0 水平上对销售价格的相对变化率 $\eta(P_0)$ 称为需求函数在销售价格 P_0 水平上的需求弹性值.该定义还说明,在销售价格 P_0 水平上,若销售价格的变动幅度为 1%,则需求函数的变动幅度为 $|\eta(P_0)|\%$.

例 4 某商品的需求函数为 $Q = Q(P) = 100\mathrm{e}^{-\frac{P}{5}}$,求在销售价格为 10 的水平上的需求弹性值.

解 需求弹性函数为

$$\eta(P) = \frac{Q'(P)}{Q(P)} P = \frac{-20\mathrm{e}^{-\frac{P}{5}}}{100\mathrm{e}^{-\frac{P}{5}}} P = -\frac{P}{5},$$

所以在销售价格为 10 的水平上的需求弹性值为

$$\eta(10) = -\frac{10}{5} = -2.$$

上述计算结果说明,在商品销售价格为 10 的水平上,若降价 1%,则需求量增加 2%.负号表示需求量为销售价格的单调减少函数.

例 5 某高档商品因出口需要,拟用提价的办法压缩国内销售量 20%,该商品的需求弹性系数范围为 $-2 \sim -1.5$,问应提价多少?

解 因为 $\eta(P) \approx \dfrac{\dfrac{\Delta Q}{Q}}{\dfrac{\Delta P}{P}}$,根据题设条件,由 $-1.5 \approx \dfrac{-20\%}{\dfrac{\Delta P}{P}}$ 得 $\dfrac{\Delta P}{P} \approx 13.3\%$.再由

$-2 \approx \dfrac{-20\%}{\dfrac{\Delta P}{P}}$ 得 $\dfrac{\Delta P}{P} \approx 10\%$,所以,该商品应提价 $10\% \sim 13.3\%$.

§2.9 工程应用

一、曲率

在工程中,我们常常遇到曲线的弯曲程度问题.在数学上,我们用曲率来表示曲线的弯曲程度.

如图 2-6 所示,MN 与 MN_1 是两条长度相等且有一公共端点 M 的曲线.设动点从点 M 沿曲线 MN 移动到点 N 时切线转过的角度为 α,动点从点 M 沿曲线 MN_1 移动到点 N_1 时切线转过的角度为 α_1.从图 2-6 可以看出转角 α 较 α_1 大,曲线 MN 的弯曲程度也较曲线 MN_1 的大.一般地,若两曲线的长度相等,则切线转角越大,曲线的弯曲程度也越大,反之,曲线的弯曲程度越大,则切线转角也越大.

但是,切线的转角大小还不能完全反映曲线的弯曲程度.如图 2-7 所示,MN 与 M_1N_1 是具有相同切线转角 α 的两条长度不同的曲线,从图 2-7 可以看出,短的曲线比长的曲线弯曲程度大.这就是说,曲线的弯曲程度与曲线两端切线的转角大小及曲线长度都有关系.所以,我们可以用曲线两端切线的转角与曲线长度之比来描述这段曲线的弯曲程度.

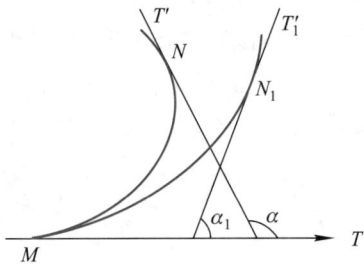

图 2-6

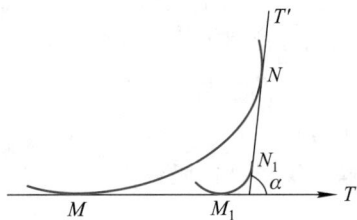

图 2-7

定义 2.7 设曲线 MN 两端的切线转角为 α,曲线长度为 l,称 $|\alpha|$ 与 l 的比值为曲线 MN 的平均曲率,如图 2-8 所示,记作 $\overline{K}$,即

$$\overline{K} = \frac{|\alpha|}{l}.$$

一般地,曲线上各点附近的弯曲程度并不相同,所以曲线的平均曲率只能表示整段曲线的平均弯曲程度.

定义 2.8 固定曲线 MN 的端点 M,当点 N 沿曲线趋近于点 M 时,若曲线 MN 的平均曲率的极限存在,则称该极限为曲线在点 M 处的**曲率**,记作 K,即

$$K = \lim_{N \to M} \frac{|\alpha|}{l} = \lim_{l \to 0} \frac{|\alpha|}{l}.$$

这里的角 α 的单位是弧度,平均曲率和曲率的单位为 $\dfrac{\text{弧度}}{1 \text{ 长度单位}}$.

例 1 求直线 l 上任一点的曲率.

解 如图 2-9 所示,在直线 l 上任取一点 M,另取一点 N.由于点 M 和点 N 处的切线斜率相同,所以点 M 沿直线 l 移动到点 N 时切线的转角为 0,因此,线段 MN 的平均曲率为 $\overline{K}=\dfrac{0}{|MN|}=0$,从而直线 l 在点 M 处的曲率为

$$K=\lim_{|MN|\to0}\overline{K}=0.$$

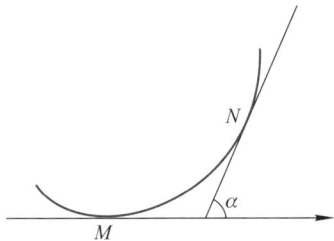

图 2-8

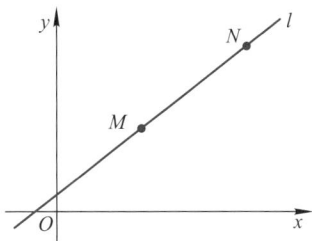

图 2-9

此例题说明,直线上任一点的曲率都等于零.这与我们直觉认识的"直线不弯曲"是一致的.

例 2 已知圆的半径为 R,求圆上任一点的曲率.

解 如图 2-10 所示,在圆 O 上任取一点 A,B 为圆上一动点,l 表示弧 AB 的长度(按从 A 到 B 的顺时针方向).由于点 B 沿弧 AB 移动到点 A 时切线转角 φ 等于圆心角 $\angle AOB$,所以 $l=|R\varphi|$.

因此,弧 AB 的平均曲率为

$$\overline{K}=\left|\frac{\varphi}{R\varphi}\right|=\frac{1}{R},$$

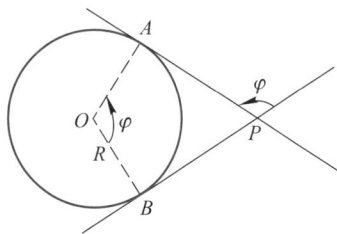

图 2-10

从而圆 O 上任一点 A 的曲率为

$$K=\lim_{l\to0}\frac{1}{R}=\frac{1}{R}.$$

上述结论表明,圆上任一点的曲率都相等,而且都等于半径 R 的倒数 $\dfrac{1}{R}$.这就是说,圆的弯曲程度处处一样,且半径越小,曲率越大.

二、咳嗽问题的研究

肺内压力的增加可以引起咳嗽,而肺内压力的增加伴随着气管半径的缩小,那么气管半径的缩小是促进还是阻碍空气在气管内的流动呢?

为简单起见,把气管理想化为一个圆柱形的管子.记管半径为 r,管长为 l,管两端的压力差为 p,η 为流体的黏滞度.由物理学知识,在单位时间内流过管子的流体的体积为

$$V=\frac{\pi p r^4}{8\eta l}. \tag{1}$$

实验证明,当压力差 p 增加,且在 $\left[0, \dfrac{r_0}{2a}\right]$ 内时,半径 r 按照方程

$$r = r_0 - ap \qquad\qquad (2)$$

减小,其中 r_0 为无压力差时的管半径,a 为正的常数.

一方面,$r = r_0 - ap$ 在条件 $0 \leqslant p \leqslant \dfrac{r_0}{2a}$ 下成立,于是把 $p = \dfrac{r_0 - r}{a}$ 代入 $0 \leqslant p \leqslant \dfrac{r_0}{2a}$,得 $\dfrac{r_0}{2} \leqslant r \leqslant r_0$,从而(2)化为

$$p = \frac{r_0 - r}{a}, \ \frac{r_0}{2} \leqslant r \leqslant r_0. \qquad\qquad (3)$$

于是(1)变为

$$V = \frac{\pi(r_0 - r)r^4}{8\eta la} = k(r_0 - r)r^4, \ \frac{r_0}{2} \leqslant r \leqslant r_0, \qquad\qquad (4)$$

其中 $k = \dfrac{\pi}{8\eta la}$ 为常数.

由 $V'(r) = kr^3(4r_0 - 5r) = 0$,得 $r = \dfrac{4}{5}r_0 \in \left[\dfrac{r_0}{2}, r_0\right]$. 当 $r \in \left(\dfrac{1}{2}r_0, \dfrac{4}{5}r_0\right)$ 时,$V'(r) > 0$;当 $r \in \left(\dfrac{4}{5}r_0, r_0\right)$ 时,$V'(r) < 0$.可见当 $r = \dfrac{4}{5}r_0$ 时,单位时间内流过气管的空气体积最大.

另一方面,如果用 v 来表示空气在气管内流动的速度,显然有 $V = v(\pi r^2)$,由(4)得

$$v = \frac{V}{\pi r^2} = \frac{k}{\pi}(r_0 - r)r^2.$$

再由 $v'(r) = \dfrac{k}{\pi}(2r_0 - 3r)r = 0$,得 $r = \dfrac{2r_0}{3} \in \left[\dfrac{r_0}{2}, r_0\right]$.同理可知当 $r = \dfrac{2r_0}{3}$ 时,v 取得最大值.

从上述两方面看,气管收缩(在一定范围内)有助于咳嗽,它促进气管内空气的流动,从而使气管内的异物能较快地被清除掉.

总结·拓展部分

一、本章内容总结

本章内容主要是导数与微分的概念、计算与应用,具有广泛的实际意义,是微积分的主体内容之一,主要包括:

(1) 导数的概念,导数的几何意义,函数可导与连续的关系;

(2) 导数的四则运算法则,导数基本公式,复合函数求导法则,隐函数求导法则,以及它们的应用;

（3）高阶导数的概念与计算；

（4）函数微分的概念与计算；

（5）应用导数判断函数的单调性，求函数极值、最值的方法.

导数的计算是本章的一个重要内容，要熟练掌握导数基本公式与各种求导法则，特别是复合函数的求导法则，这是本章的一个难点.

二、本章内容拓展

1. 单侧导数

函数 $y=f(x)$ 在点 x_0 处的导数定义为：当 $\Delta x \to 0$ 时，$\dfrac{\Delta y}{\Delta x}$ 的极限，即

$$f'(x_0)=\lim_{\Delta x \to 0}\frac{\Delta y}{\Delta x}=\lim_{\Delta x \to 0}\frac{f(x_0+\Delta x)-f(x_0)}{\Delta x}.$$

类似地，当 $\Delta x \to 0$ 时，若 $\dfrac{\Delta y}{\Delta x}$ 的左极限（右极限）存在，则称该极限值为函数 $f(x)$ 在点 x_0 处的左导数（右导数），记作 $f'_-(x_0)(f'_+(x_0))$，即

$$f'_-(x_0)=\lim_{\Delta x \to 0^-}\frac{\Delta y}{\Delta x}=\lim_{\Delta x \to 0^-}\frac{f(x_0+\Delta x)-f(x_0)}{\Delta x},$$

$$f'_+(x_0)=\lim_{\Delta x \to 0^+}\frac{\Delta y}{\Delta x}=\lim_{\Delta x \to 0^+}\frac{f(x_0+\Delta x)-f(x_0)}{\Delta x}.$$

函数的左导数、右导数统称为函数的单侧导数.

函数 $f(x)$ 在点 x_0 处的导数与单侧导数之间有下面的关系.

定理 2.11 函数 $f(x)$ 在点 x_0 处可导且 $f'(x_0)=A$ 等价于 $f'_-(x_0)$ 和 $f'_+(x_0)$ 都存在且等于 A，即

$$f'(x_0)=A \Leftrightarrow f'_-(x_0)=f'_+(x_0)=A.$$

根据这个定理，函数在某点的左、右导数只要有一个不存在，或者虽然都存在但不相等，该点的导数就不存在.

例 1 讨论分段函数

$$f(x)=\begin{cases} x^2 \sin \dfrac{1}{x}, & x \neq 0, \\ 0, & x=0 \end{cases}$$

在分界点 $x=0$ 处的可导性.

解 因为

$$\lim_{\Delta x \to 0}\frac{f(\Delta x)-f(0)}{\Delta x}=\lim_{\Delta x \to 0}\frac{(\Delta x)^2 \sin \dfrac{1}{\Delta x}-0}{\Delta x}$$

$$=\lim_{\Delta x \to 0}\Delta x \sin \frac{1}{\Delta x}$$

$$=0,$$

所以，$f(x)$ 在分界点 $x=0$ 处可导，且 $f'(0)=0$.

例 2　讨论 $f(x)=|x|$ 在点 $x=0$ 处是否可导.

解　因为

$$f(x)=|x|=\begin{cases} x, & x\geqslant 0, \\ -x, & x<0, \end{cases}$$

所以点 $x=0$ 是这个分段函数的分界点. 下面考察函数在点 $x=0$ 处的左、右导数：

$$f'_-(0)=\lim_{\Delta x\to 0^-}\frac{f(\Delta x)-f(0)}{\Delta x}=\lim_{\Delta x\to 0^-}\frac{-\Delta x-0}{\Delta x}=-1,$$

$$f'_+(0)=\lim_{\Delta x\to 0^+}\frac{f(\Delta x)-f(0)}{\Delta x}=\lim_{\Delta x\to 0^+}\frac{\Delta x-0}{\Delta x}=1.$$

因 $f'_-(0)\neq f'_+(0)$，所以 $f(x)$ 在点 $x=0$ 处不可导.

对于第一种类型的分段函数 $f(x)$，即 $f(x)$ 在分界点 x_0 左右两侧的数学表达式一样，如例 1，若要判断 $f(x)$ 在点 x_0 处的可导性，则直接计算 $\lim\limits_{\Delta x\to 0}\dfrac{f(x_0+\Delta x)-f(x_0)}{\Delta x}$ 即可.

但对于第二种类型的分段函数 $f(x)$，即 $f(x)$ 在分界点 x_0 左右两侧的数学表达式不一样，如例 2，则需计算 $\lim\limits_{\Delta x\to 0^-}\dfrac{f(x_0+\Delta x)-f(x_0)}{\Delta x}$ 和 $\lim\limits_{\Delta x\to 0^+}\dfrac{f(x_0+\Delta x)-f(x_0)}{\Delta x}$，只有当它们都存在且相等时，$f'(x_0)$ 才存在.

2. 对数求导法

有些函数，如幂指函数 $y=u(x)^{v(x)}$，尽管是显函数，但不能直接应用前面介绍的方法求导，这时需要使用对数求导法. 所谓对数求导法就是对函数 $y=f(x)$ 两端取自然对数，得隐函数 $\ln y=\ln f(x)$，再用隐函数求导法则求出 y 对 x 的导数.

例 3　求函数 $y=x^x(x>0)$ 的导数.

解　函数 $y=x^x$ 两端都取自然对数，得到

$$\ln y=\ln x^x,$$

即

$$\ln y=x\ln x.$$

再将等号两端都对 x 求导，得到

$$\frac{1}{y}y'=1+\ln x.$$

所以

$$y'=y(1+\ln x)=x^x(1+\ln x).$$

例 4　求函数 $y=\left(\dfrac{x}{1+x}\right)^x(x>0)$ 的导数.

解　函数 $y=\left(\dfrac{x}{1+x}\right)^x$ 两端都取自然对数，得到

$$\ln y=x[\ln x-\ln(1+x)].$$

再将等号两端都对 x 求导，得到

$$\frac{y'}{y}=\ln x-\ln(1+x)+x\left(\frac{1}{x}-\frac{1}{1+x}\right).$$

所以

$$y' = y\left\{[\ln x - \ln(1+x)] + x\left(\frac{1}{x} - \frac{1}{1+x}\right)\right\}$$

$$= \left(\frac{x}{1+x}\right)^x\left(\ln\frac{x}{1+x} + 1 - \frac{x}{1+x}\right).$$

例 5 求函数 $y = x^2\sqrt{\frac{2x-1}{2x+1}}\left(x > \frac{1}{2}\right)$ 的导数.

解 函数 $y = x^2\sqrt{\frac{2x-1}{2x+1}}$ 两端都取自然对数,得到

$$\ln y = 2\ln x + \frac{1}{2}\ln(2x-1) - \frac{1}{2}\ln(2x+1).$$

再将等号两端都对 x 求导,得到

$$\frac{1}{y}y' = \frac{2}{x} + \frac{1}{2x-1} - \frac{1}{2x+1}.$$

所以

$$y' = y \cdot \frac{2(4x^2+x-1)}{x(2x-1)(2x+1)} = \frac{2x(4x^2+x-1)}{(2x+1)\sqrt{(2x+1)(2x-1)}}.$$

例 6 求函数 $y = 2^{\frac{1}{x}}\sqrt{\ln x \cdot \sqrt[3]{\arctan x}}$ $(x > 1)$ 的导数.

解 函数 $y = 2^{\frac{1}{x}}\sqrt{\ln x \cdot \sqrt[3]{\arctan x}}$ 两端都取自然对数,得到

$$\ln y = \frac{\ln 2}{x} + \frac{1}{2}\left(\ln\ln x + \frac{1}{3}\ln\arctan x\right).$$

再将等号两端都对 x 求导,得到

$$\frac{y'}{y} = -\frac{\ln 2}{x^2} + \frac{1}{2}\left[\frac{1}{x\ln x} + \frac{1}{3(1+x^2)\arctan x}\right].$$

所以

$$y' = y\left[-\frac{\ln 2}{x^2} + \frac{1}{2x\ln x} + \frac{1}{6(1+x^2)\arctan x}\right]$$

$$= 2^{\frac{1}{x}}\sqrt{\ln x \cdot \sqrt[3]{\arctan x}} \cdot \left[-\frac{\ln 2}{x^2} + \frac{1}{2x\ln x} + \frac{1}{6(1+x^2)\arctan x}\right].$$

3. 参数方程所确定的函数的导数

设函数关系 $y = y(x)$ 由参数方程 $\begin{cases} x = x(t), \\ y = y(t) \end{cases}$(其中 t 为参数)给出. 因为 $y = y(x(t))$ 可以看成自变量为 t,由 $y = y(x)$ 与 $x = x(t)$ 复合而成的复合函数,根据复合函数求导法则,有 $y'_t = y'_x \cdot x'_t$,从而 $y'_x = \dfrac{y'_t}{x'_t}$ 或 $\dfrac{\mathrm{d}y}{\mathrm{d}x} = \dfrac{\dfrac{\mathrm{d}y}{\mathrm{d}t}}{\dfrac{\mathrm{d}x}{\mathrm{d}t}}$.

例 7 由参数方程 $\begin{cases} x = t\mathrm{e}^t, \\ y = 2t + t^2 \end{cases}$ 确定 y 是 x 的函数,求 $\dfrac{\mathrm{d}y}{\mathrm{d}x}$ 与 $\dfrac{\mathrm{d}y}{\mathrm{d}x}\bigg|_{t=0}$.

解　因为$\dfrac{\mathrm{d}x}{\mathrm{d}t}=\mathrm{e}^t+t\,\mathrm{e}^t,\dfrac{\mathrm{d}y}{\mathrm{d}t}=2+2t$,所以

$$\frac{\mathrm{d}y}{\mathrm{d}x}=\frac{2+2t}{\mathrm{e}^t+t\,\mathrm{e}^t}=\frac{2}{\mathrm{e}^t}.$$

从而$\dfrac{\mathrm{d}y}{\mathrm{d}x}\Big|_{t=0}=2.$

例 8　由方程$\begin{cases}x=3t^2+2t+3,\\ \mathrm{e}^y\sin t-y+1=0\end{cases}$确定 y 是 x 的函数,求$\dfrac{\mathrm{d}y}{\mathrm{d}x}$与$\dfrac{\mathrm{d}y}{\mathrm{d}x}\Big|_{t=0}.$

解　方程 $\mathrm{e}^y\sin t-y+1=0$ 两端对 t 求导,得

$$\mathrm{e}^y y'_t\sin t+\mathrm{e}^y\cos t-y'_t=0,$$

从而$y'_t=\dfrac{\mathrm{e}^y\cos t}{1-\mathrm{e}^y\sin t}.$又 $x'_t=6t+2$,所以

$$\frac{\mathrm{d}y}{\mathrm{d}x}=\frac{\dfrac{\mathrm{e}^y\cos t}{1-\mathrm{e}^y\sin t}}{6t+2}=\frac{\mathrm{e}^y\cos t}{2(3t+1)(1-\mathrm{e}^y\sin t)}.$$

将 $t=0$ 代入 $\mathrm{e}^y\sin t-y+1=0$,得 $y=1$,因此$\dfrac{\mathrm{d}y}{\mathrm{d}x}\Big|_{t=0}=\dfrac{\mathrm{e}}{2}.$

4. 微分中值定理

定理 2.12(罗尔定理)　如果函数 $f(x)$ 在闭区间$[a,b]$上连续,在开区间(a,b)内可导,且端点函数值 $f(a)=f(b)$,则在开区间(a,b)内至少存在一点 ξ,使得 $f'(\xi)=0$ $(a<\xi<b)$.

定理 2.13(拉格朗日中值定理)　如果函数 $f(x)$ 在闭区间$[a,b]$上连续,在开区间(a,b)内可导,则在开区间(a,b)内至少存在一点 ξ,使得

$$f'(\xi)=\frac{f(b)-f(a)}{b-a}$$

或

$$f(b)=f(a)+f'(\xi)(b-a)\quad(a<\xi<b).$$

想一想
罗尔定理与拉格朗日中值定理有何联系?

拉格朗日中值定理有两个重要推论:

推论 1　如果函数 $f(x)$ 在区间 I(可以是开区间,也可以是闭区间或半开半闭区间)上的一阶导数 $f'(x)$ 恒为零,则函数 $f(x)$ 在区间 I 上恒等于一个常数,即 $f(x)\equiv c$(c 为常数).

推论 2　如果函数 $f(x)$ 和 $g(x)$ 在区间 I(可以是开区间,也可以是闭区间或半开半闭区间)上的一阶导数 $f'(x)$ 和 $g'(x)$ 恒相等,则函数 $f(x)$ 和 $g(x)$ 在区间 I 上不一定相等,但至多相差一个常数,即 $f(x)=g(x)+c$(c 为常数).

5. 洛必达法则

第一章我们已经学过一些求极限的方法及法则,但还有一些类型的极限问题难以

解决.例如求两个无穷小之比的极限或两个无穷大之比的极限等.洛必达法则是求未定式极限的一般方法.

这里我们介绍$\dfrac{0}{0}$型、$\dfrac{\infty}{\infty}$型、$0\cdot\infty$型和$\infty-\infty$型四种未定式的求极限的方法.

(1) $\dfrac{0}{0}$型和$\dfrac{\infty}{\infty}$型未定式

若$\lim u(x)=0$,$\lim v(x)=0$,则$\lim\dfrac{u(x)}{v(x)}$是$\dfrac{0}{0}$型未定式;若$\lim u(x)=\infty$,$\lim v(x)=\infty$,则$\lim\dfrac{u(x)}{v(x)}$是$\dfrac{\infty}{\infty}$型未定式.

定理 2.14(洛必达法则) 如果$\lim\dfrac{u(x)}{v(x)}$为$\dfrac{0}{0}$型或$\dfrac{\infty}{\infty}$型未定式,且$\lim\dfrac{u'(x)}{v'(x)}$存在或为∞,则

$$\lim\frac{u(x)}{v(x)}=\lim\frac{u'(x)}{v'(x)}.$$

在使用洛必达法则时,要先验证问题是否为$\dfrac{0}{0}$型或$\dfrac{\infty}{\infty}$型未定式,其次检验$\lim\dfrac{u'(x)}{v'(x)}$是否存在(包含无穷大极限),只要满足这两个条件,就有$\lim\dfrac{u(x)}{v(x)}=\lim\dfrac{u'(x)}{v'(x)}$,否则洛必达法则失效.

例 9 求极限$\lim\limits_{x\to5}\dfrac{\sqrt{x+4}-3}{\sqrt{x-1}-2}$.

解 这是$\dfrac{0}{0}$型未定式,根据洛必达法则,得

$$\lim_{x\to5}\frac{\sqrt{x+4}-3}{\sqrt{x-1}-2}=\lim_{x\to5}\frac{(2\sqrt{x+4})^{-1}}{(2\sqrt{x-1})^{-1}}=\lim_{x\to5}\frac{\sqrt{x-1}}{\sqrt{x+4}}=\frac{2}{3}.$$

例 10 求极限$\lim\limits_{x\to0}\dfrac{\ln(1+x)}{x^2}$.

解 这是$\dfrac{0}{0}$型未定式,根据洛必达法则,得

$$\lim_{x\to0}\frac{\ln(1+x)}{x^2}=\lim_{x\to0}\frac{\dfrac{1}{1+x}}{2x}=\infty.$$

例 11 求极限$\lim\limits_{x\to0^+}\dfrac{\ln\sin x}{\ln x}$.

解 这是$\dfrac{\infty}{\infty}$型未定式,根据洛必达法则,得

$$\lim_{x\to0^+}\frac{\ln\sin x}{\ln x}=\lim_{x\to0^+}\frac{\dfrac{\cos x}{\sin x}}{\dfrac{1}{x}}=\lim_{x\to0^+}\frac{x\cos x}{\sin x}=1.$$

若$\lim\dfrac{f'(x)}{g'(x)}$又是$\dfrac{0}{0}$型或$\dfrac{\infty}{\infty}$型未定式,且极限$\lim\dfrac{f''(x)}{g''(x)}$存在或为$\infty$,则可对

$\lim\dfrac{f'(x)}{g'(x)}$ 再用一次洛必达法则，即 $\lim\dfrac{f(x)}{g(x)}=\lim\dfrac{f'(x)}{g'(x)}=\lim\dfrac{f''(x)}{g''(x)}$，依此类推.

例 12 求极限 $\lim\limits_{x\to0}\dfrac{x-\sin x}{x^2\sin x}$.

解 这是 $\dfrac00$ 型未定式，根据洛必达法则，得

$$\lim\limits_{x\to0}\dfrac{x-\sin x}{x^2\sin x}=\lim\limits_{x\to0}\dfrac{1-\cos x}{2x\sin x+x^2\cos x}.$$

这仍然是一个 $\dfrac00$ 型未定式，继续运用洛必达法则，得

$$上式=\lim\limits_{x\to0}\dfrac{\sin x}{2\sin x+4x\cos x-x^2\sin x}.$$

这又是一个 $\dfrac00$ 型未定式，还可运用洛必达法则，得

$$上式=\lim\limits_{x\to0}\dfrac{\cos x}{6\cos x-4x\sin x-x^2\cos x-2x\sin x}=\dfrac16.$$

例 13 求极限 $\lim\limits_{x\to0}\dfrac{x^2\sin\frac1x}{\sin x}$.

解 这是 $\dfrac00$ 型未定式，对分子、分母分别求导后，得

$$\lim\limits_{x\to0}\dfrac{x^2\sin\frac1x}{\sin x}=\lim\limits_{x\to0}\dfrac{2x\sin\frac1x-\cos\frac1x}{\cos x}.$$

由于当 $x\to0$ 时，$2x\sin\frac1x\to0$，而 $\cos\frac1x$ 极限不存在，且不为 ∞，所以上式右端极限不存在且不为 ∞，从而洛必达法则失效.

此题可改用下述方法求极限：

$$\lim\limits_{x\to0}\dfrac{x^2\sin\frac1x}{\sin x}=\lim\limits_{x\to0}\left(\dfrac{x}{\sin x}\cdot x\sin\frac1x\right)=\lim\limits_{x\to0}\dfrac{x}{\sin x}\cdot\lim\limits_{x\to0}x\sin\frac1x=1\cdot0=0.$$

(2) $0\cdot\infty$ 型和 $\infty-\infty$ 型未定式

若 $\lim u(x)=0,\lim v(x)=\infty$，则 $\lim u(x)v(x)$ 是 $0\cdot\infty$ 型未定式；若 $\lim u(x)=\infty,\lim v(x)=\infty$，则 $\lim(u(x)-v(x))$ 是 $\infty-\infty$ 型未定式.

对 $0\cdot\infty$ 型未定式，经简单代数恒等变形——两个因式的乘积等于其中一个因式除以另一个因式的倒数，可化成 $\dfrac00$ 型或 $\dfrac\infty\infty$ 型未定式，然后运用洛必达法则求极限.

例 14 求极限 $\lim\limits_{x\to\infty}x(\mathrm{e}^{\frac1x}-1)$.

解 注意当 $x\to\infty$ 时，$(\mathrm{e}^{\frac1x}-1)\to0$，因此这是 $0\cdot\infty$ 型未定式.可化成如下分式的极限，变成 $\dfrac00$ 型未定式：

$$\lim_{x \to \infty} x(\mathrm{e}^{\frac{1}{x}}-1) = \lim_{x \to \infty} \frac{\mathrm{e}^{\frac{1}{x}}-1}{\frac{1}{x}} = \lim_{x \to \infty} \frac{\mathrm{e}^{\frac{1}{x}}\left(-\frac{1}{x^2}\right)}{-\frac{1}{x^2}} = 1.$$

对于 $\infty - \infty$ 型未定式,经简单代数恒等变形——相减的两个分式进行通分,然后运用洛必达法则求极限.

例 15　求极限 $\lim\limits_{x \to 0}\left(\dfrac{1}{x} - \dfrac{1}{\mathrm{e}^x-1}\right)$.

解　这是一个 $\infty - \infty$ 型未定式,通分后运用洛必达法则,得

$$\lim_{x \to 0}\left(\frac{1}{x} - \frac{1}{\mathrm{e}^x-1}\right) = \lim_{x \to 0}\frac{\mathrm{e}^x-1-x}{x(\mathrm{e}^x-1)} = \lim_{x \to 0}\frac{\mathrm{e}^x-1}{\mathrm{e}^x-1+x\mathrm{e}^x} = \lim_{x \to 0}\frac{\mathrm{e}^x}{\mathrm{e}^x+\mathrm{e}^x+x\mathrm{e}^x} = \frac{1}{2}.$$

6. 函数曲线的凹向与拐点

在进行函数图像分析时,我们需要讨论函数曲线的弯曲方向问题.

(1) 凹向与拐点的定义

如图 2-11 所示,函数曲线 $y=f(x)$ 在开区间 (a,c) 内向上弯曲,这时曲线 AC 位于其上任意一点切线的上方.函数曲线 $y=f(x)$ 在开区间 (c,b) 内向下弯曲,这时曲线 CB 位于其上任意一点切线的下方.点 $C(c,f(c))$ 是函数曲线 $y=f(x)$ 弯曲方向改变的分界点.

定义 2.9(凹凸性)　若函数曲线 $y=f(x)$ 在开区间 I 内位于其上任意一点处切线的上方,则称函数曲线 $y=f(x)$ 在区间 I 内是**凹的**,区间 I 为函数曲线 $y=f(x)$ 的**凹区间**;若函数曲线 $y=f(x)$ 在开区间 I 内位于其上任意一点处切线的下方,则称函数曲线 $y=f(x)$ 在区间 I 内是**凸的**,区间 I 为函数曲线 $y=f(x)$ 的**凸区间**.

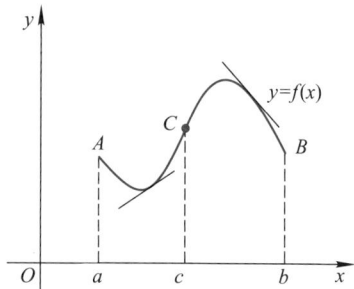

图 2-11

定义 2.10(拐点)　在函数曲线 $y=f(x)$ 上,凹凸性改变的分界点称为函数曲线 $y=f(x)$ 的**拐点**.

(2) 函数曲线凹凸区间和拐点的判定方法

经过深入讨论可知,函数曲线的凹凸性和函数的二阶导数的正负有密切的联系.

定理 2.15　设函数 $f(x)$ 在开区间 I 内二阶可导.

(1) 若 $f''(x)>0$,则函数曲线 $y=f(x)$ 在区间 I 内是凹的;

(2) 若 $f''(x)<0$,则函数曲线 $y=f(x)$ 在区间 I 内是凸的.

注:上述定理中 $f(x)$ 在开区间 I 内的单个点处 $f''(x)=0$,不影响函数曲线在开区间 I 内的凹凸性.如函数 $y=x^4$ 在定义域 $(-\infty,+\infty)$ 内满足 $f''(x)\geqslant 0$,则该函数曲线在区间 $(-\infty,+\infty)$ 内是凹的.

想一想

函数的二阶导数与函数曲线的拐点有什么联系?

定理 2.16　已知函数 $y=f(x)$ 二阶可导,且 $f''(x_0)=0$.

(1) 如果在点 x_0 的左右二阶导数 $f''(x)$ 变号,则点 $(x_0,f(x_0))$ 为函数曲线的拐点;

(2) 如果在点 x_0 的左右二阶导数 $f''(x)$ 不变号,则点 $(x_0,f(x_0))$ 不是函数曲线的拐点.

综上所述,如果函数 $f(x)$ 二阶可导,求函数曲线 $y=f(x)$ 的凹凸区间和拐点的一般步骤如下:

(1) 确定函数的定义域 D;

(2) 计算一阶导数 $f'(x)$ 和二阶导数 $f''(x)$;

(3) 在定义域内,若二阶导数 $f''(x)\geqslant0$(或 $\leqslant0$)且使 $f''(x)=0$ 的点只是单个点,则函数曲线 $y=f(x)$ 的凹区间(或凸区间)为定义域 D,无拐点.否则令 $f''(x)=0$,求出全部根;

(4) 二阶导数 $f''(x)=0$ 的全部根把 D 分成几个区间,列表判断在这几个区间内二阶导数 $f''(x)$ 的正负,从而确定函数曲线的凹凸区间、拐点横坐标.凹用 $\cup$ 表示,凸用 $\cap$ 表示.

例 16　求函数曲线 $y=2x-\ln x$ 的凹凸区间与拐点.

解　函数 $y=2x-\ln x$ 的定义域为 $(0,+\infty)$,其一阶导数、二阶导数分别为

$$y'=2-\frac{1}{x},\quad y''=\frac{1}{x^2}>0.$$

因为二阶导数恒为正,所以函数曲线 $y=2x-\ln x$ 的凹区间为 $(0,+\infty)$,无拐点.

例 17　讨论函数曲线 $y=2x^3-x^4$ 的凹凸区间与拐点.

解　函数 $y=2x^3-x^4$ 的定义域为 $(-\infty,+\infty)$,其一阶导数、二阶导数分别为

$$y'=6x^2-4x^3,\ y''=12x-12x^2.$$

令 $y''=0$,得 $x_1=0,x_2=1$.列表 2-6 讨论如下:

表 2-6

x	$(-\infty,0)$	0	$(0,1)$	1	$(1,+\infty)$
y''	$-$	0	$+$	0	$-$
y	$\cap$	拐点 $(0,0)$	$\cup$	拐点 $(1,1)$	$\cap$

所以,函数曲线在区间 $(-\infty,0)$,$(1,+\infty)$ 内是凸的,在区间 $(0,1)$ 内是凹的.函数曲线的拐点是 $(0,0)$ 和 $(1,1)$.

例 18　求函数 $y=\mathrm{e}^{-\frac{x^2}{2}}$ 的单调区间、极值以及函数曲线的凹凸区间与拐点.

解　函数 $y=\mathrm{e}^{-\frac{x^2}{2}}$ 的定义域为 $(-\infty,+\infty)$,其一阶导数、二阶导数分别为

$$y'=-x\mathrm{e}^{-\frac{x^2}{2}},\ y''=(x^2-1)\mathrm{e}^{-\frac{x^2}{2}}.$$

令 $y'=0$,得驻点 $x=0$,列表 2-7 讨论如下:

表 2－7

x	$(-\infty,0)$	0	$(0,+\infty)$
y'	＋	0	－
y	单调增加	极大值 1	单调减少

令 $y''=0$，得 $x_1=-1,x_2=1$，列表 2－8 讨论如下：

表 2－8

x	$(-\infty,-1)$	-1	$(-1,1)$	1	$(1,+\infty)$
y''	＋	0	－	0	＋
y	$\cup$	拐点$(-1,\mathrm{e}^{-\frac{1}{2}})$	$\cap$	拐点$(1,\mathrm{e}^{-\frac{1}{2}})$	$\cup$

所以，函数 $y=\mathrm{e}^{-\frac{x^2}{2}}$ 的单调增加区间为 $(-\infty,0)$，单调减少区间为 $(0,+\infty)$；极大值为 $y(0)=1$；函数曲线的凹区间为 $(-\infty,-1),(1,+\infty)$，凸区间为 $(-1,1)$；拐点为 $(-1,\mathrm{e}^{-\frac{1}{2}}),(1,\mathrm{e}^{-\frac{1}{2}})$.

习题二

1. 根据导数的定义求函数 $f(x)=3x-2$ 的导数.

2. 判断题.

(1) 若 u,v 都可导，则 $(uv)'=u'v'$；　　　　　　　　　　　　　　　　（　　）

(2) 若 u,v 都可导，且 $v\neq0$，则 $\left(\dfrac{u}{v}\right)'=\dfrac{u'}{v'}$；　　　　　　　　　　　（　　）

(3) 若 u,v 都可导，且 $v\neq0$，则 $\left(\dfrac{1}{v}\right)'=\dfrac{1}{v'}$；　　　　　　　　　　　（　　）

(4) 连续函数一定可导，可导函数未必连续.　　　　　　　　　　　　　　（　　）

3. 求下列函数的导数：

(1) $y=2x^3-12x$；　　　　　　　　(2) $y=5x-\dfrac{1}{3x^2}$；

(3) $y=3\sqrt{x}-\sqrt[5]{x^3}-\dfrac{1}{2}$；　　　　(4) $y=\dfrac{1}{3}x^4-\dfrac{1}{\sqrt{x}}+\sqrt{2}$；

(5) $y=\sqrt{x}(x^3-x)$；　　　　　　(6) $y=\dfrac{1+x}{1-x}$.

4. 求下列函数的导数：

(1) $y=3^x-10^x$；　　　　　　　　(2) $y=x^5+5^x$；

(3) $y=x3^x$；　　　　　　　　　　(4) $y=\sqrt{x}\,\mathrm{e}^x$；

(5) $y=3\log_2 x-2\log_3 x$;

(6) $y=x^2\ln x$;

(7) $y=\dfrac{\ln x}{1+x}$;

(8) $y=\dfrac{1}{\ln x}$.

5. 求下列函数的导数：

(1) $y=\ln x \cdot \sin x$;

(2) $y=\csc x$;

(3) $y=\dfrac{\tan x}{x}$;

(4) $y=e^x\cos x$;

(5) $y=x\cot x$;

(6) $y=\dfrac{\arcsin x}{1-x^2}$;

(7) $y=x^2-\dfrac{1}{3}\arccos x$;

(8) $y=(1+x^2)\operatorname{arccot} x$.

6. 求下列函数的导数：

(1) $y=(x-1)(x+3)$;

(2) $y=\dfrac{x^2}{2}+\dfrac{2}{x^2}$;

(3) $y=\dfrac{2}{1+e^x}$;

(4) $y=3^x-x^3$;

(5) $y=\sqrt{x}\lg x$;

(6) $y=\dfrac{1+\ln x}{1-\ln x}$;

(7) $y=\dfrac{1-\cos x}{\sin x}$;

(8) $y=\tan x-\cot x$;

(9) $y=x^2\arctan x$;

(10) $y=\dfrac{1-x^2}{\arcsin x}$.

7. 求下列函数的导数：

(1) $y=(3+2x)^{10}$;

(2) $y=\dfrac{1}{\sqrt{1-x^2}}$;

(3) $y=2^{\sqrt{x}}$;

(4) $y=e^{x^2}$;

(5) $y=\lg\sin x$;

(6) $y=\ln(x^2-1)$;

(7) $y=\cos 10^x$;

(8) $y=\tan\left(2x-\dfrac{\pi}{8}\right)$;

(9) $y=\arcsin 3x$;

(10) $y=\operatorname{arccot}(2x+1)$.

8. 求下列函数的导数：

(1) $y=(1-x^3)^{20}$;

(2) $y=(1+e^x)^5$;

(3) $y=\lg(1+\sqrt{x})$;

(4) $y=\sqrt{1+\ln x}$;

(5) $y=e^{\sin x}$;

(6) $y=\cos 2^x$;

(7) $y=\sin^2 x$;

(8) $y=\cos^5 x$;

(9) $y=\arctan(x^2-1)$;

(10) $y=(\operatorname{arccot} x)^2$.

9. 求下列函数的导数：

(1) $y=\cot e^{\sqrt{x}}$;

(2) $y=\ln\sin\dfrac{1}{x}$;

(3) $y=\ln\ln\ln x$;

(4) $y=\sin^3(1-2x)$;

(5) $y=\left(\arctan \dfrac{1}{x}\right)^{2}$;　　　　　(6) $y=\dfrac{1}{x}-\operatorname{arccot} \dfrac{x}{2}$;

(7) $y=x^{2} \mathrm{e}^{\frac{1}{x}}$;　　　　　　　　(8) $y=x \arctan \sqrt{x}$;

(9) $y=\dfrac{\sin 3x}{x}$;　　　　　　　(10) $y=\dfrac{1}{\mathrm{e}^{3x}+1}$.

*10. 已知函数 $f(x)$ 可导, 求下列函数的导数:

(1) $y=f(\sqrt{x})$;　　　　　　　(2) $y=\sqrt{f(x)}$;

(3) $y=f(2^{x})$;　　　　　　　　(4) $y=\mathrm{e}^{f(x)}$;

(5) $y=f(\sin 2x)$;　　　　　　　(6) $y=f\left(\arcsin \dfrac{1}{x}\right)$;

(7) $y=f(\ln^{2} x)$;　　　　　　　(8) $y=\ln f(x^{2})$.

11. 求下列函数在给定点处的导数值:

(1) $f(x)=2x^{4}-x+1$, 求 $f'(1)$;

(2) $f(x)=x^{3}-3^{x}+\ln 3$, 求 $f'(3)$;

(3) $f(x)=(x+1)^{2} \log_{2} x$, 求 $f'(1)$;

(4) $f(x)=x \mathrm{e}^{2x}-\ln(x^{2}+1)+\dfrac{1}{2}$, 求 $f'(0)$;

(5) $f(x)=\tan \dfrac{1}{x}$, 求 $f'\left(\dfrac{1}{\pi}\right)$;

(6) $f(x)=\arccos \sqrt{x}$, 求 $f'\left(\dfrac{1}{2}\right)$.

12. 下列方程确定 y 为 x 的函数, 求 y'.

(1) $x^{2}-xy+y^{2}=0$;　　　　　(2) $y^{3}-3y-x^{2}=0$;

(3) $\mathrm{e}^{y}+xy-x^{3}=0$;　　　　　(4) $\mathrm{e}^{xy}=x+y$;

(5) $x^{2}y+\ln y-x \mathrm{e}^{y}=0$;　　　(6) $\sin y-xy^{2}+\arctan \dfrac{x}{y}=0$.

13. 求下列函数的二阶导数:

(1) $y=x^{4}-2x^{3}+3$;　　　　　(2) $y=\ln(1+x^{2})$;

(3) $y=\mathrm{e}^{x} \cos x$;　　　　　　　(4) $y=x \mathrm{e}^{x^{2}}$;

(5) $y=\ln^{2} x$;　　　　　　　　(6) $y=\ln \sin x$.

14. 求下列微分:

(1) $\mathrm{d}(x^{2})$;　　　　　　　　(2) $\mathrm{d}(x^{3})$;

(3) $\mathrm{d}\left(\dfrac{1}{x}\right)$;　　　　　　　(4) $\mathrm{d}(\sqrt{x})$;

(5) $\mathrm{d}(\log_{2} x)$;　　　　　　　(6) $\mathrm{d}(2^{x})$;

(7) $\mathrm{d}(\tan x)$;　　　　　　　(8) $\mathrm{d}(\operatorname{arccot} x)$.

15. 求下列函数的微分:

(1) $y=4x^{3}-x^{4}$;　　　　　　　(2) $y=\dfrac{x}{\sin x}$;

(3) $y=3^{\ln x}$;　　　　　　　　(4) $y=\ln \sqrt{1-x^{2}}$;

(5) $y=\tan\dfrac{1+x^2}{2}$;　　　　　　(6) $y=\arcsin\sqrt{1-x}$;

(7) $y-x\mathrm{e}^y=1$;　　　　　　(8) $xy+\ln y=1$.

16. 求下列函数的单调区间和极值:

(1) $f(x)=x^5+5^x$;　　　　　　(2) $f(x)=\mathrm{e}^x+\mathrm{e}^{-x}$;

(3) $f(x)=x^2-8\ln x$;　　　　　　(4) $f(x)=\dfrac{\ln x}{x}$;

(5) $f(x)=2x^3-3x^2$;　　　　　　(6) $f(x)=(x^2-3)\mathrm{e}^x$;

(7) $f(x)=2\arctan x-x$;　　　　　　(8) $f(x)=x^2\mathrm{e}^{-x}$.

17. 求下列函数在定义域内或给定区间上的最值:

(1) $f(x)=\mathrm{e}^x-x,x\in[-1,1]$;　　(2) $f(x)=\dfrac{x}{1+x^2}$,　$x\in[0,2]$;

(3) $f(x)=x\ln x$;　　　　　　(4) $f(x)=x+\mathrm{e}^{-x}$.

*18. 某产品总成本 C 为产量 x 的函数, $C=C(x)=1\,000+40\sqrt{x}$, 求生产 100 单位产品时的边际成本.

*19. 某商品的需求函数为 $Q=f(P)=12-\dfrac{P}{2}$, 求 $P=6$ 时的需求弹性函数值.

*20. 某产品总成本 C 元为日产量 x kg 的函数,

$$C=C(x)=\dfrac{1}{9}x^2+6x+100.$$

产品销售价格为 P 元/kg,它与日产量 x kg 的关系为 $P=P(x)=46-\dfrac{1}{3}x$.问:

(1) 日产量 x 为多少时,才能使得平均单位成本 $\overline{C}$ 最低? 最低平均单位成本值是多少?

(2) 日产量 x 为多少时,才能使得产品全部销售后获得的总利润 L 最大? 最大利润值是多少?

*21. 已知生产某产品的总收益函数为 $R(x)=30x-3x^2(元)$,总成本函数为 $C(x)=x^2+2x+2(元)$,由于国家要对这种产品征税,厂家要以税率 t 元/单位产量进行纳税,求在这种情况下获得最大利润的产量是多少? 国家税收是多少?

*22. 讨论下列函数在分界点处的可导性:

(1) $f(x)=\begin{cases}-x^2,&x<0,\\x^2,&x\geqslant0;\end{cases}$　　　　(2) $f(x)=\begin{cases}\dfrac{1}{x}\sin^2 x,&x\neq0,\\0,&x=0.\end{cases}$

*23. 求下列函数的导数:

(1) $y=x^{\frac{1}{x}}$;　　　　　　(2) $y=(\ln x)^x$;

(3) $y=x^{\sin x}$;　　　　　　(4) $y=(\sin x)^x$;

(5) $y=x\sqrt{\dfrac{1-x}{1+x}}$;　　　　　(6) $y=\dfrac{x^2}{1-x}\sqrt{\dfrac{3-x}{(3+x)^2}}$.

*24. 对下列参数方程求 $\dfrac{\mathrm{d}y}{\mathrm{d}x}$:

(1) $\begin{cases} x=1-t^2, \\ y=t-t^3; \end{cases}$ (2) $\begin{cases} x=t-\sin t, \\ y=1-\cos t; \end{cases}$

(3) $\begin{cases} x=\sqrt[3]{1-\sqrt{t}}, \\ y=\sqrt{1-\sqrt[3]{t}}; \end{cases}$ (4) $\begin{cases} x=\ln(1+t^2), \\ y=t-\arctan t. \end{cases}$

*25. 下列函数中,哪些在指定区间上满足罗尔定理的条件? 哪些不满足?

(1) $y=x^2-3x-4,[-1,4]$; (2) $y=\sin x,\left[-\dfrac{\pi}{2},\dfrac{\pi}{2}\right]$;

(3) $y=\sqrt{x}-x,[0,1]$; (4) $y=\dfrac{1}{1+x^4},[-2,2]$.

*26. 下列函数在给定区间上是否满足拉格朗日中值定理的条件? 若满足,试求出 ξ 的值.

(1) $y=4x^3-5x^2+x-2,[0,1]$; (2) $y=\ln x,[1,2]$.

*27. 求下列极限:

(1) $\lim\limits_{x\to 1}\dfrac{x^2-1}{x^2-2x+1}$; (2) $\lim\limits_{x\to 2}\dfrac{x^2-5x+6}{x^2+2x-8}$;

(3) $\lim\limits_{x\to 0}\dfrac{x^2}{\sqrt{1+x^2}-1}$; (4) $\lim\limits_{x\to 1}\dfrac{\sqrt{x}-1}{\sqrt[3]{x}-1}$;

(5) $\lim\limits_{x\to 0}\dfrac{1-\cos x}{x^2}$; (6) $\lim\limits_{x\to 0}\dfrac{\tan x-\sin x}{x}$.

*28. 求下列极限:

(1) $\lim\limits_{x\to 1}\dfrac{e^x-ex}{(x-1)^2}$; (2) $\lim\limits_{x\to 1}\dfrac{\ln x-x+1}{(x-1)\ln x}$;

(3) $\lim\limits_{x\to 0}\dfrac{x-\sin x}{x^3}$; (4) $\lim\limits_{x\to 0}\dfrac{\cos 3x-\cos x}{x^2}$;

(5) $\lim\limits_{x\to \frac{\pi}{2}^+}\dfrac{\ln\left(x-\dfrac{\pi}{2}\right)}{\tan x}$; (6) $\lim\limits_{x\to +\infty}xe^{-x}$;

(7) $\lim\limits_{x\to 1}\left(\dfrac{x^2}{x-1}-\dfrac{1}{\ln x}\right)$; (8) $\lim\limits_{x\to 1}\left(\dfrac{1}{x-1}-\dfrac{1}{\ln x}\right)$.

*29. 求下列函数的凹凸区间及拐点:

(1) $y=-x^2+5x-4$; (2) $y=xe^x$;

(3) $y=\dfrac{1}{1+x^2}$; (4) $y=2x\ln x-x^2$.

30. 填空题.

(1) 若 $\lim\limits_{\Delta x\to 0}\dfrac{f(x_0+2\Delta x)-f(x_0)}{\Delta x}=\dfrac{1}{2}$,则 $f'(x_0)=$ _____;

(2) 若 $f(x)$ 满足关系式 $f(x)=f(0)+2x+\alpha(x)$,且 $\lim\limits_{x\to 0}\dfrac{\alpha(x)}{x}=0$,则 $f'(0)=$

_____;

(3) 已知函数 $f(x)$ 在点 $x=2$ 处可导, 若 $\lim\limits_{x\to 2} f(x)=-1$, 则 $f(2)=$ _____;

(4) 若 $f(\sqrt{x})=\dfrac{\arctan x}{x}$, 则 $f'(x)=$ _____;

(5) 方程 $e^y+xy-2x=1$ 确定 y 为 x 的函数, 则 $y'|_{x=0}=$ _____;

(6) 设 $y=f(x^2+b)$, 则 $y''=$ _____;

(7) 已知 $f(x)=\sin x-x\cos x$, 则 $f''(\pi)=$ _____;

(8) 函数 $y=\sqrt{1+x}$ 在点 $x=0$ 处、当 $\Delta x=0.04$ 时的微分为 _____;

(9) 已知函数 $f(x)=k\sin x+\dfrac{1}{3}\sin 3x$, 若点 $x=\dfrac{\pi}{3}$ 是其驻点, 则常数 $k=$ _____;

(10) 函数 $y=x^3-12x$ 在闭区间 $[-3,3]$ 上的最大值在点 $x=$ _____ 处取得;

(11) 生产某种产品 x 单位的利润是 $L(x)=5\,000+x-0.000\,01x^2$ (元), 则生产 _____ 单位时获得的利润最大;

*(12) 某产品总成本 C 为产量 x 的函数 $C=C(x)=a+bx^2 (a>0,b>0)$, 则生产 m 单位产品时的边际成本为 _____;

*(13) 某商品需求量 Q 为销售价格 p 的函数 $Q=75-p^2$, 则在销售价格为 5 的水平上的需求弹性值 $\eta(5)=$ _____;

*(14) 函数曲线 $y=(x-1)^6$ 的凹区间为 _____;

*(15) 已知 $f(x)=(1+\cos x)^{\frac{1}{x}}$, 用 MATLAB 计算 $f'(x)=$ _____;

*(16) 用 MATLAB 计算 $y=x^4-8x^2+2$ 在区间 $[-1,3]$ 上的最大值 = _____, 最小值 = _____.

31. 单项选择题.

(1) 已知 $f(x)$ 在点 x_0 处可导, 则下列极限中等于 $f'(x_0)$ 的是(　　).

(A) $\lim\limits_{h\to 0}\dfrac{f(x_0+2h)-f(x_0)}{h}$ 　　　　(B) $\lim\limits_{h\to 0}\dfrac{f(x_0-3h)-f(x_0)}{h}$

(C) $\lim\limits_{h\to 0}\dfrac{f(x_0)-f(x_0-h)}{h}$ 　　　　(D) $\lim\limits_{h\to 0}\dfrac{f(x_0)-f(x_0+h)}{h}$

(2) 函数 $f(x)=\dfrac{|x|}{x}$ 是(　　).

(A) 偶函数

(B) 非奇非偶函数

(C) 有界函数

(D) 在有定义的区间内处处不可导的函数

(3) 下列函数中导数不等于 $\dfrac{1}{2}\sin 2x$ 的是(　　).

(A) $\dfrac{1}{2}\sin^2 x$ 　　　　　　　　　　(B) $\dfrac{1}{4}\cos 2x$

(C) $-\dfrac{1}{2}\cos^2 x$ 　　　　　　　　　(D) $1-\dfrac{1}{4}\cos 2x$

(4) 方程 $\dfrac{x^2}{a^2}+\dfrac{y^2}{b^2}=1(a>0,b>0)$ 确定 y 为 x 的函数,则 $\dfrac{\mathrm{d}y}{\mathrm{d}x}=($).

(A) $-\dfrac{a^2y}{b^2x}$ (B) $-\dfrac{b^2x}{a^2y}$ (C) $-\dfrac{a^2x}{b^2y}$ (D) $-\dfrac{b^2y}{a^2x}$

(5) 已知 $f(x)$ 二阶可导,若 $y=f(2x)$,则 $y''=($).

(A) $f''(2x)$ (B) $2f''(2x)$

(C) $4f''(2x)$ (D) $8f''(2x)$

(6) 曲线 $y=x^3-3x$ 上切线平行于 x 轴的点有(   ).

(A) $(0,0)$ (B) $(2,2)$

(C) $(-2,2)$ (D) $(1,-2)$

(7) 已知函数 $y=f(\mathrm{e}^x)$ 可微,则下列微分表达式中不成立的是(   ).

(A) $\mathrm{d}y=(f(\mathrm{e}^x))'\mathrm{d}x$ (B) $\mathrm{d}y=f'(\mathrm{e}^x)\mathrm{e}^x\mathrm{d}x$

(C) $\mathrm{d}y=(f(\mathrm{e}^x))'\mathrm{d}(\mathrm{e}^x)$ (D) $\mathrm{d}y=f'(\mathrm{e}^x)\mathrm{d}(\mathrm{e}^x)$

*(8) 函数曲线 $y=x^2+x$ 在定义域内(   ).

(A) 单调增加   (B) 单调减少

(C) 是凹的   (D) 是凹的

(9) $x=0$ 是函数(   )的极值点.

(A) $f(x)=x^3$ (B) $f(x)=(x-1)\mathrm{e}^x$

(C) $f(x)=x-\sin x$ (D) $f(x)=x-\arctan x$

*(10) 若点 $(1,4)$ 为函数曲线 $y=ax^3+bx^2$ 的拐点,则常数 a,b 的值是(   ).

(A) $a=-6,b=2$ (B) $a=6,b=-2$

(C) $a=-2,b=6$ (D) $a=2,b=-6$

*(11) 已知函数 $f(x)$ 在开区间 (a,b) 内二阶可导,若在 (a,b) 内恒有 $f'(x)>0$,且 $f''(x)<0$,则函数曲线 $y=f(x)$ 在 (a,b) 内(   ).

(A) 上升且凹   (B) 上升且凸

(C) 下降且凹   (D) 下降且凸

*(12) 函数曲线 $y=\mathrm{e}^x-\mathrm{e}^{-x}$ 在定义域内(   ).

(A) 有极值有拐点   (B) 有极值无拐点

(C) 无极值有拐点   (D) 无极值无拐点

(13) 某商品的销售量 Q 为单价 P 的函数 $Q=15-\dfrac{P}{4}$,则当 $P=($)时,总收益 R 最高.

(A) 15   (B) 30   (C) 45   (D) 60

第三章

积分

韩彦林

数学文化小故事之三

——莱布尼茨的故事

谈到微积分,有两个伟大的人物必须铭记,他们就是英国数学家牛顿和德国数学家莱布尼茨.他们各自独立创立了微积分,后来法国的拉格朗日、柯西等数学家又不断丰富和完善,才有了今天的微积分.可以这么说,微积分大大增强了人类探索世界的能力.接下来,我们就来了解一下莱布尼茨的故事.

莱布尼茨(1646—1716)是 17、18 世纪之交德国最重要的数学家、物理学家和哲学家.他博览群书,涉猎百科,对丰富人类的科学知识宝库做出了不可磨灭的贡献.

莱布尼茨出生于德国东部莱比锡的一个教授家庭,父亲是莱比锡大学的教授.莱布尼茨的父亲在他 6 岁时便去世了.父亲给他留下了丰富的藏书,莱布尼茨因此得以广泛接触古希腊罗马文化,阅读了许多著名学者的著作,获得了坚实的文化功底.莱布尼茨还广泛阅读了培根、开普勒、伽利略等人的著作,并对他们的著述进行深入的思考和评价.

1667 年,莱布尼茨在阿尔特多夫大学获得博士学位,次年开始为缅因茨选帝侯服务,不久被派往巴黎任大使.在出访巴黎时,莱布尼茨与惠更斯的结识、交往,激发了他对数学的兴趣.他通过笛卡儿、费马、帕斯卡等人的著作了解并开始研究求曲线的切线以及求面积、体积等微积分问题.1673 年,莱布尼茨被推荐为英国皇家学会会员.此时,他的兴趣已明显地朝向了数学和自然科学,开始了对无穷小算法的研究,独立创立了微积分的基本概念与算法.

在研究微积分的过程中,莱布尼茨认识到好的数学符号能节省思维劳动,因此,他发明了一套适用的符号系统,如,引入 $\mathrm{d}x$ 表示 x 的微分,$\int$ 表示积分,$\mathrm{d}^n x$ 表示 n 阶微分等.这些符号进一步促进了微积分学的发展.1714 年,莱布尼茨发表了《微积分的历史和起源》一文,总结了自己创立微积分学的思路,说明了自己成就的独立性.现在大家使用的符号仍是莱布尼茨所提出的.

莱布尼茨在数学方面的成就是巨大的,他的研究及成果遍及数学的许多分支,为现代数学的发展奠定了基础.莱布尼茨曾讨论过负数和复数的性质,得出复数的对数并不存在,共轭复数的和是实数的结论.在后来的研究中,莱布尼茨证明了自己的结论是正确的.他还对线性方程组进行研究,对消元法从理论上进行了探讨,首先引入了行列式的概念并研究了其性质.此外,莱布尼茨还创立了符号逻辑学的基本概念,发明了能够进行加、减、乘、除及开方运算的计算机和二进制,为现代计算机的发展奠定了坚实的基础.

> **想一想**
> 1. 牛顿与莱布尼茨在微积分发展上的贡献分别是什么?
> 2. 结合莱布尼茨的故事,思考一下如何激发学习数学的兴趣?

基础知识部分

微分学讨论函数的导数、微分及其应用.本章介绍的积分是微积分的又一基本内容,包括不定积分和定积分两部分.它们都是极为重要的数学工具.

§3.1 不定积分的概念

一、原函数

我们已经讨论了求已知函数的导数和微分的问题,但在许多场合,往往需要解决相反的问题,即已知一个函数的导数反过来求出这个函数.

例 1 假设物体的运动方程为 $s=f(t)$,则此物体的速度是路程 s 对时间 t 的导数.反过来,如果已知物体运动的速度 v 是时间 t 的函数 $v=v(t)$,要求物体的运动方程 $s=f(t)$,这就是一个与微分学中求导数相反的问题.

例 2 假设某产品产量的变化率是产量函数对时间 t 的导数 $P'=P'(t)$,反过来求该产品的产量函数 $P(t)$,这也是一个与微分学中求导数相反的问题.

以上两个具体问题可归结为:在满足关系式 $F'(x)=f(x)$ 的情况下,已知 $F(x)$ 求 $f(x)$ 是求导数运算;反过来,已知 $f(x)$ 求 $F(x)$ 则称为求原函数运算.我们引进:

定义 3.1 若在区间 I 上有 $F'(x)=f(x)$,则称 $F(x)$ 为 $f(x)$ 在区间 I 上的原函数.

求导数与求原函数互为逆运算.

二、不定积分的定义

如果函数 $f(x)$ 在区间 I 上存在原函数,那么原函数是否只有一个? 如在开区间 $(-\infty,+\infty)$ 内,由于 $(x^2)'=2x$,因而函数 x^2 为 $2x$ 的原函数;又由于 $(x^2+1)'=2x$,因而函数 x^2+1 也为 $2x$ 的原函数;一般地,由于 $(x^2+C)'=2x$(C 为任意常数),因而函数 x^2+C 为 $2x$ 的原函数.这说明函数 $2x$ 的原函数不止一个,而是有无限个,它们之间仅相差一个常数.

实际上,这个结论能推广到一般情况.即如果函数 $f(x)$ 在区间 I 上存在一个原函

数 $F(x)$，则它在区间 I 上的所有原函数构成一个函数族 $F(x)+C$（C 为任意常数）.

例 3　在区间 $(-\infty,+\infty)$ 内，已知函数 $f(x)=\cos x$，由于函数 $F(x)=\sin x$ 满足 $F'(x)=(\sin x)'=\cos x$，所以 $F(x)=\sin x$ 是 $f(x)=\cos x$ 的一个原函数.因此，$\sin x+C$ 是 $f(x)=\cos x$ 的所有原函数.

例 4　在区间 $[0,T]$ 上，已知函数 $v=gt$（g 是常数），由于函数 $s=\dfrac{1}{2}gt^2$ 满足 $s'=\left(\dfrac{1}{2}gt^2\right)'=gt$，所以它是 $v=gt$ 的一个原函数.因此，$\dfrac{1}{2}gt^2+C$ 是 $v=gt$ 的所有原函数.

不定积分的
概念与性质

韩彦林

定义 3.2　若 $F(x)$ 为 $f(x)$ 在区间 I 上的一个原函数，则 $f(x)$ 的原函数的一般表达式 $F(x)+C$（C 为任意常数）称为 $f(x)$ 在区间 I 上的**不定积分**，记作 $\displaystyle\int f(x)\mathrm{d}x$.即

$$\int f(x)\mathrm{d}x=F(x)+C,$$

其中变量 x 称为积分变量，函数 $f(x)$ 称为被积函数，乘积 $f(x)\mathrm{d}x$ 称为被积表达式，任意常数 C 称为积分常数，$\displaystyle\int$ 称为积分号.

因此，求已知函数的不定积分，就归结为求出它的一个原函数，再加上任意常数 C.

例 5　求 $\displaystyle\int 3x^2\mathrm{d}x$.

解　因为 $(x^3)'=3x^2$，所以 x^3 为 $3x^2$ 的一个原函数，故

$$\int 3x^2\mathrm{d}x=x^3+C.$$

例 6　求 $\displaystyle\int 2\cos 2x\mathrm{d}x$.

解　因为 $(\sin 2x)'=\cos 2x\cdot(2x)'=2\cos 2x$，所以

$$\int 2\cos 2x\mathrm{d}x=\sin 2x+C.$$

从几何角度看，若 $F(x)$ 是 $f(x)$ 的一个原函数，则在直角坐标系中曲线 $y=F(x)$ 上任一点 $(x,F(x))$ 处的切线斜率为 $f(x)$，而不定积分 $y=\displaystyle\int f(x)\mathrm{d}x$ 则表示任一与曲线 $y=F(x)$ "平行"的曲线，它们在任一点 $(x,F(x)+C)$ 处的切线互相平行. $f(x)$ 任一确定的原函数 $F(x)+C_0$ 表示的曲线称为 $f(x)$ 的积分曲线，如图 3-1 所示.

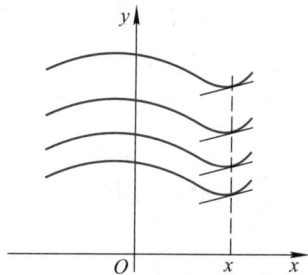

图 3-1

例 7　求经过点 $(1,3)$，且切线的斜率为 $2x$ 的曲线方程.

解　设所求曲线的方程为 $y=f(x)$，则由已知得 $f'(x)=2x$，故 $f(x)=\displaystyle\int 2x\mathrm{d}x=x^2+C$. 将点 $(1,3)$ 代入，得 $C=2$.故所求曲线方程为

$$y=x^2+2.$$

三、不定积分的性质和存在条件

从不定积分的定义可知,求导数、求微分与求不定积分互为逆运算.即如果函数 $f(x)$ 存在原函数,函数 $F(x)$ 可导,则

(1) $\left(\int f(x)\mathrm{d}x\right)'=f(x)$;　　　　(2) $\mathrm{d}\left(\int f(x)\mathrm{d}x\right)=f(x)\mathrm{d}x$;

(3) $\int F'(x)\mathrm{d}x=F(x)+C$;　　　　(4) $\int \mathrm{d}F(x)=F(x)+C$.

一般来说,函数 $f(x)$ 在什么条件下存在原函数(不定积分)呢?

定理 3.1　如果函数 $f(x)$ 在某区间上连续,则在此区间上 $f(x)$ 的原函数(不定积分)一定存在.

由于初等函数在其定义区间上都是连续的,所以初等函数在其定义区间上都有原函数(不定积分).

§3.2 不定积分基本公式和运算法则

一、不定积分基本公式

由于不定积分的定义并没有给出计算不定积分的具体方法,因而只能根据"求不定积分是求导数的逆运算"这一基本关系来求不定积分.根据导数基本公式,可得到如下常用的不定积分基本公式(C 为任意常数):

不定积分基本
公式和运算法则

韩彦林

(1) $\int k\,\mathrm{d}x=kx+C$(k 为常数),特别地,$\int 0\,\mathrm{d}x=C$;

(2) $\int x^{a}\,\mathrm{d}x=\dfrac{1}{\alpha+1}x^{a+1}+C$($\alpha\neq-1$);

(3) $\int \dfrac{1}{x}\,\mathrm{d}x=\ln|x|+C$;

(4) $\int a^{x}\,\mathrm{d}x=\dfrac{1}{\ln a}a^{x}+C$($a>0,a\neq1$);

(5) $\int \mathrm{e}^{x}\,\mathrm{d}x=\mathrm{e}^{x}+C$;

(6) $\int \sin x\,\mathrm{d}x=-\cos x+C$;

(7) $\int \cos x\,\mathrm{d}x=\sin x+C$;

(8) $\int \sec^{2}x\,\mathrm{d}x=\tan x+C$;

(9) $\int \csc^{2}x\,\mathrm{d}x=-\cot x+C$;

(10) $\int \dfrac{1}{\sqrt{1-x^{2}}}\,\mathrm{d}x=\arcsin x+C$;

(11) $\displaystyle\int \frac{1}{1+x^2}dx = \arctan x + C$.

例 1　求 $\displaystyle\int x^2 dx$.

解　$\displaystyle\int x^2 dx = \frac{1}{2+1}x^{2+1} + C = \frac{1}{3}x^3 + C$.

例 2　求 $\displaystyle\int \frac{1}{x^2}dx$.

解　$\displaystyle\int \frac{1}{x^2}dx = \int x^{-2}dx = \frac{1}{-2+1}x^{-2+1} + C = -\frac{1}{x} + C$.

例 3　求 $\displaystyle\int x\sqrt{x}\,dx$.

解　$\displaystyle\int x\sqrt{x}\,dx = \int x^{\frac{3}{2}}dx = \frac{2}{5}x^{\frac{5}{2}} + C = \frac{2}{5}x^2\sqrt{x} + C$.

例 4　求 $\displaystyle\int 2^x e^{-x}dx$.

解　$\displaystyle\int 2^x e^{-x}dx = \int \left(\frac{2}{e}\right)^x dx = \frac{\left(\dfrac{2}{e}\right)^x}{\ln \dfrac{2}{e}} + C = \frac{2^x e^{-x}}{\ln 2 - 1} + C$.

二、不定积分基本运算法则

法则 1　如果函数 $u = u(x)$，$v = v(x)$ 都存在原函数，则

$$\int (u \pm v)dx = \int u\,dx \pm \int v\,dx.$$

法则 2　如果函数 $u = u(x)$ 存在原函数，k 为非零常数，则

$$\int ku\,dx = k\int u\,dx.$$

利用基本公式和运算法则求不定积分的方法称为**直接积分法**，用这个方法可以求被积函数稍复杂的不定积分.

例 5　求 $\displaystyle\int (5x^4 + x^3 - 7)dx$.

解　$\displaystyle\int (5x^4 + x^3 - 7)dx = 5\int x^4 dx + \int x^3 dx - 7\int dx$

$$= x^5 + \frac{1}{4}x^4 - 7x + C.$$

例 6　求 $\displaystyle\int (3 - \sqrt{x})x^2 dx$.

解　$\displaystyle\int (3 - \sqrt{x})x^2 dx = \int \left(3x^2 - x^{\frac{5}{2}}\right)dx = x^3 - \frac{2}{7}\sqrt{x^7} + C$.

例 7　求 $\displaystyle\int \frac{4 - 3x}{x^5}dx$.

解　$\displaystyle\int \frac{4 - 3x}{x^5}dx = \int \left(\frac{4}{x^5} - \frac{3}{x^4}\right)dx = \int (4x^{-5} - 3x^{-4})dx$

$$= -x^{-4} + x^{-3} + C = -\frac{1}{x^4} + \frac{1}{x^3} + C.$$

例 8　求 $\displaystyle\int \frac{(x-3)^2}{x} \mathrm{d}x.$

解　$\displaystyle\int \frac{(x-3)^2}{x} \mathrm{d}x = \int \frac{x^2 - 6x + 9}{x} \mathrm{d}x = \int \left(x - 6 + \frac{9}{x}\right) \mathrm{d}x$

$$= \frac{1}{2}x^2 - 6x + 9\ln|x| + C.$$

例 9　求 $\displaystyle\int (x^5 - 5^x) \mathrm{d}x.$

解　$\displaystyle\int (x^5 - 5^x) \mathrm{d}x = \frac{1}{6}x^6 - \frac{5^x}{\ln 5} + C.$

例 10　求 $\displaystyle\int (x^e - e^x + e^e) \mathrm{d}x.$

解　$\displaystyle\int (x^e - e^x + e^e) \mathrm{d}x = \frac{1}{e+1}x^{e+1} - e^x + e^e x + C.$

例 11　求 $\displaystyle\int \sin^2 \frac{x}{2} \mathrm{d}x.$

解　利用三角函数公式把被积函数化为基本公式中的情形：

$$\int \sin^2 \frac{x}{2} \mathrm{d}x = \int \frac{1 - \cos x}{2} \mathrm{d}x = \frac{1}{2}(x - \sin x) + C.$$

例 12　求 $\displaystyle\int \frac{1}{\sin^2 x \cos^2 x} \mathrm{d}x.$

解　$\displaystyle\int \frac{1}{\sin^2 x \cos^2 x} \mathrm{d}x = \int \frac{\sin^2 x + \cos^2 x}{\sin^2 x \cos^2 x} \mathrm{d}x = \int \left(\frac{1}{\cos^2 x} + \frac{1}{\sin^2 x}\right) \mathrm{d}x$

$$= \int (\sec^2 x + \csc^2 x) \mathrm{d}x = \tan x - \cot x + C.$$

例 13　求 $\displaystyle\int \left(\sqrt{1-x^2} + \frac{x^2}{\sqrt{1-x^2}}\right) \mathrm{d}x.$

解　$\displaystyle\int \left(\sqrt{1-x^2} + \frac{x^2}{\sqrt{1-x^2}}\right) \mathrm{d}x = \int \left(\frac{1-x^2}{\sqrt{1-x^2}} + \frac{x^2}{\sqrt{1-x^2}}\right) \mathrm{d}x$

$$= \int \frac{1}{\sqrt{1-x^2}} \mathrm{d}x = \arcsin x + C.$$

例 14　求 $\displaystyle\int e^x \left(1 - \frac{e^{-x}}{1+x^2}\right) \mathrm{d}x.$

解　$\displaystyle\int e^x \left(1 - \frac{e^{-x}}{1+x^2}\right) \mathrm{d}x = \int \left(e^x - \frac{1}{1+x^2}\right) \mathrm{d}x = e^x - \arctan x + C.$

使用直接积分法可求解不定积分的范围是很有限的，我们需要学习一些其他的求不定积分的方法.

§3.3 不定积分的换元积分法

一、第一换元积分法(凑微分法)

如何求不定积分 $\int (x+1)^{10}\mathrm{d}x$？

注意到 $\mathrm{d}x=\mathrm{d}(x+1)$，于是

$$\int (x+1)^{10}\mathrm{d}x = \int (x+1)^{10}\mathrm{d}(x+1).$$

设 $x+1=u$，则有

$$\int u^{10}\mathrm{d}u = \frac{1}{11}u^{11}+C = \frac{1}{11}(x+1)^{11}+C.$$

这种求不定积分的方法称为第一换元积分法.

又如

$$\int \frac{\mathrm{d}x}{x+1} = \int \frac{1}{x+1}\mathrm{d}(x+1)\xrightarrow{\text{设}\,x+1=u} \int \frac{1}{u}\mathrm{d}u$$

$$=\ln|u|+C = \ln|x+1|+C,$$

$$\int \sin 2x\,\mathrm{d}x = \frac{1}{2}\int \sin 2x\,\mathrm{d}(2x)\xrightarrow{\text{设}\,2x=u}\frac{1}{2}\int \sin u\,\mathrm{d}u$$

$$=-\frac{1}{2}\cos u+C = -\frac{1}{2}\cos 2x+C.$$

一般地，设 $u=u(x)$ 可导，若所求不定积分可写成

$$\int f(u(x))u'(x)\mathrm{d}x = \int f(u(x))\mathrm{d}(u(x)) = \int f(u)\mathrm{d}u$$

的形式，而 $\int f(u)\mathrm{d}u = F(u)+C$，则所求不定积分等于 $F(u(x))+C$. 这就是第一换元积分法. 这里需将被积表达式化为 $f(u(x))u'(x)\mathrm{d}x = f(u)\mathrm{d}u$ 的形式，即凑出 $\mathrm{d}u$ 来. 因此，这种方法又称为**凑微分法**.

第一换元积分法(凑微分法)的步骤可表示如下：

$$\int g(x)\mathrm{d}x \xrightarrow{\text{恒等变形}} \int f(u(x))u'(x)\mathrm{d}x \xrightarrow{\text{凑微分}}$$

$$\int f(u)\mathrm{d}u \xrightarrow{\text{积分}} F(u)+C \xrightarrow{\text{代回}} F(u(x))+C.$$

例 1 求 $\int \frac{\mathrm{d}x}{2x+1}$.

解 $\int \frac{\mathrm{d}x}{2x+1} = \frac{1}{2}\int \frac{1}{2x+1}\mathrm{d}(2x+1)\xrightarrow{\text{设}\,u=2x+1}\frac{1}{2}\int \frac{1}{u}\mathrm{d}u$

$$=\frac{1}{2}\ln|u|+C = \frac{1}{2}\ln|2x+1|+C.$$

例 2　求 $\displaystyle\int 2x\,\mathrm{e}^{x^2}\,\mathrm{d}x$.

解　$\displaystyle\int 2x\,\mathrm{e}^{x^2}\,\mathrm{d}x = \int \mathrm{e}^{x^2}\,\mathrm{d}(x^2)\xlongequal{\;\text{设}\;u=x^2\;}\int \mathrm{e}^u\,\mathrm{d}u = \mathrm{e}^u + C = \mathrm{e}^{x^2} + C.$

例 3　求 $\displaystyle\int \mathrm{e}^x\cos \mathrm{e}^x\,\mathrm{d}x$.

解　$\displaystyle\int \mathrm{e}^x\cos \mathrm{e}^x\,\mathrm{d}x = \int \cos \mathrm{e}^x\,\mathrm{d}(\mathrm{e}^x)\xlongequal{\;\text{设}\;u=\mathrm{e}^x\;}\int \cos u\,\mathrm{d}u$

$\qquad\qquad = \sin u + C = \sin \mathrm{e}^x + C.$

例 4　求 $\displaystyle\int x\sqrt{x^2-3}\,\mathrm{d}x$.

解　$\displaystyle\int x\sqrt{x^2-3}\,\mathrm{d}x = \frac{1}{2}\int \sqrt{x^2-3}\,\mathrm{d}(x^2-3)\xlongequal{\;\text{设}\;u=x^2-3\;}\frac{1}{2}\int u^{\frac{1}{2}}\,\mathrm{d}u$

$\qquad\qquad = \frac{1}{3}u^{\frac{3}{2}} + C = \frac{1}{3}(x^2-3)^{\frac{3}{2}} + C.$

当运算熟练以后,可以不必把 u 写出来,而直接计算下去.

例 5　求 $\displaystyle\int \tan x\,\mathrm{d}x$.

解　$\displaystyle\int \tan x\,\mathrm{d}x = \int \frac{\sin x}{\cos x}\,\mathrm{d}x = -\int \frac{\mathrm{d}(\cos x)}{\cos x} = -\ln|\cos x| + C.$

读者不难求得 $\displaystyle\int \cot x\,\mathrm{d}x = \ln|\sin x| + C.$

例 6　求 $\displaystyle\int \frac{\ln x}{x}\,\mathrm{d}x$.

解　$\displaystyle\int \frac{\ln x}{x}\,\mathrm{d}x = \int \frac{1}{x}\ln x\,\mathrm{d}x = \int \ln x\,\mathrm{d}(\ln x) = \frac{1}{2}\ln^2 x + C.$

例 7　求 $\displaystyle\int \frac{\mathrm{e}^x}{1+\mathrm{e}^{2x}}\,\mathrm{d}x$.

解　$\displaystyle\int \frac{\mathrm{e}^x}{1+\mathrm{e}^{2x}}\,\mathrm{d}x = \int \frac{1}{1+(\mathrm{e}^x)^2}\,\mathrm{d}(\mathrm{e}^x) = \arctan \mathrm{e}^x + C.$

从以上例子可以看出,应用第一换元积分法求不定积分时,凑微分是关键环节.我们将一些常用的凑微分公式罗列如下,熟悉它们就能更快更准确地凑出需要的微分形式来.

(1) $\mathrm{d}x = \mathrm{d}(x+C)$,可推广为 $\mathrm{d}(\varphi(x)) = \mathrm{d}(\varphi(x)+C)$.

(2) $\mathrm{d}x = \dfrac{1}{k}\mathrm{d}(kx) = \dfrac{1}{k}\mathrm{d}(kx+C)(k\neq 0)$,可推广为

$$\mathrm{d}(\varphi(x)) = \frac{1}{k}\mathrm{d}(k\varphi(x)) = \frac{1}{k}\mathrm{d}(k\varphi(x)+C) \quad (k\neq 0).$$

例如,$\mathrm{d}x = \dfrac{1}{2}\mathrm{d}(2x) = \dfrac{1}{2}\mathrm{d}(2x+3)$,$\mathrm{d}x = -\mathrm{d}(-x) = -\mathrm{d}(-x+C)$,$\mathrm{d}(\mathrm{e}^x) = -\mathrm{d}(-\mathrm{e}^x)$,

$\mathrm{d}(\sin x) = \dfrac{1}{2}\mathrm{d}(2\sin x)$.

(3) $x\,\mathrm{d}x = \dfrac{1}{2}\mathrm{d}(x^2)$,$x^2\,\mathrm{d}x = \dfrac{1}{3}\mathrm{d}(x^3)$,$\dfrac{1}{x^2}\,\mathrm{d}x = -\mathrm{d}\!\left(\dfrac{1}{x}\right)$,

$$\frac{1}{x}dx=d(\ln x)(x>0),\frac{1}{\sqrt{x}}dx=2d(\sqrt{x}).$$

(4) $e^x dx=d(e^x).$

(5) $\sin x dx=-d(\cos x),\cos x dx=d(\sin x),$

　　$\sec^2 x dx=d(\tan x),\csc^2 x dx=-d(\cot x).$

(6) $\dfrac{1}{\sqrt{1-x^2}}dx=d(\arcsin x),\dfrac{1}{1+x^2}dx=d(\arctan x).$

例 8　求 $\displaystyle\int (1-x)^7 dx.$

解　$\displaystyle\int (1-x)^7 dx=-\int (1-x)^7 d(1-x)=-\frac{1}{8}(1-x)^8+C.$

例 9　求 $\displaystyle\int x\,(x^2+1)^5 dx.$

解　$\displaystyle\int x(x^2+1)^5 dx=\frac{1}{2}\int (x^2+1)^5 d(x^2+1)=\frac{1}{12}(x^2+1)^6+C.$

例 10　求 $\displaystyle\int \frac{e^{\frac{1}{x}}}{x^2}dx.$

解　$\displaystyle\int \frac{e^{\frac{1}{x}}}{x^2}dx=-\int e^{\frac{1}{x}}d\left(\frac{1}{x}\right)=-e^{\frac{1}{x}}+C.$

例 11　求 $\displaystyle\int \frac{\sin\sqrt{x}}{\sqrt{x}}dx.$

解　$\displaystyle\int \frac{\sin\sqrt{x}}{\sqrt{x}}dx=2\int \sin\sqrt{x}\,d(\sqrt{x})=-2\cos\sqrt{x}+C.$

*例 12**　求 $\displaystyle\int \frac{1}{\sqrt{4-x^2}}dx.$

解　$\displaystyle\int \frac{1}{\sqrt{4-x^2}}dx=\int \frac{\frac{1}{2}}{\sqrt{1-\frac{x^2}{4}}}dx=\int \frac{1}{\sqrt{1-\left(\frac{x}{2}\right)^2}}d\left(\frac{x}{2}\right)$

$$=\arcsin\frac{x}{2}+C.$$

*例 13**　求 $\displaystyle\int \frac{1}{\sqrt{x-x^2}}dx.$

解　$\displaystyle\int \frac{1}{\sqrt{x-x^2}}dx=\int \frac{1}{\sqrt{1-x}}\frac{1}{\sqrt{x}}dx=2\int \frac{1}{\sqrt{1-(\sqrt{x})^2}}d(\sqrt{x})$

$$=2\arcsin\sqrt{x}+C.$$

用不同方法求不定积分得到的结果形式不一定相同,但它们之间一定只相差一个常数.

例 14　求 $\displaystyle\int \sin x\cos x dx.$

解一 $\displaystyle\int \sin x\cos x\,\mathrm{d}x = \int \sin x\,\mathrm{d}(\sin x) = \frac{1}{2}\sin^2 x + C.$

解二 $\displaystyle\int \sin x\cos x\,\mathrm{d}x = -\int \cos x\,\mathrm{d}(\cos x) = -\frac{1}{2}\cos^2 x + C.$

解三 $\displaystyle\int \sin x\cos x\,\mathrm{d}x = \frac{1}{2}\int \sin 2x\,\mathrm{d}x = \frac{1}{4}\int \sin 2x\,\mathrm{d}(2x)$

$$= -\frac{1}{4}\cos 2x + C.$$

两个多项式的商称为有理分式,有理分式和三角函数的不定积分是常见的两类不定积分,我们通过举例来说明它们的求法.

例 15 求 $\displaystyle\int \frac{x}{x+1}\mathrm{d}x$.

解 $\displaystyle\int \frac{x}{x+1}\mathrm{d}x = \int \frac{(x+1)-1}{x+1}\mathrm{d}x = \int \left(1 - \frac{1}{x+1}\right)\mathrm{d}x$

$$= x - \ln|x+1| + C.$$

例 16 求 $\displaystyle\int \frac{x^2}{x+1}\mathrm{d}x$.

解 $\displaystyle\int \frac{x^2}{x+1}\mathrm{d}x = \int \frac{(x^2-1)+1}{x+1}\mathrm{d}x = \int \left(x - 1 + \frac{1}{x+1}\right)\mathrm{d}x$

$$= \frac{1}{2}x^2 - x + \ln|x+1| + C.$$

这里,若分子的多项式次数低于分母的多项式次数,即有理分式是真分式,则可用直接积分法或第一换元积分法求出不定积分;若分子的多项式次数等于或高于分母的多项式次数,即有理分式是假分式,则首先对分子变形,将分式化为整式和真分式的和,然后再分别求不定积分.

例 17 求 $\displaystyle\int \frac{1}{(x-2)(x-5)}\mathrm{d}x$.

解 $\displaystyle\int \frac{1}{(x-2)(x-5)}\mathrm{d}x = \frac{1}{3}\int \left(\frac{1}{x-5} - \frac{1}{x-2}\right)\mathrm{d}x$

$$= \frac{1}{3}\left[\int \frac{1}{x-5}\mathrm{d}x - \int \frac{1}{x-2}\mathrm{d}x\right]$$

$$= \frac{1}{3}\left[\int \frac{1}{x-5}\mathrm{d}(x-5) - \int \frac{1}{x-2}\mathrm{d}(x-2)\right]$$

$$= \frac{1}{3}\left(\ln|x-5| - \ln|x-2|\right) + C$$

$$= \frac{1}{3}\ln\left|\frac{x-5}{x-2}\right| + C.$$

例 18 求 $\displaystyle\int \cos^3 x\,\mathrm{d}x$.

解 $\displaystyle\int \cos^3 x\,\mathrm{d}x = \int \cos^2 x\cos x\,\mathrm{d}x = \int (1-\sin^2 x)\,\mathrm{d}(\sin x)$

$$= \int \mathrm{d}(\sin x) - \int \sin^2 x\,\mathrm{d}(\sin x) = \sin x - \frac{1}{3}\sin^3 x + C.$$

例 19　求 $\int \cos^2 4x \, dx$.

解　$\int \cos^2 4x \, dx = \int \dfrac{1 + \cos 8x}{2} \, dx = \dfrac{1}{2} \left(\int dx + \int \cos 8x \, dx \right)$

$$= \dfrac{1}{2} \left[x + \dfrac{1}{8} \int \cos 8x \, d(8x) \right] = \dfrac{1}{2} x + \dfrac{1}{16} \sin 8x + C.$$

可见,若被积函数为 $\sin x$ 或 $\cos x$ 的奇次方,则可用凑微分法求出不定积分;若被积函数为 $\sin x$ 或 $\cos x$ 的偶次方,则应先利用降次公式 $\sin^2 x = \dfrac{1 - \cos 2x}{2}$, $\cos^2 x = \dfrac{1 + \cos 2x}{2}$ 变形后再求不定积分.

二、第二换元积分法

第二换元积分法

韩彦林

一般来说,被积函数含根式会给不定积分的求解带来困难,这时可以考虑对不定积分作变量代换,使得新不定积分的被积函数不再含根式.

例如求 $\int x\sqrt{x+1} \, dx$,可令 $t = \sqrt{x+1}$,即 $x = t^2 - 1$,从而 $dx = 2t \, dt$,

$$\int x\sqrt{x+1} \, dx = \int (t^2 - 1) t \cdot 2t \, dt = 2 \int (t^4 - t^2) \, dt$$

$$= 2 \left(\dfrac{1}{5} t^5 - \dfrac{1}{3} t^3 \right) + C.$$

代回 $t = \sqrt{x+1}$,得

$$\int x\sqrt{x+1} \, dx = \dfrac{2}{5}\sqrt{(x+1)^5} - \dfrac{2}{3}\sqrt{(x+1)^3} + C.$$

这就是第二换元积分法,其运算步骤可表示如下:

$$\int f(x) \, dx \xrightarrow{\text{作变量代换 } x = \varphi(t)} \int f(\varphi(t))\varphi'(t) \, dt$$

$$\xrightarrow{\text{求得原函数}} F(t) + C \xrightarrow{\text{代回}} F(\varphi^{-1}(x)) + C,$$

其中 $x = \varphi(t)$ 单调、可导且 $\varphi'(t) \neq 0$, $x = \varphi(t)$ 的反函数为 $t = \varphi^{-1}(x)$.

> **想一想**
> 第一换元积分法和第二换元积分法的区别是什么?

在第一换元积分法中,是用新变量 u 代换被积函数中的可微函数 $u(x)$,从而使不定积分容易计算.而在第二换元积分法中,则是引入新变量 t,将 x, dx 均用 t 表示,将问题转化为求 t 的不定积分,得到 $F(t) + C$.最后再将 $t = \varphi^{-1}(x)$ 代入,表示成关于 x 的式子 $F(\varphi^{-1}(x)) + C$,从而达到求出不定积分的目的.

关于被积函数含根式的不定积分,只讨论下面两种基本情况.

(1) 若被积函数含根式 $\sqrt[n]{ax+b}$ ($a \neq 0$, b 为常数, n 为正整数且 $n > 1$),这时可令

第二换元积分法
测一测

$t = \sqrt[n]{ax+b}$,即作变量代换 $x = \dfrac{1}{a}(t^n - b)$,从而求解不定积分.

（2）若被积函数含根式 $\sqrt{a^2-x^2}$ $(a>0)$，这时可作变量代换 $x=a\sin t$ $\left(-\dfrac{\pi}{2}\leqslant t\leqslant\dfrac{\pi}{2}\right)$，达到去掉根号的目的.求解过程中,需要利用同角三角函数恒等关系式 $\sin^2 t+\cos^2 t=1$.

例 20　求 $\displaystyle\int\dfrac{1}{\sqrt{x}+x}\mathrm{d}x$.

解　令 $t=\sqrt{x}$，即 $x=t^2$，从而 $\mathrm{d}x=2t\,\mathrm{d}t$，

$$\int\frac{1}{\sqrt{x}+x}\mathrm{d}x=\int\frac{1}{t+t^2}2t\,\mathrm{d}t=2\int\frac{1}{1+t}\mathrm{d}t=2\ln|1+t|+C.$$

而 $t=\sqrt{x}$，并注意到 $1+\sqrt{x}>0$，因此

$$\int\frac{1}{\sqrt{x}+x}\mathrm{d}x=2\ln(1+\sqrt{x})+C.$$

想一想

本题能否采用第一换元积分法求解？

例 21　求 $\displaystyle\int\dfrac{1}{\sqrt{2x+1}+1}\mathrm{d}x$.

解　令 $t=\sqrt{2x+1}$，即 $x=\dfrac{1}{2}(t^2-1)$，从而 $\mathrm{d}x=t\,\mathrm{d}t$，

$$\int\frac{1}{\sqrt{2x+1}+1}\mathrm{d}x=\int\frac{1}{t+1}t\,\mathrm{d}t=\int\frac{(t+1)-1}{t+1}\mathrm{d}t$$

$$=\int\left(1-\frac{1}{t+1}\right)\mathrm{d}t=t-\ln|t+1|+C.$$

代回 $t=\sqrt{2x+1}$，并注意到 $\sqrt{2x+1}+1>0$，因此

$$\int\frac{1}{\sqrt{2x+1}+1}\mathrm{d}x=\sqrt{2x+1}-\ln(\sqrt{2x+1}+1)+C.$$

*例 22　求 $\displaystyle\int\dfrac{1}{\sqrt{x}+\sqrt[3]{x^2}}\mathrm{d}x$.

解　$\displaystyle\int\dfrac{1}{\sqrt{x}+\sqrt[3]{x^2}}\mathrm{d}x=\int\dfrac{1}{\sqrt[6]{x^3}+\sqrt[6]{x^4}}\mathrm{d}x$，令 $t=\sqrt[6]{x}$，即 $x=t^6$，从而 $\mathrm{d}x=6t^5\mathrm{d}t$，

$$\int\frac{1}{\sqrt{x}+\sqrt[3]{x^2}}\mathrm{d}x=\int\frac{1}{t^3+t^4}6t^5\,\mathrm{d}t=6\int\frac{t^2}{1+t}\mathrm{d}t=6\int\frac{(t^2-1)+1}{1+t}\mathrm{d}t$$

$$=6\int\left(t-1+\frac{1}{1+t}\right)\mathrm{d}t=6\left(\frac{1}{2}t^2-t+\ln|1+t|+C\right).$$

代回 $t=\sqrt[6]{x}$，并注意到 $1+\sqrt[6]{x}>0$，因此

$$\int\frac{1}{\sqrt{x}+\sqrt[3]{x^2}}\mathrm{d}x=3\sqrt[3]{x}-6\sqrt[6]{x}+6\ln(1+\sqrt[6]{x})+C.$$

例 23　求 $\displaystyle\int\dfrac{1}{\sqrt{(1-x^2)^3}}\mathrm{d}x$.

解 令 $x=\sin t\ \left(-\dfrac{\pi}{2}<t<\dfrac{\pi}{2}\right)$，从而 $\mathrm{d}x=\cos t\,\mathrm{d}t$. 注意到 $-\dfrac{\pi}{2}<t<\dfrac{\pi}{2}$，因而 $\cos t>0$，于是 $\sqrt{1-\sin^2 t}=|\cos t|=\cos t$，

$$\int\frac{1}{\sqrt{(1-x^2)^3}}\mathrm{d}x=\int\frac{1}{\sqrt{(1-\sin^2 t)^3}}\cos t\,\mathrm{d}t$$

$$=\int\frac{1}{\cos^2 t}\mathrm{d}t=\int\sec^2 t\,\mathrm{d}t=\tan t+C.$$

注意到 $\sin t=x$，$\cos t=\sqrt{1-\sin^2 t}=\sqrt{1-x^2}$，如图 3-2 所示. 故 $\tan t=\dfrac{\sin t}{\cos t}=\dfrac{x}{\sqrt{1-x^2}}$，

$$\int\frac{1}{\sqrt{(1-x^2)^3}}\mathrm{d}x=\frac{x}{\sqrt{1-x^2}}+C.$$

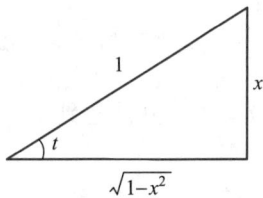

图 3-2

例 24 求 $\displaystyle\int\frac{x^3}{\sqrt{1-x^2}}\mathrm{d}x$.

解 令 $x=\sin t\ \left(-\dfrac{\pi}{2}<t<\dfrac{\pi}{2}\right)$，从而 $\mathrm{d}x=\cos t\,\mathrm{d}t$，

$$\int\frac{x^3}{\sqrt{1-x^2}}\mathrm{d}x=\int\frac{\sin^3 t}{\sqrt{1-\sin^2 t}}\cos t\,\mathrm{d}t=\int\sin^3 t\,\mathrm{d}t$$

$$=\int\sin^2 t\sin t\,\mathrm{d}t=-\int(1-\cos^2 t)\mathrm{d}(\cos t)$$

$$=-\left(\cos t-\frac{1}{3}\cos^3 t\right)+C=-\cos t+\frac{1}{3}\cos^3 t+C.$$

注意到 $\sin t=x$，$\cos t=\sqrt{1-\sin^2 t}=\sqrt{1-x^2}$，则

$$\int\frac{x^3}{\sqrt{1-x^2}}\mathrm{d}x=-\sqrt{1-x^2}+\frac{1}{3}\sqrt{(1-x^2)^3}+C.$$

***例 25** 求 $\displaystyle\int\sqrt{a^2-x^2}\,\mathrm{d}x\,(a>0)$.

解 令 $x=a\sin t\ \left(-\dfrac{\pi}{2}\leqslant t\leqslant\dfrac{\pi}{2}\right)$，从而 $\mathrm{d}x=a\cos t\,\mathrm{d}t$，

$$\int\sqrt{a^2-x^2}\,\mathrm{d}x=\int\sqrt{a^2-a^2\sin^2 t}\,a\cos t\,\mathrm{d}t=a^2\int\cos^2 t\,\mathrm{d}t$$

$$=a^2\int\frac{1+\cos 2t}{2}\mathrm{d}t=\frac{a^2}{2}\left(\int\mathrm{d}t+\int\cos 2t\,\mathrm{d}t\right)$$

$$=\frac{a^2}{2}\left[t+\frac{1}{2}\int\cos 2t\,\mathrm{d}(2t)\right]=\frac{a^2}{2}\left(t+\frac{1}{2}\sin 2t\right)+C.$$

由于 $\sin 2t=2\sin t\cos t$，并注意到 $\sin t=\dfrac{x}{a}$，故有 $\cos t=\sqrt{1-\sin^2 t}=\sqrt{1-\left(\dfrac{x}{a}\right)^2}=\dfrac{\sqrt{a^2-x^2}}{a}$ 及 $t=\arcsin\dfrac{x}{a}$，则

$$\int\sqrt{a^2-x^2}\,\mathrm{d}x=\frac{a^2}{2}\left(\arcsin\frac{x}{a}+\frac{x}{a}\frac{\sqrt{a^2-x^2}}{a}\right)+C$$

$$=\frac{a^2}{2}\arcsin\frac{x}{a}+\frac{1}{2}x\sqrt{a^2-x^2}+C.$$

不定积分的第一换元积分法与第二换元积分法统称为**不定积分的换元积分法**,是求不定积分的重要方法.

§3.4 不定积分的分部积分法

如果函数 $u=u(x)$ 与 $v=v(x)$ 都有连续的导数,则由函数乘积的微分公式 $\mathrm{d}(uv)=v\mathrm{d}u+u\mathrm{d}v$ 可得 $u\mathrm{d}v=\mathrm{d}(uv)-v\mathrm{d}u$,两边求不定积分,得

分部积分法

韩彦林

$$\int u\mathrm{d}v=uv-\int v\mathrm{d}u.$$

这个公式叫做**分部积分公式**,它可以将求左边积分 $\int u\mathrm{d}v$ 的问题转化为求右边的积分 $\int v\mathrm{d}u$ 的问题.当积分 $\int u\mathrm{d}v$ 不易计算,而积分 $\int v\mathrm{d}u$ 比较容易计算时,这个公式就起到了化难为易的作用.用这个公式的关键是恰当地选取 u 和 $\mathrm{d}v$,使得 $\int v\mathrm{d}u$ 能求出.

何时需要使用分部积分法求不定积分呢? 本节只讨论下面两种情形.

(1) 若被积函数为对数函数或反三角函数,则直接应用分部积分法.

(2) 若被积函数是两个函数的乘积,例如 $x^n(n\in\mathbf{N}_+)$ 分别与指数函数 e^x,三角函数 $\sin x$ 或 $\cos x$,对数函数 $\ln x$,反三角函数 $\arcsin x$ 或 $\arctan x$ 的乘积,通常是将对数函数与反三角函数作为 u,指数函数和三角函数与 $\mathrm{d}x$ 凑为 $\mathrm{d}v$.

分部积分法
测一测

例 1 求 $\displaystyle\int \ln x\,\mathrm{d}x$.

解 设 $u=\ln x$,$\mathrm{d}v=\mathrm{d}x$,则 $\mathrm{d}u=\dfrac{1}{x}\mathrm{d}x$,$v=x$,于是应用分部积分公式,得

$$\int \ln x\,\mathrm{d}x=x\ln x-\int x\cdot\frac{\mathrm{d}x}{x}=x\ln x-x+C.$$

例 2 求 $\displaystyle\int \arcsin x\,\mathrm{d}x$.

解 设 $u=\arcsin x$,$\mathrm{d}v=\mathrm{d}x$,则 $\mathrm{d}u=\dfrac{1}{\sqrt{1-x^2}}\mathrm{d}x$,$v=x$,于是应用分部积分公式得

$$\begin{aligned}\int \arcsin x\,\mathrm{d}x &=\arcsin x\cdot x-\int x\mathrm{d}(\arcsin x)\\ &=x\arcsin x-\int x\frac{1}{\sqrt{1-x^2}}\mathrm{d}x\\ &=x\arcsin x+\frac{1}{2}\int\frac{1}{\sqrt{1-x^2}}\mathrm{d}(1-x^2)\\ &=x\arcsin x+\sqrt{1-x^2}+C.\end{aligned}$$

例 3 求 $\displaystyle\int x\cos x\,\mathrm{d}x$.

解　设 $u=x, \mathrm{d}v=\cos x\mathrm{d}x$，则 $\mathrm{d}u=\mathrm{d}x, v=\sin x$，于是应用分部积分公式，得

$$\int x\cos x\mathrm{d}x=x\sin x-\int \sin x\mathrm{d}x=x\sin x+\cos x+C.$$

在计算方法熟练后，分部积分法的替换过程可以省略.

例 4　求 $\displaystyle\int x\arctan x\mathrm{d}x$.

解
$$\begin{aligned}
\int x\arctan x\mathrm{d}x &=\frac{1}{2}\int \arctan x\mathrm{d}(x^2)\\
&=\frac{1}{2}x^2\arctan x-\frac{1}{2}\int x^2\frac{\mathrm{d}x}{1+x^2}\\
&=\frac{1}{2}x^2\arctan x-\frac{1}{2}\int\frac{1+x^2-1}{1+x^2}\mathrm{d}x\\
&=\frac{1}{2}x^2\arctan x-\frac{1}{2}\int\left(1-\frac{1}{1+x^2}\right)\mathrm{d}x\\
&=\frac{1}{2}x^2\arctan x-\frac{x}{2}+\frac{1}{2}\arctan x+C\\
&=\frac{1+x^2}{2}\arctan x-\frac{x}{2}+C.
\end{aligned}$$

有时同一道题可以连续多次使用分部积分法.

例 5　求 $\displaystyle\int x^2\mathrm{e}^x\mathrm{d}x$.

解
$$\begin{aligned}
\int x^2\mathrm{e}^x\mathrm{d}x &=\int x^2\mathrm{d}(\mathrm{e}^x)=x^2\mathrm{e}^x-2\int x\mathrm{e}^x\mathrm{d}x=x^2\mathrm{e}^x-2\int x\mathrm{d}(\mathrm{e}^x)\\
&=x^2\mathrm{e}^x-2x\mathrm{e}^x+2\mathrm{e}^x+C=(x^2-2x+2)\mathrm{e}^x+C.
\end{aligned}$$

例 6　求 $\displaystyle\int \mathrm{e}^x\sin x\mathrm{d}x$.

解
$$\begin{aligned}
\int \mathrm{e}^x\sin x\mathrm{d}x &=\int \mathrm{e}^x\mathrm{d}(-\cos x)=-\mathrm{e}^x\cos x+\int \mathrm{e}^x\cos x\mathrm{d}x\\
&=-\mathrm{e}^x\cos x+\int \mathrm{e}^x\mathrm{d}(\sin x)\\
&=-\mathrm{e}^x\cos x+\mathrm{e}^x\sin x-\int \mathrm{e}^x\sin x\mathrm{d}x,
\end{aligned}$$

即

$$\int \mathrm{e}^x\sin x\ \mathrm{d}x=-\mathrm{e}^x\cos x+\mathrm{e}^x\sin x-\int \mathrm{e}^x\sin x\mathrm{d}x.$$

将上式整理后得

$$\int \mathrm{e}^x\sin x\mathrm{d}x=\frac{1}{2}(\sin x-\cos x)\mathrm{e}^x+C.$$

此题也可以化为 $\displaystyle\int \sin x\mathrm{d}(\mathrm{e}^x)$，然后应用分部积分公式求解.

有时需要联合应用换元积分法和分部积分法求不定积分.

*例 7　求 $\displaystyle\int \cos\sqrt{x}\mathrm{d}x$.

解　应用第二换元积分法：令 $t=\sqrt{x}$，即 $x=t^2$，从而 $\mathrm{d}x=2t\mathrm{d}t$，

$$\int \cos\sqrt{x}\, \mathrm{d}x = \int \cos t \cdot 2t\, \mathrm{d}t = 2\int t\, \mathrm{d}(\sin t).$$

再应用分部积分法：

$$\int \cos\sqrt{x}\, \mathrm{d}x = 2\left(t\sin t - \int \sin t\, \mathrm{d}t\right) = 2(t\sin t + \cos t) + C$$

$$= 2(\sqrt{x}\sin\sqrt{x} + \cos\sqrt{x}) + C.$$

从以上两节可以看出，求不定积分比求导数更加灵活、复杂.为了实用方便，人们汇编了比较详尽的积分表，我们可以借助于积分表来求函数的不定积分.

§3.5 定积分的概念和基本运算法则

一、定积分的概念与几何意义

例 1 计算曲边梯形的面积.

已知曲线 $y = f(x) \geqslant 0(a \leqslant x \leqslant b)$，$x$ 轴上的有限区间 $[a,b]$ 和直线 $x = a$，$x = b$，它们围成的图形称为**曲边梯形**，如图 3-3 所示.

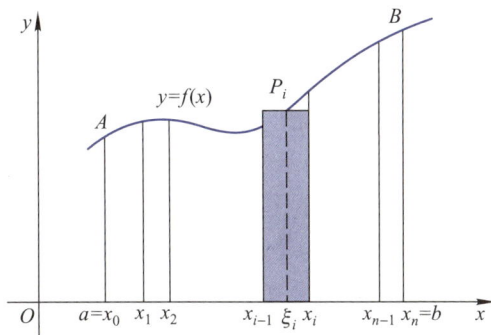

定积分的概念

韩彦林

图 3-3

讨论 我们通过以下步骤来求面积：

(1) 在区间 $[a,b]$ 中插入分点 $x_1, x_2, x_3, \cdots, x_{n-1}$，将 $[a,b]$ 任意分成 n 个小区间.这些小闭区间的长度分别为 $\Delta x_1, \Delta x_2, \cdots, \Delta x_n$.

在各分点处作平行于 y 轴的直线，将曲边梯形分成 n 个小曲边梯形.显然，所求曲边梯形的面积 S 等于这 n 个小曲边梯形面积之和.

(2) 对每个小曲边梯形用对应的小矩形的面积 $f(\xi_i)\Delta x_i$ 近似代替小曲边梯形的面积，小矩形的一边长是小区间的长度 Δx_i，另一边长是函数 $f(x)$ 在小区间上任一点的函数值 $f(\xi_i)$.

(3) 将这 n 个小曲边梯形面积的近似值相加，就得到曲边梯形面积 S 的近似值.

(4) 当 n 无限变大而由区间 $[a,b]$ 分割的每个小闭区间的长度无限变小时，该近似值的极限即为所求的曲边梯形的面积 S.

这个过程也可以形象地理解为：区间 $[a,b]$ 上以某点 x 处宽度 $\mathrm{d}x$ 为一边长，高

$f(x)$ 为另一边长的微细矩形的面积为 $f(x)\mathrm{d}x$，而曲边梯形的面积 S 就是区间 $[a,b]$ 上所有这样的点的微细矩形的面积的连续积累.用符号记作

$$S = \int_a^b f(x)\mathrm{d}x.$$

例 2 计算变速直线运动的运动距离.

当物体作匀速直线运动时,其运动的距离等于速度乘时间.现设物体运动的速度 v 随时间 t 而变化,即速度 v 是时间 t 的函数 $v = v(t)$，我们来求此物体在时间区间 $[a,b]$ 内运动的距离 s.如图 3-4 所示.

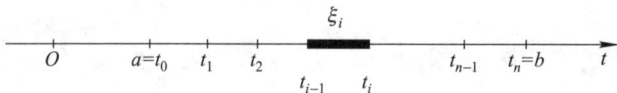

图 3-4

讨论 我们通过以下步骤计算：

(1) 在区间 $[a,b]$ 中插入分点 $t_1, t_2, t_3, \cdots, t_{n-1}$ 将 $[a,b]$ 任意分成 n 个小时间区间.这些小闭区间的长度分别为 $\Delta t_1, \Delta t_2, \cdots, \Delta t_n$.

(2) 在每个小区间上物体看做作匀速运动,得到物体在这个小区间运动路程的近似值 $v(\xi_i)\Delta t_i$.其中运动时间是小区间长度 Δt_i，运动速度是函数 $v(t)$ 在小区间上任一点的函数值 $v(\xi_i)$.

(3) 将每个小区间上物体所经过的路程的近似值相加,就得到物体从 $t=a$ 到 $t=b$ 这段时间内运动的路程 s 的近似值.

(4) 当 n 无限变大而由区间 $[a,b]$ 分割的每个小闭区间的长度无限变小时,该近似值的极限即为所求的物体这段时间内运动的距离 s.

这个过程也可以形象地理解为:物体在时间区间 $[a,b]$ 上某点 t 处的运动速度是 $v(t)$，运动时间是 $\mathrm{d}t$，则在这点运动的微小路程为 $v(t)\mathrm{d}t$.而物体在区间 $[a,b]$ 上所经过的总路程就是所有这样的点的微小路程的连续积累.用符号记作

$$s = \int_a^b v(t)\mathrm{d}t.$$

上述两个例题,一个是几何量的计算,一个是物理量的计算.两者的实际意义完全不同,但解决的方法却是相同的,都经过四个步骤,归结为求同一结构的和的极限,是同一个数学模型.科学技术中还有很多问题也都是与上面例子本质相同的和的极限问题.因此,我们有必要抽去其实际意义,在抽象的形式下研究它,这样就引出定积分的概念：

定义 3.3 设函数 $f(x)$ 在区间 $[a,b]$ 连续，$\int_a^b f(x)\mathrm{d}x$ 称为函数 $f(x)$ 在区间 $[a,b]$ 上的定积分.它是函数值 $f(x)$ 与微分 $\mathrm{d}x$ 的乘积 $f(x)\mathrm{d}x$ 在区间 $[a,b]$ 上的连续积累.

其中 $f(x)$ 称为被积函数，$f(x)\mathrm{d}x$ 称为被积表达式，x 称为积分变量，$[a,b]$ 称为积分区间，a、b 分别称为积分的下限和上限.

需要说明的是,这里所说的连续积累,即"积分"之意,它不同于以往有限个数的

和,也不同于无穷多个可数的数之和,而是一种连续量的和.所以要用积分符号"$\int_a^b$"表示而不能用符号"$\sum$"表示.

这里特别要强调的是,定积分$\int_a^b f(x)\mathrm{d}x$表示一个极限值,即一个确定的常数.它取决于被积函数$f(x)$和积分下限a、积分上限b.如果积分变量符号由x改作t,由于极限值与求极限的表达式中变量符号无关,极限值不变.所以定积分与积分变量符号无关,即

$$\int_a^b f(x)\mathrm{d}x = \int_a^b f(t)\mathrm{d}t.$$

例1也给出了定积分的**几何意义**:函数$f(x) \geqslant 0$在闭区间$[a,b]$上的定积分$\int_a^b f(x)\mathrm{d}x$代表曲线$y = f(x) \geqslant 0(a \leqslant x \leqslant b)$下的曲边梯形面积,即

$$A = \int_a^b f(x)\mathrm{d}x \quad (f(x) \geqslant 0).$$

如果在区间$[a,b]$上$f(x) \leqslant 0$,则定积分$\int_a^b f(x)\mathrm{d}x$表示由曲线$y = f(x)$、直线$x = a$、直线$x = b$和x轴围成的曲边梯形(在x轴下方)面积的相反数.

如果在区间$[a,b]$上,$f(x)$有时为正,有时为负,则定积分$\int_a^b f(x)\mathrm{d}x$表示由曲线$y = f(x)$、直线$x = a$、直线$x = b$和x轴围成的几块曲边梯形面积的代数和(其中x轴上方的各曲边梯形面积为正,x轴下方的各曲边梯形面积为负).

例如,对于如图$3-5$所示的$[a,b]$上的连续曲线$y = f(x)$,有

$$\int_a^b f(x)\mathrm{d}x = A_1 - A_2 + A_3.$$

定积分的几何意义可以帮助我们理解定积分的性质并进行定积分的计算.

满足什么条件的函数才可积呢? 经过深入研究可以得出如下定理.

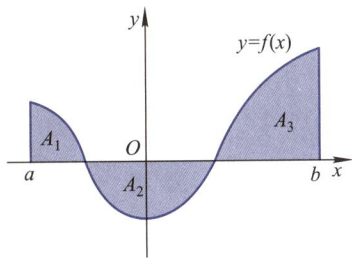

图 3-5

定理 3.2 如果函数$f(x)$在闭区间$[a,b]$上连续,则$f(x)$在$[a,b]$上可积.

由于初等函数在其定义区间上连续,所以初等函数在其定义区间所包含的任何闭区间上可积.

想一想
闭区间上具有有限个间断点的有界函数是可积的吗?

二、定积分的基本运算法则

法则 1 若函数$u = u(x), v = v(x)$在闭区间$[a,b]$上都可积,则

$$\int_a^b (u \pm v)\mathrm{d}x = \int_a^b u\,\mathrm{d}x \pm \int_a^b v\,\mathrm{d}x.$$

法则 2　若函数 $u=u(x)$ 在闭区间 $[a,b]$ 上可积，k 为常数，则

$$\int_a^b ku\,\mathrm{d}x = k\int_a^b u\,\mathrm{d}x.$$

法则 3　若函数 $u=u(x)$ 在闭区间 $[a,b]$ 上可积，则

$$\int_b^a u\,\mathrm{d}x = -\int_a^b u\,\mathrm{d}x.$$

法则 4　$$\int_a^a u\,\mathrm{d}x = 0.$$

法则 5　若函数 $u=u(x)$ 在以点 a,b,c 三点中任两点为端点的闭区间上可积，则

$$\int_a^b u\,\mathrm{d}x = \int_a^c u\,\mathrm{d}x + \int_c^b u\,\mathrm{d}x.$$

从定积分的几何意义很容易理解这些法则.

§3.6　牛顿-莱布尼茨公式

牛顿-莱布尼茨公式又称微积分基本定理.它将定积分和不定积分联系在一起.

定理 3.3（牛顿-莱布尼茨公式）　如果函数 $f(x)$ 在 $[a,b]$ 上连续，$F(x)$ 为 $f(x)$ 在 $[a,b]$ 上的一个原函数，则

$$\int_a^b f(x)\,\mathrm{d}x = F(x)\Big|_a^b = F(b)-F(a).$$

牛顿-莱布尼茨公式揭示了定积分与不定积分的内在联系，把求定积分归结为求原函数，使得定积分的计算变得简单.

利用牛顿-莱布尼茨公式计算定积分可分为两个步骤：

（1）求出被积函数的一个原函数；

（2）分别将积分上限、下限代入这个原函数并求差.

例 1　求 $\displaystyle\int_0^1 (x^3+x+4)\,\mathrm{d}x$.

解　$\displaystyle\int_0^1 (x^3+x+4)\,\mathrm{d}x = \left(\frac{1}{4}x^4+\frac{1}{2}x^2+4x\right)\Big|_0^1 = \frac{1}{4}+\frac{1}{2}+4 = \frac{19}{4}$.

例 2　求 $\displaystyle\int_0^2 \sqrt{x}\,\mathrm{d}x$.

解　$\displaystyle\int_0^2 \sqrt{x}\,\mathrm{d}x = \frac{2}{3}\sqrt{x^3}\,\Big|_0^2 = \frac{2}{3}(2\sqrt{2}-0) = \frac{4\sqrt{2}}{3}$.

例 3　求 $\displaystyle\int_0^{\frac{\pi}{6}} \frac{\cos 2x}{\cos x-\sin x}\,\mathrm{d}x$.

解　$\displaystyle\int_0^{\frac{\pi}{6}} \frac{\cos 2x}{\cos x-\sin x}\,\mathrm{d}x = \int_0^{\frac{\pi}{6}} \frac{\cos^2 x-\sin^2 x}{\cos x-\sin x}\,\mathrm{d}x = \int_0^{\frac{\pi}{6}} (\cos x+\sin x)\,\mathrm{d}x$

$$= (\sin x-\cos x)\Big|_0^{\frac{\pi}{6}}$$

$$= \left(\frac{1}{2}-\frac{\sqrt{3}}{2}\right)-(0-1) = \frac{3-\sqrt{3}}{2}.$$

牛顿-莱布尼茨
公式

韩彦林

例 4 求 $\int_{-1}^{1}(x-1)^3\mathrm{d}x$.

解 $\int_{-1}^{1}(x-1)^3\mathrm{d}x=\int_{-1}^{1}(x-1)^3\mathrm{d}(x-1)=\dfrac{1}{4}(x-1)^4\Big|_{-1}^{1}$

$$=\dfrac{1}{4}(0-16)=-4.$$

例 5 求 $\int_{0}^{1}\dfrac{x}{(1+x^2)^2}\mathrm{d}x$.

解 $\int_{0}^{1}\dfrac{x}{(1+x^2)^2}\mathrm{d}x=\dfrac{1}{2}\int_{0}^{1}\dfrac{1}{(1+x^2)^2}\mathrm{d}(1+x^2)$

$$=-\dfrac{1}{2(1+x^2)}\Big|_{0}^{1}=-\left(\dfrac{1}{4}-\dfrac{1}{2}\right)=\dfrac{1}{4}.$$

例 6 求 $\int_{\frac{3}{\pi}}^{\frac{4}{\pi}}\dfrac{\sec^2\frac{1}{x}}{x^2}\mathrm{d}x$.

解 $\int_{\frac{3}{\pi}}^{\frac{4}{\pi}}\dfrac{\sec^2\frac{1}{x}}{x^2}\mathrm{d}x=-\int_{\frac{3}{\pi}}^{\frac{4}{\pi}}\sec^2\dfrac{1}{x}\mathrm{d}\left(\dfrac{1}{x}\right)=-\tan\dfrac{1}{x}\Big|_{\frac{3}{\pi}}^{\frac{4}{\pi}}$

$$=-\left(\tan\dfrac{\pi}{4}-\tan\dfrac{\pi}{3}\right)=\sqrt{3}-1.$$

例 7 求曲线 $y=\sin x$ 和 x 轴在区间 $[0,\pi]$ 上所围成的图形的面积.

解 根据定积分的几何意义(如图 3-6 所示),这个图形的面积为

$$A=\int_{0}^{\pi}\sin x\mathrm{d}x=(-\cos x)\Big|_{0}^{\pi}$$
$$=1+1=2.$$

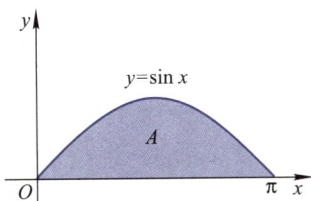

图 3-6

想一想

在应用牛顿-莱布尼茨公式求定积分时,被积函数应当在积分区间上满足什么条件?

分段函数的定积分的计算步骤可以概括为:分段积分,然后相加.

例 8 求 $\int_{-1}^{2}|x|\mathrm{d}x$.

解 因为当 $-1\leqslant x\leqslant 0$ 时,$|x|=-x$;当 $0\leqslant x\leqslant 2$ 时,$|x|=x$,所以

$$\int_{-1}^{2}|x|\mathrm{d}x=\int_{-1}^{0}|x|\mathrm{d}x+\int_{0}^{2}|x|\mathrm{d}x=\int_{-1}^{0}(-x)\mathrm{d}x+\int_{0}^{2}x\mathrm{d}x$$

$$=-\dfrac{1}{2}x^2\Big|_{-1}^{0}+\dfrac{1}{2}x^2\Big|_{0}^{2}=-\dfrac{1}{2}(0-1)+\dfrac{1}{2}(4-0)=\dfrac{5}{2}.$$

例 9 求 $\int_{0}^{5}|2x-4|\mathrm{d}x$.

解 因为当 $0\leqslant x\leqslant 2$ 时,$|2x-4|=4-2x$;当 $2\leqslant x\leqslant 5$ 时,$|2x-4|=2x-4$,所以

$$\int_0^5 |2x-4|\,\mathrm{d}x = \int_0^2 |2x-4|\,\mathrm{d}x + \int_2^5 |2x-4|\,\mathrm{d}x$$

$$= (4x-x^2)\Big|_0^2 + (x^2-4x)\Big|_2^5 = 13.$$

例 10 已知函数

$$\varphi(x) = \begin{cases} \dfrac{100}{x^2}, & x \geqslant 100, \\ 0, & \text{其他}, \end{cases}$$

求 $\displaystyle\int_0^{150} \varphi(x)\,\mathrm{d}x$.

解 $\displaystyle\int_0^{150} \varphi(x)\,\mathrm{d}x = \int_0^{100} \varphi(x)\,\mathrm{d}x + \int_{100}^{150} \varphi(x)\,\mathrm{d}x = \int_0^{100} 0\,\mathrm{d}x + \int_{100}^{150} \frac{100}{x^2}\,\mathrm{d}x$

$$= 0 - \frac{100}{x}\Big|_{100}^{150} = -\left(\frac{2}{3}-1\right) = \frac{1}{3}.$$

§3.7 定积分的换元积分法和分部积分法

定积分的
换元积分法

韩彦林

在利用牛顿-莱布尼茨公式计算定积分时,如果求被积函数的原函数需要用不定积分的第二换元积分法或分部积分法,那么求定积分的过程会变得繁琐.因此,我们有必要改进计算过程,这就得到了定积分的换元积分法和分部积分法.

一、定积分的换元积分法

定积分的**换元积分法**可以概括为"既换元,又换限".即在为求原函数作变量代换 $x = \varphi(t)$ 的同时,将积分上限、下限也变换为变量 t 的相应的上限、下限,从而只要计算关于 t 的定积分即可,避免了将原函数再代回表示为 x 的函数进行定积分计算的过程.

一般地,定积分的换元积分法可表示为

$$\int_a^b f(x)\,\mathrm{d}x \xrightarrow{\text{换元}\,x=\varphi(t),\text{换限}\,a=\varphi(\alpha),b=\varphi(\beta)} \int_\alpha^\beta f(\varphi(t))\varphi'(t)\,\mathrm{d}t$$

$$\xrightarrow{\text{化简}} \int_\alpha^\beta g(t)\,\mathrm{d}t \xrightarrow{\text{牛顿-莱布尼茨公式}} \text{结果}.$$

这里要求:

(1) $f(x)$ 在 $[a,b]$ 上连续;

(2) $x = \varphi(t)$ 在区间 $[\alpha,\beta]$ 上有连续的导数;

(3) 当 t 从 α 变到 β 时,$\varphi(t)$ 从 $\varphi(\alpha)=a$ 单调地变到 $\varphi(\beta)=b$.

例 1 求 $\displaystyle\int_0^8 \frac{\mathrm{d}x}{1+\sqrt[3]{x}}$.

解 令 $x=t^3$,则 $\mathrm{d}x=3t^2\,\mathrm{d}t$.当 x 从 0 变到 8 时,t 从 0 变到 2.所以

$$\int_0^8 \frac{\mathrm{d}x}{1+\sqrt[3]{x}} = \int_0^2 \frac{3t^2}{1+t}\,\mathrm{d}t = 3\int_0^2 \left(t-1+\frac{1}{t+1}\right)\mathrm{d}t$$

$$=3\left[\frac{t^2}{2}-t+\ln(1+t)\right]\Big|_0^2=3\ln 3.$$

例 2　求 $\int_{\frac{3}{2}}^{2} x\sqrt[4]{2x-3}\,\mathrm{d}x$.

解　令 $t=\sqrt[4]{2x-3}$，则 $x=\frac{1}{2}(t^4+3)$，从而 $\mathrm{d}x=2t^3\mathrm{d}t$. 当 x 从 $\frac{3}{2}$ 变到 2 时，t 从 0

定积分的换元
积分法测一测

变到 1. 所以

$$\int_{\frac{3}{2}}^{2} x\sqrt[4]{2x-3}\,\mathrm{d}x = \int_0^1 \frac{1}{2}(t^4+3)t\cdot 2t^3\mathrm{d}t = \int_0^1 (t^8+3t^4)\mathrm{d}t$$

$$=\left(\frac{1}{9}t^9+\frac{3}{5}t^5\right)\Big|_0^1=\left(\frac{1}{9}+\frac{3}{5}\right)-(0+0)=\frac{32}{45}.$$

从以上两例可以看到，凡是用不定积分的第二换元积分法求原函数的定积分都可以用定积分的换元积分法.

例 3　求 $\int_0^{\frac{\sqrt{3}}{2}} \frac{x^3}{\sqrt{1-x^2}}\mathrm{d}x$.

解　令 $x=\sin t\left(0<t<\frac{\pi}{3}\right)$，则 $\mathrm{d}x=\cos t\,\mathrm{d}t$. 当 x 从 0 变到 $\frac{\sqrt{3}}{2}$ 时，t 从 0 变到 $\frac{\pi}{3}$. 所以

$$\int_0^{\frac{\sqrt{3}}{2}} \frac{x^3}{\sqrt{1-x^2}}\mathrm{d}x = \int_0^{\frac{\pi}{3}} \frac{\sin^3 t}{\sqrt{1-\sin^2 t}}\cos t\,\mathrm{d}t = \int_0^{\frac{\pi}{3}} \sin^3 t\,\mathrm{d}t$$

$$=\int_0^{\frac{\pi}{3}} \sin^2 t\sin t\,\mathrm{d}t = -\int_0^{\frac{\pi}{3}} (1-\cos^2 t)\mathrm{d}(\cos t)$$

$$=\int_0^{\frac{\pi}{3}} (\cos^2 t-1)\mathrm{d}(\cos t)=\left(\frac{1}{3}\cos^3 t-\cos t\right)\Big|_0^{\frac{\pi}{3}}$$

$$=\left(\frac{1}{24}-\frac{1}{2}\right)-\left(\frac{1}{3}-1\right)=\frac{5}{24}.$$

***例 4**　求 $\int_0^a \sqrt{a^2-x^2}\,\mathrm{d}x\,(a>0)$.

解　令 $x=a\sin t\left(0\leqslant t\leqslant\frac{\pi}{2}\right)$，则 $\mathrm{d}x=a\cos t\,\mathrm{d}t$. 当 x 从 0 变到 a 时，t 从 0 变到 $\frac{\pi}{2}$. 所以

$$\int_0^a \sqrt{a^2-x^2}\,\mathrm{d}x = \int_0^{\frac{\pi}{2}} a\cos t\cdot a\cos t\,\mathrm{d}t = a^2\int_0^{\frac{\pi}{2}} \frac{1+\cos 2t}{2}\mathrm{d}t$$

$$=\frac{a^2}{2}\left(t+\frac{\sin 2t}{2}\right)\Big|_0^{\frac{\pi}{2}}=\frac{1}{4}\pi a^2.$$

实际上，在区间 $[0,a]$ 上，曲线 $y=\sqrt{a^2-x^2}$ 是圆周 $x^2+y^2=a^2$ 的 $\frac{1}{4}$，所以所求定积分表示半径为 a 的圆面积的 $\frac{1}{4}$. 这个例子启发我们，有些定积分可以通过它的几何意义去计算.

***例 5**　证明：

(1) 如果 $f(x)$ 在 $[-a,a]$ 上连续且为奇函数，则 $\int_{-a}^{a} f(x)\mathrm{d}x=0$；

（2）如果 $f(x)$ 在 $[-a,a]$ 上连续且为偶函数，则 $\int_{-a}^{a} f(x)\mathrm{d}x = 2\int_{0}^{a} f(x)\mathrm{d}x$.

证明　因为 $\int_{-a}^{a} f(x)\mathrm{d}x = \int_{-a}^{0} f(x)\mathrm{d}x + \int_{0}^{a} f(x)\mathrm{d}x$，在 $\int_{-a}^{0} f(x)\mathrm{d}x$ 中，令 $x=-t$，则

$$\int_{-a}^{0} f(x)\mathrm{d}x = \int_{a}^{0} f(-t)\mathrm{d}(-t) = \int_{0}^{a} f(-t)\mathrm{d}t = \int_{0}^{a} f(-x)\mathrm{d}x.$$

所以

$$\int_{-a}^{a} f(x)\mathrm{d}x = \int_{0}^{a} \left[f(-x) + f(x) \right]\mathrm{d}x.$$

（1）如果 $f(x)$ 为奇函数，即 $f(-x)=-f(x)$，则有 $\int_{-a}^{a} f(x)\mathrm{d}x = 0$；

（2）如果 $f(x)$ 为偶函数，即 $f(-x)=f(x)$，则有 $\int_{-a}^{a} f(x)\mathrm{d}x = 2\int_{0}^{a} f(x)\mathrm{d}x$.

这个结论的几何含义不难理解.这个结论在计算定积分时可直接应用.

例6　求 $\int_{-1}^{1} (x^2-3)\mathrm{d}x$.

解　$\int_{-1}^{1} (x^2-3)\mathrm{d}x = 2\int_{0}^{1} (x^2-3)\mathrm{d}x = 2\left(\dfrac{x^3}{3} - 3x \right) \Big|_{0}^{1} = -\dfrac{16}{3}$.

例7　求 $\int_{-\frac{1}{2}}^{\frac{1}{2}} x^2 \ln\dfrac{1-x}{1+x}\mathrm{d}x$.

解　注意到 $f(x)=x^2\ln\dfrac{1-x}{1+x}$ 在 $\left[-\dfrac{1}{2}, \dfrac{1}{2}\right]$ 上是奇函数，所以

$$\int_{-\frac{1}{2}}^{\frac{1}{2}} x^2 \ln\frac{1-x}{1+x}\mathrm{d}x = 0.$$

二、定积分的分部积分法

对应于不定积分的分部积分法，有定积分的分部积分法.设函数 $u=u(x)$ 与 $v=v(x)$ 在区间 $[a,b]$ 上有连续导数，则

$$\int_{a}^{b} u\,\mathrm{d}v = uv \Big|_{a}^{b} - \int_{a}^{b} v\,\mathrm{d}u.$$

定积分的分部
积分法

韩彦林

例8　求 $\int_{1}^{5} \ln x\,\mathrm{d}x$.

解　$\int_{1}^{5} \ln x\,\mathrm{d}x = x\ln x \Big|_{1}^{5} - \int_{1}^{5} x\cdot\dfrac{\mathrm{d}x}{x} = x\ln x \Big|_{1}^{5} - x \Big|_{1}^{5} = 5\ln 5 - 4$.

例9　求 $\int_{0}^{1} x\mathrm{e}^x\mathrm{d}x$.

解　$\int_{0}^{1} x\mathrm{e}^x\mathrm{d}x = \int_{0}^{1} x\cdot\mathrm{d}(\mathrm{e}^x) = x\mathrm{e}^x \Big|_{0}^{1} - \int_{0}^{1} \mathrm{e}^x\mathrm{d}x$

$$= x\mathrm{e}^x \Big|_{0}^{1} - \mathrm{e}^x \Big|_{0}^{1} = \mathrm{e}^x(x-1) \Big|_{0}^{1} = 1.$$

定积分的分部
积分法测一测

从以上两例可以看到，凡是用不定积分的分部积分法求原函数的定积分都可以用定积分的分部积分法.

例 10 求 $\int_0^\pi x^2 \cos x \,\mathrm{d}x$.

解 $\int_0^\pi x^2 \cos x \,\mathrm{d}x = \int_0^\pi x^2 \mathrm{d}(\sin x) = x^2 \sin x \Big|_0^\pi - \int_0^\pi \sin x \,\mathrm{d}(x^2)$

$= (0-0) - 2\int_0^\pi x \sin x \,\mathrm{d}x = 2\int_0^\pi x \,\mathrm{d}(\cos x)$

$= 2\left(x\cos x \Big|_0^\pi - \int_0^\pi \cos x \,\mathrm{d}x \right)$

$= 2\left[(-\pi - 0) - \sin x \Big|_0^\pi \right] = -2\pi.$

例 11 求 $\int_0^1 \mathrm{e}^{\sqrt[3]{x}} \,\mathrm{d}x$.

解 先用换元积分法:设 $t = \sqrt[3]{x}$,则 $x = t^3$, $\mathrm{d}x = 3t^2\mathrm{d}t$.当 $x=0$ 时,$t=0$;当 $x=1$ 时,$t=1$.所以

$$\int_0^1 \mathrm{e}^{\sqrt[3]{x}} \,\mathrm{d}x = \int_0^1 \mathrm{e}^t \cdot 3t^2 \,\mathrm{d}t.$$

再用分部积分法:

$$\int_0^1 \mathrm{e}^{\sqrt[3]{x}} \,\mathrm{d}x = \int_0^1 \mathrm{e}^t \cdot 3t^2 \,\mathrm{d}t = 3\int_0^1 t^2 \mathrm{d}(\mathrm{e}^t)$$

$$= 3t^2 \mathrm{e}^t \Big|_0^1 - 6\int_0^1 \mathrm{e}^t t \,\mathrm{d}t = 3\mathrm{e} - 6\int_0^1 t \,\mathrm{d}(\mathrm{e}^t)$$

$$= 3\mathrm{e} - 6(t\mathrm{e}^t)\Big|_0^1 + 6\int_0^1 \mathrm{e}^t \,\mathrm{d}t$$

$$= 3\mathrm{e} - 6\mathrm{e} + 6(\mathrm{e}-1) = 3\mathrm{e} - 6.$$

对于较复杂的定积分,我们可以利用 MATLAB 数学软件或用近似计算方法进行计算.

§3.8 无穷积分区间上的广义积分

前面讨论的定积分是以有限积分区间为前提的,这样的定积分称为常义积分.但在实际问题中,有时还需要研究无穷积分区间上的定积分,这种被推广了的定积分称为无穷积分区间上的广义积分(或反常积分).

定义 3.4 设函数 $f(x)$ 在区间 $[a, +\infty)$ 上连续,如果极限 $\lim\limits_{b\to+\infty}\int_a^b f(x)\mathrm{d}x (a<b)$ 存在,则称此极限值为 $f(x)$ 在 $[a, +\infty)$ 上的广义积分,记作 $\int_a^{+\infty} f(x)\mathrm{d}x$,即

$$\int_a^{+\infty} f(x)\mathrm{d}x = \lim_{b\to+\infty}\int_a^b f(x)\mathrm{d}x,$$

这时称广义积分 $\int_a^{+\infty} f(x)\mathrm{d}x$ 存在或收敛.如果 $\lim\limits_{b\to+\infty}\int_a^b f(x)\mathrm{d}x$ 不存在,就称 $\int_a^{+\infty} f(x)\mathrm{d}x$ 不存在或发散.

类似地,可以定义 $f(x)$ 在 $(-\infty, b]$ 及 $(-\infty, +\infty)$ 上的广义积分:

$$\int_{-\infty}^b f(x)\mathrm{d}x = \lim_{a\to-\infty}\int_a^b f(x)\mathrm{d}x,$$

$$\int_{-\infty}^{+\infty} f(x)\mathrm{d}x = \int_{-\infty}^c f(x)\mathrm{d}x + \int_c^{+\infty} f(x)\mathrm{d}x,$$

无穷积分区间上的广义积分

韩彦林

其中 $c \in (-\infty, +\infty)$，通常取 $c=0$.

对于广义积分 $\int_{-\infty}^{+\infty} f(x)\mathrm{d}x$，其收敛的**充要条件**是 $\int_{-\infty}^{c} f(x)\mathrm{d}x$ 与 $\int_{c}^{+\infty} f(x)\mathrm{d}x$ 都收敛.

如果 $F(x)$ 为被积函数 $f(x)$ 的一个原函数，则广义积分的计算也可以省略极限符号，按照牛顿-莱布尼茨公式的形式记作

$$\int_{a}^{+\infty} f(x)\mathrm{d}x = \lim_{b \to +\infty}\int_{a}^{b} f(x)\mathrm{d}x = \lim_{b \to +\infty} F(x)\Big|_{a}^{b} = F(x)\Big|_{a}^{+\infty},$$

$$\int_{-\infty}^{b} f(x)\mathrm{d}x = \lim_{a \to -\infty}\int_{a}^{b} f(x)\mathrm{d}x = \lim_{a \to -\infty} F(x)\Big|_{a}^{b} = F(x)\Big|_{-\infty}^{b},$$

$$\int_{-\infty}^{+\infty} f(x)\mathrm{d}x = \int_{-\infty}^{0} f(x)\mathrm{d}x + \int_{0}^{+\infty} f(x)\mathrm{d}x$$

$$= F(x)\Big|_{-\infty}^{0} + F(x)\Big|_{0}^{+\infty} = F(x)\Big|_{-\infty}^{+\infty}.$$

当然，在原函数表达式中代入无穷积分上、下限时，还是意味着求极限运算.

从几何角度看，当被积函数 $f(x) \geqslant 0$ 时，若无穷区间上的广义积分存在，则相应的面积为有限值；若为 ∞，则相应的面积不是有限值.

例 1　求 $\int_{1}^{+\infty} \dfrac{1}{x}\mathrm{d}x$.

解　$\int_{1}^{+\infty} \dfrac{1}{x}\mathrm{d}x = \ln|x|\Big|_{1}^{+\infty} = +\infty$，所以广义积分 $\int_{1}^{+\infty} \dfrac{1}{x}\mathrm{d}x$ 发散.

例 2　求 $\int_{1}^{+\infty} \dfrac{1}{x^2}\mathrm{d}x$.

解　$\int_{1}^{+\infty} \dfrac{1}{x^2}\mathrm{d}x = -\dfrac{1}{x}\Big|_{1}^{+\infty} = -(0-1) = 1$.

想一想

例 1、例 2 结果的几何意义是什么？

例 3　求 $\int_{-\infty}^{+\infty} \dfrac{1}{1+x^2}\mathrm{d}x$.

解　$\int_{-\infty}^{+\infty} \dfrac{1}{1+x^2}\mathrm{d}x = \arctan x\Big|_{-\infty}^{+\infty} = \dfrac{\pi}{2} - \left(-\dfrac{\pi}{2}\right) = \pi$.

例 4　求 $\int_{-\infty}^{+\infty} \dfrac{\mathrm{e}^x}{(1+\mathrm{e}^x)^2}\mathrm{d}x$.

解　$\int_{-\infty}^{+\infty} \dfrac{\mathrm{e}^x}{(1+\mathrm{e}^x)^2}\mathrm{d}x = \int_{-\infty}^{+\infty} \dfrac{1}{(1+\mathrm{e}^x)^2}\mathrm{d}(1+\mathrm{e}^x)$

$$= -\dfrac{1}{1+\mathrm{e}^x}\Big|_{-\infty}^{+\infty} = -(0-1) = 1.$$

***例 5**　求 $\int_{1}^{+\infty} x\mathrm{e}^{-x}\mathrm{d}x$.

解　$\int_{1}^{+\infty} x\mathrm{e}^{-x}\mathrm{d}x = -\int_{1}^{+\infty} x\mathrm{d}(\mathrm{e}^{-x}) = -\left(x\mathrm{e}^{-x}\Big|_{1}^{+\infty} - \int_{1}^{+\infty} \mathrm{e}^{-x}\mathrm{d}x\right)$

$$= -\left[(0-e^{-1}) + \int_{1}^{+\infty} e^{-x}\,d(-x)\right] = e^{-1} - e^{-x}\Big|_{1}^{+\infty}$$

$$= e^{-1} - (0 - e^{-1}) = 2e^{-1}.$$

本题中极限 $\lim\limits_{x\to+\infty} x e^{-x}$ 可用第二章拓展内容中的洛必达法则求出为 0.

§3.9 定积分在几何上的应用

我们知道定积分的几何意义是曲边梯形的面积.其实定积分在几何上的应用相当广泛,我们还可以利用定积分求体积、弧长等.本节只讨论利用定积分求平面图形的面积和旋转体的体积两部分内容.

一、平面图形的面积

定积分在几何上的应用(一)

韩彦林

设在区间 $[a,b]$ 上有 $f(x) \geqslant g(x)$,根据定积分的几何意义,由连续曲线 $y=f(x), y=g(x)$ 与直线 $x=a, x=b$ 所围成的平面图形(如图 3-7 所示)的面积为

$$S = \int_{a}^{b} f(x)\,dx - \int_{a}^{b} g(x)\,dx = \int_{a}^{b} [f(x)-g(x)]\,dx.$$

这个表达形式也可以看做长是 $f(x)-g(x)$,宽为 dx 的小矩形面积在区间 $[a,b]$ 上的无限累加.

同理,如果平面图形是由曲线 $x=\varphi(y), x=\psi(y)$ 和直线 $y=c, y=d(c<d)$ 围成且在区间 $[c,d]$ 上 $\psi(y)<\varphi(y)$,那么这个平面图形(如图 3-8 所示)的面积为

$$S = \int_{c}^{d} [\varphi(y) - \psi(y)]\,dy.$$

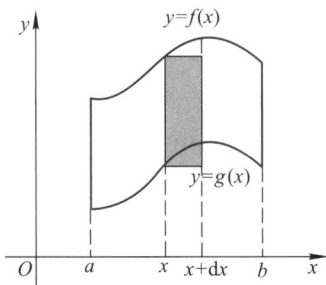

图 3-7

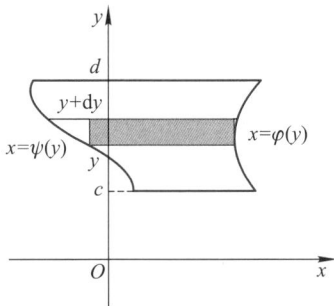

图 3-8

这个表达形式也可以看做长是 $\varphi(y)-\psi(y)$,宽为 dy 的小矩形的面积在区间 $[c,d]$ 上的无限累加.

例1 试求由抛物线 $y^2=x$ 与 $x^2=y$ 所围平面图形的面积.

解 画出所给两条抛物线围成的平面图形,如图 3-9 所示.先求抛物线 $y^2=x$ 与 $x^2=y$ 的交点的横坐标,得 $x=0, x=1$,所求图形在直线 $x=0$ 及 $x=1$ 之间.在 $[0,1]$ 内,抛物线 $y^2=x$ 在 $x^2=y$ 的上方,因此,所求面积为

$$S = \int_{0}^{1} (\sqrt{x} - x^2)\,dx = \left(\frac{2}{3}x^{\frac{3}{2}} - \frac{1}{3}x^3\right)\Big|_{0}^{1} = \frac{1}{3}.$$

例 2 求椭圆 $\dfrac{x^2}{a^2} + \dfrac{y^2}{b^2} = 1$ 的面积.

解 先画出椭圆的图形,如图 3-10 所示,因为椭圆是关于坐标轴对称的,所以整个椭圆的面积是第一象限内那部分面积的 4 倍,即有

$$S = 4 \int_0^a y \, dx,$$

其中 $y = \dfrac{b}{a}\sqrt{a^2 - x^2}$,所以

$$S = 4 \int_0^a \frac{b}{a}\sqrt{a^2 - x^2} \, dx = \frac{4b}{a} \int_0^a \sqrt{a^2 - x^2} \, dx.$$

利用 §3.7 已算出的结果 $\int_0^a \sqrt{a^2 - x^2} \, dx = \dfrac{\pi}{4}a^2$,可得

$$S = \frac{4b}{a} \cdot \frac{\pi a^2}{4} = \pi ab.$$

当 $a = b$ 时,即为圆的面积公式 $S = \pi a^2$.

下面两题如果采用 x 作为积分变量,计算就较复杂.若采用 y 作为积分变量就简单多了.

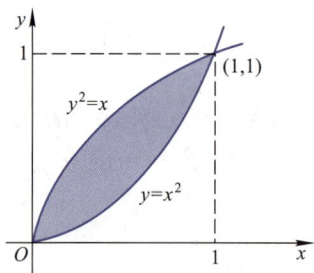

图 3-9

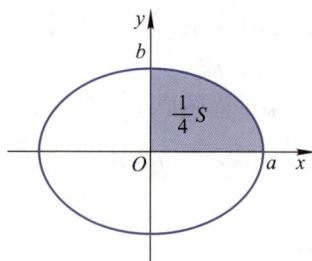

图 3-10

例 3 求抛物线 $y^2 = 2x$ 与直线 $y = x - 4$ 所围成的平面图形面积.

解 先画所围平面图形,如图 3-11 所示,求出抛物线与直线的交点 $(8, 4)$, $(2, -2)$.在这个例题中,将 y 轴看做曲边梯形的底,可使计算简单些,所求的面积 S 是直线 $x = y + 4$ 和抛物线 $x = \dfrac{y^2}{2}$ 分别与直线 $y = -2$, $y = 4$ 所围成的图形的面积之差.即

$$S = \int_{-2}^4 \left(y + 4 - \frac{y^2}{2} \right) dy = \left(\frac{y^2}{2} + 4y - \frac{y^3}{6} \right) \Big|_{-2}^4 = 18.$$

例 4 求由抛物线 $y^2 = -4(x-1)$ 与抛物线 $y^2 = -2(x-2)$ 围成的平面图形面积.

解 先画所围平面图形,如图 3-12 所示,求出两条抛物线的交点,解方程组

$$\begin{cases} y^2 = -4(x-1), \\ y^2 = -2(x-2), \end{cases}$$

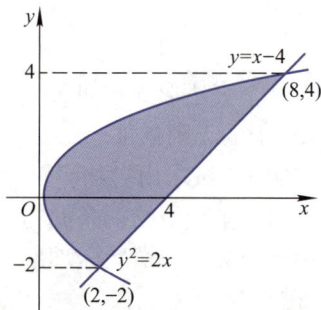

图 3-11

得

$$\begin{cases} x=0, \\ y=-2, \end{cases} \quad \begin{cases} x=0, \\ y=2. \end{cases}$$

即两抛物线的交点为$(0,-2)$,$(0,2)$.

两抛物线方程可表示为 $x=\dfrac{1}{4}(4-y^2)$,$x=\dfrac{1}{2}(4-y^2)$,所以面积

$$\begin{aligned} S &= \int_{-2}^{2}\left[\frac{1}{2}(4-y^2)-\frac{1}{4}(4-y^2)\right]\mathrm{d}y \\ &= \frac{1}{4}\int_{-2}^{2}(4-y^2)\mathrm{d}y=\frac{1}{2}\int_{0}^{2}(4-y^2)\mathrm{d}y \\ &= \frac{1}{2}\left(4y-\frac{1}{3}y^3\right)\Big|_0^2=\frac{8}{3}. \end{aligned}$$

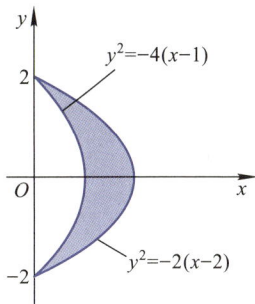

图 3 - 12

例 5 求曲线 $y=\dfrac{x^2}{2}$,$y=\dfrac{1}{1+x^2}$ 与直线 $x=-\sqrt{3}$,$x=\sqrt{3}$ 所围成的阴影部分(如图3 - 13所示)面积的总和.

解 由于图形关于 y 轴对称,所以所求面积 S 是第一象限内两小块图形面积的两倍.两曲线交点 P 的横坐标为 $x=1$,于是

$$\begin{aligned} S &= 2\left[\int_0^1\left(\frac{1}{1+x^2}-\frac{x^2}{2}\right)\mathrm{d}x+\int_1^{\sqrt{3}}\left(\frac{x^2}{2}-\frac{1}{1+x^2}\right)\mathrm{d}x\right] \\ &= 2\left[\left(\arctan x-\frac{x^3}{6}\right)\Big|_0^1+\left(\frac{x^3}{6}-\arctan x\right)\Big|_1^{\sqrt{3}}\right] \\ &= \frac{1}{3}(\pi+3\sqrt{3}-2). \end{aligned}$$

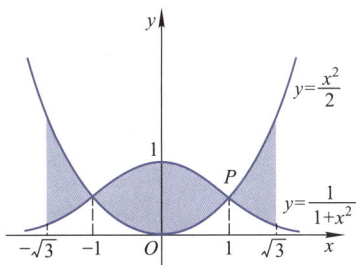

图 3 - 13

二、旋转体的体积

旋转体是由平面内的一个图形绕平面内一条定直线旋转一周而成的立体,这条定直线称为旋转体的**轴**.工厂中车床加工出来的工件很多都是旋转体,如圆柱体、圆锥体等.

设一旋转体是由连续曲线 $y=f(x)$,直线 $x=a$,$x=b$ 及 x 轴围成的曲边梯形绕 x 轴旋转一周而成,如图 3 - 14 所示.现计算它的体积.

在区间 $[a,b]$ 上任取一点 x,在 x 处垂直于 x 轴切下厚度为 $\mathrm{d}x$ 的圆片,由于 $\mathrm{d}x$ 很小,圆片可近似看做圆柱体,圆片的半径为 $|f(x)|$,体积为 $\pi[f(x)]^2\mathrm{d}x$.因此旋转体的体积应为圆片的体积在区间 $[a,b]$ 上的无限累加.于是旋转体的体积

定积分在几何上
的应用(二)

韩彦林

$$V_x = \int_a^b \pi [f(x)]^2 \mathrm{d}x = \pi \int_a^b [f(x)]^2 \mathrm{d}x.$$

同理,由连续曲线 $x = \varphi(y)$ 与直线 $y = c$,$y = d$ 及 y 轴围成的曲边梯形绕 y 轴旋转一周而成的旋转体(如图 3-15 所示)的体积

$$V_y = \pi \int_c^d [\varphi(y)]^2 \mathrm{d}y.$$

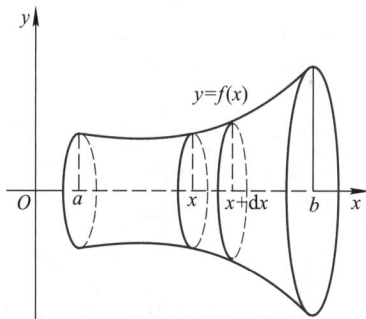

图 3-14

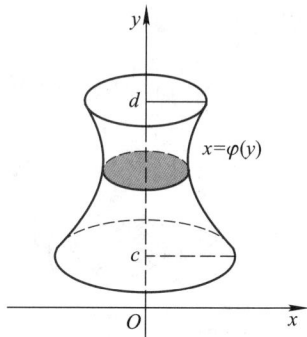

图 3-15

例 6 求高为 h,底面半径为 r 的圆锥体的体积.

解 设圆锥的旋转轴重合于 x 轴,即圆锥是由直角三角形绕一直角边旋转一周而成,如图 3-16 所示.斜边的方程为 $y = \dfrac{r}{h} x$,则所求圆锥的体积为

$$V_x = \pi \int_0^h \left(\frac{r}{h} x \right)^2 \mathrm{d}x = \frac{\pi r^2}{h^2} \left(\frac{1}{3} x^3 \right) \Big|_0^h = \frac{1}{3} \pi r^2 h.$$

例 7 求椭圆 $\dfrac{x^2}{a^2} + \dfrac{y^2}{b^2} = 1$ 分别绕 x 轴与 y 轴旋转一周而成的旋转体的体积.

解 画出椭圆图形,如图 3-17 所示,由于图形关于坐标轴对称,所以只需考虑第一象限内的曲边梯形绕坐标轴旋转一周而成的旋转体的体积,因此

$$V_x = 2 \cdot \pi \int_0^a y^2 \mathrm{d}x = 2\pi \int_0^a \frac{b^2}{a^2} (a^2 - x^2) \mathrm{d}x$$

$$= 2\pi \cdot \frac{b^2}{a^2} \left(a^2 x - \frac{x^3}{3} \right) \Big|_0^a = 2\pi \frac{b^2}{a^2} \left(a^3 - \frac{a^3}{3} \right) = \frac{4}{3} \pi a b^2.$$

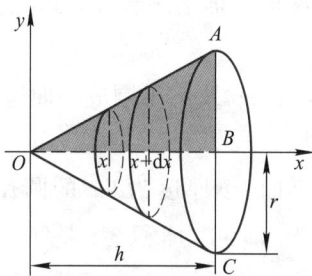

图 3-16

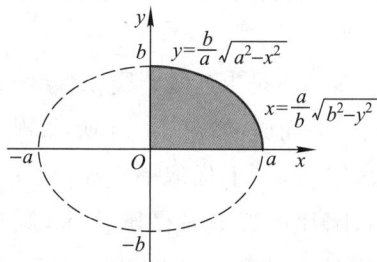

图 3-17

同理可得

$$V_y = 2\pi \int_0^b x^2 \, \mathrm{d}y = 2\pi \int_0^b \frac{a^2}{b^2}(b^2 - y^2) \, \mathrm{d}y = \frac{4}{3}\pi a^2 b.$$

例 8　求由曲线 $y^2 = x$，$x^2 = y$ 所围成的图形绕 x 轴旋转一周而成的旋转体的体积.

解　画出曲线 $y^2 = x$，$x^2 = y$ 所围成的图形，如图 3-18 所示．先求出两抛物线的交点为 $(1,1)$，$(0,0)$，所以积分区间为 $[0,1]$．所求旋转体体积为

$$V_x = \pi \int_0^1 (x - x^4) \, \mathrm{d}x = \pi\left(\frac{x^2}{2} - \frac{x^5}{5}\right)\Big|_0^1 = \frac{3}{10}\pi.$$

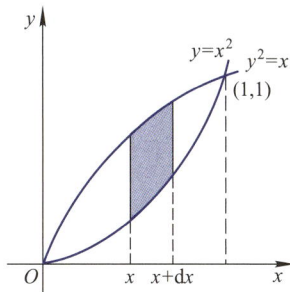

图 3-18

想一想

例 8 中所围成的图形绕 y 轴旋转一周而成的旋转体体积应该怎样计算？

应用部分

§3.10　软件应用计算

在 MATLAB 中使用命令 int 来求一个函数的不定积分与定积分，其使用格式如表 3-1 所示.

表 3-1

命令格式	功　　能
R＝int(S)	对表达式的默认变量(一般为 x)求不定积分
R＝int(S,v)	对表达式中的变量 v 求不定积分
R＝int(S,a,b)	对表达式中的默认变量(一般为 x)在区间[a,b]上求定积分
R＝int(S,v,a,b)	对表达式中的变量 v 在区间[a,b]上求定积分

一、不定积分的计算

例 1　计算 $\displaystyle\int \frac{\mathrm{d}x}{a^2 - x^2}$.

解　输入命令：

```
syms a x;
r＝int(1/(a^2 −x^2));
simplify(r)          %使输出结果简单化
输出结果：
```

ans＝1/2 * (log(x＋a)－log(x－a))/a

此结果与书写结果有较大差别:首先 MATLAB 的不定积分计算结果只是一个原函数,不是全体原函数;其次 MATLAB 把 $\dfrac{1}{x}$ 的不定积分算成 log(x)(注:在 MATLAB 中 log(x)表示自然对数 $\ln x$),事实上 $\displaystyle\int \dfrac{1}{x}\mathrm{d}x＝\ln|x|＋C$.这些差别在使用 MATLAB 计算时需要小心一点,而且不定积分表示的形式不止一个,可以看下一个例题($\S3.3$ 是使用换元积分法来计算的).

例 2 计算 $\displaystyle\int \sqrt{a^2－x^2}\,\mathrm{d}x\,(a＞0)$.

解 输入命令:

syms a x;

r＝int(sqrt(a^2－x^2),x)

输出结果:

1/2* x *(a^2－x^2)^(1/2)＋1/2* a^2* atan(x/(a^2－x^2)^(1/2))

即为 $\dfrac{1}{2}x\sqrt{a^2－x^2}＋\dfrac{1}{2}a^2\arctan\dfrac{x}{\sqrt{a^2－x^2}}$,此结果与$\S3.3$ 中的结果形式上相差很大.

但事实上,$\arcsin\dfrac{x}{a}＝\arctan\dfrac{x}{\sqrt{a^2－x^2}}$.

二、定积分的计算

例 3 计算 $\displaystyle\int_0^\pi \sin x\,\mathrm{d}x$.

解 输入命令:

syms x;

int(sin(x),0,pi)

输出结果:

ans＝2

例 4 计算 $\displaystyle\int_0^\pi x^2\cos x\,\mathrm{d}x$.

解 输入命令:

syms x;

int(x^2 * cos(x),0,pi)

输出结果:

ans＝－2 * pi

例 5 计算 $\displaystyle\int_1^{＋\infty} x\mathrm{e}^{-x}\,\mathrm{d}x$.

解 输入命令:

syms x;

int(x * exp(－x),1,inf)

输出结果：

ans＝2＊exp(−1)

例6　计算 $\int \dfrac{5x^2+12x-13}{x^2+2x-3}\mathrm{d}x$.

解　输入命令：

syms x;

int((5＊x^2＋12＊x−13)/(x^2＋2＊x−3))

输出结果：

ans＝5＊x＋log(x＋3)＋log(x−1)

§3.11　经济应用

一、由边际函数求经济函数问题

考虑自变量为 x 的经济函数 $F(x)$，其边际函数 $F'(x)=f(x)$，当自变量 x 从数值 a 变化到数值 b 时，经济函数 $F(x)$ 在区间 $[a,b]$ 上的改变量 $F(b)-F(a)=\displaystyle\int_a^b f(x)\mathrm{d}x$.

例1　设某产品在时刻 t 总产量的变化率为

$$P'(t)=100+12t-0.6t^2(单位/小时)，$$

求从 $t=2$ 到 $t=4$ 这两小时的总产量.

解　因为总产量 $P(t)$ 是它的变化率的原函数，所以从 $t=2$ 到 $t=4$ 这两小时的总产量为

$$\begin{aligned}
P(4)-P(2) &= \int_2^4 P'(t)\mathrm{d}t \\
&= \int_2^4 (100+12t-0.6t^2)\mathrm{d}t=(100t+6t^2-0.2t^3)\Big|_2^4 \\
&= 100\times(4-2)+6\times(4^2-2^2)-0.2\times(4^3-2^3) \\
&= 260.8(单位).
\end{aligned}$$

例2　设某种产品每天生产 x 单位时固定成本为20元，边际成本函数为

$$C'(x)=0.4x+2(元/单位)，$$

求总成本函数 $C(x)$.如果这种产品规定的销售单价为18元，且产品可以全部售出，求总利润函数 $L(x)$，并问每天生产多少单位才能获得最大利润.

解　已知边际成本函数 $C'(x)=0.4x+2$，总成本函数 $C(x)$ 是 $C'(x)$ 的原函数，则

$$C(x)=\int (0.4x+2)\mathrm{d}x=0.2x^2+2x+C.$$

又已知固定成本 $C(0)=20$，代入上式得常数 $C=20$，故所求总成本函数

$$C(x)=0.2x^2+2x+20.$$

销售 x 单位产品得到的总收益为 $R(x)=18x$，因为 $L(x)=R(x)-C(x)$，所以

$$L(x)=18x-(0.2x^2+2x+20)=-0.2x^2+16x-20.$$

令 $L'(x)=-0.4x+16=0$,得 $x=40$.而 $L''(40)=-0.4<0$,所以每天生产 40 单位才能获得最大利润.最大利润为

$$L(40)=-0.2\times40^2+16\times40-20=300(元).$$

例3 已知生产某产品 x 单位时,边际收益函数为

$$R'(x)=200-\frac{x}{50}(元/单位),$$

试求生产 x 单位时的总收益 $R(x)$ 以及平均单位收益 $\overline{R}(x)$.并求生产这种产品 2 000 单位时的总收益和平均单位收益.

解 注意到 $R(x)-R(0)=\int_0^x R'(t)\mathrm{d}t$,而 $R(0)=0$,所以生产 x 单位时的总收益为

$$R(x)=\int_0^x\left(200-\frac{t}{50}\right)\mathrm{d}t=\left(200\,t-\frac{t^2}{100}\right)\bigg|_0^x=200x-\frac{x^2}{100}.$$

平均单位收益为

$$\overline{R}(x)=\frac{R(x)}{x}=200-\frac{x}{100}.$$

当生产 2 000 单位时,总收益为

$$R(2\,000)=400\,000-\frac{(2\,000)^2}{100}=360\,000(元).$$

平均单位收益为

$$\overline{R}(2\,000)=200-\frac{2\,000}{100}=180(元).$$

二、最佳停产时间问题

例4 某公司投资 2 000 万元建成一条生产线.投产后,在时刻 t 的追加成本和追加收益分别为

$$G(t)=5+2t^{\frac{2}{3}}(百万元/年),\quad \varphi(t)=17-t^{\frac{2}{3}}(百万元/年).$$

试确定该生产线在何时停产可获得最大利润? 最大利润是多少?

解 在这里,追加成本就是总成本对时间 t 的变化率(即边际成本),追加收益就是总收益对时间 t 的变化率(即边际收益),而 $\varphi(t)-G(t)$ 是追加利润,即利润对时间 t 的变化率(即边际利润),如图 3-19 所示.

显然,$G(t)$ 是增函数 $\left(G'(t)=\dfrac{4}{3}t^{-\frac{1}{3}}>0\right)$,$\varphi(t)$ 是减函数 $\left(\varphi'(t)=-\dfrac{2}{3}t^{-\frac{1}{3}}<0\right)$.这意味着生产费用逐年增加,发展下去必有某一时刻,费用与收益持平.过了这一时刻,费用大于收益,再生产就亏本了,故应停产.我们的任务就是确定最佳停产时间,并求出所能获得的最大利润.

这里,极值存在的必要条件是 $\varphi(t)-G(t)=0$,即

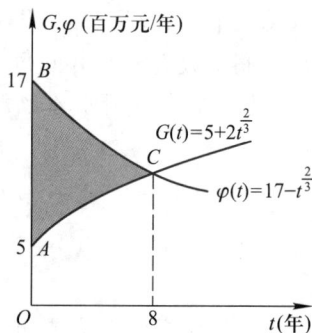

图 3-19

$\varphi(t)=G(t)$.于是 $17-t^{\frac{2}{3}}=5+2t^{\frac{2}{3}}$,解之得 $t=8$.显然 $\varphi'(8)=-\dfrac{2}{3}\times8^{-\frac{1}{3}}<0$,$G'(8)=$

$\dfrac{4}{3}\times8^{-\frac{1}{3}}>0$,所以 $\varphi'(8)-G'(8)=(\varphi(t)-G(t))'\big|_{t=8}<0$.故生产线在投产 8 年时可

获得最大利润,其值是

$$L(8)=\int_0^8[\varphi(t)-G(t)]\mathrm{d}t-20=\int_0^8(12-3t^{\frac{2}{3}})\mathrm{d}t-20$$

$$=\left(12t-\dfrac{9}{5}t^{\frac{5}{3}}\right)\Big|_0^8-20=38.4-20=18.4(\text{百万元}),$$

即最大利润是 1 840 万元.

§ 3.12 工程应用

一、微元法

微元法又称微元分析法,我们推导旋转体的体积公式 $V_x=\pi\int_a^b[f(x)]^2\mathrm{d}x$ 所用的方法实际上就是微元法.这个方法将实际问题中的求积过程作了形式上的简化,是把实际问题中的几何量、物理量计算转化为定积分问题的桥梁,是微积分应用的有力工具,具有重要的意义.

我们知道,定积分表示的是曲边梯形的面积、变速直线运动的路程等非均匀分布的几何量、物理量.为计算定义在区间 $[a,b]$ 上的量 A,我们都采用了以下四个步骤来建立所求量的定积分表达式:

(1) **任意分割**:用分点 $x_1,x_2,\cdots,x_{n-1}$ 将区间 $[a,b]$ 分割成 n 个小区间;

(2) **取近似值**:在每一个小区间 $[x_{i-1},x_i](i=1,2,\cdots,n)$ 上,量 A 的值用 $f(\xi_i)\Delta x_i$ 近似表示,其中 $\Delta x_i=x_i-x_{i-1},\xi_i\in[x_{i-1},x_i],f(x)$ 是一个与量 A 相关的函数;

(3) **求和**:将所有这些近似值相加,得 $A\approx\sum_{i=1}^n f(\xi_i)\Delta x_i$;

(4) **取极限**:当分割无限变细时,得出 $A=\int_a^b f(x)\mathrm{d}x$.

这就是定积分解决实际问题的基本思想.这一思想的关键是"以直代曲""以常代变",将整体问题转化为局部问题.

上面的求积过程在实际问题中往往简化为两步:

第一步,在区间 $[a,b]$ 上取一个小代表区间 $[x,x+\mathrm{d}x]$,在这个小区间上,求得量 A 的近似值 $\mathrm{d}A=f(x)\mathrm{d}x$,称为整体量 A 的微元;

第二步,将微元 $\mathrm{d}A$ 在区间 $[a,b]$ 上无限累加,即得整体量

$$A=\int_a^b\mathrm{d}A=\int_a^b f(x)\mathrm{d}x .$$

例如,用微元法推导旋转体体积公式 $V_x=\pi\int_a^b[f(x)]^2\mathrm{d}x$ 与 $V_y=\pi\int_c^d[\varphi(y)]^2\mathrm{d}y$

时,体积微元分别为 $\mathrm{d}V = \pi[f(x)]^2\mathrm{d}x$ 与 $\mathrm{d}V = \pi[\varphi(y)]^2\mathrm{d}y$.

二、变力沿直线所做的功

根据中学物理知识,如果大小不变的常力 F 作用在物体上,物体沿力的方向移动距离为 S,那么力 F 对物体所做的功为 $W = FS$.如果物体在运动中所受的力是变化的,那么可以用定积分的微元法来计算变力所做的功.

一般地,假设物体在变力 $F(x)$ 作用下沿直线由 $x=a$ 移动到 $x=b$,如图3-20所示.取 x 为积分变量,在积分区间 $[a,b]$ 上任取一小区间 $[x,x+\mathrm{d}x]$,在区间 $[x,x+\mathrm{d}x]$ 上将变力 $F(x)$ 近似看做常数,则变力 $F(x)$ 在这个小区间上的功微元为

$$\mathrm{d}W = F(x)\mathrm{d}x.$$

于是变力 $F(x)$ 在区间 $[a,b]$ 上所做的功为

$$W = \int_a^b F(x)\mathrm{d}x.$$

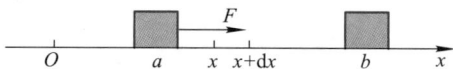

图 3-20

例1 把一个电荷量为 $+Q$ 的点电荷放在 x 轴的原点处,就形成一个电场.根据物理知识,如果一个单位正电荷放在这个电场中距原点为 x 的位置,那么电场对它的作用力的大小为 $F = k\dfrac{Q}{x^2}$(k 是常数).求这样一个单位正电荷在该电场中沿 x 轴从 $x=a$ 移动到 $x=b$ 时,电场力 $F(x)$ 所做的功,如图 3-21 所示.

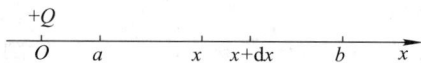

图 3-21

解 取 x 为积分变量,积分区间为 $[a,b]$,在 $[a,b]$ 上任取一小区间 $[x,x+\mathrm{d}x]$,在这个小区间上视电场力为常数.当单位正电荷从 x 移动到 $x+\Delta x$ 时,电场力 $F(x)$ 所做的功微元为

$$\mathrm{d}W = F(x)\mathrm{d}x = k\frac{Q}{x^2}\mathrm{d}x.$$

从而电场力对单位正电荷从 $x=a$ 移动到 $x=b$ 所做的功为

$$W = \int_a^b k\frac{Q}{x^2}\mathrm{d}x = -kQ \cdot \frac{1}{x}\Big|_a^b = kQ\left(\frac{1}{a} - \frac{1}{b}\right)$$

例2 有一圆柱形水桶,直径为 10 m,高也为 10 m,其内盛满了水,问要把桶内的水全部吸出,需要做多少功(水的密度 ρ 为 $10^3\ \mathrm{kg/m^3}$,g 取 $9.8\ \mathrm{m/s^2}$)?

解 建立坐标系,如图 3-22 所示,这虽不是变力做功,但水在不同深度被吸出需要做的功是不同的.采用微元法,在 $[0,10]$ 上取一小区间 $[x,x+\mathrm{d}x]$,与

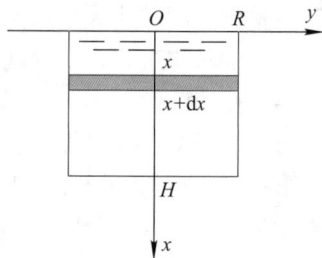

图 3-22

这个小区间相对应的一薄层水被吸出桶口需要做的功微元为
$$\mathrm{d}W=\rho g\pi R^2\mathrm{d}x\cdot x=9.8\times10^3\times\pi\times5^2x\mathrm{d}x,$$
于是所求的功为
$$W=9.8\times10^3\times\int_0^{10}\pi\times5^2x\mathrm{d}x=9.8\times10^3\times\pi\times5^2\left(\frac{x^2}{2}\right)\Big|_0^{10}$$
$$=\frac{\pi}{2}\times5^2\times10^2\times9.8\times10^3\approx3.85\times10^7(\mathrm{J}).$$

三、液体的压力

根据中学物理知识,如果一水平放置在深为 h 的液体中的薄片,其面积为 A,那么薄片一侧所受的压力为 $F=pA$,其中 $p=\rho gh$ 是液体中深为 h 处的压强(ρ 为液体的密度).

如果薄片是垂直放置在液体中,那么由于液体不同深度处的压强不等,薄片在不同深度处所受的压力是不同的,下面用定积分的微元法来计算薄片所受到的压力.

如图 3-23 所示,研究垂直放置在液体中的薄片,在所建立的坐标系中,以深度 x 为积分变量,积分区间为 $[a,b]$,在 $[a,b]$ 上取一小区间 $[x,x+\mathrm{d}x]$,于是在这个小区间上薄片一侧一小窄条所受的压力微元为 $\mathrm{d}F=\rho gxf(x)\mathrm{d}x$.积分得薄片一侧所受的压力为
$$F=\int_a^b\rho gxf(x)\mathrm{d}x.$$

例3 设一水平放置的水管,其断面是半径为 R 的圆,求当水半满时,水管一端的竖直闸门所受的压力(设水的密度为 ρ).

解 建立坐标系,如图 3-24 所示,则圆的方程为 $x^2+y^2=R^2$.取 x 为积分变量,在积分区间 $[0,R]$ 上取一小区间 $[x,x+\mathrm{d}x]$,在水下深为 x 处的压强为 ρgx,因此与这个小区间相应的一小窄条上所受的压力微元为
$$\mathrm{d}F=\rho gx\cdot2\sqrt{R^2-x^2}\mathrm{d}x.$$

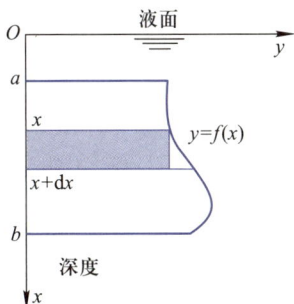

图 3-23

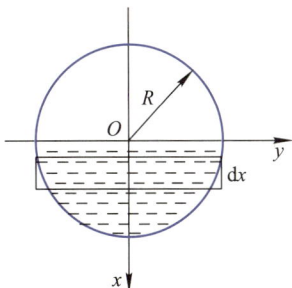

图 3-24

在 $[0,R]$ 上积分即得闸门所受的压力为
$$F=\int_0^R2\rho gx\sqrt{R^2-x^2}\mathrm{d}x=-\rho g\int_0^R(R^2-x^2)^{\frac{1}{2}}\mathrm{d}(R^2-x^2)$$

$$=-\rho g\left[\frac{2}{3}(R^2-x^2)^{\frac{3}{2}}\right]\bigg|_0^R=\frac{2}{3}\rho gR^3.$$

例 4 设有一竖直的闸门,形状呈倒置的等腰梯形,两底的长度分别为 2 m 和 4 m,高为 4 m,当闸门上底正好位于水面时,求闸门一侧受到的压力(水的密度 ρ 为 10^3 kg/m³,g 取 9.8 m/s²).

解 建立坐标系,如图 3-25 所示,求得 AB 的方程为 $y=2-\dfrac{x}{4}$.取水深 x 为积分变量,积分区间为 $[0,4]$,在 $[0,4]$ 上取一小区间 $[x,x+\mathrm{d}x]$,于是在水下深为 x m 处这一小窄条上所受的压力微元为

$$\mathrm{d}F=9.8\cdot10^3\cdot x\cdot2\cdot\left(2-\frac{x}{4}\right)\mathrm{d}x.$$

在 $[0,4]$ 上积分即得闸门一侧的压力为

$$F=\int_0^4 9.8\cdot10^3\cdot x\cdot2\cdot\left(2-\frac{x}{4}\right)\mathrm{d}x$$

$$=9.8\cdot10^3\cdot\left(2x^2-\frac{x^3}{6}\right)\bigg|_0^4$$

$$\approx2.09\times10^5(\mathrm{N}).$$

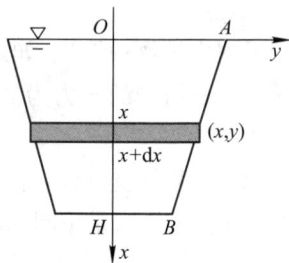

图 3-25

总结·拓展部分

一、本章内容总结

本章内容包括不定积分与定积分两部分,不定积分是计算定积分的基础,定积分在实践中具有广泛的应用,本章具体内容有:

(1) 原函数、不定积分的概念;

(2) 不定积分的基本公式和运算法则,直接积分法;不定积分的几何意义、性质、存在条件;

(3) 不定积分的第一换元积分法(凑微分法)、第二换元积分法、分部积分法;

(4) 定积分的定义和几何意义,定积分的基本运算法则;

(5) 牛顿-莱布尼茨公式,该公式揭示了定积分与不定积分之间的联系;

(6) 求定积分的三种方法:直接积分法、换元积分法、分部积分法;

(7) 无穷区间上的广义积分的定义与计算;

(8) 定积分在几何上的应用:求平面图形的面积和旋转体的体积.

不定积分的计算有一定的难度,也是本章的重点.

二、本章内容拓展

1. 变上限定积分

设函数 $f(x)$ 在 $[a,b]$ 上连续,则定积分 $\int_a^b f(x)\mathrm{d}x$ 存在,其中 $a\leqslant x\leqslant b$.由定积分

的定义可知,定积分的值只与被积函数和积分区间有关,若积分上限取为在区间$[a,b]$上的变量x,则积分$\int_a^x f(x)\mathrm{d}x$的值一定与x有关,并随x的变化而变化,是x的函数,我们记

$$\Phi(x)=\int_a^x f(x)\mathrm{d}x.$$

注意到$\Phi(x)$是积分上限x的函数,而不是积分变量x的函数,为避免混淆,将积分变量符号换成t,则$\Phi(x)=\int_a^x f(x)\mathrm{d}x=\int_a^x f(t)\mathrm{d}t(a\leqslant x\leqslant b)$.

定义 3.5 设函数$f(x)$在$[a,b]$上连续,函数$\Phi(x)=\int_a^x f(t)\mathrm{d}t(a\leqslant x\leqslant b)$称为**变上限定积分**.

变上限定积分具有下面的重要性质:

定理 3.4 如果函数$f(x)$在$[a,b]$上连续,则函数$\Phi(x)=\int_a^x f(t)\mathrm{d}t$在$[a,b]$上可导,且

$$\Phi'(x)=\left(\int_a^x f(t)\mathrm{d}t\right)'=f(x) \quad (a\leqslant x\leqslant b).$$

可见函数$\Phi(x)=\int_a^x f(t)\mathrm{d}t$为连续函数$f(x)$在$[a,b]$上的一个原函数.这也证明了连续函数一定存在原函数的结论.

例 1 求导数$\dfrac{\mathrm{d}}{\mathrm{d}x}\displaystyle\int_0^x \sin \mathrm{e}^t \mathrm{d}t$.

解 $\dfrac{\mathrm{d}}{\mathrm{d}x}\displaystyle\int_0^x \sin \mathrm{e}^t \mathrm{d}t=\sin \mathrm{e}^x$.

例 2 求导数$\dfrac{\mathrm{d}}{\mathrm{d}x}\displaystyle\int_x^0 \sin \mathrm{e}^t \mathrm{d}t$.

解 $\dfrac{\mathrm{d}}{\mathrm{d}x}\displaystyle\int_x^0 \sin \mathrm{e}^t \mathrm{d}t=\dfrac{\mathrm{d}}{\mathrm{d}x}\left(-\int_0^x \sin \mathrm{e}^t \mathrm{d}t\right)=-\sin \mathrm{e}^x$.

例 3 求导数$\dfrac{\mathrm{d}}{\mathrm{d}x}\displaystyle\int_0^{\sqrt{x}} \sin \mathrm{e}^t \mathrm{d}t$.

解 $\displaystyle\int_0^{\sqrt{x}} \sin \mathrm{e}^t \mathrm{d}t$是积分上限$\sqrt{x}$的函数,而积分上限又为自变量$x$的函数,于是变上限定积分$\displaystyle\int_0^{\sqrt{x}} \sin \mathrm{e}^t \mathrm{d}t$为自变量$x$的复合函数,所以

$$\dfrac{\mathrm{d}}{\mathrm{d}x}\int_0^{\sqrt{x}} \sin \mathrm{e}^t \mathrm{d}t=\sin \mathrm{e}^{\sqrt{x}} \cdot (\sqrt{x})'=\dfrac{\sin \mathrm{e}^{\sqrt{x}}}{2\sqrt{x}}.$$

例 4 已知变上限定积分$\displaystyle\int_a^x f(t)\mathrm{d}t=5x^3+40$,求$f(x)$与$a$.

解 $\displaystyle\int_a^x f(t)\mathrm{d}t=5x^3+40$两端皆对自变量$x$求导,得到$f(x)=15x^2$.

在$\displaystyle\int_a^x f(t)\mathrm{d}t=5x^3+40$中令$x=a$,有$\displaystyle\int_a^a f(t)\mathrm{d}t=5a^3+40$.于是得$0=5a^3+40$,所以$a=-2$.

例 5 求极限 $\lim\limits_{x\to 0}\dfrac{\int_0^x \cos^2 t\, dt}{x}$.

解 当 $x\to 0$ 时，变上限定积分 $\int_0^x \cos^2 t\, dt$ 的极限为 0，因而所求极限为 $\dfrac{0}{0}$ 型未定式极限，可以应用洛必达法则求解.所以

$$\lim_{x\to 0}\frac{\int_0^x \cos^2 t\, dt}{x}=\lim_{x\to 0}\frac{\left(\int_0^x \cos^2 t\, dt\right)'}{(x)'}=\lim_{x\to 0}\frac{\cos^2 x}{1}=1.$$

下面来证明牛顿-莱布尼茨公式(微积分基本定理)：如果函数 $f(x)$ 在 $[a,b]$ 上连续，且 $F(x)$ 为 $f(x)$ 在 $[a,b]$ 上的一个原函数，则 $\int_a^b f(x)\, dx=F(b)-F(a)$.

证明 显然 $\Phi(x)=\int_a^x f(t)\, dt$ 是 $f(x)$ 的一个原函数，于是

$$F(x)-\Phi(x)=C(C \text{ 为常数}).$$

令 $x=a$，代入上式得 $F(a)=C$，所以

$$F(x)=\int_a^x f(t)\, dt+F(a).$$

再令 $x=b$，代入上式得

$$\int_a^b f(x)\, dx=F(b)-F(a).$$

2. 积分中值定理与函数平均值

定理 3.5(积分中值定理) 如果函数 $f(x)$ 在 $[a,b]$ 上连续，则在 (a,b) 内至少存在一点 ξ，使得

$$\int_a^b f(x)\, dx=f(\xi)(b-a) \quad (a<\xi<b).$$

数值 $\dfrac{1}{b-a}\int_a^b f(x)\, dx$ 称为函数 $f(x)$ 在闭区间 $[a,b]$ 上的平均值，记作 $\overline{f}=\dfrac{1}{b-a}\int_a^b f(x)\, dx$ (几何意义如图3-26所示).

例 6 计算从 0 s 到 T s 这段时间内自由落体运动的平均速度.

解 $\overline{v}=\dfrac{1}{T-0}\int_0^T gt\, dt=\dfrac{1}{T}\cdot\dfrac{gT^2}{2}=\dfrac{1}{2}gT.$

例 7 计算纯电阻电路中正弦交流电 $i=I_m\sin\omega t$ 在一个周期内功率的平均值.

解 设电阻为 R，则电路中 R 两端的电压为 $u=iR=RI_m\sin\omega t$，而功率

$$P=iu=i^2 R=RI_m^2\sin^2\omega t.$$

因为交流电的周期为 $T=\dfrac{2\pi}{\omega}$，所以在一个周期

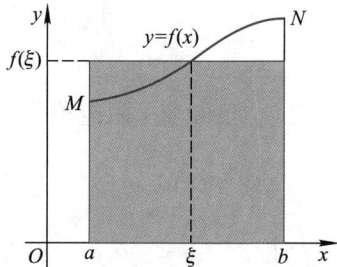
图 3-26

$\left[0, \dfrac{2\pi}{\omega}\right]$ 内，P 的平均值为

$$\overline{P} = \frac{1}{\dfrac{2\pi}{\omega} - 0} \int_0^{\frac{2\pi}{\omega}} RI_m^2 \sin^2 \omega t \, \mathrm{d}t = \frac{\omega RI_m^2}{4\pi} \int_0^{\frac{2\pi}{\omega}} (1 - \cos 2\omega t) \, \mathrm{d}t$$

$$= \frac{\omega RI_m^2}{4\pi} \left(t - \frac{1}{2\omega} \sin 2\omega t \right) \bigg|_0^{\frac{2\pi}{\omega}} = \frac{\omega RI_m^2}{4\pi} \cdot \frac{2\pi}{\omega} = \frac{I_m u_m}{2},$$

其中 $u_m = I_m R$. 这就是说，纯电阻电路中，正弦交流电的平均功率等于电流和电压峰值积的一半. 通常交流电器上标明的功率就是平均功率.

习题三

1. 求下列不定积分：

(1) $\displaystyle\int (1 - 3x^2) \, \mathrm{d}x$；

(2) $\displaystyle\int (2^x + x^2) \, \mathrm{d}x$；

(3) $\displaystyle\int \sqrt{x} \left(1 - \frac{1}{x}\right) \mathrm{d}x$；

(4) $\displaystyle\int (10^{10} - \mathrm{e}^x) \, \mathrm{d}x$；

(5) $\displaystyle\int \frac{x^2}{x^2 + 1} \, \mathrm{d}x$；

(6) $\displaystyle\int \frac{(t+1)^3}{t^2} \, \mathrm{d}t$；

(7) $\displaystyle\int \frac{1 + \sin x}{2} \, \mathrm{d}x$；

(8) $\displaystyle\int \cos^2 \frac{x}{2} \, \mathrm{d}x$；

(9) $\displaystyle\int \tan^2 x \, \mathrm{d}x$；

(10) $\displaystyle\int \frac{x - \sqrt{1 - x^2}}{x \sqrt{1 - x^2}} \, \mathrm{d}x$；

(11) $\displaystyle\int \frac{\mathrm{e}^{2t} - 1}{\mathrm{e}^t - 1} \, \mathrm{d}t$；

(12) $\displaystyle\int \frac{\cos 2x}{\cos x + \sin x} \, \mathrm{d}x$.

2. 填空：

(1) $\mathrm{d}x = \underline{\quad} \, \mathrm{d}(3x + 2)$；

(2) $x \, \mathrm{d}x = \underline{\quad} \, \mathrm{d}(x^2)$；

(3) $x \, \mathrm{d}x = \underline{\quad} \, \mathrm{d}(4x^2)$；

(4) $x \, \mathrm{d}x = \underline{\quad} \, \mathrm{d}(1 - x^2)$；

(5) $\dfrac{1}{x^2} \, \mathrm{d}x = \underline{\quad} \, \mathrm{d}\left(\dfrac{1}{x}\right)$；

(6) $\dfrac{1}{\sqrt{x}} \, \mathrm{d}x = \underline{\quad} \, \mathrm{d}(\sqrt{x})$；

(7) $\mathrm{e}^{\frac{x}{2}} \, \mathrm{d}x = \underline{\quad} \, \mathrm{d}(\mathrm{e}^{\frac{x}{2}})$；

(8) $\dfrac{1}{x} \, \mathrm{d}x = \underline{\quad} \, \mathrm{d}(\ln x + 1)$；

(9) $\sin x \, \mathrm{d}x = \underline{\quad} \, \mathrm{d}(\cos x)$；

(10) $\dfrac{\mathrm{d}x}{1 + 9x^2} = \underline{\quad} \, \mathrm{d}(\arctan 3x)$.

3. 求下列不定积分：

(1) $\displaystyle\int (x - 1)^9 \, \mathrm{d}x$；

(2) $\displaystyle\int \mathrm{e}^{2x+1} \, \mathrm{d}x$；

(3) $\displaystyle\int \cos \frac{x}{5} \, \mathrm{d}x$；

(4) $\displaystyle\int a^{3x} \, \mathrm{d}x$；

(5) $\int e^{-x} dx$;

(6) $\int \dfrac{dt}{1+2t}$;

(7) $\int \dfrac{2x}{1+x^2} dx$;

(8) $\int x(x^2+1)^5 dx$;

(9) $\int \dfrac{dx}{(2x-3)^2}$;

(10) $\int (2-x)^{\frac{5}{2}} dx$;

(11) $\int u\sqrt{u^2-5}\, du$;

(12) $\int \dfrac{dx}{4+9x^2}$;

(13) $\int \dfrac{1}{\sqrt{9-x^2}} dx$;

(14) $\int \dfrac{e^{\frac{1}{x}}}{x^2} dx$;

(15) $\int \dfrac{\cos\dfrac{1}{x}}{x^2} dx$;

(16) $\int \dfrac{dx}{x\ln x}$;

(17) $\int (\ln x)^2 \dfrac{dx}{x}$;

(18) $\int \dfrac{e^x}{e^x+1} dx$;

(19) $\int \dfrac{e^x}{\sqrt{1-e^{2x}}} dx$;

(20) $\int \dfrac{dt}{e^t+e^{-t}}$;

(21) $\int e^{\sin x}\cos x\, dx$;

(22) $\int \sin x\cos^2 x\, dx$;

(23) $\int \tan^2 x\sec^2 x\, dx$;

(24) $\int \sec^4 x\, dx$;

(25) $\int \dfrac{\sqrt{\arcsin x}}{\sqrt{1-x^2}} dx$;

(26) $\int \dfrac{(\arctan x)^2}{1+x^2} dx$;

(27) $\int f'(ax+b) dx$;

*(28) $\int \tan^3 x\, dx$;

*(29) $\int \dfrac{x-1}{x^2+1} dx$;

*(30) $\int \dfrac{2x-1}{x^2-x+3} dx$.

4. 求下列不定积分：

(1) $\int \dfrac{x}{x+2} dx$;

(2) $\int \dfrac{x^2}{x+2} dx$;

(3) $\int \dfrac{x^4}{x^2+1} dx$;

(4) $\int \dfrac{1}{x^2-x-6} dx$;

(5) $\int \dfrac{1}{x^2-4} dx$;

(6) $\int \sin^3 x\, dx$;

(7) $\int \cos^5 x\, dx$;

(8) $\int \sin^2 3x\, dx$.

5. 求下列不定积分：

(1) $\int \sqrt[3]{x+a}\, dx$;

(2) $\int \dfrac{x}{\sqrt{x+1}} dx$;

(3) $\int x\sqrt[4]{2x+3}\, dx$;

(4) $\int \dfrac{dx}{\sqrt{2x-3}+1}$;

*(5) $\int \dfrac{\mathrm{d}x}{\sqrt{x}+\sqrt[6]{x^5}}$;

(6) $\int \dfrac{x^2}{\sqrt{1-x^2}}\mathrm{d}x$;

(7) $\int \dfrac{x^5}{\sqrt{1-x^2}}\mathrm{d}x$;

(8) $\int \sqrt{1-x^2}\,\mathrm{d}x$;

(9) $\int \dfrac{\mathrm{d}x}{x^2\sqrt{1-x^2}}$;

*(10) $\int \dfrac{x^3}{\sqrt{4-x^2}}\mathrm{d}x$.

6. 求下列不定积分：

(1) $\int \ln(x^2+1)\mathrm{d}x$;

(2) $\int \arctan x\,\mathrm{d}x$;

(3) $\int x\,\mathrm{e}^x\,\mathrm{d}x$;

(4) $\int x\sin x\,\mathrm{d}x$;

(5) $\int \dfrac{\ln x}{x^2}\mathrm{d}x$;

(6) $\int x^2\,\mathrm{e}^{-x}\,\mathrm{d}x$;

(7) $\int x^3\ln^2 x\,\mathrm{d}x$;

(8) $\int \mathrm{e}^{\sqrt{x}}\,\mathrm{d}x$;

(9) $\int \dfrac{\ln(\ln x)}{x}\mathrm{d}x$;

*(10) $\int x f''(x)\mathrm{d}x$.

7. 求下列定积分：

(1) $\int_0^2 x^3\mathrm{d}x$;

(2) $\int_1^9 \dfrac{1}{\sqrt{x}}\mathrm{d}x$;

(3) $\int_{-2}^{-1} \dfrac{1}{x}\mathrm{d}x$;

(4) $\int_0^{\frac{\pi}{3}} \dfrac{\sin 2x}{\cos x}\mathrm{d}x$;

(5) $\int_0^{\pi} \sin^2\dfrac{x}{2}\mathrm{d}x$;

(6) $\int_0^{\sqrt{3}} \dfrac{1}{1+x^2}\mathrm{d}x$.

8. 求下列定积分：

(1) $\int_0^4 \dfrac{1}{3x+2}\mathrm{d}x$;

(2) $\int_{-1}^0 \dfrac{1}{\sqrt{1-x}}\mathrm{d}x$;

(3) $\int_0^1 x^2(x^3-1)^4\mathrm{d}x$;

(4) $\int_1^{\mathrm{e}} \dfrac{\ln^3 x}{x}\mathrm{d}x$;

(5) $\int_{-1}^0 \sqrt{1-\mathrm{e}^x}\,\mathrm{e}^x\,\mathrm{d}x$;

(6) $\int_0^1 \dfrac{x}{1+x^2}\mathrm{d}x$;

(7) $\int_{\mathrm{e}}^{\mathrm{e}^2} \dfrac{1}{x\ln x}\mathrm{d}x$;

(8) $\int_1^2 \dfrac{\mathrm{e}^{\frac{1}{x}}}{x^2}\mathrm{d}x$;

(9) $\int_0^{\pi} \mathrm{e}^{\sin x}\cos x\,\mathrm{d}x$;

(10) $\int_0^1 \mathrm{e}^x\cos \mathrm{e}^x\,\mathrm{d}x$;

(11) $\int_0^{\frac{\pi}{3}} \tan x\,\mathrm{d}x$;

(12) $\int_1^4 \dfrac{\sin\sqrt{x}}{\sqrt{x}}\mathrm{d}x$;

*(13) $\int_0^1 \dfrac{1}{\sqrt{4-x^2}}\mathrm{d}x$;

*(14) $\int_0^1 \dfrac{x}{1+x^4}\mathrm{d}x$.

9. 求下列定积分或广义积分：

(1) $\int_{-3}^1 |x|\,\mathrm{d}x$;

(2) $\int_0^3 |x-1|\,\mathrm{d}x$;

(3) $\int_0^{2\pi} |\sin x| \mathrm{d}x$;　　(4) $\int_0^2 f(x)\mathrm{d}x$，其中 $f(x)=\begin{cases} x, & x<1, \\ x^2, & x\geq 1; \end{cases}$

(5) $\int_{-\infty}^{+\infty} xf(x)\mathrm{d}x$，其中 $f(x)=\begin{cases} 2x, & x\in[0,1], \\ 0, & x\notin[0,1]. \end{cases}$

10. 求下列定积分：

(1) $\int_3^4 x\sqrt{x-3}\,\mathrm{d}x$;　　　　　　(2) $\int_4^7 \dfrac{x}{\sqrt{x-3}}\mathrm{d}x$;

(3) $\int_0^9 \dfrac{1}{\sqrt{x}+1}\mathrm{d}x$;　　　　　　(4) $\int_1^8 \dfrac{1}{\sqrt[3]{x}+x}\mathrm{d}x$;

(5) $\int_0^{\frac{1}{2}} \dfrac{1}{\sqrt{(1-x^2)^3}}\mathrm{d}x$;　　　　(6) $\int_0^{\frac{\sqrt{3}}{2}} \dfrac{x^2}{\sqrt{(1-x^2)^3}}\mathrm{d}x$;

*(7) $\int_0^1 \sqrt{4-x^2}\,\mathrm{d}x$;　　　　　　(8) $\int_{-3}^3 (x^7+x^5)\mathrm{d}x$;

(9) $\int_{-\pi}^{\pi} (1+\cos x)\mathrm{d}x$;　　　　(10) $\int_{-\frac{\pi}{2}}^{\frac{\pi}{2}} (1+\sin x)\cos x\,\mathrm{d}x$.

11. 求下列定积分：

(1) $\int_1^{\mathrm{e}} \ln x\,\mathrm{d}x$;　　　　　　(2) $\int_0^1 \arctan x\,\mathrm{d}x$;

(3) $\int_0^1 x\mathrm{e}^{-x}\,\mathrm{d}x$;　　　　　　(4) $\int_0^{\frac{\pi}{2}} x\sin x\,\mathrm{d}x$;

(5) $\int_1^{\mathrm{e}} x^2\ln x\,\mathrm{d}x$;　　　　　(6) $\int_0^1 x\arctan x\,\mathrm{d}x$;

(7) $\int_1^{\mathrm{e}} \ln^2 x\,\mathrm{d}x$;　　　　　*(8) $\int_0^{\frac{\pi^2}{4}} \cos\sqrt{x}\,\mathrm{d}x$.

12. 求下列广义积分：

(1) $\int_{-\infty}^{-1} \dfrac{1}{x^3}\mathrm{d}x$;　　　　　(2) $\int_0^{+\infty} \dfrac{x}{(1+x^2)^4}\mathrm{d}x$;

(3) $\int_1^{+\infty} \dfrac{1}{\sqrt{x}}\mathrm{d}x$;　　　　　(4) $\int_{\mathrm{e}}^{+\infty} \dfrac{1}{x\ln^3 x}\mathrm{d}x$.

13. 求下列由曲线和直线所围成的平面图形的面积：

(1) 曲线 $y=x^2$ 与直线 $y=x$ 所围成的图形；

(2) 曲线 $y=\mathrm{e}^x, y=\mathrm{e}^{-x}$ 和直线 $x=1$ 所围成的图形；

(3) 曲线 $y^2=x, x=-y^2+1$ 所围成的图形；

(4) 曲线 $xy=1$ 及直线 $y=x, y=2$ 所围成的图形；

(5) 曲线 $y=x^2$ 及直线 $y=x, y=2x$ 所围成的图形；

(6) 曲线 $y=3+2x-x^2$ 及直线 $x=1, x=5$ 与 x 轴所围成的图形.

*14. 求抛物线 $y=-x^2+4x-3$ 与在点 $(0,-3)$ 和 $(3,0)$ 处的切线所围成的图形的面积.

15. 求下列曲线所围图形绕指定轴旋转一周所得的旋转体的体积：

(1) $y=x^2, y=0, x=1$，绕 x 轴；

（2）$x+y=4(0 \leqslant x \leqslant 4)$,绕 y 轴;

（3）$y=x^2$,$y^2=8x$,分别绕 x 轴、y 轴;

*（4）$x^2+(y-5)^2=16$,绕 x 轴.

16. 过 $P(1,0)$ 作抛物线 $y=\sqrt{x-2}$ 的切线,求:

（1）切线方程;

（2）由抛物线、切线以及 x 轴所围平面图形的面积;

（3）该平面图形分别绕 x 轴、y 轴旋转一周所得旋转体的体积.

17. 2022 年 4 月 16 日,神舟十三号载人飞船返回舱成功着陆,载人飞行任务取得圆满成功.从电视直播中我们看到返回舱的体积相对较小,那你知道如何计算返回舱的体积吗? 据资料显示神州十三号载人飞船的返回舱通高 2.5 m、直径 2.5 m,外部呈钟形.现假设返回舱的外轮廓线为抛物线,估算返回舱的体积(如图 3-27 所示,可设抛物线为 $y^2=kx$).

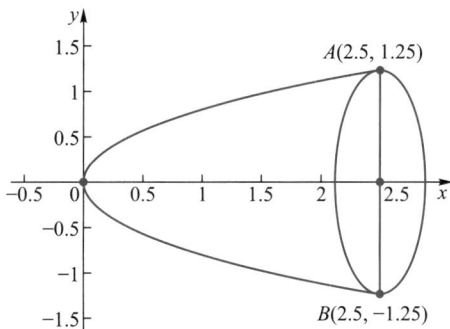

图 3-27

18. 已知某产品总产量的变化率是时间 t(单位:年)的函数 $f(t)=2t+5$ $(t \geqslant 0)$,求第一个五年和第二个五年的总产量.

19. 已知某厂生产 x kg 某产品的边际成本为 $C'(x)=3+\dfrac{20}{\sqrt{x}}$(元/kg),且固定成本 $C_0=1\,000$ 元,求总成本函数 $C(x)$.

20. 已知某产品生产 x 个单位时,总收益 R 的变化率(边际收益)为

$$R'=R'(x)=200-\frac{x}{100}(x \geqslant 0).$$

（1）求生产了 50 个单位产品时的总收益;

（2）如果已经生产了 100 个单位,求再生产 100 个单位时的总收益.

*21. 某产品的总成本 C(万元)的变化率(边际成本)$C'=1$,总收益 R(万元)的变化率(边际收益)为产量 x(百台)的函数

$$R'=R'(x)=5-x.$$

（1）产量为多少时,总利润 $L=R-C$ 最大?

（2）在利润最大的产量的基础上又生产了 100 台,总利润减少了多少?

*22. 由实验知道,弹簧在拉伸过程中,需要的力 F(单位:N)与拉伸长度 x(单位:cm)成正比,即 $F=kx$(k 是比例常数).计算把弹簧由原长拉伸 6 cm 时所做

的功.

*23. 2021 年 4 月,中国空间站天和核心舱发射升空,准确进入预定轨道.众所周知,发射航天器需要克服地球引力做功.假设地球质量是 M,半径是 R,火箭(包括核心舱)的质量为 m,轨道高度距离地面为 h,火箭自地面竖直向上发射.请问发射该火箭需要克服地球引力做多少功?(万有引力公式为 $F=G\dfrac{mM}{x^2}$,G 为万有引力常量.)

*24. 设一物体在某介质中按照公式 $s=t^2$ 作直线运动,其中 s 是在时间 t 内所经过的路程;又知介质的阻力与运动速度的平方成正比(比例系数为 k).求当物体由 $s=0$ 运动到 $s=a$ 时,介质阻力所做的功.

*25. 有一正方形闸门,它的边长为 3 m,求当水面与闸顶齐平时,闸门所受的压力(水的密度 ρ 为 10^3 kg/m³,g 取 9.8 m/s²).

*26. 一直径为 6 m 的半圆形闸门,铅直地浸入水中,其直径恰位于水表面,求闸门一侧受到的压力(水的密度 ρ 为 10^3 kg/m³,g 取 9.8 m/s²).

*27. 已知 $F(x)=\displaystyle\int_{\frac{\pi}{2}}^{x}\dfrac{\sin t}{t}\mathrm{d}t$,求 $F'\left(\dfrac{\pi}{2}\right)$.

*28. 求当 x 为何值时,函数 $I(x)=\displaystyle\int_{0}^{x}t\mathrm{e}^{-t^2}\mathrm{d}t$ 取到极值.

*29. 求函数 $f(x)=\dfrac{1}{\sqrt[3]{x}}$ 在区间 $[1,8]$ 上的平均值.

*30. 一物体以速度 $v=3t^2+2t$(m/s)作直线运动,求它在时间区间 $[0,3]$ 内的平均速度.

31. 填空题.

(1) 函数 2^x 为_____的一个原函数;

(2) 已知 $\left(\displaystyle\int f(x)\mathrm{d}x\right)'=\sqrt{1+x^2}$,则 $f'(1)=$_____;

(3) $\displaystyle\int(\tan x+\cot x)^2\mathrm{d}x=$_____;

(4) 若 $\displaystyle\int xf(x)\mathrm{d}x=\arctan x+C$,则 $\displaystyle\int\dfrac{1}{f(x)}\mathrm{d}x=$_____;

(5) 若 $\displaystyle\int f(x)\mathrm{d}x=F(x)+C$,则 $\displaystyle\int\dfrac{f\left(\dfrac{1}{x}\right)}{x^2}\mathrm{d}x=$_____;

(6) 根据定积分的几何意义,$\displaystyle\int_{-1}^{1}\sqrt{1-x^2}\,\mathrm{d}x=$_____;

(7) 若 $\displaystyle\int_{0}^{a}\dfrac{x}{1+x^2}\mathrm{d}x=1(a>0)$,则 $a=$_____;

(8) 设函数 $f(x)$ 在闭区间 $[0,2]$ 上连续,若作变量代换 $x=\dfrac{t}{2}$,则定积分 $\displaystyle\int_{0}^{1}f(2x)\mathrm{d}x$ 化为_____;

(9) 若 $x\mathrm{e}^x$ 为 $f(x)$ 的一个原函数,则 $\displaystyle\int_{0}^{1}xf'(x)\mathrm{d}x=$_____;

(10) $\displaystyle\int_{e}^{+\infty} \frac{1}{x(1+\ln x)^{2}}\mathrm{d}x=$ _____;

(11) 已知动点在时刻 t 的速度为 $v=3t-2$,且 $t=0$ 时路程 $s=5$,则此动点的运动方程为_____;

(12) 已知某产品从开始到时刻 t 的总产量 $x(t)$ 的变化率为 $x'(t)=at+b(a>0,$ $b>0)$,则从时刻 t_1 到 t_2 这一段时间间隔内的产量 $X=$ _____;

*(13) 用 MATLAB 计算 $\displaystyle\int \frac{\sqrt{x-1}}{x}\mathrm{d}x=$ _____;

*(14) 用 MATLAB 计算 $\displaystyle\int_{1}^{\sqrt{3}} \frac{1}{1+x^{2}}\mathrm{d}x=$ _____.

32. 单项选择题.

(1) 若 $f(x)$ 的一个原函数为 $\ln x$,则 $f'(x)=$ (   ).

(A) $\dfrac{1}{x}$ (B) $-\dfrac{1}{x^{2}}$ (C) e^{x} (D) $\ln x$

(2) 若 $\displaystyle\int f(x)\mathrm{d}x=x^{2}\mathrm{e}^{2x}+C$,则 $f(x)=$ (   ).

(A) $2x\mathrm{e}^{2x}$ (B) $2x^{2}\mathrm{e}^{2x}$

(C) $x\mathrm{e}^{2x}$ (D) $2x\mathrm{e}^{2x}(1+x)$

(3) $\left(\displaystyle\int f'(x)\mathrm{d}x\right)'=$ (   ).

(A) $f'(x)$ (B) $f'(x)+C$

(C) $f''(x)$ (D) $f''(x)+C$

(4) $\displaystyle\int \sin 2x\,\mathrm{d}x=$ (   ).

(A) $-\cos 2x+C$ (B) $\cos 2x+C$

(C) $-\sin^{2}x+C$ (D) $\sin^{2}x+C$

(5) $\displaystyle\int \frac{1}{x}\mathrm{d}\left(\frac{1}{x}\right)=$ (   ).

(A) $\dfrac{1}{x}+C$ (B) $-\dfrac{1}{x^{2}}+C$

(C) $\dfrac{1}{2x^{2}}+C$ (D) $\ln|x|+C$

(6) 若 $\displaystyle\int f(x)\mathrm{d}x=F(x)+C$,则 $\displaystyle\int \mathrm{e}^{-x}f(\mathrm{e}^{-x})\mathrm{d}x=$ (   ).

(A) $F(\mathrm{e}^{x})+C$ (B) $-F(\mathrm{e}^{-x})+C$

(C) $F(\mathrm{e}^{-x})+C$ (D) $\dfrac{F(\mathrm{e}^{-x})}{x}+C$

(7) $\displaystyle\int_{a}^{b} f(x)\mathrm{d}x$ 与 (   ) 无关.

(A) 积分下限 a (B) 积分上限 b

(C) 对应关系 f (D) 积分变量记号 x

(8) $\int_{-1}^{1} |x| \, \mathrm{d}x = ($　$)$.

(A) $-\int_{-1}^{1} x \, \mathrm{d}x$ 　　　　　(B) $\int_{-1}^{1} x \, \mathrm{d}x$

(C) $-\int_{-1}^{0} x \, \mathrm{d}x + \int_{0}^{1} x \, \mathrm{d}x$ 　　(D) $2\int_{-1}^{1} x \, \mathrm{d}x$

(9) 当函数 $f(x) = ($　$)$ 时，有 $\int_{-a}^{a} f(x) \, \mathrm{d}x = 0$.

(A) $x^5 + x$ 　　　　　　(B) $x^5 + x^2$

(C) $x\mathrm{e}^x$ 　　　　　　(D) $x^2\mathrm{e}^{x^2}$

(10) 下列积分中，(　) 满足牛顿-莱布尼茨公式的条件.

(A) $\int_{-1}^{1} \dfrac{1}{x^2} \, \mathrm{d}x$ 　　　　(B) $\int_{1}^{27} \dfrac{1}{\sqrt[3]{x}} \, \mathrm{d}x$

(C) $\int_{0}^{1} \dfrac{1}{x} \, \mathrm{d}x$ 　　　　(D) $\int_{\frac{1}{\mathrm{e}}}^{\mathrm{e}} \dfrac{1}{x\ln x} \, \mathrm{d}x$

(11) 已知函数 $f(x)$ 的一阶导数 $f'(x)$ 在闭区间 $[1,3]$ 上连续，则 $\int_{2}^{6} f'\left(\dfrac{x}{2}\right) \mathrm{d}x = ($　$)$.

(A) $\dfrac{1}{2}(f(3) - f(1))$ 　　(B) $f(3) - f(1)$

(C) $2(f(3) - f(1))$ 　　(D) $4(f(3) - f(1))$

*(12) 已知函数 $f(x)$ 的二阶导数 $f''(x)$ 在闭区间 $[1,2]$ 上连续，若 $f(1)=1$，$f(2)=2$，且 $f'(1)=3$，$f'(2)=4$，则 $\int_{1}^{2} xf''(x) \, \mathrm{d}x = ($　$)$.

(A) 1 　　(B) 2 　　(C) 3 　　(D) 4

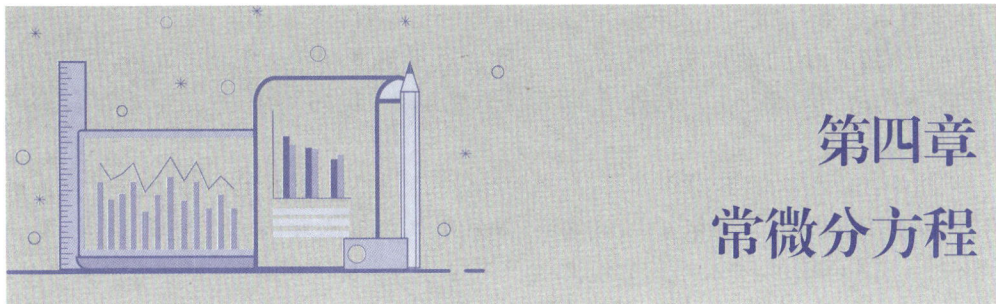

第四章
常微分方程

数学文化小故事之四

——苏步青的故事和拉普拉斯的故事

苏步青(1902—2003),浙江温州平阳人,祖籍福建省泉州市,中国科学院院士,中国著名的数学家、教育家,中国微分几何学派创始人,被誉为"东方国度上灿烂的数学明星""东方第一几何学家".

苏步青1927年毕业于日本东北帝国大学数学系.1931年初,他怀着对祖国和故乡的深深怀念,回到阔别12年的故土,到浙江大学数学系任教.他曾与陈建功先生有约在先:学成后一起到浙江大学去,花上20年时间,把浙江大学数学系办成世界第一流水准,为国家培养优秀人才.当时的中国正面临着内忧外患,教学条件非常差,连工资都发不出,但他克服困难,坚持教学和科研工作.他和陈建功先生开创数学讨论班,用严格的要求培养自己的学生,即使在抗日战争期间,学校西迁贵州,他仍然在山洞里为学生举办讨论班.

1982年1月,在苏步青教授领导下,全国计算几何协作组成立了,浙江大学、山东大学、中国科技大学、中国科学院数学研究所和复旦大学等单位参加.从此开始,每两年举行一次计算几何的学术会议和学习班,为中国计算机辅助设计和制造方面的高科技项目提供了理论和方法,并培养了一批理论和实际相结合的人才。

苏步青从事微分几何、计算几何的研究和教学70余载,1931年到1952年,苏步青培养了近100名学生,在国内10多所著名高校中任正副系主任的就有25位,有5人被选为中国科学院院士.中华人民共和国成立后又培养了3名院士,共有8名院士学生.在复旦大学数学研究所形成了三代四位院士共事的罕见可喜现象.

拉普拉斯(1749—1827),法国著名的数学家、天文学家、物理学家.在数学中,有许多成果都以拉普拉斯的名字命名,比如:拉普拉斯变换、拉普拉斯逆变换、拉普拉斯方程、拉普拉斯算子、拉普拉斯展开式等.

拉普拉斯16岁时进入卡昂大学,并在学习期间写了多篇关于有限差分的论文.在完成学业之后,他带着推荐信从乡下到巴黎去求见大名鼎鼎的达朗贝尔.但荐书投去,杳无音讯,因为达朗贝尔对于只带着大人物的推荐信的年轻人不感兴趣.拉普拉斯并不气馁,随即写了一篇阐述力学一般原理的论文,求教于达朗贝尔.由于这篇论文异常出色,达朗贝尔为其才华所感动,欣然回了一封热情洋溢的信,信中写道

"拉普拉斯先生,你看,我几乎没有注意你那些推荐信,你不需要什么推荐,你已经更好地介绍了自己.对我来说这就够了,你应该得到支持".拉普拉斯事业上的辉煌时期便从此开始.1785 年当选为法国科学院院士,1816 年当选为法兰西学术院院士.

拉普拉斯才华横溢,著作如林,在青年时代就发表了一系列的论著.拉普拉斯的研究领域是多方面的,有天体力学、概率论、微分方程、复变函数、势函数理论、代数、测地学、毛细现象理论等,并有卓越的创见.他是一位分析学的大师,把分析学应用到力学,特别是天体力学,获得了划时代的结果.他的代表作有:《宇宙体系论》《分析概率论》《天体力学》.

拉普拉斯虽然学识渊博,但一直学而不厌,而且能慷慨帮助和鼓励年轻一代,例如:化学家盖·吕萨克,地理学家洪堡,数学家泊松、柯西等.他的遗言是:"我们知道的是微小的,我们不知道的是无限的."他曾说:"自然的一切结果都只是数目不多的一些不变规律的数学结论."他还强调指出:"认识一位巨人的研究方法,对于科学的进步,并不比发现本身用处更少.科学研究的方法经常是极富兴趣的部分."

苏步青和拉普拉斯虽然生长在不同国度、不同时代,但数学成就都很卓越,而且他们身上都有共同的气质和修养.他们都以培养人才为乐,他们都有为人师表、谦虚谨慎、戒骄戒躁、实事求是的高贵品格.这些品格感染了一代又一代人.我们不但要学习他们的科学态度,更要传承他们的优秀品格.

> **想一想**
> 阅读了苏步青和拉普拉斯的小故事,有没有被他们身上"学而不厌、诲人不倦"的品质所感染? 联系自身想一想,如何做到"学而不厌"?

基础知识部分

微分方程是现代数学的一个重要分支,是人们解决各种实际问题的有效工具.它在几何、力学、物理、电子技术、自动控制、航天、生命科学、经济等领域都有着广泛的应用.本章将介绍几种简单类型的常微分方程——可分离变量的微分方程、一阶线性微分方程、二阶常系数线性微分方程.

§4.1　可分离变量的微分方程

一、微分方程的概念

例1　设曲线 $y=f(x)$ 上任一点 (x,y) 的切线斜率为 $3x^2$,且曲线过点 $(1,1)$,求曲线的方程.

解　由导数的几何意义,在点 x 处有

$$\frac{\mathrm{d}y}{\mathrm{d}x}=3x^2 \text{ 或 } \mathrm{d}y=3x^2\mathrm{d}x.$$

上式两边积分,得

$$y=\int 3x^2\mathrm{d}x=x^3+C,$$

其中 C 为任意常数.上式表示了无穷多个函数.由于曲线过点 $(1,1)$,代入 $y=x^3+C$,得 $C=0$,即所求曲线的方程为

$$y=x^3.$$

例 2 一物体以初速度 v_0 竖直上抛,设此物体的运动只受重力的影响,试确定该物体运动的速度与时间 t 的函数关系式.

解 设所求的函数为 $v=v(t)$,根据导数的意义,函数 $v=v(t)$ 应满足关系式

$$\frac{\mathrm{d}v}{\mathrm{d}t}=-g \text{ 或 } \mathrm{d}v=-g\mathrm{d}t.$$

上式两边积分,得 $v=-gt+C$.依题意有 $v(0)=v_0$,故 $C=v_0$.从而

$$v=-gt+v_0.$$

上面两个例子中的方程 $\frac{\mathrm{d}y}{\mathrm{d}x}=3x^2$ 或 $\mathrm{d}y=3x^2\mathrm{d}x$,$\frac{\mathrm{d}v}{\mathrm{d}t}=-g$ 或 $\mathrm{d}v=-g\mathrm{d}t$ 都含有未知函数的导数或微分,它们都称为微分方程.未知函数为一元函数的微分方程称为常微分方程.微分方程中出现的未知函数的导数的最高阶数称为这个方程的阶.

未知函数为多元函数的微分方程称为偏微分方程.本章只介绍常微分方程,在不致混淆的情况下,也称常微分方程为微分方程或简称为方程.

想一想
在微分方程中,未知函数、自变量及未知函数的导数是不是都必须出现呢?

常微分方程的概念

张晓华

例如,方程 $\frac{\mathrm{d}y}{\mathrm{d}x}=3x^2$ 是一阶微分方程;方程 $x^4y''-y'=\sin 2x$ 是二阶微分方程;方程 $x^2y'''+(y')^6=x^5$ 是三阶微分方程.

如果一个函数代入微分方程后,方程两端恒等,则此函数称为该微分方程的解.

在例 1 中,函数 $y=x^3+C$ 和 $y=x^3$ 都是方程 $\frac{\mathrm{d}y}{\mathrm{d}x}=3x^2$ 的解;在例 2 中,函数 $v=-gt+C,v=-gt+v_0$ 都是方程 $\frac{\mathrm{d}v}{\mathrm{d}t}=-g$ 的解.

一般地,如果微分方程的解中含有任意常数,且独立的任意常数的个数与微分方程的阶数相同,那么这样的解称为微分方程的通解.如例 1 中的 $y=x^3+C$ 和例 2 中的 $v=-gt+C$ 分别是 $\frac{\mathrm{d}y}{\mathrm{d}x}=3x^2$ 和 $\frac{\mathrm{d}v}{\mathrm{d}t}=-g$ 的通解.

如果解中不含有任意常数,这样的解称为微分方程的特解.如例 1 中的 $y=x^3$ 是 $\frac{\mathrm{d}y}{\mathrm{d}x}=3x^2$ 的特解;例 2 中的 $v=-gt+v_0$ 是 $\frac{\mathrm{d}v}{\mathrm{d}t}=-g$ 的特解.

确定通解中任意常数的附加条件称为初值条件.如例 1 中的 $y|_{x=1}=1$ 和例 2 中

的 $v|_{t=0}=v_0$ 都是初值条件. 求微分方程满足初值条件的特解的问题称为初值问题或柯西问题.

二、可分离变量的微分方程

形如 $\dfrac{\mathrm{d}y}{\mathrm{d}x}=f(x)g(y)$ 的方程, 可变形为

$$\frac{\mathrm{d}y}{g(y)}=f(x)\mathrm{d}x,$$

可分离变量的
微分方程

张晓华

称之为可分离变量的微分方程. 如果 $\displaystyle\int\frac{\mathrm{d}y}{g(y)}$ 和 $\displaystyle\int f(x)\mathrm{d}x$ 都可求得, 则

$$\int\frac{1}{g(y)}\mathrm{d}y=\int f(x)\mathrm{d}x.$$

这样即可求得微分方程 $\dfrac{\mathrm{d}y}{\mathrm{d}x}=f(x)g(y)$ 的解.

因此, 可分离变量的微分方程的求解步骤为:

(1) 分离变量 $\dfrac{\mathrm{d}y}{g(y)}=f(x)\mathrm{d}x$;

(2) 两边积分 $\displaystyle\int\frac{\mathrm{d}y}{g(y)}=\int f(x)\mathrm{d}x$;

(3) 求出积分, 得通解 $G(y)=F(x)+C$, 其中 $G(y),F(x)$ 分别是 $\dfrac{1}{g(y)},f(x)$ 的原函数;

(4) 若方程给出初值条件, 则根据初值条件确定常数 C, 求出方程满足初值条件的特解.

例 3 解微分方程 $\dfrac{\mathrm{d}y}{\mathrm{d}x}=-\dfrac{x}{y}$.

解 微分方程化为

$$y\mathrm{d}y=-x\mathrm{d}x.$$

等号两边积分 $\displaystyle\int y\mathrm{d}y=\int(-x)\mathrm{d}x$, 得

$$\frac{1}{2}y^2=-\frac{1}{2}x^2+\frac{1}{2}C^2 \quad (C\neq0).$$

于是此微分方程的通解为

$$x^2+y^2=C^2 \quad (C\neq0).$$

> **想一想**
>
> 为什么两边积分后要写成 $\dfrac{1}{2}y^2=-\dfrac{1}{2}x^2+\dfrac{1}{2}C^2$? 能否写成其他形式? 为什么通解 $x^2+y^2=C^2$ 中 $C\neq0$?

例 4 解微分方程 $\dfrac{\mathrm{d}y}{\mathrm{d}x}=\dfrac{4xy}{1+x^2}$.

解　微分方程化为

$$\frac{\mathrm{d}y}{y}=\frac{4x\,\mathrm{d}x}{1+x^2}.$$

等号两边积分 $\int \frac{\mathrm{d}y}{y}=\int \frac{4x\,\mathrm{d}x}{1+x^2}$,得

$$\ln|y|=2\ln(1+x^2)+\ln|C|\quad (C\neq 0),$$

即

$$y=C(1+x^2)^2\quad (C\neq 0).$$

容易验证常数函数 $y=0$ 也是微分方程的解.常数函数 $y=0$ 可以看做是函数族 $y=C(1+x^2)^2$ 对应 $C=0$ 的那一个函数.于是此微分方程的通解为

$$y=C(1+x^2)^2.$$

例 5　求微分方程 $\dfrac{\mathrm{d}y}{\mathrm{d}x}=2xy$ 满足初值条件 $y\big|_{x=0}=1$ 的特解.

解　微分方程化为

$$\frac{\mathrm{d}y}{y}=2x\,\mathrm{d}x.$$

等号两边积分 $\int \frac{\mathrm{d}y}{y}=\int 2x\,\mathrm{d}x$,得

$$\ln|y|=x^2+\ln|C|\quad (C\neq 0),$$

即

$$y=Ce^{x^2}\ (C\neq 0).$$

容易验证常数函数 $y=0$ 也是微分方程的解.常数函数 $y=0$ 可以看做是函数族 $y=Ce^{x^2}$ 对应 $C=0$ 的那一个函数.于是此微分方程的通解为

$$y=Ce^{x^2}.$$

把初值条件 $y\big|_{x=0}=1$ 代入通解 $y=Ce^{x^2}$,得 $C=1$.所以微分方程的特解为

$$y=e^{x^2}.$$

例 6　求微分方程 $\dfrac{\mathrm{d}y}{\mathrm{d}x}=10^{x-y}$ 满足初值条件 $y\big|_{x=0}=0$ 的特解.

解　微分方程化为

$$10^y\,\mathrm{d}y=10^x\,\mathrm{d}x.$$

等号两边积分 $\int 10^y\,\mathrm{d}y=\int 10^x\,\mathrm{d}x$,得

$$\frac{10^y}{\ln 10}=\frac{10^x}{\ln 10}+\frac{C}{\ln 10}.$$

于是此微分方程的通解为

$$10^y=10^x+C.$$

把初值条件 $y\big|_{x=0}=0$ 代入通解 $10^y=10^x+C$,得 $C=0$,所以微分方程的特解为

$$y=x.$$

§4.2　一阶线性微分方程

形如 $y'+P(x)y=Q(x)$ 的微分方程,称为一阶线性微分方程,其中 $P(x)$ 和

$Q(x)$ 都是 x 的连续函数.

当 $Q(x)\equiv0$ 时,方程 $y'+P(x)y=0$ 称为一阶齐次线性微分方程;

当 $Q(x)\not\equiv0$ 时,方程 $y'+P(x)y=Q(x)$ 称为一阶非齐次线性微分方程.

例如,$2y'+3y=x^2$,$y'+\dfrac{2}{x}y=\dfrac{\sin^2 x}{x}$,$y'+(\sin x)y=0$ 都是一阶线性微分方程,

其中 $y'+(\sin x)y=0$ 是一阶齐次线性微分方程.

又如,$y'-y^2=0$,$yy'+y=x$,$y'-\sin^2 y=0$ 都不是一阶线性微分方程.

下面我们讨论一阶非齐次线性微分方程的解法.

设 $P=P(x)$ 的一个原函数为 $s=s(x)$,则 $s'=P$.如果设 $u=y\mathrm{e}^s$,则

$$u'=\mathrm{e}^s(y'+s'y)=\mathrm{e}^s(y'+Py),$$

即

$$u'=\mathrm{e}^s Q \quad (Q=Q(x)).$$

所以

$$u=\int\mathrm{e}^s Q\,\mathrm{d}x+C,$$

从而

$$y=\mathrm{e}^{-s}\left(\int\mathrm{e}^s Q\,\mathrm{d}x+C\right),$$

即

$$y=\mathrm{e}^{-\int P(x)\mathrm{d}x}\left[\int\mathrm{e}^{\int P(x)\mathrm{d}x}Q(x)\,\mathrm{d}x+C\right],$$

这就是一阶非齐次线性微分方程的通解.

当 $Q(x)\equiv0$ 时,上式变为

$$y=C\mathrm{e}^{-\int P(x)\mathrm{d}x},$$

它是一阶齐次线性微分方程 $y'+P(x)y=0$ 的通解.

注:这里包含在通解公式中的不定积分仅表示一个原函数,不包含积分常数.

我们可以按以下步骤求出一阶线性微分方程 $y'+P(x)y=Q(x)$ 的通解:

(1) 将方程化为一阶线性微分方程的标准形式 $y'+P(x)y=Q(x)$;

(2) 写出 $P(x)$,$Q(x)$;

(3) 代入公式

$$y=\mathrm{e}^{-\int P(x)\mathrm{d}x}\left[\int\mathrm{e}^{\int P(x)\mathrm{d}x}Q(x)\,\mathrm{d}x+C\right],$$

得到通解.

例 1 解微分方程 $y'-3x^2y=0$.

解 这是一阶齐次线性微分方程,注意到 $P(x)=-3x^2$,所以通解为

$$y=C\mathrm{e}^{-\int P(x)\mathrm{d}x}=C\mathrm{e}^{-\int(-3x^2)\mathrm{d}x}=C\mathrm{e}^{x^3}.$$

例 2 解微分方程 $y'+y=x$.

解 这是一阶非齐次线性微分方程,注意到 $P(x)=1$,$Q(x)=x$,所以通解为

$$y=\mathrm{e}^{-\int P(x)\mathrm{d}x}\left[\int\mathrm{e}^{\int P(x)\mathrm{d}x}Q(x)\,\mathrm{d}x+C\right]$$

$$=\mathrm{e}^{-\int \mathrm{d}x}\left(\int \mathrm{e}^{\int \mathrm{d}x}x\,\mathrm{d}x+C\right)=\mathrm{e}^{-x}\left(\int x\,\mathrm{e}^{x}\,\mathrm{d}x+C\right).$$

应用不定积分分部积分法,得

$$y=\mathrm{e}^{-x}\left(x\,\mathrm{e}^{x}-\int \mathrm{e}^{x}\,\mathrm{d}x+C\right)=\mathrm{e}^{-x}\left(x\,\mathrm{e}^{x}-\mathrm{e}^{x}+C\right)$$

$$=x-1+C\,\mathrm{e}^{-x}.$$

例 3 解微分方程 $xy'+y=x^3$.

解 原方程改写为

$$y'+\frac{1}{x}y=x^2,$$

这是一阶非齐次线性微分方程.注意到 $P(x)=\dfrac{1}{x}$,$Q(x)=x^2$,所以通解为

$$y=\mathrm{e}^{-\int P(x)\mathrm{d}x}\left[\int \mathrm{e}^{\int P(x)\mathrm{d}x}Q(x)\mathrm{d}x+C\right]$$

$$=\mathrm{e}^{-\int \frac{1}{x}\mathrm{d}x}\left(\int \mathrm{e}^{\int \frac{1}{x}\mathrm{d}x}x^2\,\mathrm{d}x+C\right)$$

$$=\frac{1}{x}\left(\int x^3\,\mathrm{d}x+C\right)=\frac{x^3}{4}+\frac{C}{x}.$$

例 4 求微分方程 $y'-y=\mathrm{e}^{x}$ 满足初值条件 $y\big|_{x=0}=2$ 的特解.

解 这是一阶非齐次线性微分方程,注意到 $P(x)=-1$,$Q(x)=\mathrm{e}^{x}$,所以通解为

$$y=\mathrm{e}^{-\int P(x)\mathrm{d}x}\left[\int \mathrm{e}^{\int P(x)\mathrm{d}x}Q(x)\mathrm{d}x+C\right]$$

$$=\mathrm{e}^{-\int (-1)\mathrm{d}x}\left[\int \mathrm{e}^{\int (-1)\mathrm{d}x}\mathrm{e}^{x}\,\mathrm{d}x+C\right]$$

$$=\mathrm{e}^{x}\left(\int \mathrm{e}^{-x}\mathrm{e}^{x}\,\mathrm{d}x+C\right)$$

$$=\mathrm{e}^{x}(x+C).$$

将初值条件 $y\big|_{x=0}=2$ 代入通解表达式,得 $2=\mathrm{e}^{0}(0+C)$,于是 $C=2$.所以该微分方程的特解为

$$y=(x+2)\mathrm{e}^{x}.$$

§4.3 二阶常系数齐次线性微分方程

二阶常系数
齐次线性
微分方程

张晓华

一、基本原理

形如 $y''+py'+qy=0$ 的二阶微分方程称为二阶常系数齐次线性微分方程.其中 p,q 为常数,称为该方程的系数.

该方程的解满足下面的定理.

定理 4.1(叠加原理) 如果函数 $y_1(x)$ 与 $y_2(x)$ 是方程 $y''+py'+qy=0$ 的两个解,那么

$$y = C_1 y_1(x) + C_2 y_2(x)$$

也是该方程的解,其中 C_1, C_2 是任意常数.

定理 4.2(通解结构)　如果函数 $y_1(x)$ 与 $y_2(x)$ 是方程 $y'' + py' + qy = 0$ 的两个特解,且 $\dfrac{y_2(x)}{y_1(x)} \neq$ 常数,那么

$$y = C_1 y_1(x) + C_2 y_2(x)$$

是该方程的通解,其中 C_1, C_2 是任意常数.

二、基本解法

根据方程 $y'' + py' + qy = 0$ 形式的特点,我们考虑能否适当选取 r,使 $y = e^{rx}$ 满足二阶常系数齐次线性微分方程.为此,将 $y = e^{rx}$ 代入方程 $y'' + py' + qy = 0$,得

$$(r^2 + pr + q)e^{rx} = 0.$$

由此可见,只要 r 满足代数方程 $r^2 + pr + q = 0$,函数 $y = e^{rx}$ 就是微分方程的解.

方程 $r^2 + pr + q = 0$ 叫做微分方程 $y'' + py' + qy = 0$ 的特征方程.特征方程的两个根 r_1, r_2 可用公式 $r_{1,2} = \dfrac{-p \pm \sqrt{p^2 - 4q}}{2}$ 求出.

(1) 特征方程有两个不相等的实根 r_1, r_2 时,函数 $y_1 = e^{r_1 x}$,$y_2 = e^{r_2 x}$ 是方程的两个特解,且 $\dfrac{y_1}{y_2} = \dfrac{e^{r_1 x}}{e^{r_2 x}} = e^{(r_1 - r_2)x}$ 不是常数,因此方程的通解为

$$y = C_1 e^{r_1 x} + C_2 e^{r_2 x}.$$

(2) 特征方程有两个相等的实根 $r_1 = r_2 = r$ 时,只能得到方程的一个特解 $y_1 = e^{rx}$,我们还要找到另一个特解 y_2.可以证明 $y_2 = x e^{rx}$ 是方程的另一个特解,且 $\dfrac{y_2}{y_1} = \dfrac{x e^{rx}}{e^{rx}} = x$ 不是常数.因此方程的通解为

$$y = C_1 e^{rx} + C_2 x e^{rx} = (C_1 + C_2 x)e^{rx}.$$

(3) 特征方程有一对共轭复根 $r_{1,2} = \alpha \pm i\beta$ 时,函数 $y_1 = e^{(\alpha + i\beta)x}$,$y_2 = e^{(\alpha - i\beta)x}$ 是微分方程的两个复数形式的特解.这种复数形式的特解在应用上不方便,因此借助欧拉公式 $e^{i\varphi} = \cos\varphi + i\sin\varphi$,得

$$y_1 = e^{(\alpha + i\beta)x} = e^{\alpha x}(\cos\beta x + i\sin\beta x),$$
$$y_2 = e^{(\alpha - i\beta)x} = e^{\alpha x}(\cos\beta x - i\sin\beta x).$$

于是根据定理 4.1 知,

$$y_1' = \frac{y_1 + y_2}{2} = e^{\alpha x}\cos\beta x,\ y_2' = \frac{y_1 - y_2}{2i} = e^{\alpha x}\sin\beta x$$

也是方程的特解.又

$$\frac{y_2'}{y_1'} = \frac{e^{\alpha x}\sin\beta x}{e^{\alpha x}\cos\beta x} = \tan\beta x \neq 常数,$$

因此方程的通解为

$$y = e^{\alpha x}(C_1\cos\beta x + C_2\sin\beta x).$$

综上所述,求二阶常系数齐次线性微分方程 $y''+py'+qy=0$ 的通解的步骤为:

(1) 写出微分方程的特征方程 $r^2+pr+q=0$;

(2) 求出特征方程的两个根 r_1,r_2;

(3) 根据特征方程的两个根的不同情况,写出微分方程的通解,如表 4-1 所示.

表 4-1

特征方程 $r^2+pr+q=0$ 的根	方程 $y''+py'+qy=0$ 的通解
相异实根 $r_1 \neq r_2$	$y=C_1 e^{r_1 x}+C_2 e^{r_2 x}$
相等实根 $r_1=r_2=r$	$y=(C_1+C_2 x)e^{rx}$
共轭复根 $r=\alpha \pm \mathrm{i}\beta$	$y=e^{\alpha x}(C_1 \cos \beta x+C_2 \sin \beta x)$

例 1 求微分方程 $y''-2y'-3y=0$ 的通解.

解 所给微分方程的特征方程为 $r^2-2r-3=0$,即 $(r+1)(r-3)=0$.其根 $r_1=-1,r_2=3$ 是两个不相等的实根,因此所求通解为

$$y=C_1 e^{-x}+C_2 e^{3x}.$$

例 2 求微分方程 $y''+2y'+y=0$ 满足初值条件 $y|_{x=0}=4,y'|_{x=0}=-2$ 的特解.

解 所给微分方程的特征方程为 $r^2+2r+1=0$,即 $(r+1)^2=0$.其根 $r_1=r_2=-1$ 是两个相等的实根,因此所求通解为

$$y=(C_1+C_2 x)e^{-x}.$$

将条件 $y|_{x=0}=4$ 代入通解,得 $C_1=4$,从而

$$y=(4+C_2 x)e^{-x}.$$

将上式对 x 求导,得

$$y'=(C_2-4-C_2 x)e^{-x}.$$

再把条件 $y'|_{x=0}=-2$ 代入上式,得 $C_2=2$.于是所求特解为

$$y=(4+2x)e^{-x}.$$

例 3 求微分方程 $y''-2y'+5y=0$ 的通解.

解 所给微分方程的特征方程为 $r^2-2r+5=0$.特征方程的根 $r_1=1+2\mathrm{i},r_2=1-2\mathrm{i}$ 是一对共轭复根,因此所求通解为

$$y=e^x(C_1 \cos 2x+C_2 \sin 2x).$$

应用部分

§4.4 软件应用计算

在 MATLAB 中使用 dsolve 来求解常微分方程,其常用的命令格式为

$$r=dsolve('equ','cond1,cond2,\cdots','v').$$

其中 equ 表示要求解的微分方程;v 表示指定的自变量,如果没有指定自变量,则默认

二阶常系数
齐次线性
微分方程
测一测

为 t.在方程 equ 中,MATLAB 使用 D 来表示对自变量的微分,比如表 4-2 所示的情形.

表 4-2

数学表达式	MATLAB命令	数学表达式	MATLAB命令
$\dfrac{\mathrm{d}y}{\mathrm{d}t}$	Dy	$\dfrac{\mathrm{d}^n y}{\mathrm{d}t^n}$	Dny
$\dfrac{\mathrm{d}^2 y}{\mathrm{d}t^2}$	D2y		

注:在表达式"Dny"中不能有空格出现.

'cond1,cond2,…'表示微分方程的初值条件,一般来说如果没有给定初值条件,求出的解为方程组的通解.对于一阶方程来说,给定函数在某点处的函数值就可以得到一个特解;二阶方程需要给定函数在某点处的函数值和某点处的导数才可以得到一个特解.

例 1　求解微分方程 $\dfrac{\mathrm{d}y}{\mathrm{d}x}=-\dfrac{x}{y}$(其解为 $x^2+y^2=C^2$).

解　输入命令:

dsolve('Dy=-x/y','x')

输出结果:

ans=

(-x^2+C1)^(1/2)

-(-x^2+C1)^(1/2)

例 2　求解微分方程 $\dfrac{\mathrm{d}f}{\mathrm{d}t}=f(t)+\sin t$.

解　输入命令:

s=dsolve('Df=f+sin(t)')

输出结果:

s=-1/2*cos(t)-1/2*sin(t)+exp(t)*C1

再次输入命令:

pretty(s)　　　　　　%使输出结果更符合书写习惯

输出结果:

-1/2cos(t)-1/2sin(t)+exp(t)C1

例 3　求解微分方程 $y''=\dfrac{1}{x}y'+x$.

解　输入命令:

dsolve('D2y=Dy/x+x','x')

输出结果:

ans=1/3*x^3+1/2*x^2*C1+C2

例 4　求微分方程 $y'-y=\mathrm{e}^x$ 满足初值条件 $y|_{x=0}=2$ 的特解.

解　输入命令:

dsolve('Dy-y=exp(x)','y(0)=2','x')

输出结果：

ans＝(x＋2)＊exp(x)

例 5 求微分方程 $y''=-a^2y$ 满足初值条件 $y(0)=1,y'\left(\dfrac{\pi}{a}\right)=0$ 的特解.

解 输入命令：

dsolve('D2y＝－a^2＊y','y(0)＝1,Dy(pi/a)＝0')

输出结果：

ans＝cos(a＊t)

例 6 求解高阶微分方程 $y'''=\mathrm{e}^{2x}-\cos x$.

解 输入命令：

dsolve('D3y＝exp(2＊x)－cos(x)','x')

输出结果：

ans＝1/8＊exp(2＊x)＋sin(x)＋1/2＊C1＊x^2＋C2＊x＋C3

例 7 求解高阶微分方程 $y^{(4)}-2y'''+5y''=0$.

解 输入命令：

dsolve('D4y－2＊D3y＋5＊D2y','x')

输出结果：

ans＝C1＋C2＊x＋C3＊exp(x)＊sin(2＊x)＋C4＊exp(x)＊cos(2＊x)

§4.5 经济应用

一、如何确定商品价格浮动的规律

例 1 设某种商品的供给量 Q_1 与需求量 Q_2 是只依赖于价格 P 的线性函数，并假定在 t 时刻价格 $P(t)$ 的变化率与这时的过剩需求量成正比.试确定这种商品的价格随时间 t 的变化规律.

解 设

$$Q_1=-a+bP, \tag{1}$$
$$Q_2=c-dP, \tag{2}$$

其中 a,b,c,d 都是已知的正常数.(1) 式表明供给量 Q_1 是价格 P 的递增函数；(2) 式表明需求量 Q_2 是价格 P 的递减函数.

当供给量与需求量相等时，由(1) 式与(2) 式求出均衡价格为 $\overline{P}=\dfrac{a+c}{b+d}$.

容易看出，当供给量小于需求量即 $Q_1<Q_2$ 时，价格将上涨，这样市场价格就随时间的变化而围绕均衡价格 $\overline{P}$ 上下波动.因而，我们可以设想价格 P 是时间 t 的函数 $P=P(t)$.

由假定知道，$P(t)$ 的变化率与 Q_2-Q_1 成正比，即有

$$\frac{\mathrm{d}P}{\mathrm{d}t}=\alpha(Q_2-Q_1),$$

其中 α 是正常数.将(1)式与(2)式代入上式,得

$$\frac{\mathrm{d}P}{\mathrm{d}t}+kP=h,\qquad\qquad(3)$$

其中 $k=\alpha(b+d)$, $h=\alpha(a+c)$ 都是正常数.

(3)式是一个一阶线性微分方程,其通解为

$$P=\mathrm{e}^{-\int k\mathrm{d}t}\left(\int h\,\mathrm{e}^{\int k\mathrm{d}t}\,\mathrm{d}t+C\right)=\mathrm{e}^{-kt}\left(\frac{h}{k}\mathrm{e}^{kt}+C\right)=C\mathrm{e}^{-kt}+\frac{h}{k}=C\mathrm{e}^{-kt}+\overline{P}.$$

如果已知初始价格 $P(0)=P_0$,则(3)式的特解为

$$P=(P_0-\overline{P})\mathrm{e}^{-kt}+\overline{P},$$

该式即为商品价格随时间的变化规律.

二、如何控制体重

例 2　某运动员由于赛前减重过多而导致体力不济.他在拿手的抓举比赛中两次失败.应该怎样正确减重呢?

解　用热量平衡方程来解此问题.

设每天的饮食可产生热量 A ,用于新陈代谢消耗的热量为 B ,活动消耗热量为 $C\times$ 体重,并且理想假定减重时产生的热量主要由脂肪提供,每千克脂肪转化的热量为 D ,记 $W(t)$ 为体重,于是有下述平衡方程:

$$[W(t+\Delta t)-W(t)]D=[(A-B)-CW(t)]\Delta t,$$

$$\lim_{\Delta t\to 0}\frac{W(t+\Delta t)-W(t)}{\Delta t}=\frac{A-B}{D}-\frac{C}{D}W(t).$$

从而得微分方程

$$\begin{cases}\dfrac{\mathrm{d}W(t)}{\mathrm{d}t}=a-bW(t),\\[2mm]W(0)=W_0,\end{cases}$$

其中常数 $a=\dfrac{A-B}{D}$ 与食量、新陈代谢有关, $b=\dfrac{C}{D}$ 与活动有关, W_0 为初始体重.解得

$$W(t)=\frac{a}{b}+\left(W_0-\frac{a}{b}\right)\mathrm{e}^{-bt}.$$

说明:(1)理论上增重、减重都是可能的,因为当 $t\to\infty$ 时, $W(t)\to\dfrac{a}{b}$,调节 a 与 b 可得到你所期望的值.近代科技发展表明新陈代谢也是可调节的.

(2)只摄入维持生命所需的那部分新陈代谢的热量是不行的,因为 $A=B$ 使得 $a=0$, $\lim\limits_{t\to\infty}W(t)=0$,将导致死亡;

(3)只吃不活动也不行,因为这时 $b=0$, $W(t)=W_0+at$, $\lim\limits_{t\to\infty}W(t)=\infty$.说明会得肥胖症,也不利于身体健康(当然体重不会无限变大);

(4)题干中某运动员减重的数学问题是明确的:已知 W_0 ,要达到的值为 W_1 ,其期

限为 t，求 a,b 的最佳组合，使 $W_1 = \dfrac{a}{b} + \left(W_0 - \dfrac{a}{b}\right)\mathrm{e}^{-bt}$ 成立即可. 但解决这个问题还要靠教练、医生与运动员等的共同努力.

§4.6　工程应用

一、如何计算建筑构件的冷却时间

高温物体的冷却是遵循冷却定律的, 冷却定律为:

某物体放置于温度为 T_0 的环境中, 其温度变化率正比于物体的温度与 T_0 的差, 若 t 时刻物体的温度为 T, 则

$$\frac{\mathrm{d}T}{\mathrm{d}t} = -k(T-T_0)\ (k>0，称为冷却系数).$$

例1　建筑构件开始的温度为 100 ℃, 放在 20 ℃ 的空气中, 开始的 600 s 温度下降到 60 ℃. 问从 100 ℃ 下降到 25 ℃ 需要多长时间.

解　设物体温度为 $T(t)$, 冷却系数 $k>0$, 则该问题的方程及初值条件为

$$\begin{cases} \dfrac{\mathrm{d}T}{\mathrm{d}t} = -k(T-20)，\\ T(0)=100. \end{cases}$$

方程中的负号是因为介质温度 20 ℃ $<T$, 物体放热, 是降温过程, 此时 $\dfrac{\mathrm{d}T}{\mathrm{d}t}<0$.

该方程是可分离变量的微分方程, 也是一阶非齐次线性微分方程. 其解为

$$T(t) = 80\mathrm{e}^{-kt} + 20.$$

又因为开始的 600 s 下降到 60 ℃, 即 $T(600)=60$, 代入得

$$k = \frac{1}{600}\ln 2.$$

所以, 当 $T(t)=25$ 时,

$$25 = 80\mathrm{e}^{-\frac{\ln 2}{600}t} + 20，$$

解得 $t=2\,400$, 即 2 400 s 后, 物体温度下降到 25 ℃.

二、自动驾驶汽车能否停住

例2　一辆自动驾驶汽车以 20 m/s 的速度沿直线在道路上行驶, 通过智能感知设备发现前方 50 m 处有一障碍物. 如果紧急制动, 汽车可获得的最大加速度为 -5 m/s², 试问该汽车是否能在撞到障碍物前停下?

解　设该汽车在开始制动后 t s 时行驶了 S m, 根据题意, 制动阶段汽车运动的路程函数 $S(t)$ 应满足如下关系式:

$$\frac{\mathrm{d}^2 S}{\mathrm{d}t^2} = -5, \tag{1}$$

$$S(0) = 0, \tag{2}$$

$$\frac{\mathrm{d}S}{\mathrm{d}t}\bigg|_{t=0} = 20. \tag{3}$$

对(1)式两边积分一次,得到

$$\frac{\mathrm{d}S}{\mathrm{d}t} = -5t + C_1, \tag{4}$$

再积分一次得到

$$S(t) = -2.5t^2 + C_1 t + C_2, \tag{5}$$

其中 C_1, C_2 为任意常数.把(2)和(3)分别代入上式,得到: $C_1 = 20, C_2 = 0$.

将 C_1, C_2 代入(4)和(5)得到

$$\frac{\mathrm{d}S}{\mathrm{d}t} = -5t + 20, \tag{6}$$

$$S(t) = -2.5t^2 + 20t. \tag{7}$$

在(6)式中,令 $\frac{\mathrm{d}S}{\mathrm{d}t} = -5t + 20 = 0$,得到智能汽车从开始制动到完全停住所需要的时间为

$$t = \frac{20}{5} = 4(\mathrm{s}).$$

将 $t = 4$ 代入(7)式可得制动行驶的路程:

$$S(t) = -2.5 \times 4^2 + 20 \times 4 = 40(\mathrm{m}).$$

所以,智能汽车可以在撞到障碍物前停下.

三、能否抓住走私船

例 3　如图 4-1 所示,位于海岸原点 O 的我方缉私船,发现在 x 轴上 A 点处的走私船正以其最大速度 v_0 沿平行于 y 轴的直线逃窜.我方缉私船迅速追踪,目标始终对准走私船,且速度为 $2v_0$,试问我方缉私船在何处可抓住走私船?

解　为简单起见,设 $|OA| = 1$,并设当缉私船追到 $P(x, y)$ 时,走私船在其航线上的 $Q(1, \bar{y})$ 处.因为缉私船的目标始终对准走私船,所以 PQ 应与缉私船的追踪曲线 $y = f(x)$ 相切,于是有

$$\frac{\mathrm{d}y}{\mathrm{d}x} = \frac{\bar{y} - y}{1 - x},$$

即

$$\bar{y} - y = (1 - x)\frac{\mathrm{d}y}{\mathrm{d}x}.$$

上式两边对 x 求导,得

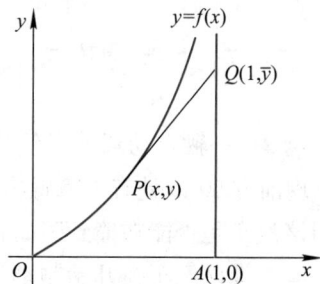

图 4-1

$$\frac{\mathrm{d}\overline{y}}{\mathrm{d}x} - \frac{\mathrm{d}y}{\mathrm{d}x} = (1-x)\frac{\mathrm{d}^2 y}{\mathrm{d}x^2} - \frac{\mathrm{d}y}{\mathrm{d}x},$$

即

$$\frac{\mathrm{d}\overline{y}}{\mathrm{d}x} = (1-x)\frac{\mathrm{d}^2 y}{\mathrm{d}x^2}. \tag{1}$$

由题意知,

$$\frac{\mathrm{d}\overline{y}}{\mathrm{d}t} = v_0, \sqrt{\left(\frac{\mathrm{d}x}{\mathrm{d}t}\right)^2 + \left(\frac{\mathrm{d}y}{\mathrm{d}t}\right)^2} = 2v_0,$$

所以

$$\sqrt{\left(\frac{\mathrm{d}x}{\mathrm{d}t}\right)^2 + \left(\frac{\mathrm{d}y}{\mathrm{d}t}\right)^2} = 2\frac{\mathrm{d}\overline{y}}{\mathrm{d}t}.$$

两边同时除以 $\dfrac{\mathrm{d}x}{\mathrm{d}t}$,得

$$\sqrt{1 + \left(\frac{\mathrm{d}y}{\mathrm{d}x}\right)^2} = 2\frac{\mathrm{d}\overline{y}}{\mathrm{d}x},$$

即

$$\frac{\mathrm{d}\overline{y}}{\mathrm{d}x} = \frac{1}{2}\sqrt{1 + (y')^2}.$$

将上式代入(1)式,得

$$\sqrt{1 + (y')^2} = 2(1-x)y''. \tag{2}$$

这是一个形如 $y'' = f(x, y')$ 的可降阶方程(见本章内容拓展),其初值条件是 $y|_{x=0} = 0$,
$y'|_{x=0} = 0$.

设 $y' = P, y'' = \dfrac{\mathrm{d}P}{\mathrm{d}x}$,则(2)式化为

$$\frac{\mathrm{d}P}{\sqrt{1 + P^2}} = \frac{\mathrm{d}x}{2(1-x)}.$$

两边积分,化简得

$$P + \sqrt{1 + P^2} = C_1 (1-x)^{-\frac{1}{2}}.$$

由 $P|_{x=0} = 0$,得 $C_1 = 1$,所以

$$P + \sqrt{1 + P^2} = (1-x)^{-\frac{1}{2}}.$$

由于

$$-P + \sqrt{1 + P^2} = (P + \sqrt{1 + P^2})^{-1} = (1-x)^{\frac{1}{2}},$$

所以

$$P = \frac{1}{2}\left[(1-x)^{-\frac{1}{2}} - (1-x)^{\frac{1}{2}}\right],$$

即

$$\mathrm{d}y = \frac{1}{2}\left[(1-x)^{-\frac{1}{2}} - (1-x)^{\frac{1}{2}}\right]\mathrm{d}x.$$

对上式两端积分,得

$$y = -(1-x)^{\frac{1}{2}} + \frac{1}{3}(1-x)^{\frac{3}{2}} + C.$$

由于 $y|_{x=0} = 0$，所以 $C = \frac{2}{3}$. 从而得到追踪曲线方程为

$$y = -(1-x)^{\frac{1}{2}} + \frac{1}{3}(1-x)^{\frac{3}{2}} + \frac{2}{3}. \tag{3}$$

在上式中，如果令 $x = 1$，则 $y = \frac{2}{3}$. 也就是说，当走私船驶至 $\left(1, \frac{2}{3}\right)$ 处时正好被我方缉私船抓获.

总结·拓展部分

一、本章内容总结

常微分方程是描述一个运动系统变化规律的数学工具，在实践中具有重要而广泛的应用. 本章内容主要有：

（1）微分方程的有关概念——微分方程的定义、微分方程的阶、微分方程的解（通解和特解）、初值条件、初值问题等.

（2）可分离变量的微分方程的解法.

（3）一阶线性微分方程（齐次、非齐次）的公式解法.

（4）二阶常系数齐次线性微分方程的解法.

分清常微分方程的类型，然后用相应的方法求解，这是本章内容的特点. 在本章内容拓展中，还有"两种特殊的二阶常系数非齐次线性微分方程"等几种类型的常微分方程及其解法的介绍.

二、本章内容拓展

1. 可降阶的高阶微分方程

（1）$y^{(n)} = f(x)$ 型的微分方程

微分方程 $y^{(n)} = f(x)$ 的右端是只含 x 的函数，只要对方程两边连续积分 n 次就可以得到通解.

例 1 求微分方程 $y''' = x$ 的通解.

解 逐次积分，得

$$y'' = \frac{x^2}{2} + C_1,$$

$$y' = \frac{x^3}{6} + C_1 x + C_2,$$

$$y = \frac{x^4}{24} + \frac{1}{2} C_1 x^2 + C_2 x + C_3.$$

(2) $y''=f(x,y')$ 型的微分方程

微分方程 $y''=f(x,y')$ 不明显含有未知函数 y,这种方程的解法是:

令 $y'=p(x)$,则 $y''=p'(x)$.将 y',y'' 代入原方程,得到 $p'(x)=f(x,p(x))$,设通解为 $p(x)=\varphi(x,C_1)$,即 $y'=\varphi(x,C_1)$,两边再积分,得方程的通解为

$$y=\int \varphi(x,C_1)\mathrm{d}x+C_2.$$

例 2 求微分方程 $y''=\dfrac{2xy'}{1+x^2}$ 满足初值条件 $y|_{x=0}=1,y'|_{x=0}=3$ 的特解.

解 令 $y'=p$,则 $y''=p'$.代入原方程得 $p'-\dfrac{2x}{1+x^2}p=0$,这是一个一阶齐次线性微分方程,其通解为

$$p=C_1\mathrm{e}^{-\int -\frac{2x}{1+x^2}\mathrm{d}x}=C_1(1+x^2),$$

即

$$y'=C_1(1+x^2).$$

将初值条件 $y'|_{x=0}=3$ 代入,求出 $C_1=3$.再次积分得到方程的通解为

$$y=x^3+3x+C_2.$$

将初值条件 $y|_{x=0}=1$ 代入,求出 $C_2=1$.所以原方程满足初值条件的特解为

$$y=x^3+3x+1.$$

(3) $y''=f(y,y')$ 型的微分方程

微分方程 $y''=f(y,y')$ 是不明显含有自变量 x 的二阶方程,其解法是:

令 $y'=p$,并将 y 看做自变量,则

$$y''=\frac{\mathrm{d}p}{\mathrm{d}x}=\frac{\mathrm{d}p}{\mathrm{d}y}\cdot\frac{\mathrm{d}y}{\mathrm{d}x}=p\,\frac{\mathrm{d}p}{\mathrm{d}y}.$$

于是方程 $y''=f(y,y')$ 化为 $p\,\dfrac{\mathrm{d}p}{\mathrm{d}y}=f(y,p)$.设通解为 $p=\varphi(y,C_1)$,即 $\dfrac{\mathrm{d}y}{\mathrm{d}x}=\varphi(y,C_1)$.分离变量,得 $\dfrac{\mathrm{d}y}{\varphi(y,C_1)}=\mathrm{d}x$.再积分,得方程的通解为

$$\int \frac{\mathrm{d}y}{\varphi(y,C_1)}=x+C_2.$$

例 3 求微分方程 $y''=2yy'$ 满足初值条件 $y|_{x=0}=1,y'|_{x=0}=2$ 的特解.

解 令 $y'=p$,则 $y''=p\,\dfrac{\mathrm{d}p}{\mathrm{d}y}$,代入原方程,可将方程化为 $p\,\dfrac{\mathrm{d}p}{\mathrm{d}y}=2yp$,即 $\dfrac{\mathrm{d}p}{\mathrm{d}y}=2y$.分离变量后,积分得 $p=y^2+C_1$,即

$$y'=y^2+C_1.$$

将初值条件 $y|_{x=0}=1,y'|_{x=0}=2$ 代入,得 $C_1=1$,所以 $y'=y^2+1$,即

$$\frac{\mathrm{d}y}{\mathrm{d}x}=y^2+1.$$

分离变量后,积分得 $\int \dfrac{\mathrm{d}y}{1+y^2} = \int \mathrm{d}x$,即

$$\arctan y = x + C_2.$$

将初值条件 $y|_{x=0} = 1$ 代入,得 $C_2 = \dfrac{\pi}{4}$.故所求特解为

$$y = \tan\left(x + \dfrac{\pi}{4}\right).$$

2. 二阶常系数非齐次线性微分方程

形如 $y'' + py' + qy = f(x)\,(f(x) \neq 0)$ 的二阶微分方程称为二阶常系数非齐次线性微分方程,其中 p,q 为常数.

方程 $y'' + py' + qy = 0$ 叫做与非齐次方程 $y'' + py' + qy = f(x)$ 对应的齐次方程.关于二阶常系数非齐次线性方程的通解有下面的定理.

定理 4.3(通解结构) 设 $y^*(x)$ 是二阶常系数非齐次线性方程 $y'' + py' + qy = f(x)$ 的一个特解,$Y(x)$ 是对应的齐次方程的通解,那么

$$y = Y(x) + y^*(x)$$

是二阶常系数非齐次线性微分方程的通解.

由上面的定理可知,二阶常系数非齐次线性微分方程的通解,可按下面三个步骤来求:

① 求其对应的齐次线性微分方程的通解 $Y(x)$;

② 求非齐次线性微分方程的一个特解 $y^*(x)$;

③ 原方程的通解为 $y = Y(x) + y^*(x)$.

求二阶齐次线性微分方程的通解 $Y(x)$ 的方法前面已讨论过,所以只要研究一下如何求非齐次方程 $y'' + py' + qy = f(x)$ 的一个特解就行.一般来说,求出它的特解是困难的,这里只讨论 $f(x)$ 为以下两种形式的情形.

(1) $f(x) = P_m(x)\mathrm{e}^{\lambda x}$ 型

这里 λ 是常数,$P_m(x)$ 是关于 x 的 m 次多项式.这时方程成为

$$y'' + py' + qy = P_m(x)\mathrm{e}^{\lambda x}.$$

可以证明,该方程具有形如 $y^* = x^k Q_m(x)\mathrm{e}^{\lambda x}$ 的特解,其中 $Q_m(x)$ 是与 $P_m(x)$ 同次的多项式,而 k 的值按 λ 不是特征方程的根、是特征方程的单根、是特征方程的重根分别取 $0,1$ 或 2.

表 4-3 清楚地给出了不同情况下特解 y^* 的形式.

表 4-3

$f(x)$的形式	λ 的值	特解 y^* 的形式
$f(x) = P_m(x)\mathrm{e}^{\lambda x}$	λ 不是特征根	$y^* = Q_m(x)\mathrm{e}^{\lambda x}$
	λ 是单根	$y^* = xQ_m(x)\mathrm{e}^{\lambda x}$
	λ 是重根	$y^* = x^2 Q_m(x)\mathrm{e}^{\lambda x}$

例 4　求微分方程 $y''-2y'-3y=3x+1$ 的一个特解.

解　这是二阶常系数非齐次线性微分方程,且函数 $f(x)$ 是 $P_m(x)e^{\lambda x}$ 型,其中

$$P_m(x)=3x+1,\quad \lambda=0.$$

与所给方程对应的齐次方程为

$$y''-2y'-3y=0,$$

它的特征方程为

$$r^2-2r-3=0.$$

其两个特征根为 $r_1=-1,r_2=3$.

由于这里 $\lambda=0$ 不是特征方程的根,所以应设特解为

$$y^*=b_0x+b_1.$$

把它代入所给方程,得

$$-3b_0x-2b_0-3b_1=3x+1.$$

比较两端 x 同次幂的系数,得

$$\begin{cases}-3b_0=3,\\-2b_0-3b_1=1.\end{cases}$$

解方程组,求得 $b_0=-1,b_1=\dfrac{1}{3}$.于是求得所给方程的一个特解为

$$y^*=-x+\frac{1}{3}.$$

例 5　求微分方程 $y''-5y'+6y=xe^{2x}$ 的通解.

解　所给方程是二阶常系数非齐次线性微分方程,且 $f(x)$ 是 $P_m(x)e^{\lambda x}$ 型,其中

$$P_m(x)=x,\quad \lambda=2.$$

与所给方程对应的齐次方程为

$$y''-5y'+6y=0,$$

它的特征方程为

$$r^2-5r+6=0.$$

其两个实根 $r_1=2,r_2=3$.于是所给方程对应的齐次方程的通解为

$$Y=C_1e^{2x}+C_2e^{3x}.$$

由于 $\lambda=2$ 是特征方程的单根,所以应设方程的特解为

$$y^*=x(b_0x+b_1)e^{2x}.$$

把它代入所给方程,得

$$-2b_0x+2b_0-b_1=x.$$

比较两端 x 同次幂的系数,得

$$\begin{cases}-2b_0=1,\\2b_0-b_1=0.\end{cases}$$

解方程组,得 $b_0=-\dfrac{1}{2},b_1=-1$,于是求得所给方程的一个特解为

$$y^* = x\left(-\frac{1}{2}x-1\right)e^{2x}.$$

从而所给方程的通解为

$$y = C_1 e^{2x} + C_2 e^{3x} - \frac{1}{2}(x^2+2x)e^{2x}.$$

（2）$f(x) = e^{\lambda x}(a\cos\omega x + b\sin\omega x)$ 型

这里 λ,a,b,ω 是常数，这时方程成为

$$y'' + py' + qy = e^{\lambda x}(a\cos\omega x + b\sin\omega x).$$

可以证明，该方程具有形如 $y^* = x^k e^{\lambda x}(A\cos\omega x + B\sin\omega x)$ 的特解，其中 A,B 是待定系数，而 k 按 $\lambda+i\omega$ 不是特征方程的根、是特征方程的根分别取 0,1.

表 4-4 清楚地给出了不同情况下特解 y^* 的形式.

表 4-4

$f(x)$ 的形式	$\lambda+i\omega$ 的值	特解 y^* 的形式
$f(x) = e^{\lambda x}(a\cos\omega x + b\sin\omega x)$	$\lambda+i\omega$ 不是特征根	$y^* = e^{\lambda x}(A\cos\omega x + B\sin\omega x)$
	$\lambda+i\omega$ 是特征根	$y^* = xe^{\lambda x}(A\cos\omega x + B\sin\omega x)$

例 6 求方程 $y'' + 2y' + 5y = 3e^{-x}\sin x$ 的一个特解.

解 $\qquad f(x) = 3e^{-x}\sin x, \quad \lambda = -1, \omega = 1.$

因 $\lambda\pm i\omega = -1\pm i$ 不是特征方程 $r^2+2r+5=0$ 的根，所以设特解为

$$y^* = e^{-x}(A\cos x + B\sin x).$$

把它代入原方程，得

$$A\cos x + B\sin x = \sin x.$$

比较系数，得 $A=0,B=1.$ 因此，方程的一个特解为

$$y = e^{-x}\sin x.$$

例 7 求微分方程 $y'' + y = 4\sin x$ 的通解.

解 与所给方程对应的齐次方程为 $y'' + y = 0$，它的特征方程为 $r^2+1=0$，特征根为 $r_{1,2} = \pm i$，所以对应齐次方程的通解为

$$Y = C_1\cos x + C_2\sin x.$$

这里 $f(x) = 4\sin x$，$\lambda = 0,\omega = 1.$ 因 $\lambda\pm i\omega = \pm i$ 是特征根，于是设特解为

$$y^* = xe^{0 \cdot x}(A\cos x + B\sin x) = x(A\cos x + B\sin x).$$

将它代入原方程，得

$$-2A\sin x + 2B\cos x = 4\sin x.$$

比较系数，得 $A=-2,B=0$，因此原方程的一个特解为

$$y^* = -2x\cos x.$$

于是原方程的通解为

$$y = C_1\cos x + C_2\sin x - 2x\cos x.$$

3. 拉普拉斯变换

在数学中,为了把复杂的运算转化为较简单的运算,常常采用变换的手段,拉普拉斯变换就是其中的一种.拉普拉斯变换是解常系数线性微分方程的一种有效而简便的方法,在工程技术上有着广泛的应用.

定义 4.1 设函数 $f(t)$ 的定义域为 $[0, +\infty)$,如果广义积分

$$\int_0^{+\infty} f(t) \mathrm{e}^{-pt} \mathrm{d}t$$

对于 p 在某一范围内的值收敛,那么此积分就确定了一个自变量为 p 的函数,记作 $F(p)$,即

$$F(p) = \int_0^{+\infty} f(t) \mathrm{e}^{-pt} \mathrm{d}t . \tag{4-1}$$

函数 $F(p)$ 称为 $f(t)$ 的拉普拉斯变换(或 $f(t)$ 的像函数),公式(4-1)称为函数 $f(t)$ 的拉普拉斯变换式,用记号 $L[f(t)]$ 表示,即

$$F(p) = L[f(t)].$$

若 $F(p)$ 为 $f(t)$ 的拉普拉斯变换,则称 $f(t)$ 为 $F(p)$ 的拉普拉斯逆变换(或 $F(p)$ 的像原函数),记作 $L^{-1}[F(p)]$,即

$$f(t) = L^{-1}[F(p)].$$

关于拉普拉斯变换,作两点说明:

(1) 在定义中,只要求 $f(t)$ 当 $t \geqslant 0$ 时有定义,当 $t < 0$ 时,则假定 $f(t) \equiv 0$;

(2) 公式(4-1)中的自变量 p,可以在复数范围内取值,但本教材只把 p 当作实数来讨论;

例 8 求 $f(t) = t (t \geqslant 0)$ 的拉普拉斯变换.

解 根据公式(4-1),有

$$L[t] = \int_0^{+\infty} t \mathrm{e}^{-pt} \mathrm{d}t = \left(-\frac{1}{p} t \mathrm{e}^{-pt} - \frac{1}{p^2} \mathrm{e}^{-pt} \right) \Big|_0^{+\infty} .$$

上述积分当 $p > 0$ 时收敛于 $\dfrac{1}{p^2}$,所以有

$$L[t] = \frac{1}{p^2} (p > 0).$$

一般地,有

$$L[at] = \frac{a}{p^2} \quad (p > 0, a \text{ 为常数}).$$

例 9 求 $f(t) = \mathrm{e}^{at} (t \geqslant 0, a \text{ 为常数})$ 的拉普拉斯变换.

解 $$L[\mathrm{e}^{at}] = \int_0^{+\infty} \mathrm{e}^{at} \mathrm{e}^{-pt} \mathrm{d}t = \int_0^{+\infty} \mathrm{e}^{-(p-a)t} \mathrm{d}t ,$$

这一积分当 $p > a$ 时收敛于 $\dfrac{1}{p-a}$,所以有

$$L[\mathrm{e}^{at}] = \frac{1}{p-a} \quad (p > a).$$

例 10 求 $f(x)=\sin \omega t \ (t\geqslant 0)$ 的拉普拉斯变换.

解 $L[\sin \omega t]=\displaystyle\int_0^{+\infty} \sin \omega t \, e^{-pt} \, dt$

$$=\left[-\frac{1}{p^2+\omega^2} e^{-pt}(p\sin \omega t+\omega\cos \omega t)\right]\Big|_0^{+\infty}$$

$$=\frac{\omega}{p^2+\omega^2} \quad (p>0).$$

同样可得

$$L[\cos \omega t]=\frac{p}{p^2+\omega^2} \quad (p>0).$$

习题四

1. 解下列微分方程:

(1) $\dfrac{dy}{dx}=\dfrac{1}{y}$;

(2) $\dfrac{dy}{dx}=2xy^2$;

(3) $\dfrac{dy}{dx}=e^{x-y}$;

(4) $y^2 dx+x^2 dy=0$;

(5) $(x-1)yy'-y^2=1$;

(6) $(1+x^2)e^y y'-2x(1+e^y)=0$;

(7) $\dfrac{x}{1+y} dx-\dfrac{y}{1+x} dy=0$;

(8) $y\ln x \, dx-x\ln y \, dy=0$.

2. 解下列初值问题:

(1) $\begin{cases} \dfrac{dy}{dx}=-\dfrac{x^2}{y^2}, \\ y|_{x=1}=2; \end{cases}$

(2) $\begin{cases} \dfrac{dy}{dx}=3y^{\frac{2}{3}}, \\ y|_{x=-1}=8; \end{cases}$

(3) $\begin{cases} (1+\sin x)dy=y^2\cos x \, dx, \\ y|_{x=\pi}=-1; \end{cases}$

(4) $\begin{cases} (1+x^2)dy=(1+y^2)dx, \\ y|_{x=1}=\sqrt{3}. \end{cases}$

3. 求下列一阶线性微分方程的通解或满足初值条件的特解:

(1) $y'-5y=0$;

(2) $y'+\dfrac{1}{x^2}y=0$;

(3) $(x+1)y'-2y=0$;

(4) $y'+y\sin x=0$;

(5) $y'-2xy=e^{x^2}\cos x$;

(6) $xy'+y=e^x$;

(7) $(1+x^2)y'-2xy=(1+x^2)^2$;

(8) $(x+y^3)dy=y \, dx$;

(9) $\begin{cases} 2y'+y=3, \\ y|_{x=0}=10; \end{cases}$

(10) $\begin{cases} (x+1)y'+y=2e^{-x}, \\ y|_{x=1}=0. \end{cases}$

4. 求下列微分方程的通解:

(1) $y''-9y=0$;

(2) $y''-2y'-3y=0$;

(3) $y''+y=0$;

(4) $4y''-8y'+5y=0$;

(5) $y''-2y'+y=0$;

(6) $y''-4y'=0$.

5. 求下列微分方程满足所给初值条件的特解:

(1) $y''-3y'+2y=0$, $y|_{x=0}=2$, $y'|_{x=0}=-3$;

(2) $4y''+4y'+y=0$, $y|_{x=0}=2$, $y'|_{x=0}=0$;

(3) $y''+4y'+13y=0$, $y|_{x=0}=0$, $y'|_{x=0}=3$.

*6. 求下列微分方程的通解或特解:

(1) 求 $y''+y=2x^2-3$ 的一个特解;

(2) 求 $y''-5y'+6y=e^x$ 的一个特解;

(3) 求 $y''+2y'-3y=4\sin x$ 的一个特解;

(4) 求 $y''-2y'=3x+1$ 的通解;

(5) 求 $y''+6y'+9y=5xe^{-3x}$ 的通解;

(6) 求 $y''+4y=2\cos^2 x$ 满足初值条件 $y|_{x=0}=0, y'|_{x=0}=0$ 的一个特解.

*7. 求下列微分方程的通解:

(1) $y''=\ln x$;   (2) $y''+y'\tan x=\sin 2x$;

(3) $y''=1+(y')^2$.

*8. 求微分方程 $y''-e^{2y}y'=0$ 满足初值条件 $y|_{x=0}=0, y'|_{x=0}=\dfrac{1}{2}$ 的特解.

*9. 求下列函数的拉普拉斯变换:

(1) $f(t)=3t+1$;   (2) $f(t)=e^{-t}+3e^{2t}$;

(3) $f(t)=\sin 2t$.

10. 判断题.

(1) $x(y')^2-2xy'+x=0$ 是二阶微分方程;   (   )

(2) $u'v+uv'=(uv)'$ 是微分方程;   (   )

(3) $y''+3y'+4y=0$ 是二阶常系数齐次微分方程;   (   )

(4) $y=\sin x+C\cos x$ 是微分方程 $y''+y=0$ 的通解;   (   )

(5) 微分方程 $y''+y=0$ 的特征方程为 $r^2+r=0$.   (   )

11. 填空题.

(1) 微分方程 $y'+y\tan x-\cos x=0$ 的通解为_____;

(2) 过点 $\left(\dfrac{1}{2},0\right)$ 且满足关系式 $y'\arcsin x+\dfrac{y}{\sqrt{1-x^2}}=1$ 的曲线方程为_____;

(3) 微分方程 $xy''+3y'=0$ 的通解为_____;

*(4) 设 $y_1(x),y_2(x),y_3(x)$ 是线性微分方程 $y''+a(x)y'+b(x)y=f(x)$ 的三个特解,且 $\dfrac{y_2(x)-y_1(x)}{y_3(x)-y_1(x)}\neq C$,则该微分方程的通解为_____;

*(5) 设 $y_1=3+x^2, y_2=3+x^2+e^{-x}$ 是某二阶非齐次线性微分方程的两个特解,且相应齐次方程的一个解为 $y_3=x$,则该微分方程的通解为_____;

*(6) 微分方程 $y''-2y'-3y=x+xe^{-x}+e^x\cos 2x$ 的一个特解形式为_____;

*(7) 微分方程 $y''-2y'+2y=e^x$ 的通解为_____;

*(8) 微分方程 $y''-4y=e^{2x}$ 的通解为_____;

(9) 函数 $y=C_1\cos 2x+C_2\sin 2x$ 满足的二阶常系数齐次线性微分方程为_____;

(10) 若连续函数 $f(x)$ 满足关系式 $f(x)=\displaystyle\int_0^{2x} f\left(\dfrac{t}{2}\right)\mathrm{d}t+\ln 2$,则 $f(x)=$

_____;

*(11) 用 MATLAB 求微分方程 $y''-2y'-3y=0$ 的通解为_____.

12. 单项选择题.

(1) 若函数 $y=\cos 2x$ 是微分方程 $y'+p(x)y=0$ 的一个特解,则该方程满足初值条件 $y(0)=2$ 的特解为(　　).

(A) $y=\cos 2x+2$　　　　　　(B) $y=\cos 2x+1$

(C) $y=2\cos x$　　　　　　　(D) $y=2\cos 2x$

(2) 设函数 $y_1(x),y_2(x)$ 是微分方程 $y'+p(x)y=0$ 的两个不同特解,则该方程的通解为(　　).

(A) $y=C_1 y_1+C_2 y_2$　　　　(B) $y=y_1+Cy_2$

(C) $y=y_1+C(y_1+y_2)$　　　(D) $y=C(y_2-y_1)$

(3) 已知函数 $y=y(x)$ 在任意点 x 处的增量 $\Delta y=\dfrac{y\Delta x}{1+x^2}+o(\Delta x)$,$y(0)=\pi$,则 $y(1)=($　　$)$.

(A) 2π　　　(B) π　　　(C) $\mathrm{e}^{\frac{\pi}{4}}$　　　(D) $\pi\mathrm{e}^{\frac{\pi}{4}}$

(4) 设函数 $y=f(x)$ 是微分方程 $y''-2y'+4y=0$ 的一个解.若 $f(x_0)>0$,$f'(x_0)=0$,则函数 $f(x)$ 在点 x_0(　　).

(A) 取到极大值　　　　　　(B) 取到极小值

(C) 某个邻域内单调增加　　(D) 某个邻域内单调减少

(5) 设 y_1,y_2 是二阶常系数齐次线性微分方程 $y''+py'+qy=0$ 的两个特解,C_1,C_2 是两个任意常数,则下列命题中正确的是(　　).

(A) $C_1 y_1+C_2 y_2$ 一定是微分方程的通解

(B) $C_1 y_1+C_2 y_2$ 不可能是微分方程的通解

(C) $C_1 y_1+C_2 y_2$ 是微分方程的解

(D) $C_1 y_1+C_2 y_2$ 不是微分方程的解

*(6) 微分方程 $y''-y=\mathrm{e}^x+1$ 的一个特解应具有形式(　　).

(A) $a\mathrm{e}^x+b$　　　　　　　(B) $ax\mathrm{e}^x+b$

(C) $a\mathrm{e}^x+bx$　　　　　　　(D) $ax\mathrm{e}^x+bx$

(7) 设二阶常系数齐次线性微分方程 $y''+by'+y=0$ 的每一个解 $y(x)$ 都在区间 $(0,+\infty)$ 内有界,则实数 b 的取值范围是(　　).

(A) $b\geqslant 0$　　(B) $b\leqslant 0$　　(C) $b\leqslant 4$　　(D) $b\geqslant 4$

*13. 作直线运动的物体的速度与物体到原点的距离成正比,已知物体在 10 s 时与原点相距 100 m,在 20 s 时与原点相距 200 m,求物体的运动规律.

*14. 一个学生把求导的乘法法则记成 $(fg)'=f'\cdot g'$,但是在解题中却得到了正确答案,已知函数 $g(x)=\mathrm{e}^{x^2}$,你能求出函数 $f(x)$ 的表达式吗?

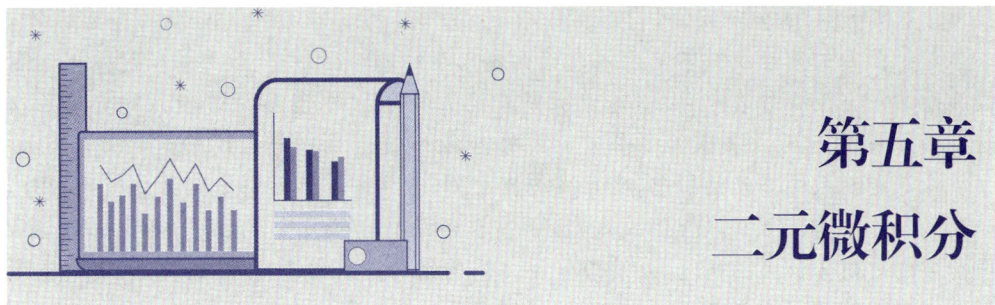

第五章
二元微积分

数学文化小故事之五

——费马的故事和笛卡儿的故事

费马(1601—1665),出生于一个法国商人家庭,是一名律师,数学只是他的业余爱好.虽然他只能利用闲暇时间研究数学,但他对数论和微积分做出了巨大贡献,并同帕斯卡一同开创了概率论的研究工作,被誉为"业余数学家之王".

费马关于曲线的工作,是从研究古希腊几何学家的工作,特别是阿波罗尼奥斯的工作开始的.他用代数来研究曲线,大约在 1629 年他写了一本《平面和立体的轨迹引论》(1679 年发表),书中说,他找到了一个研究有关曲线问题的普遍方法.费马用坐标几何研究曲线和它上面的一般点 J、J 的位置用 A、E 两个字母定出:A 是从原点 O 沿底线到点 Z 的距离,E 是从 Z 到 J 的距离.所用的坐标就是我们现在的斜坐标.但是 y 轴没有明显出现,而且不用负数,A,E 就是我们现在的 x,y.费马把他的一般原理叙述为"只要在最后的方程里出现两个未知量,我们就得到一个轨迹,这两个量之一,其末端描绘出一条直线或曲线".例如,他给出方程 $ax=by$(用我们现在的写法),并指出这代表一条直线,方程 $a^2-x^2=y^2$ 代表一个圆,$a^2+x^2=ky^2$ 和 $xy=a$ 各代表一条双曲线,$x^2=ay$ 代表一条抛物线.而且费马发现坐标轴可以平移和旋转.因为他给出一些较复杂的二次方程,并给出它们可以简化到的简单形式.他得到如下结论:一个联系着 A、E 的方程,如果是一次的就代表直线,如果是二次的就代表圆锥曲线.

笛卡儿(1596—1650)是杰出的哲学家、物理学家、数学家,他对现代数学的发展做出的最重要的贡献是将几何坐标体系公式化,因此被称为"解析几何之父".

笛卡儿关于解析几何的研究,记载在他的著作《几何》中.在《几何》第一卷的前一半中,笛卡儿用代数解决的只是古典的几何作图题,这只不过是代数在几何上的一个应用,并不是现代意义下的解析几何.进一步,笛卡儿研究了多解问题,其结果可以有很多长度作为答案.这些长度的端点充满一条曲线.他说:"也要求发现并描出这条包括所有端点的曲线".曲线的形状依赖于最后得到的不定方程,笛卡儿指出:对于每一个 x,长度 y 满足一个确定的方程,因而可以画出.笛卡儿的做法,是选定一条直线作为基线,以点 A 为原点,x 值是基线上从 A 量起一个线段的长度.y 是由基线出发与基线作成一个固定角度的一个线段的长度.这个坐标系我们现在叫作斜坐标系.笛卡儿的 x,y 只取正值,即图形在第一象限内.有了曲线方程的思想之后,笛卡儿进一步提出了解析几何的体系.

解析几何的产生是数学史上划时代的重大事件,开辟了用代数方法研究几何问题的新思路——用方程表示曲线,通过研究方程来研究曲线.费马与笛卡儿的贡献不仅是创造了解析几何,更是突破了原有的思维方法,创造了新的思维模式.

受这种新数学方法的影响,数学各分支之间、数学与其他学科之间开始交叉融合,鼓励人们克服单一学科课程的缺点,加强各学科课程内部有关科目之间的横向联系,用所学的思想方法灵活研究、发现各学科之间的新的关系和应用,更新知识,更大限度地开发我们的学习潜能与创新活力,这是现今学科发展的必然.

> **想一想**
> 1. 费马与笛卡儿具有哪些品质？他们最大的成就是什么？我们能获得哪些启示？
> 2. 为什么现在提倡学科间交叉融合？你所学的专业与什么学科融合更有发展前途？

基础知识部分

二元函数微积分是一元函数微积分的推广和发展,许多概念以及处理问题的思想方法与一元函数的情形类似,但在某些方面又存在着本质的不同.学习时应注重二者之间的联系与区别.

本章首先对空间解析几何进行简单介绍,然后介绍二元函数微积分的有关知识.

§5.1 空间解析几何简介

大家都知道,在平面解析几何中,以原点为圆心、半径为 1 的圆的方程是 $x^2 + y^2 = 1$,如果我们将该圆绕 x 轴或 y 轴旋转一周,即得一个球,那么球面的方程是什么呢？这就是一个空间解析几何的问题.因此,空间解析几何是在平面解析几何的基础上推广和发展起来的.也就是说,空间解析几何是在空间直角坐标系中研究几何问题.

一、空间直角坐标系

在空间内取三条相互垂直且相交于点 O 的数轴构成**空间直角坐标系**.这三条数轴按右手系依次称为 x **轴**(横轴)、y **轴**(纵轴)、z **轴**(竖轴),如图5-1所示,三条数轴统称为**坐标轴**,点 O 称为**坐标原点**,简称原点.该空间直角坐标系记为 $O\text{-}xyz$.

任意两条坐标轴所确定的平面称为**坐标面**(共有三个坐标面),由 x 轴和 y 轴所确定的坐

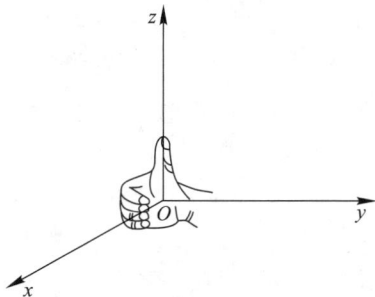

图 5-1

标面叫做 xOy **面**,由 y 轴和 z 轴所确定的坐标面叫做 yOz **面**,由 z 轴和 x 轴所确定的坐标面叫做 zOx **面**.

设 M 是空间内任一点,如图 5-2 所示,过点 M 分别作垂直于三条坐标轴的平面,它们分别交 x 轴、y 轴、z 轴于点 P,Q,R,称为点 M 在坐标轴上的**投影**.设 P,Q,R 在三条坐标轴上的坐标依次为 x,y,z,于是按照上面的做法,空间内的点 M 唯一地确定了一个有序数组 (x,y,z).反之,如果给定一个有序数组 (x,y,z),则分别过 x 轴、y 轴和 z 轴上的点 x,y,z 作三个垂直于 x 轴、y 轴和 z 轴的平面,这三个平面相交于空间内一点 M.因此有序数组 (x,y,z) 与点 M 之间存在着一一对应的关系.称 (x,y,z) 为点 M 的**坐标**,并依次称 x,y,z 为点 M 的**横坐标**、**纵坐标**和**竖坐标**.这时,点 M 可记作 $M(x,y,z)$.原点的坐标为 $(0,0,0)$.点 $M(x,y,z)$ 关于三个坐标面 xOy,yOz,zOx,三条坐标轴 x,y,z 以及原点的对称点的坐标分别为

$$(x,y,-z),(-x,y,z),(x,-y,z);(x,-y,-z),$$
$$(-x,y,-z),(-x,-y,z);(-x,-y,-z).$$

三个坐标面把空间分隔成八个部分,依次叫做第 Ⅰ 至第 Ⅷ **卦限**,如图 5-3 所示.八个卦限和点 $M(x,y,z)$ 的坐标的符号见表 5-1.

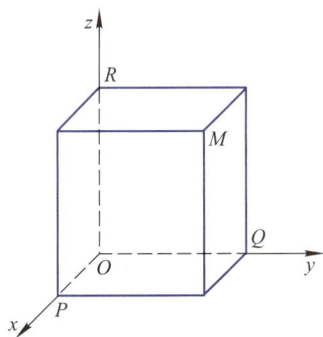

图 5-2

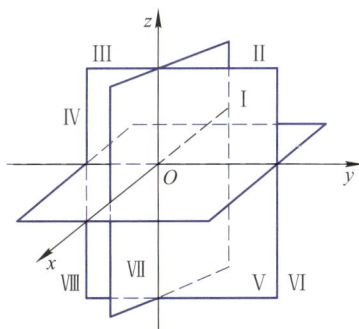

图 5-3

表 5-1

卦限	Ⅰ	Ⅱ	Ⅲ	Ⅳ
坐标的正负号	$(+,+,+)$	$(-,+,+)$	$(-,-,+)$	$(+,-,+)$
卦限	Ⅴ	Ⅵ	Ⅶ	Ⅷ
坐标的正负号	$(+,+,-)$	$(-,+,-)$	$(-,-,-)$	$(+,-,-)$

二、空间内任意两点的距离公式

设点 $M_1(x_1,y_1,z_1)$ 和 $M_2(x_2,y_2,z_2)$ 是空间任意两点,如图 5-4 所示,它们的连线和三个坐标轴都不平行.过点 M_1 和 M_2 分别作三个垂直于坐标轴的平面,这六个平面围成一个以线段 M_1M_2 为对角线的长方体,其中长方体的棱 AM_1,AB,BM_2 分别平行于 x 轴、y 轴、z 轴.

根据几何知识,长方体的对角线 M_1M_2 的长的平方应等于三条棱长的平方和.于是有
$$|M_1M_2|^2=|AM_1|^2+|AB|^2+|BM_2|^2.$$
由于线段 AM_1 与 x 轴平行,且点 M_1 与点 A 的横坐标分别为 x_1,x_2,故有 $|AM_1|=|x_2-x_1|$.同理有 $|AB|=|y_2-y_1|$,$|BM_2|=|z_2-z_1|$.将它们代入上式,得到空间内两点 $M_1(x_1,y_1,z_1)$ 和 $M_2(x_2,y_2,z_2)$ 之间的**距离公式**:

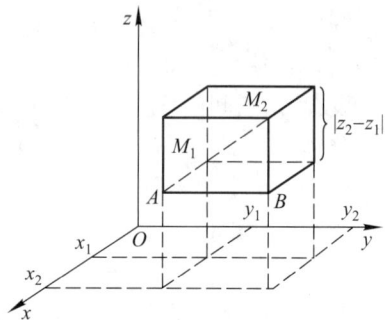

图 5-4

$$d=|M_1M_2|=\sqrt{(x_2-x_1)^2+(y_2-y_1)^2+(z_2-z_1)^2}.$$

特别地,点 $M(x,y,z)$ 与坐标原点 $O(0,0,0)$ 的距离为
$$d=|OM|=\sqrt{x^2+y^2+z^2}.$$

例 1 在 y 轴上求与点 $A(1,-3,7)$ 和 $B(5,7,-5)$ 等距离的点.

解 因为所求的点在 y 轴上,故可设该点为 $M(0,y,0)$.根据题意有
$$|MA|=|MB|,$$
于是
$$\sqrt{(1-0)^2+(-3-y)^2+(7-0)^2}=\sqrt{(5-0)^2+(7-y)^2+(-5-0)^2},$$
两边平方去根号,整理后得 $20y=40$,从而有 $y=2$.

所以,所求点的坐标为 $(0,2,0)$.

三、曲面与方程

在日常生活中,一般物体的表面都是曲面,与平面解析几何中建立曲线与方程的对应关系一样,可以把曲面看做空间中动点的轨迹,建立空间曲面与包含三个变量的方程 $F(x,y,z)=0$ 的对应关系.

定义 5.1 如果曲面 S 上任意一点的坐标 (x,y,z) 都满足方程 $F(x,y,z)=0$,而且满足方程 $F(x,y,z)=0$ 的 x,y,z 对应的点 (x,y,z) 在曲面 S 上,则称 $F(x,y,z)=0$ 为**曲面 S 的方程**,曲面 S 就是方程 $F(x,y,z)=0$ 的图形,如图 5-5 所示.

例 2 一动点 $M(x,y,z)$ 与两定点 $M_1(1,-1,0)$,$M_2(2,0,-2)$ 的距离相等,求此动点 M 的轨迹方程.

解 依题意有 $|MM_1|=|MM_2|$,由两点间距离公式得

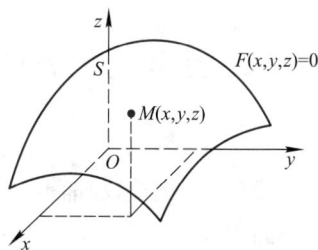

图 5-5

$$\sqrt{(x-1)^2+(y+1)^2+z^2}$$
$$=\sqrt{(x-2)^2+y^2+(z+2)^2},$$
化简后可得点 M 的轨迹方程为
$$x+y-2z-3=0.$$
动点 M 的轨迹是线段 M_1M_2 的垂直平分面,因此

上面所求的方程即为该垂直平分面的方程.

例 3 求三个坐标面的方程.

解 容易看到 xOy 面上任一点的坐标必有 $z=0$,满足 $z=0$ 的点也必然在 xOy 面上,所以 xOy 面的方程为 $z=0$.同理,yOz 面的方程为 $x=0$,zOx 面的方程为 $y=0$.

可以证明空间中任意一个**平面的方程**为三元一次方程

$$Ax+By+Cz+D=0,$$

其中 A,B,C,D 均为常数,且 A,B,C 不全为 0.

例 4 方程 $x^2+y^2+z^2-2x+4y=4$ 表示什么样的曲面?

解 将方程配方,得

$$(x-1)^2+(y+2)^2+z^2=3^2,$$

该方程表示球心在点 $(1,-2,0)$,半径为 3 的球面.

可以证明球心在点 $M_0(x_0,y_0,z_0)$,半径为 R 的**球面方程**为

$$(x-x_0)^2+(y-y_0)^2+(z-z_0)^2=R^2.$$

特别地,当球心为原点,即 $x_0=y_0=z_0=0$ 时,球面方程为

$$x^2+y^2+z^2=R^2.$$

例 5 在空间直角坐标系中作出下列曲面:

(1) $x^2+y^2=R^2$; (2) $z=x^2+y^2$.

解 (1) 方程 $x^2+y^2=R^2$ 在 xOy 面上表示以原点为圆心、半径为 R 的圆.由于方程不含 z,意味着 z 可取任意值,只要 x 与 y 满足 $x^2+y^2=R^2$ 即可.因此这个方程所表示的曲面,是由平行于 z 轴的直线沿 xOy 面上的圆 $x^2+y^2=R^2$ 移动而形成的圆柱面.$x^2+y^2=R^2$ 叫做它的**准线**,平行于 z 轴的直线叫做它的**母线**,如图 5-6 所示.

(2) 用平面 $z=c$ 截曲面 $z=x^2+y^2$,其截痕方程为

$$z=x^2+y^2,z=c.$$

当 $c=0$ 时,只有 $(0,0,0)$ 满足方程;

当 $c>0$ 时,其截痕为以点 $(0,0,c)$ 为圆心,以 $\sqrt{c}$ 为半径的圆,让平面 $z=c$ 向上移动,即让 c 越来越大,则截痕的圆也越来越大;

当 $c<0$ 时,平面与曲面无交点,因此称 $z=x^2+y^2$ 的图形为**旋转抛物面**,如图 5-7所示.

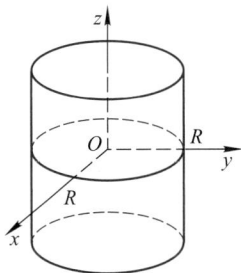

图 5-6

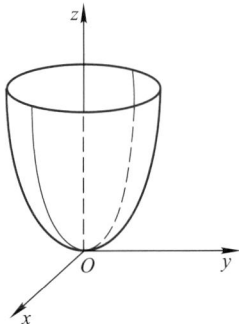

图 5-7

四、空间曲线的一般方程

空间的曲线可以看做是空间两个曲面的交线. 设空间两个相交曲面的方程分别为 $F(x,y,z)=0$ 和 $G(x,y,z)=0$,则它们的交线 C,即空间曲线 C 由方程组

$$\begin{cases} F(x,y,z)=0, \\ G(x,y,z)=0 \end{cases}$$

所确定,此方程组叫做**空间曲线的一般方程**.

例如,x 轴的方程为 $\begin{cases} y=0, \\ z=0; \end{cases}$ y 轴的方程为 $\begin{cases} x=0, \\ z=0; \end{cases}$ z 轴的方程为 $\begin{cases} x=0, \\ y=0. \end{cases}$

例 6 方程组 $\begin{cases} z=\sqrt{4-x^2-y^2}, \\ z=1 \end{cases}$ 表示怎样的曲线?

解 方程 $z=\sqrt{4-x^2-y^2}$ 表示以原点为球心,以 2 为半径的上半球面. 方程 $z=1$ 表示平行于 xOy 面的平面. 方程组 $\begin{cases} z=\sqrt{4-x^2-y^2}, \\ z=1 \end{cases}$ 表示以上两曲面的交线,它是平面 $z=1$ 上的一个圆,它的半径为 $\sqrt{3}$.

特别地,空间的直线可以表示为空间两个平面的交线. 设空间两相交平面的方程分别为 $A_1x+B_1y+C_1z+D_1=0$ 和 $A_2x+B_2y+C_2z+D_2=0$,则方程组

$$\begin{cases} A_1x+B_1y+C_1z+D_1=0, \\ A_2x+B_2y+C_2z+D_2=0 \end{cases}$$

叫做**空间直线的一般方程**.

§5.2 二元函数的概念

在实际问题中,常常会遇到一个量与多个变量有关的情况.

例 1 长方形的周长 C 和它的长度 x,宽度 y 之间有关系式 $C=2(x+y)$,当 x,y 在一定范围($x>0,y>0$)内取定一对数值(x_0,y_0)时,就有唯一确定的数值 C_0 与之对应.

例 2 销售某种产品所得收益 R 依赖于销售量 Q 和销售价格 P,即 $R=PQ$. 当销售价格 P 与销售量 Q 一定时,就有唯一确定的收益与之对应.

具体例子还可举出许多,这些例子有一些共同的性质,抽出其共性就可得出以下二元函数的定义.

二元函数的
基本概念

马怀远

一、二元函数的概念

定义 5.2 设在某个变化过程中有三个变量 x,y,z,如果对于变量 x,y 在其允许范围内所取的每一组值(x,y),按照某种对应法则 f,变量 z 总有确定的值与之对

应,则称 z 是 x,y 的**二元函数**,记作 $z = f(x,y)$,其中 x,y 称为**自变量**,z 也称为**因变量**.自变量 x,y 所允许的取值范围 D 称为二元函数的**定义域**,二元函数 z 的取值范围 G 称为二元函数的**值域**,f 称为**对应关系**或**函数关系**.

有时也可用平面上的点 $P(x,y)$ 来表示数组 (x,y),这样二元函数 $z = f(x,y)$ 可看成是平面上点 $P(x,y)$ 的函数,记作 $z = f(P)$.

二元函数在点 $P_0(x_0,y_0)$ 所取得的函数值记作 $z\Big|_{\substack{x=x_0\\y=y_0}}$,$f(x_0,y_0)$ 或 $f(P_0)$.

与一元函数一样,二元函数的两个要素是定义域和对应法则.所以当定义域和对应法则都给定时,才确定了一个二元函数.换句话说,当且仅当定义域与对应法则分别相同时,称两个函数**相等**.

在讨论二元函数 $z = f(x,y)$ 的定义域时,如果函数是由实际问题得到的,其定义域根据它的实际意义来确定;对于用解析式表示的二元函数,其定义域是使解析式有意义的自变量的取值范围.二元函数 $z = f(x,y)$ 的定义域一般是 xOy 面上的平面区域.如果区域延伸到无限远处,就称这样的区域是**无界**的;否则,它总可以被包围在一个以原点 O 为圆心而半径适当大的圆内,这样的区域称为**有界**的.围成区域的曲线称为该区域的**边界**.包含边界的区域称为**闭区域**,不包含边界的区域称为**开区域**.

例 3 求下列函数的定义域:

(1) $z = \sqrt{R^2 - x^2 - y^2}$;

(2) $z = \ln(x^2 + y^2 - 1) + \dfrac{1}{\sqrt{4 - x^2 - y^2}}$;

(3) $z = \arcsin(x+y)$.

解 (1) 要使函数有意义,x,y 必须满足 $R^2 - x^2 - y^2 \geqslant 0$,即 $x^2 + y^2 \leqslant R^2$.满足 $x^2 + y^2 \leqslant R^2$ 的全体 (x,y) 构成 xOy 面上的有界闭区域 $\{(x,y) \mid x^2 + y^2 \leqslant R^2\}$,如图 5-8所示.

(2) 要使函数有意义,x,y 必须满足不等式组
$$\begin{cases} x^2 + y^2 - 1 > 0, \\ 4 - x^2 - y^2 > 0, \end{cases}$$
即 $1 < x^2 + y^2 < 4$.它表示的是 xOy 面上的有界圆环开区域 $\{(x,y) \mid 1 < x^2 + y^2 < 4\}$,如图 5-9所示.

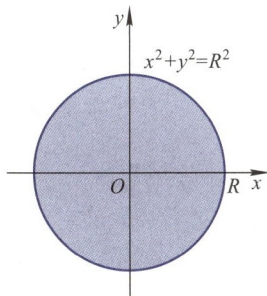

图 5-8

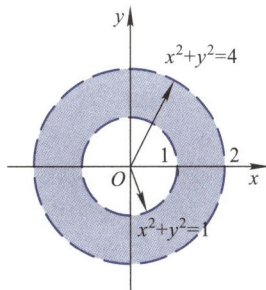

图 5-9

（3）由反三角函数的定义知,函数的定义域是$\{(x,y)\mid-1\leqslant x+y\leqslant1\}$.这是$xOy$面上介于两条直线$x+y=-1,x+y=1$之间(包含这两条直线)的一个无界闭区域,如图5-10所示.

例4　已知二元函数$f(x,y)=\dfrac{y}{x+y^2}$,求:

（1）$f(2,3)$;　　（2）$f\left(\dfrac{y}{x},1\right)$.

解　（1）在所给二元函数表达式中,自变量x,y分别用数2,3代入,得到所求二元函数值$f(2,3)=\dfrac{3}{2+3^2}=\dfrac{3}{11}$.

（2）在所给二元函数表达式中,将自变量记号x,y分别换成中间变量$\dfrac{y}{x}$和数1,得到所求二元复合函数

$$f\left(\frac{y}{x},1\right)=\frac{1}{\dfrac{y}{x}+1^2}=\frac{x}{y+x}.$$

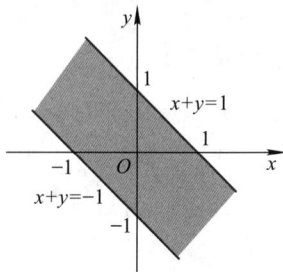

图5-10

与一元函数在平面直角坐标系中表示曲线类似,在空间直角坐标系中二元函数$z=f(x,y)$一般表示空间中的一个曲面.其在xOy面上的投影即为函数的定义域D.对于定义域D内的任一点$P(x,y)$,所对应的函数值z即为曲面上的对应点的竖坐标.例如,二元函数$z=\sqrt{R^2-x^2-y^2}$表示球心在$O(0,0,0)$,半径为R的半球面,定义域为xOy面上的圆形闭区域$\{(x,y)\mid x^2+y^2\leqslant R^2\}$.

二、二元函数的极限与连续性

下面要用到邻域这一概念.所谓一点的**邻域**,是指以该点为中心的一个圆形开区域.显然,一点的邻域不是唯一的.

定义5.3　设函数$z=f(x,y)$在点$P_0(x_0,y_0)$的某个邻域内有定义(P_0可以除外),点$P(x,y)$是该邻域内异于点$P_0(x_0,y_0)$的任意一点.如果当$P(x,y)$以任意方式无限趋近于点$P_0(x_0,y_0)$时,函数$f(x,y)$总是趋近于一个常数A,则称A为函数$z=f(x,y)$当$P(x,y)$趋近于$P_0(x_0,y_0)$时的**极限**,记作

$$\lim_{\substack{x\to x_0\\y\to y_0}}f(x,y)=A \text{ 或 } \lim_{P\to P_0}f(P)=A.$$

注:定义5.3中的点$P(x,y)\to P_0(x_0,y_0)$,是指点P可以沿任何方向、任何途径无限趋于P_0,而一元函数极限中的$x\to x_0$是指x沿着x轴无限趋于x_0.

想一想
当点P只按某些特殊方式趋于点P_0时,函数值趋于某一确定值,则函数的极限一定存在吗? 当点P沿不同方式趋于点P_0时,函数值趋于不同的值,则极限$\lim_{P\to P_0}f(P)$存在吗?

定义 5.4 设函数 $z=f(x,y)$ 在点 $P_0(x_0,y_0)$ 的某个邻域内有定义,如果
$$\lim_{\substack{x\to x_0 \\ y\to y_0}} f(x,y)=f(x_0,y_0) \text{ 或 } \lim_{P\to P_0} f(P)=f(P_0),$$

则称函数 $z=f(x,y)$ **在点** $P_0(x_0,y_0)$ **处连续**,点 $P_0(x_0,y_0)$ 称为函数 $z=f(x,y)$ 的**连续点**.

如果函数 $z=f(x,y)$ 在区域 D 内每一点都连续,则称函数 $z=f(x,y)$ **在区域** D **内连续**,并称二元函数 $z=f(x,y)$ 为区域 D 内的**二元连续函数**.二元连续函数的图形是一块不断开的连续曲面,本章讨论的二元函数都是定义域上的二元连续函数.

§5.3 二元函数的偏导数

在物理学中有这样一个例子:一定量的理想气体的体积 V 与压强 p 和热力学温度 T 遵循玻意耳定律,即这三者之间存在函数关系 $V=R\dfrac{T}{p}$(比例系数 R 是常数).当温度与压强两个因素同时变化时,体积的变化较复杂,通常先考虑两种特殊情况:

(1) 等压过程:当压强一定(p 为常数)时,体积 V 关于温度 T 的变化率,即 V 关于 T 的一阶导数 $V'=\dfrac{R}{p}$;

(2) 等温过程:当温度一定(T 为常数)时,体积 V 关于压强 p 的变化率,即 V 关于 p 的一阶导数 $V'=-R\dfrac{T}{p^2}$.

二元函数的
偏导数

马怀远

在二元函数变化过程中,暂时认定其中一个变量为常量,函数关于另一个变量的变化率本质上也就是一元函数的导数,即下面要讲的二元函数的偏导数.

一、二元函数的偏导数

1. 二元函数偏导数的定义

定义 5.5 设函数 $z=f(x,y)$ 在点 $P_0(x_0,y_0)$ 的某邻域内有定义,如果极限
$$\lim_{\Delta x\to 0}\frac{f(x_0+\Delta x,y_0)-f(x_0,y_0)}{\Delta x}$$

存在,那么称这个极限值为函数 $f(x,y)$ 在点 P_0 处**对** x **的偏导数**,记作
$$\frac{\partial z}{\partial x}\bigg|_{\substack{x=x_0 \\ y=y_0}} \text{或} \frac{\partial f}{\partial x}\bigg|_{\substack{x=x_0 \\ y=y_0}},f_x'(x_0,y_0),z_x'(x_0,y_0).$$

同样,可以定义函数 $f(x,y)$ 在点 P_0 处**对** y **的偏导数**为
$$\frac{\partial z}{\partial y}\bigg|_{\substack{x=x_0 \\ y=y_0}}=\lim_{\Delta y\to 0}\frac{f(x_0,y_0+\Delta y)-f(x_0,y_0)}{\Delta y}.$$

如果函数 $z=f(x,y)$ 在区域 D 内每一点 $P(x,y)$ 处对 x 的偏导数都存在,那么这个偏导数就是 x,y 的函数,称为函数 $z=f(x,y)$ 对自变量 x 的偏导函数,记作 $\dfrac{\partial z}{\partial x}$ 或 $\dfrac{\partial f}{\partial x}$,$z_x'$,$f_x'(x,y)$.

同样,可以定义函数 $z=f(x,y)$ 对自变量 y 的偏导函数,记作 $\dfrac{\partial z}{\partial y}$ 或 $\dfrac{\partial f}{\partial y}$,$z_y'$,$f_y'(x,y)$.

$f(x,y)$ 的偏导函数,通常简称偏导数.

由此可见:求二元函数 $z=f(x,y)$ 对自变量 x 的偏导数时,把自变量 y 暂时看做常量,对自变量 x 求导数;求二元函数 $z=f(x,y)$ 对自变量 y 的偏导数时,把自变量 x 暂时看做常量,对自变量 y 求导数.显然,只需运用一元函数导数基本运算法则、导数基本公式及复合函数导数运算法则,就可以得到结果.

例 1 求二元函数 $z=x^3+3x^2y-y^3$ 的偏导数.

解 $z_x'=3x^2+6xy$,$z_y'=3x^2-3y^2$.

例 2 求二元函数 $z=x^3y^2+x^2$ 在点 $(1,2)$ 处的偏导数.

解 因为
$$z_x'=3x^2y^2+2x,$$
$$z_y'=2x^3y.$$
所以
$$z_x'(1,2)=3\times1^2\times2^2+2\times1=14,$$
$$z_y'(1,2)=2\times1^3\times2=4.$$

例 3 求二元函数 $z=\sqrt{x^2-y^2}$ 的偏导数.

解 将二元函数 $z=\sqrt{x^2-y^2}$ 分解为 $z=\sqrt{u}$,$u=x^2-y^2$.根据一元复合函数导数运算法则,得到
$$z_x'=\frac{1}{2\sqrt{x^2-y^2}}(x^2-y^2)_x'=\frac{x}{\sqrt{x^2-y^2}},$$
$$z_y'=\frac{1}{2\sqrt{x^2-y^2}}(x^2-y^2)_y'=-\frac{y}{\sqrt{x^2-y^2}}.$$

例 4 求二元函数 $z=\arctan\dfrac{y}{x}$ 的偏导数.

解 $z_x'=\dfrac{1}{1+\left(\dfrac{y}{x}\right)^2}\left(\dfrac{y}{x}\right)_x'=\dfrac{1}{1+\dfrac{y^2}{x^2}}\left(-\dfrac{y}{x^2}\right)=-\dfrac{y}{x^2+y^2}$,

$z_y'=\dfrac{1}{1+\left(\dfrac{y}{x}\right)^2}\left(\dfrac{y}{x}\right)_y'=\dfrac{1}{1+\dfrac{y^2}{x^2}}\cdot\dfrac{1}{x}=\dfrac{x}{x^2+y^2}$.

例 5　设函数 $z = x^y (x > 0, x \neq 1, y$ 为任意实数$)$,求证:

$$\frac{x}{y} \cdot \frac{\partial z}{\partial x} + \frac{1}{\ln x} \cdot \frac{\partial z}{\partial y} = 2z.$$

证明　因为 $\dfrac{\partial z}{\partial x} = y x^{y-1}, \dfrac{\partial z}{\partial y} = x^y \ln x$,所以

$$\frac{x}{y} \frac{\partial z}{\partial x} + \frac{1}{\ln x} \frac{\partial z}{\partial y} = \frac{x}{y} y x^{y-1} + \frac{1}{\ln x} x^y \ln x = x^y + x^y = 2z.$$

2. 二元隐函数的偏导数

已知方程 $F(x, y, z) = 0$ 确定变量 z 为 x, y 的二元函数 $z = z(x, y)$,如何求 z 对 x, y 的偏导数呢?

具体做法是:方程 $F(x, y, z) = 0$ 等号两端皆对自变量 x 或 y 求偏导数,然后把含有 z_x' 或 z_y' 的项都移到等号左端,把不含 z_x' 或 z_y' 的项都移到等号的右端,经过整理,等号两端再同时除以 z_x' 或 z_y' 的系数,就得到 z_x' 或 z_y' 的表达式,这个表达式中允许出现二元函数 z 的符号.在求偏导数的过程中,要注意应用一元复合函数导数运算法则.

例 6　已知方程 $\mathrm{e}^z = xyz$ 确定变量 z 为 x, y 的二元函数,求偏导数 z_x' 与 z_y'.

解　对方程 $\mathrm{e}^z = xyz$ 两端求对自变量 x 的偏导数,有 $\mathrm{e}^z z_x' = yz + xy z_x'$,即 $\mathrm{e}^z z_x' - xy z_x' = yz$,得到 $(\mathrm{e}^z - xy) z_x' = yz$.又注意到 $\mathrm{e}^z = xyz$,所以

$$z_x' = \frac{yz}{\mathrm{e}^z - xy} = \frac{yz}{xyz - xy} = \frac{z}{x(z-1)}.$$

同理,对方程 $\mathrm{e}^z = xyz$ 两端求对自变量 y 的偏导数,得到

$$z_y' = \frac{xz}{\mathrm{e}^z - xy} = \frac{xz}{xyz - xy} = \frac{z}{y(z-1)}.$$

二、二元函数的二阶偏导数

二元函数的
二阶偏导数

定义 5.6　二元函数 $z = f(x, y)$ 偏导数的偏导数称为它的二阶偏导数,共有四个,分别记作

(1) $f_{xx}''(x, y) = (f_x'(x, y))_x'$ 或 $z_{xx}'', \dfrac{\partial^2}{\partial x^2} f(x, y), \dfrac{\partial^2 z}{\partial x^2}$;

(2) $f_{xy}''(x, y) = (f_x'(x, y))_y'$ 或 $z_{xy}'', \dfrac{\partial^2}{\partial x \partial y} f(x, y), \dfrac{\partial^2 z}{\partial x \partial y}$;

(3) $f_{yx}''(x, y) = (f_y'(x, y))_x'$ 或 $z_{yx}'', \dfrac{\partial^2}{\partial y \partial x} f(x, y), \dfrac{\partial^2 z}{\partial y \partial x}$;

(4) $f_{yy}''(x, y) = (f_y'(x, y))_y'$ 或 $z_{yy}'', \dfrac{\partial^2}{\partial y^2} f(x, y), \dfrac{\partial^2 z}{\partial y^2}$.

其中(2)和(3)称为二阶混合偏导数,但(2)和(3)对 x 与 y 分别求偏导数的次序是不一样的.相应地,偏导数也称为一阶偏导数.

马怀远

例 7　求二元函数 $z = 2x^4 + 3xy^2 + 5xy + 13$ 的二阶偏导数.

解　计算偏导数：

$$z'_x = 8x^3 + 3y^2 + 5y,$$

$$z'_y = 6xy + 5x.$$

再计算二阶偏导数：

$$z''_{xx} = (8x^3 + 3y^2 + 5y)'_x = 24x^2,$$

$$z''_{xy} = (8x^3 + 3y^2 + 5y)'_y = 6y + 5,$$

$$z''_{yx} = (6xy + 5x)'_x = 6y + 5,$$

$$z''_{yy} = (6xy + 5x)'_y = 6x.$$

在例 7 中，观察到 $z''_{xy} = z''_{yx}$. 一般地，当二元函数的二阶混合偏导数连续时，定义中的（2）和（3）就与求偏导数的次序无关，即 $z''_{xy} = z''_{yx}$. 本章所讨论的二元函数都满足这个结论的条件，因此只需计算三个二阶偏导数.

例 8　求二元函数 $z = \dfrac{x}{y}$ 的二阶偏导数.

解　计算偏导数：

$$z'_x = \frac{1}{y}, \quad z'_y = -\frac{x}{y^2}.$$

再计算二阶偏导数：

$$z''_{xx} = \left(\frac{1}{y}\right)'_x = 0, \quad z''_{xy} = z''_{yx} = \left(\frac{1}{y}\right)'_y = -\frac{1}{y^2}, \quad z''_{yy} = \left(-\frac{x}{y^2}\right)'_y = \frac{2x}{y^3}.$$

例 9　求二元函数 $z = \arctan xy$ 的二阶偏导数.

解　计算偏导数：

$$z'_x = \frac{1}{1+(xy)^2}(xy)'_x = \frac{y}{1+x^2y^2},$$

$$z'_y = \frac{1}{1+(xy)^2}(xy)'_y = \frac{x}{1+x^2y^2}.$$

再计算二阶偏导数：

$$z''_{xx} = \left(\frac{y}{1+x^2y^2}\right)'_x = -\frac{2xy^3}{(1+x^2y^2)^2},$$

$$z''_{xy} = z''_{yx} = \left(\frac{y}{1+x^2y^2}\right)'_y = \frac{1-x^2y^2}{(1+x^2y^2)^2},$$

$$z''_{yy} = \left(\frac{x}{1+x^2y^2}\right)'_y = -\frac{2x^3y}{(1+x^2y^2)^2}.$$

例 10　验证函数 $z = \ln\sqrt{x^2+y^2}$ 满足关系式 $\dfrac{\partial^2 z}{\partial x^2} + \dfrac{\partial^2 z}{\partial y^2} = 0$.

证明　$z = \ln\sqrt{x^2+y^2} = \dfrac{1}{2}\ln(x^2+y^2)$，计算偏导数：

二元函数的
二阶偏导数
测一测

$$\frac{\partial z}{\partial x}=\frac{x}{x^2+y^2},\frac{\partial z}{\partial y}=\frac{y}{x^2+y^2}.$$

再计算二阶偏导数：

$$\frac{\partial^2 z}{\partial x^2}=\left(\frac{x}{x^2+y^2}\right)_x'=\frac{(x^2+y^2)-x\cdot 2x}{(x^2+y^2)^2}=\frac{y^2-x^2}{(x^2+y^2)^2},$$

$$\frac{\partial^2 z}{\partial y^2}=\left(\frac{y}{x^2+y^2}\right)_y'=\frac{(x^2+y^2)-y\cdot 2y}{(x^2+y^2)^2}=\frac{x^2-y^2}{(x^2+y^2)^2},$$

所以有

$$\frac{\partial^2 z}{\partial x^2}+\frac{\partial^2 z}{\partial y^2}=0.$$

例 11 求二元函数 $z=\ln(2e^x-e^y)$ 的二阶偏导数 $\left.\dfrac{\partial^2 z}{\partial x\partial y}\right|_{(0,0)}$.

解 计算偏导数：

$$\frac{\partial z}{\partial x}=\frac{1}{2e^x-e^y}(2e^x-e^y)_x'=\frac{2e^x}{2e^x-e^y}.$$

再计算二阶偏导数：

$$\frac{\partial^2 z}{\partial x\partial y}=\left(\frac{2e^x}{2e^x-e^y}\right)_y'=\frac{-2e^x(2e^x-e^y)_y'}{(2e^x-e^y)^2}=\frac{2e^x e^y}{(2e^x-e^y)^2}.$$

于是二阶偏导数 $\left.\dfrac{\partial^2 z}{\partial x\partial y}\right|_{(0,0)}=\dfrac{2e^0 e^0}{(2e^0-e^0)^2}=2.$

§5.4 二元函数的全微分

在一元函数 $y=f(x)$ 中,y 对 x 的微分 dy 是自变量改变量 Δx 的线性函数,且当 $\Delta x\to 0$ 时,dy 与函数改变量 Δy 的差是一个比 Δx 高阶的无穷小.类似地,我们来讨论二元函数在所有自变量都有微小变化时,函数改变量的情况.

例如,用 S 表示边长分别为 x 与 y 的矩形的面积,显然,S 是 x,y 的函数 $S=xy$,如果边长 x 与 y 分别取得改变量 Δx 与 Δy,面积 S 相应地有一个改变量

$$\Delta S=(x+\Delta x)(y+\Delta y)-xy$$
$$=y\Delta x+x\Delta y+\Delta x\Delta y.$$

该改变量包含两部分：

第一部分 $y\Delta x+x\Delta y$,是 $\Delta x,\Delta y$ 的线性函数,如图 5-11 所示,$y\Delta x+x\Delta y$ 是带单条斜线的两个矩形面积的和；

第二部分 $\Delta x\Delta y$,当 $\Delta x\to 0,\Delta y\to 0$ 时,是比 $\rho=\sqrt{(\Delta x)^2+(\Delta y)^2}$ 高阶的无穷小.如果以 $y\Delta x+x\Delta y$ 近似表示 ΔS,而将 $\Delta x\Delta y$ 略去,则其差 $\Delta S-y\Delta x-x\Delta y$ 是一个比 ρ 高阶的无穷小.我们把 $y\Delta x+x\Delta y$ 叫做面积 S 的全微分.

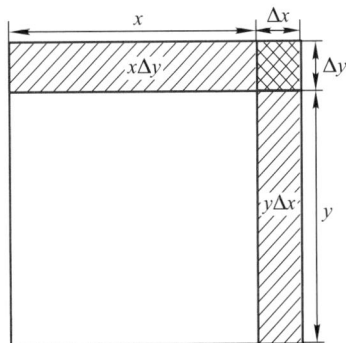

图 5-11

一、二元函数 $z=f(x,y)$ 在点 (x_0,y_0) 处的全微分的定义

定义 5.7　已知二元函数 $z=f(x,y)$ 在点 (x_0,y_0) 的某一邻域内有定义,自变量 x, y 在点 (x_0,y_0) 处分别有了改变量 $\Delta x,\Delta y(\Delta x,\Delta y$ 不同时为零),相应的二元函数改变量为 Δz.当 $\rho=\sqrt{(\Delta x)^2+(\Delta y)^2}\to 0$ 时,若存在常数 A,B,使得 Δz 可表示为 $\Delta z=A\Delta x+B\Delta y+o(\rho)$,则称二元函数 $z=f(x,y)$ 在点 (x_0,y_0) 处可微,并称 $A\Delta x+B\Delta y$ 为二元函数 $z=f(x,y)$ 在点 (x_0,y_0) 处的全微分,记作

$$dz|_{(x_0,y_0)}=A\Delta x+B\Delta y.$$

若二元函数 $z=f(x,y)$ 在点 (x_0,y_0) 处可微,当变量 $\rho=\sqrt{(\Delta x)^2+(\Delta y)^2}$ 很小时,二元函数 $z=f(x,y)$ 在点 (x_0,y_0) 处的改变量 Δz 近似等于在点 (x_0,y_0) 处的全微分 $dz|_{(x_0,y_0)}$,即 $\Delta z\approx dz|_{(x_0,y_0)}$($\rho$ 很小).

根据全微分的定义,在本节开头的例子中,矩形面积当边长 $x=x_0,y=y_0$ 时的全微分为 $dS|_{(x_0,y_0)}=y_0\Delta x+x_0\Delta y$,其中 Δx 的系数 y_0,Δy 的系数 x_0 恰好分别等于二元函数 $S=xy$ 在点 (x_0,y_0) 处对 x,y 的偏导数.

二、二元函数可微与两个偏导数之间的关系

定理 5.1　如果二元函数 $z=f(x,y)$ 在点 (x_0,y_0) 处可微,则它在点 (x_0,y_0) 处的两个偏导数 $f_x'(x_0,y_0),f_y'(x_0,y_0)$ 都存在,且全微分

$$dz|_{(x_0,y_0)}=f_x'(x_0,y_0)\Delta x+f_y'(x_0,y_0)\Delta y.$$

三、二元函数全微分的定义

若二元函数 $z=f(x,y)$ 在区域 D 上每一点处都可微,则称二元函数 $z=f(x,y)$ 在区域 D 上可微.对于区域 D 上每一点 (x,y),二元函数 $z=f(x,y)$ 的全微分为

$$dz=f_x'(x,y)\Delta x+f_y'(x,y)\Delta y.$$

根据第二章的结论,自变量微分等于自变量改变量,对于自变量 x,y 有 $dx=\Delta x$ 与 $dy=\Delta y$,因而二元函数 $z=f(x,y)$ 的全微分又可以表示为

$$dz=f_x'(x,y)dx+f_y'(x,y)dy.$$

例1　求二元函数 $z=x^2y+y^2$ 的全微分.

解　$\qquad\qquad z_x'=2xy,\quad z_y'=x^2+2y,$

因此

$$dz=2xydx+(x^2+2y)dy.$$

例2　求二元函数 $z=e^{xy}$ 在点 $(2,1)$ 处的全微分.

解

$$z_x'=ye^{xy},\quad z_x'|_{(2,1)}=e^2;z_y'=xe^{xy},\quad z_y'|_{(2,1)}=2e^2,$$

因此

$$dz\big|_{(2,1)}=e^2dx+2e^2dy=e^2(dx+2dy).$$

例 3 方程 $z^2-2ye^z=x^2$ 确定变量 z 为 x,y 的二元函数,求全微分 dz.

解 方程 $z^2-2ye^z=x^2$ 等号两端皆对自变量 x 求偏导数,有

$$2zz'_x-2ye^zz'_x=2x,$$

即

$$(z-ye^z)z'_x=x,\quad z'_x=\frac{x}{z-ye^z}.$$

同理可得

$$z'_y=\frac{e^z}{z-ye^z}.$$

所以全微分

$$dz=\frac{x}{z-ye^z}dx+\frac{e^z}{z-ye^z}dy=\frac{xdx+e^zdy}{z-ye^z}.$$

*例 4** 求二元函数 $z=\sqrt{x^2+y^2}$ 在 $x=3,y=4$ 处,当 $\Delta x=0.02,\Delta y=-0.01$ 时改变量的近似值.

解
$$z'_x=\frac{1}{2\sqrt{x^2+y^2}}(x^2+y^2)'_x=\frac{x}{\sqrt{x^2+y^2}},$$

$$z'_y=\frac{1}{2\sqrt{x^2+y^2}}(x^2+y^2)'_y=\frac{y}{\sqrt{x^2+y^2}},$$

$$dz=\frac{x}{\sqrt{x^2+y^2}}\Delta x+\frac{y}{\sqrt{x^2+y^2}}\Delta y.$$

在 $x=3,y=4$ 处,当 $\Delta x=0.02,\Delta y=-0.01$ 时,全微分

$$dz=\frac{3}{\sqrt{3^2+4^2}}\times0.02+\frac{4}{\sqrt{3^2+4^2}}\times(-0.01)=0.004,$$

所以二元函数改变量 $\Delta z\approx dz=0.004$.

*例 5** 已知二元函数 $z=f(x,y)$ 的全微分 $dz=2xy^3dx+ax^2y^2dy$,求常数 a.

解 根据二元函数的全微分表达式,得到偏导数:

$$f'_x(x,y)=2xy^3,\quad f'_y(x,y)=ax^2y^2.$$

计算二阶偏导数:

$$f''_{xy}(x,y)=6xy^2,\quad f''_{yx}(x,y)=2axy^2.$$

由于二阶偏导数 $f''_{xy}(x,y)$ 与 $f''_{yx}(x,y)$ 都连续,因而有关系式 $f''_{xy}(x,y)=f''_{yx}(x,y)$,即 $6xy^2=2axy^2$,因此常数 $a=3$.

§5.5 二元函数的极值与最值

与一元函数一样,二元函数也有极值和最值的概念.有时可以直接求出一些简单函数的极值和极值点,或者判断出有没有极值.

一、二元函数的极值

定义 5.8　设函数 $z=f(x,y)$ 在点 $P_0(x_0,y_0)$ 的某一邻域内有定义,如果对于该邻域内所有异于点 P_0 的点 $P(x,y)$ 都有 $f(x,y)<f(x_0,y_0)$(或 $f(x,y)>f(x_0,y_0)$),则称函数 $z=f(x,y)$ 在点 $P_0(x_0,y_0)$ 处有**极大值**(或**极小值**).极大值和极小值统称为函数的**极值**.相应地,称点 P_0 为**极大值点**(或**极小值点**).极大值点和极小值点统称为**极值点**.

例 1　函数 $f(x,y)=x^2+y^2+1$ 在点 $(0,0)$ 处有极小值 1.

例 2　函数 $z=-\sqrt{x^2+y^2}$ 在点 $(0,0)$ 处有极大值 0.

例 3　函数 $z=xy$ 在点 $(0,0)$ 处没有极值,因为在点 $(0,0)$ 的任何邻域内函数值不可能都是正值或都是负值.

定理 5.2(极值存在的必要条件)　设函数 $z=f(x,y)$ 在点 $P_0(x_0,y_0)$ 处有极值,且在点 $P_0(x_0,y_0)$ 处的偏导数存在,则函数 $z=f(x,y)$ 在点 $P_0(x_0,y_0)$ 处的两个偏导数必为零,即

$$f_x'(x_0,y_0)=0,\ f_y'(x_0,y_0)=0.$$

类似于一元函数,凡是满足方程组 $\begin{cases} f_x'(x,y)=0, \\ f_y'(x,y)=0 \end{cases}$ 的点 $P_0(x_0,y_0)$,称为函数 $z=f(x,y)$ 的**驻点**.

注:只要函数 $z=f(x,y)$ 的偏导数存在,它的极值点就一定是驻点.

> **想一想**
> 函数的驻点一定是极值点吗?

例 3 中,函数 $z=xy$ 在点 $(0,0)$ 处的两个偏导数为 $f_x'(0,0)=0,\ f_y'(0,0)=0$,所以点 $(0,0)$ 是函数 $z=xy$ 的驻点,但是点 $(0,0)$ 不是极值点.

定理 5.3(极值存在的充分条件)　设函数 $z=f(x,y)$ 在点 $P_0(x_0,y_0)$ 的某一邻域内具有连续的一阶、二阶偏导数,且 $f_x'(x_0,y_0)=0,\ f_y'(x_0,y_0)=0$.记 $f_{xx}''(x_0,y_0)=A,f_{xy}''(x_0,y_0)=B,f_{yy}''(x_0,y_0)=C,\Delta=B^2-AC$,则:

(1) 当 $\Delta<0$ 时,函数 $z=f(x,y)$ 在点 $P_0(x_0,y_0)$ 处有极值,并且若 $A>0$,则 $f(x_0,y_0)$ 为极小值;若 $A<0$,则 $f(x_0,y_0)$ 为极大值.

(2) 当 $\Delta>0$ 时,函数 $z=f(x,y)$ 在点 $P_0(x_0,y_0)$ 处没有极值.

(3) 当 $\Delta=0$ 时,函数 $z=f(x,y)$ 在点 $P_0(x_0,y_0)$ 处可能有极值,也可能没有极值.

求函数 $z=f(x,y)$ 的极值的主要步骤归纳如下:

(1) 确定函数 $z=f(x,y)$ 的定义域;

(2) 解方程组 $\begin{cases} f_x'(x,y)=0, \\ f_y'(x,y)=0, \end{cases}$ 求出所有驻点;

(3) 对于一个驻点 (x_0,y_0),求出二阶偏导数的值 A,B,C;

(4) 确定 $\Delta=B^2-AC$ 的符号,按定理 5.3 的结论判定 $f(x_0,y_0)$ 是否为极值,是极大值还是极小值.

例 4 求二元函数 $f(x,y)=3xy-x^3-y^3$ 的极值.

解 二元函数定义域为整个 xOy 面,计算偏导数:
$$f_x'(x,y)=3y-3x^2,\ f_y'(x,y)=3x-3y^2.$$

解方程组 $\begin{cases}3y-3x^2=0,\\3x-3y^2=0,\end{cases}$ 得驻点 $P_1(0,0)$ 和 $P_2(1,1)$.

求二阶偏导数:
$$f_{xx}''(x,y)=-6x,\ f_{xy}''(x,y)=3,\ f_{yy}''(x,y)=-6y.$$

在点 $P_1(0,0)$ 处,
$$A=f_{xx}''(0,0)=0,B=f_{xy}''(0,0)=3,C=f_{yy}''(0,0)=0,$$
$$\Delta=B^2-AC=3^2-0=9>0.$$

因此函数在点 $P_1(0,0)$ 处没有极值.

在点 $P_2(1,1)$ 处,
$$A=f_{xx}''(1,1)=-6,B=f_{xy}''(1,1)=3,C=f_{yy}''(1,1)=-6,$$
$$\Delta=B^2-AC=3^2-(-6)\times(-6)=-27<0.$$

因此函数在点 $P_2(1,1)$ 处有极值,且由 $A=-6<0$ 知,函数在点 $P_2(1,1)$ 处有极大值,极大值为 $f(1,1)=3\times1\times1-1^3-1^3=1$.

例 5 求二元函数 $f(x,y)=e^x(x+y^2+2y)$ 的极值.

解 二元函数定义域为整个 xOy 面,计算偏导数:
$$f_x'(x,y)=e^x(x+y^2+2y)+e^x=e^x(x+y^2+2y+1),$$
$$f_y'(x,y)=e^x(2y+2).$$

令 $\begin{cases}f_x'(x,y)=0,\\f_y'(x,y)=0,\end{cases}$ 注意到 $e^x>0$,解出 $\begin{cases}x=0,\\y=-1,\end{cases}$ 因而得到驻点 $(0,-1)$.

再计算二阶偏导数:
$$f_{xx}''(x,y)=e^x(x+y^2+2y+2),$$
$$f_{xy}''(x,y)=e^x(2y+2),$$
$$f_{yy}''(x,y)=2e^x,$$

从而在驻点 $(0,-1)$ 处,
$$A=f_{xx}''(0,-1)=1,B=f_{xy}''(0,-1)=0,C=f_{yy}''(0,-1)=2,$$
$$\Delta=B^2-AC=0^2-1\times2=-2<0,$$

且 $A=1>0$,所以点 $(0,-1)$ 为极小值点,极小值为 $f(0,-1)=-1$.

二、二元函数的最值

像一元函数一样,可以利用函数的极值来求函数的最大值和最小值,一般而言,如果函数 $f(x,y)$ 在有界闭区域 D 上连续,则 $f(x,y)$ 在 D 上必定能取得它的最大值和最小值.

在实际问题中,如果函数 $f(x,y)$ 在区域 D 内一定能取得最大值(或最小值),而 $f(x,y)$ 在 D 内只有唯一驻点,那么可以肯定该驻点处的函数值就是函数 $f(x,y)$ 在区域 D 上的最大值(或最小值).

例6 某工厂生产两种产品Ⅰ与Ⅱ,出售单价分别为 10 元与 9 元,生产 x 单位的产品Ⅰ与生产 y 单位的产品Ⅱ的总费用是

$$400+2x+3y+0.01(3x^2+xy+3y^2) \text{(元)}.$$

求取得最大利润时,两种产品的产量各是多少?

解 设 $L(x,y)$ 表示产品Ⅰ与Ⅱ分别生产 x 与 y 单位时所得的总利润.因为总利润等于总收入减去总费用,所以

$$L(x,y)=(10x+9y)-[400+2x+3y+0.01(3x^2+xy+3y^2)]$$
$$=8x+6y-0.01(3x^2+xy+3y^2)-400.$$

由

$$\begin{cases} L'_x(x,y)=8-0.01(6x+y)=0, \\ L'_y(x,y)=6-0.01(x+6y)=0 \end{cases}$$

得驻点 $(120,80)$.又

$$L''_{xx}(x,y)=-0.06<0, L''_{xy}(x,y)=-0.01, L''_{yy}(x,y)=-0.06,$$

所以在点 $(120,80)$ 处,

$$A=L''_{xx}(120,80)=-0.06, B=L''_{xy}(120,80)=-0.01, C=L''_{yy}(120,80)=-0.06,$$
$$\Delta=B^2-AC=(-0.01)^2-(-0.06)^2=-3.5\times10^{-3}<0.$$

因此,$L(120,80)=320$ 是极大值,即生产 120 件产品Ⅰ,80 件产品Ⅱ时所得利润最大.

§5.6 二重积分的概念与计算

一、二重积分的概念与几何意义

二重积分的概念与基本运算法则

马怀远

我们把一元函数定积分的概念及性质推广到二元函数,即可得到二重积分的概念和性质.

例1 讨论曲顶柱体的体积. 已知曲面 $z=f(x,y)\geqslant0$,xOy 面上的有界闭区域 D 以及通过 D 的边界并与 z 轴平行的柱面,它们围成的图形称为**曲顶柱体**,如图 5-12所示.

讨论 用 xOy 面上的曲线将有界闭区域 D 任意分成 n 个小闭区域 $D_1,D_2,\cdots,$

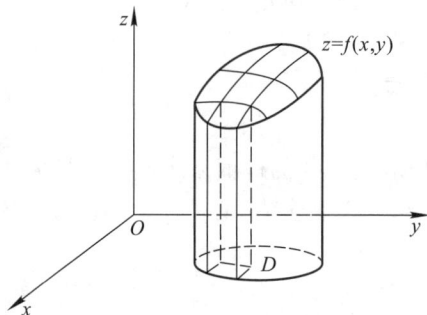

图 5-12

D_n,这些小闭区域的面积分别为 $\Delta\sigma_1,\Delta\sigma_2,\cdots,\Delta\sigma_n$.

在各小闭区域边界处作平行于 z 轴的柱面,将曲顶柱体分成 n 个小曲顶柱体.显然,所求曲顶柱体的体积 V 等于这 n 个小曲顶柱体体积之和.

对于每个小曲顶柱体,以同底的小平顶柱体体积来近似代替小曲顶柱体体积,相加即可得所求曲顶柱体体积的近似值.

当 n 无限变大而有界闭区域 D 分成的每个小闭区域 $D_1,D_2,\cdots,D_n$ 的面积 $\Delta\sigma_1$,$\Delta\sigma_2,\cdots,\Delta\sigma_n$ 无限变小时,该近似值的极限即为所求的曲顶柱体体积 V.它与曲面 $z=f(x,y)$ 以及有界闭区域 D 有关,通常记作

$$\iint\limits_{D} f(x,y)\mathrm{d}\sigma.$$

这个式子也可以理解为以平面区域 D 上某一点 (x,y) 为底(底面积 $\mathrm{d}\sigma$),高为 $f(x,y)$ 的所有微细柱体体积在区域 D 上的无限积累.

有很多问题都是与上面例子本质相同的和的极限问题,抽去其实际意义,就可归结为二元函数的二重积分的概念.

定义 5.9 设二元函数 $f(x,y)$ 在有界闭区域 D 上连续,$\iint\limits_{D} f(x,y)\mathrm{d}\sigma$ 称为二元函数 $f(x,y)$ 在区域 D 上的**二重积分**,其中变量 x,y 称为**积分变量**,二元函数 $f(x,y)$ 称为**被积函数**,$\mathrm{d}\sigma$ 称为**面积元素**,有界闭区域 D 称为**积分区域**,$\iint$ 称为**二重积分号**.

由于在直角坐标系下面积元素 $\mathrm{d}\sigma=\mathrm{d}x\mathrm{d}y$,所以二重积分也可记作

$$\iint\limits_{D} f(x,y)\mathrm{d}x\mathrm{d}y=\iint\limits_{D} f(x,y)\mathrm{d}\sigma.$$

前面讨论的曲顶柱体的体积 $V=\iint\limits_{D} f(x,y)\mathrm{d}\sigma$,这也是**二重积分的几何意义**,即二元函数 $f(x,y)\geqslant0$ 在有界闭区域 D 上的二重积分 $\iint\limits_{D} f(x,y)\mathrm{d}\sigma$ 代表曲面 $z=f(x,y)\geqslant0((x,y)\in D)$ 下的曲顶柱体体积.

想一想
二元函数在什么条件下可积呢?

如果二元函数 $f(x,y)$ 在有界闭区域 D 上连续,则 $f(x,y)$ 在 D 上一定可积.本教材研究的二元函数都是定义域上的连续函数,因而都是可积的.

二、二重积分的基本运算法则

法则 1 如果二元函数 $u=u(x,y),v=v(x,y)$ 在有界闭区域 D 上都可积,则

$$\iint\limits_{D}(u\pm v)\mathrm{d}\sigma=\iint\limits_{D}u\mathrm{d}\sigma\pm\iint\limits_{D}v\mathrm{d}\sigma.$$

法则 2 如果二元函数 $u=u(x,y)$ 在有界闭区域 D 上可积,k 为常数,则

$$\iint\limits_{D} ku\,d\sigma = k\iint\limits_{D} u\,d\sigma.$$

法则 3 如果二元函数 $u=u(x,y)$ 在有界闭区域 D 上可积,D 被一条曲线分为 D_1,D_2 两个区域,则

$$\iint\limits_{D} u\,d\sigma = \iint\limits_{D_1} u\,d\sigma + \iint\limits_{D_2} u\,d\sigma.$$

三、二重积分的计算

按照二重积分的定义计算二重积分通常比较困难.下面介绍在直角坐标系中把二重积分化为两次定积分的计算方法.

现在先假设 $f(x,y)\geqslant 0$,从二重积分的几何意义来讨论它的计算问题,所得到的结论对于一般的二重积分也适用.

积分区域 D 如图 5-13 所示,该区域由直线 $x=a$,$x=b$ 和曲线 $y=\varphi_1(x)$,$y=\varphi_2(x)$ 所围成(平行于 y 轴的直线穿过区域 D 的内部时至多与边界有两个交点).D 可用不等式组

二重积分的计算

马怀远

$$\begin{cases} \varphi_1(x)\leqslant y\leqslant\varphi_2(x), \\ a\leqslant x\leqslant b \end{cases}$$

来表示,其中函数 $\varphi_1(x)$,$\varphi_2(x)$ 在区间 $[a,b]$ 上连续.

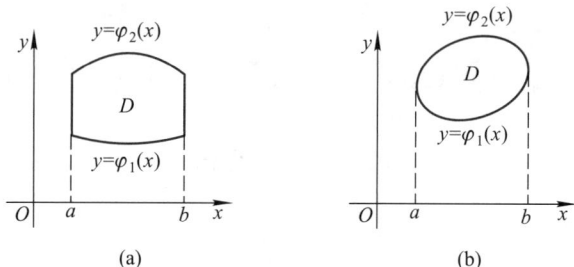

图 5-13

按照二重积分的几何意义,$\iint\limits_{D} f(x,y)\,d\sigma$ 的值等于以 D 为底,以曲面 $z=f(x,y)$ 为顶的曲顶柱体的体积,如图 5-14 所示.如二重积分 $\iint\limits_{D} d\sigma=\sigma$,其中积分区域 D 的面积为 σ.

在图 5-14 中,用垂直于 x 轴的任一平面 $x=x_0(a\leqslant x_0\leqslant b)$ 去切割曲顶柱体,所得的截面是以 $z=f(x_0,y)(\varphi_1(x_0)\leqslant y\leqslant\varphi_2(x_0))$ 为曲边的曲边梯形(图5-14中的阴影部分),它的面积为

$$A(x_0)=\int_{\varphi_1(x_0)}^{\varphi_2(x_0)} f(x_0,y)\,dy.$$

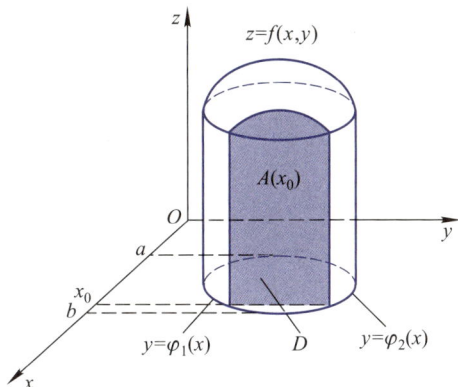

图 5 - 14

因为 x_0 是在 a 与 b 之间任取的一个值,所以可把 x_0 仍记为 x,于是用过区间 $[a,b]$ 上任一点 x 且平行于 yOz 面的平面去截曲顶柱体,所得截面的面积为

$$A(x)=\int_{\varphi_1(x)}^{\varphi_2(x)} f(x,y)\mathrm{d}y.$$

由于 x 的变化区间为 $[a,b]$,且 $A(x)\mathrm{d}x$ 为曲顶柱体中一个薄片的体积,所以整个曲顶柱体的体积 V 可由这样的薄片体积从 $x=a$ 到 $x=b$ 无限累加而得.故

$$V=\int_a^b A(x)\mathrm{d}x=\int_a^b\left[\int_{\varphi_1(x)}^{\varphi_2(x)} f(x,y)\mathrm{d}y\right]\mathrm{d}x,$$

这个体积就是所求的二重积分的值,简记为 $\int_a^b\mathrm{d}x\int_{\varphi_1(x)}^{\varphi_2(x)} f(x,y)\mathrm{d}y$.从而有

$$\iint\limits_D f(x,y)\mathrm{d}x\mathrm{d}y=\int_a^b\mathrm{d}x\int_{\varphi_1(x)}^{\varphi_2(x)} f(x,y)\mathrm{d}y.$$

上式右端的积分称为先对 y 后对 x 的**二次积分**.也就是说,先把 x 看做常数,把 $f(x,y)$ 只看做 y 的函数,并对 y 计算从 $\varphi_1(x)$ 到 $\varphi_2(x)$ 的定积分,然后再把算得的结果(为 x 的函数)对 x 计算在区间 $[a,b]$ 上的定积分.

一般情况下,对于积分区域 D 为任意曲线围成的平面图形,可以用经过曲线交点的平行于 y 轴的直线将它分成若干个上述类型的曲线四边形.

计算二重积分的步骤如下:

(1) 画出积分区域 D 的图形;

(2) 将二重积分化成二次积分;

(3) 计算二次积分.

例 2 将二重积分 $\iint\limits_D f(x,y)\mathrm{d}\sigma$ 化为二次积分,其中 $D=\{(x,y)\,|\,a\leqslant x\leqslant b,c\leqslant y\leqslant d\}$ $(a,b,c,d$ 皆为常数$)$.

解 画出积分区域 D 的图形,如图 5 - 15 所示.注意到积分区域的形状是矩形,显然是符合要求的曲线四边形,其中平行于 y 轴的左面与右面直线边分别为 $x=a$ 与 $x=b$,下面与上面曲线边分别为直线 $y=c$ 与直线 $y=d$,所以

$$\iint\limits_{D} f(x,y)\mathrm{d}\sigma = \int_{a}^{b}\mathrm{d}x\int_{c}^{d}f(x,y)\mathrm{d}y.$$

例3　求二重积分 $\iint\limits_{D}x\,\mathrm{e}^{xy}\mathrm{d}x\,\mathrm{d}y$，其中积分区域 D 是由直线 $y=1,y=0$ 与 $x=0,x=1$ 围成的闭区域.

解　注意到积分区域 D 是矩形闭区域，所以二重积分

$$\iint\limits_{D}x\,\mathrm{e}^{xy}\mathrm{d}x\,\mathrm{d}y = \int_{0}^{1}\mathrm{d}x\int_{0}^{1}x\,\mathrm{e}^{xy}\mathrm{d}y$$

$$=\int_{0}^{1}\mathrm{e}^{xy}\bigg|_{y=0}^{y=1}\mathrm{d}x = \int_{0}^{1}(\mathrm{e}^{x}-1)\mathrm{d}x$$

$$=(\mathrm{e}^{x}-x)\bigg|_{0}^{1} = \mathrm{e}-2.$$

图 5-15

例4　将二重积分 $\iint\limits_{D}f(x,y)\mathrm{d}\sigma$ 化为二次积分，其中积分区域 D 是由四条直线 $y=x,y=x+2,x=1$ 及 $x=3$ 围成的闭区域.

解　画出积分区域 D 的图形，如图 5-16 所示.注意到积分区域 D 是特殊的曲线四边形闭区域，其中上下两条曲线边分别为 $y=x+2$ 与 $y=x$，左右两条平行于 y 轴的直线边分别为 $x=1,x=3$，所以二重积分

$$\iint\limits_{D}f(x,y)\mathrm{d}\sigma = \int_{1}^{3}\mathrm{d}x\int_{x}^{x+2}f(x,y)\mathrm{d}y.$$

例5　求二重积分 $\iint\limits_{D}(1+x^{2})y\mathrm{d}x\,\mathrm{d}y$，其中积分区域 D 是由圆 $x^{2}+y^{2}=1$ 与 x 轴、y 轴围成的第一象限的闭区域.

解　画出积分区域 D 的图形，如图 5-17 所示.注意到积分区域 D 是特殊的曲线三边形闭区域，其中上下两条曲线边分别为 $x^{2}+y^{2}=1$ 与 $y=0$，即 $y=\sqrt{1-x^{2}}$ 与 $y=0$，左面直线边为 y 轴，即 $x=0$，而上下两条曲线边交点的横坐标为 $x=1$，所以二重积分

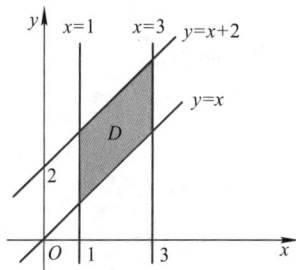

图 5-16

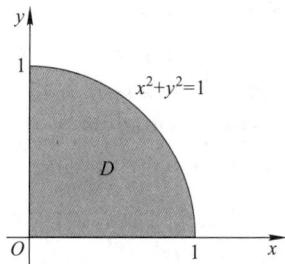

图 5-17

$$\iint\limits_{D}(1+x^{2})y\mathrm{d}x\,\mathrm{d}y$$

$$=\int_{0}^{1}\mathrm{d}x\int_{0}^{\sqrt{1-x^{2}}}(1+x^{2})y\mathrm{d}y$$

$$= \int_0^1 (1+x^2)\mathrm{d}x \int_0^{\sqrt{1-x^2}} y\mathrm{d}y = \int_0^1 (1+x^2)\left(\frac{1}{2}y^2\right)\Big|_{y=0}^{y=\sqrt{1-x^2}} \mathrm{d}x$$

$$= \frac{1}{2}\int_0^1 (1+x^2)(1-x^2)\mathrm{d}x = \frac{1}{2}\int_0^1 (1-x^4)\mathrm{d}x$$

$$= \frac{1}{2}\left(x - \frac{1}{5}x^5\right)\Big|_0^1 = \frac{2}{5}.$$

例 6　计算二重积分 $I = \iint\limits_D xy\mathrm{d}x\mathrm{d}y$，其中 D 是由直线 $y=x$ 与抛物线 $y=x^2$ 围成的闭区域.

解　画出积分区域 D 的图形，如图 5-18 所示.由方程组 $\begin{cases} y=x^2, \\ y=x \end{cases}$ 得两曲线的交点坐标为 $(0,0)$，$(1,1)$，则 D 可表示为

$$D: \begin{cases} x^2 \leqslant y \leqslant x, \\ 0 \leqslant x \leqslant 1. \end{cases}$$

所以二重积分

$$I = \iint\limits_D xy\mathrm{d}x\mathrm{d}y = \int_0^1 \mathrm{d}x \int_{x^2}^x xy\mathrm{d}y = \int_0^1 x\left(\frac{1}{2}y^2\right)\Big|_{y=x^2}^{y=x} \mathrm{d}x$$

$$= \frac{1}{2}\int_0^1 (x^3 - x^5)\mathrm{d}x = \frac{1}{2}\left(\frac{1}{4}x^4 - \frac{1}{6}x^6\right)\Big|_0^1$$

$$= \frac{1}{24}.$$

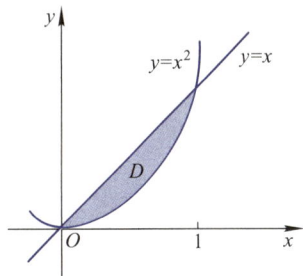

图 5-18

应用部分

§5.7　软件应用计算

一、二元函数的作图

在 MATLAB 中可以使用 ezmesh 命令来画出二元函数的图形，其命令使用格式为：

(1) ezmesh(f,domain)：在区域 domain 上画出二元函数 f 的图形，其中的 domain 可以为 [xmin,xmax,ymin,ymax] 或者 [min,max]（其中显示区域为 min<x<max，min<y<max）；

(2) ezmesh(x,y,z,[smin,smax,tmin,tmax])：在指定的矩形定义域范围 [smin<s<smax,tmin<t<tmax] 内画出参数式函数 x=x(s,t),y=y(s,t),z=z(s,t) 的图形.

例 1 作出 $f(x,y)=x\mathrm{e}^{-x^2-y^2}$ 的图形.

解 输入命令:

syms x y;

ezmesh(x * exp(−x^2−y^2),[−2.5,2.5])

输出结果如图 5 - 19 所示.

例 2 作出 $\begin{cases} x=u-u^3/3+uv^2, \\ y=v-v^3/3+vu^2, \\ z=u^2-v^2 \end{cases}$ 的图形.

解 输入命令:

syms u v;

x=u−u^3/3+u * v^2;

y=v−v^3/3+v * u^2;

z=u^2−v^2;

ezmesh(x,y,z,[−2,2])

输出结果如图 5 - 20 所示.

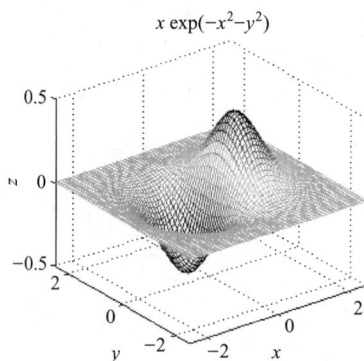

图 5 - 19

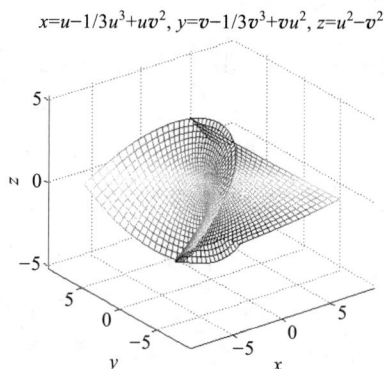

图 5 - 20

二、偏导数的计算

二元函数偏导数的计算与一元函数导数的计算一样,都是使用 diff 命令,使用格式如表 5 - 2 所示,不过这里的 f 为二元函数 $f(x,y)$.

表 5 - 2

数学表达式	MATLAB命令	数学表达式	MATLAB命令
$\dfrac{\partial f}{\partial x}$	diff(f,x)	$\dfrac{\partial^n f}{\partial x^n}$	diff(f,x,n),其中 n 为正整数
$\dfrac{\partial f}{\partial y}$	diff(f,y)		

例 3 计算二元函数 $z=\dfrac{x}{y}$ 的偏导数.

解 输入命令：

syms x y;

f＝x/y;

f_x＝diff(f,x)

f_y＝diff(f,y)

输出结果：

f_x＝1/y

f_y＝－x/y^2

例 4 计算二元函数 $z=x^3y^2-3xy^3-xy+1$ 的二阶偏导数.

解 输入命令：

syms x y;

f＝x^3 * y^2－3 * x * y^3－x * y+1;   %定义函数

f_x＝diff(f,x);   %求出对 x 的偏导数

f_y＝diff(f,y);   %求出对 y 的偏导数

f_xx＝diff(f,x,2)   %求出对 x 的二阶偏导数

f_yy＝diff(f,y,2)   %求出对 y 的二阶偏导数

f_xy＝diff(f_x,y)   %求出混合偏导数

f_yx＝diff(f_y,x)   %求出混合偏导数

输出结果：

f_xx＝6 * x * y^2

f_yy＝2 * x^3－18 * x * y

f_xy＝6 * x^2 * y－9 * y^2－1

f_yx＝6 * x^2 * y－9 * y^2－1

例 5 计算函数 $z=x^3y^2+x^2$ 在点 $(1,2)$ 处的偏导数.

解 输入命令：

syms x y;

z＝x^3 * y^2+x^2;

f_x＝diff(z,x);

f_y＝diff(z,y);

val_x＝subs(f_x,{x,y},{1,2})

val_y＝subs(f_y,{x,y},{1,2})

输出结果：

val _ x＝14

val _ y＝4

三、二重积分的计算

MATLAB 没有提供命令来直接计算二元函数的积分,因此需要把二重积分转化为二次积分来计算.

例 6 计算积分 $\int_0^1 \int_0^1 x e^{xy} \, dx \, dy$.

解 输入命令:

```
syms x y;
f=x*exp(x*y);              %定义被积函数
f_x=int(f,x,0,1);          %先对 x 进行积分
val=int(f_x,y,0,1)         %再对 y 进行积分
```

输出结果:

val=exp(1) −2

例 7 计算二重积分 $\iint\limits_D (1+x^2) y \, dx \, dy$,其中积分区域 D 是圆 $x^2 + y^2 = 1$ 在第一象限中的区域.

解 输入命令:

```
syms x y;
f=(1+x^2)*y;
xmin=0;
xmax=1;                    %确定 x 的积分上下限
ymin=0;
ymax=sqrt(1-x^2);          %确定 y 的积分上下限
f_y=int(f,y,ymin,ymax);
val=int(f_y,xmin,xmax)
```

输出结果:

val=2/5

§5.8 经济应用

一、预测某个月酒的销售量

例 1 一商店有两种饮料 A 和 B.销售图表显示,饮料的定价对它们的销售情况有影响. 如果 A 种饮料每瓶 x 元,同时 B 种饮料每瓶 y 元,则 A 种饮料的月销售量将为

$$Q(x,y) = 300 - 20x^2 + 30y \text{(瓶)}.$$

预计从现在起 t 个月后,A 种饮料的价格将为 $x = 2 + 0.05t$(元/瓶),同时 B 种饮料的价格将为 $y = 2 + 0.1\sqrt{t}$(元/瓶).

问：从现在起 4 个月后的一个月里，A 种饮料的销售量将增加(或减少)多少瓶？

解 目标是求从现在起 4 个月后 A 种饮料的月销售量 Q 对时间 t 的变化率 $\dfrac{\mathrm{d}Q}{\mathrm{d}t}\Big|_{t=4}$. 由题意得

$$\frac{\mathrm{d}Q}{\mathrm{d}t}=\frac{\partial Q}{\partial x}\frac{\partial x}{\partial t}+\frac{\partial Q}{\partial y}\frac{\partial y}{\partial t}=-40x\cdot 0.05+30\cdot(0.05t^{-\frac{1}{2}}).$$

当 $t=4$ 时，$x=2+0.05\times4=2.2$，所以

$$\frac{\mathrm{d}Q}{\mathrm{d}t}\Big|_{t=4}=-3.65\approx-4.$$

这就是说，从现在起 4 个月后的一个月里，A 种饮料的销售量将减少约 4 瓶.

二、最优化的产出水平

假设某厂生产两种产品，在生产过程中，两种产品的产量 q_1 和 q_2 是不相关的，但两种产品在生产技术上又是相关的.这样，不仅总成本 C 是产量 q_1 和 q_2 的函数 $C=C(q_1,q_2)$，而且两种产品的边际成本(总成本的偏导数称为**边际成本**，分别用 MC_1，MC_2 表示)也是 q_1 和 q_2 的函数，即

$$MC_1=\frac{\partial C}{\partial q_1}=C_1(q_1,q_2),\quad MC_2=\frac{\partial C}{\partial q_2}=C_2(q_1,q_2).$$

经济学中一般总认为产出水平与销售水平是一致的，所以总收益 R 也是 q_1 和 q_2 的函数 $R=R(q_1,q_2)$.现在的问题是如何确定每种产品的产量，以使厂商获得最大的利润.

厂商的利润函数是

$$L=R-C=R(q_1,q_2)-C(q_1,q_2),$$

由极值存在的必要条件

$$\begin{cases}\dfrac{\partial L}{\partial q_1}=\dfrac{\partial R}{\partial q_1}-\dfrac{\partial C}{\partial q_1}=MR_1-MC_1=0,\\[2mm]\dfrac{\partial L}{\partial q_2}=\dfrac{\partial R}{\partial q_2}-\dfrac{\partial C}{\partial q_2}=MR_2-MC_2=0\end{cases}$$

得

$$\begin{cases}MR_1=MC_1,\\MR_2=MC_2.\end{cases}\tag{1}$$

这里 $MR_1=\dfrac{\partial R}{\partial q_1},MR_2=\dfrac{\partial R}{\partial q_2}$ 是边际收益(总收益的偏导数称为**边际收益**).

(1)式说明，工厂为了获得最大利润，每种产品都应达到这样的产出水平，使边际收益恰好等于边际成本.

例 2 工厂生产两种产品，总成本函数是 $C=q_1^2+2q_1q_2+q_2^2+5$，两种产品的需求函数分别是 $q_1=26-P_1,q_2=10-\dfrac{1}{4}P_2$，为使工厂获得最大利润，试确定两种产品的产出水平.

解　由 $q_1=26-P_1, q_2=10-\dfrac{1}{4}P_2$ 知两种产品的价格

$$P_1=26-q_1, \quad P_2=40-4q_2.$$

于是总收益函数

$$R=P_1q_1+P_2q_2=(26-q_1)q_1+(40-4q_2)q_2=26q_1+40q_2-q_1^2-4q_2^2.$$

根据(1)式,有

$$\begin{cases} 26-2q_1=2q_1+2q_2, \\ 40-8q_2=2q_1+2q_2, \end{cases}$$

即

$$\begin{cases} 2q_1+q_2=13, \\ q_1+5q_2=20, \end{cases}$$

解之,得 $q_1=5, q_2=3.$ 可以验证此组解满足极值存在的充分条件.

因此,当两种产品的产量分别为 5 和 3 时,工厂获利最大.此时最大利润为

$$\begin{aligned} L &=R-C=(26q_1+40q_2-q_1^2-4q_2^2)-(q_1+q_2)^2-5 \\ &=26\times5+40\times3-5^2-4\times3^2-(5+3)^2-5=120. \end{aligned}$$

现在假设某厂商经营两个工厂,都生产同一产品且在同一市场上销售.由于两厂的经营情况不同,生产成本有所差别.现在的问题是,如何确定每个工厂的产量,使厂商获利最大.

由题意,设两厂的产量分别是 q_1 和 q_2,两厂的成本函数分别为 $C_1=C_1(q_1)$ 和 $C_2=C_2(q_2)$.于是总成本函数为

$$C=C_1(q_1)+C_2(q_2),$$

总收益函数为

$$R=R(Q)=R(q_1+q_2).$$

这里 $Q=q_1+q_2$ 为总产量,因而利润函数为

$$L=R-C=R(Q)-C_1(q_1)-C_2(q_2).$$

由极值存在的必要条件

$$\begin{cases} \dfrac{\partial L}{\partial q_1}=\dfrac{dR}{dQ}\cdot\dfrac{\partial Q}{\partial q_1}-\dfrac{dC_1}{dq_1}=0, \\[2mm] \dfrac{\partial L}{\partial q_2}=\dfrac{dR}{dQ}\cdot\dfrac{\partial Q}{\partial q_2}-\dfrac{dC_2}{dq_2}=0 \end{cases}$$

得 $R'(Q)=C_1'(q_1)=C_2'(q_2)$,即

$$MR=MC_1=MC_2. \tag{2}$$

(2)式表明,最优产出水平应使每个工厂的边际成本都等于总产出的边际收益.

例 3　一厂商经营两个工厂,其成本函数分别为 $C_1=3q_1^2+2q_1+6$ 和 $C_2=2q_2^2+2q_2+4$,而价格函数为 $P=74-6Q$,其中 $Q=q_1+q_2$.为使利润最大,试确定每个工厂的产出水平.

解　由于 $C_1'(q_1)=6q_1+2, C_2'(q_2)=4q_2+2$,而总收益函数和边际收益分别为

$$R=P\cdot Q=74Q-6Q^2, \quad MR=74-12Q.$$

故由(2)式,得

$$\begin{cases}74-12(q_1+q_2)=6q_1+2, \\ 74-12(q_1+q_2)=4q_2+2,\end{cases} 即 \begin{cases}3q_1+2q_2=12, \\ 3q_1+4q_2=18,\end{cases}$$

解之,得 $q_1=2,q_2=3$.可以验证此组解满足极值存在的充分条件.

因此,当两个工厂的产量分别是 $q_1=2,q_2=3$ 时厂商获利最大.此时最大利润为

$$L=R-C=74(q_1+q_2)-6(q_1+q_2)^2-(3q_1^2+2q_1+6)-(2q_2^2+2q_2+4)$$

$$=74\times5-6\times5^2-(3\times2^2+2\times2+6)-(2\times3^2+2\times3+4)=170.$$

§5.9 工程应用

一、湖水总体积及平均水深的估算

许多湖泊的湖床形状近似是一个椭圆正弦曲面.假定湖泊的边界为椭圆 $\dfrac{x^2}{a^2}+\dfrac{y^2}{b^2}=1$,若湖泊的最大水深为 h_{max},则湖床的形状由函数

$$f(x,y)=-h_{max}\cos\left(\frac{\pi}{2}\sqrt{\frac{x^2}{a^2}+\frac{y^2}{b^2}}\right)$$

给出,其中 $\dfrac{x^2}{a^2}+\dfrac{y^2}{b^2}\leqslant1$.现求湖水的总体积及平均水深.

设 $D:\dfrac{x^2}{a^2}+\dfrac{y^2}{b^2}\leqslant1$ 是湖面的椭圆区域,湖水的总体积为

$$V=\iint\limits_{D}|f(x,y)|\,\mathrm{d}x\,\mathrm{d}y=\iint\limits_{D}h_{max}\cos\left(\frac{\pi}{2}\sqrt{\frac{x^2}{a^2}+\frac{y^2}{b^2}}\right)\mathrm{d}x\,\mathrm{d}y.$$

被积函数和区域 D 的特征同时适合于用推广的极坐标法(极坐标法介绍见本章内容拓展)来计算,令

$$\begin{cases}x=ar\cos\theta, \\ y=br\sin\theta,\end{cases}$$

其中 $0\leqslant r\leqslant1,0\leqslant\theta\leqslant2\pi$,则

$$V=\int_0^{2\pi}\mathrm{d}\theta\int_0^1 h_{max}\cos\left(\frac{\pi}{2}r\right)abr\,\mathrm{d}r$$

$$=2\pi abh_{max}\int_0^1\cos\left(\frac{\pi}{2}r\right)r\,\mathrm{d}r=4abh_{max}\left[\int_0^1 r\,\mathrm{d}\left(\sin\frac{\pi}{2}r\right)\right]$$

$$=4abh_{max}\left[r\sin\left(\frac{\pi}{2}r\right)\Big|_0^1-\int_0^1\sin\left(\frac{\pi}{2}r\right)\mathrm{d}r\right]$$

$$=4abh_{max}\left[1+\frac{2}{\pi}\cos\left(\frac{\pi}{2}r\right)\Big|_0^1\right]$$

$$=4abh_{max}\left(1-\frac{2}{\pi}\right)\approx1.453\ 5abh_{max}.$$

根据上述公式,可通过测量 a,b,h_{max} 来估计湖水的总体积(即水量).平均湖水深度为

$$\overline{h}=\frac{\iint\limits_{D}|f(x,y)|\mathrm{d}x\mathrm{d}y}{A}=\frac{\iint\limits_{D}|f(x,y)|\mathrm{d}x\mathrm{d}y}{\pi ab}$$

$$=\frac{1.453\ 5abh_{max}}{\pi ab}=\frac{1.453\ 5h_{max}}{\pi}\approx0.463h_{max},$$

即 $\dfrac{\overline{h}}{h_{max}}\approx0.463.$

实际上,人们对全世界若干个湖泊的研究结果表明,以上计算与实际相符.

二、火山喷发后高度的变化

一火山的形状可以由曲面 $z=h\mathrm{e}^{-\frac{\sqrt{x^2+y^2}}{4h}}$ $(z>0)$ 来表示.在一次喷发后,有体积为 ΔV 的熔岩黏附在山上,使它具有和原来一样的形状.求火山高度变化的百分比.

记火山喷发前的体积为 V,喷发后的体积为 V_1;喷发前的高度为 h,喷发后的高度为 h_1. 有 $\Delta V=V_1-V$,现在要求 $\dfrac{h_1-h}{h}$.先计算喷发前的火山体积:

$$V=\iint\limits_{D}h\cdot\mathrm{e}^{-\frac{\sqrt{x^2+y^2}}{4h}}\mathrm{d}x\mathrm{d}y.$$

由于火山的底部很大,将它看做无限大,即

$$\begin{cases}0\leqslant\theta\leqslant2\pi,\\0\leqslant r\leqslant+\infty,\end{cases}$$

用极坐标法来计算:

$$V=\int_0^{2\pi}\mathrm{d}\theta\int_0^{+\infty}h\cdot\mathrm{e}^{-\frac{r}{4h}}r\mathrm{d}r=-8\pi h^2\int_0^{+\infty}r\mathrm{d}(\mathrm{e}^{-\frac{r}{4h}})$$

$$=-8\pi h^2\left[r\mathrm{e}^{-\frac{r}{4h}}\Big|_0^{+\infty}-\int_0^{+\infty}\mathrm{e}^{-\frac{r}{4h}}\mathrm{d}r\right]$$

$$=8\pi h^2\int_0^{+\infty}\mathrm{e}^{-\frac{r}{4h}}\mathrm{d}r=8\pi h^2(-4h)\cdot\mathrm{e}^{-\frac{r}{4h}}\Big|_0^{+\infty}$$

$$=32\pi h^3.$$

所以

$$V_1=32\pi h_1^3,\Delta V=V_1-V=32\pi h_1^3-32\pi h^3.$$

从而

$$h_1^3=\frac{\Delta V+32\pi h^3}{32\pi}=h^3+\frac{\Delta V}{32\pi}\Rightarrow h_1=\left(h^3+\frac{\Delta V}{32\pi}\right)^{1/3},$$

即

$$\frac{h_1-h}{h}=\frac{1}{h}\left(\frac{\Delta V}{32\pi}+h^3\right)^{1/3}-1.$$

如果知道了 ΔV 和 h,由上述公式可求得火山喷发后高度变化的百分比.

总结·拓展部分

一、本章内容总结

二元函数微积分是一元函数微积分的推广,很多方面与一元函数微积分相似,易于理解,但也有一些方面差别较大.本章内容主要有:

(1) 空间解析几何基础知识,包括空间直角坐标系、空间两点间的距离公式、空间曲面方程、空间曲线方程;

(2) 几种常见空间曲面方程,包括平面方程、球面方程、圆柱面方程等;

(3) 二元函数的概念、几何意义,二元函数的极限与连续性;

(4) 二元函数的偏导数、二阶偏导数、二元隐函数的偏导数;

(5) 二元函数全微分的概念与计算;

(6) 求二元函数的极值与最值的方法;

(7) 二重积分的概念与基本运算法则,在直角坐标系中将二重积分化为二次积分的计算.

本章的很多计算较一元函数微积分复杂,如求二元函数极值的计算、二重积分的计算.

二、本章内容拓展

1. 常见空间曲面与方程

(1) 平面方程

平面的一般方程为
$$Ax + By + Cz + D = 0 \ (\text{其中 } A, B, C \text{ 不全为零}).$$

当 $D = 0$ 时,方程 $Ax + By + Cz = 0$ 表示通过原点的平面;

当 $A = 0, D \neq 0$ 时,方程 $By + Cz + D = 0$ 表示平行于 x 轴的平面;

当 $A = D = 0$ 时,方程 $By + Cz = 0$ 表示通过 x 轴的平面.

类似地,可讨论 B 或 C 为零的情形.如,当 $A = B = 0, D \neq 0$ 时,方程 $Cz + D = 0$ 表示平行于 xOy 面的平面.

两平面相交时,交线是直线,因此**空间直线方程**为
$$\begin{cases} A_1 x + B_1 y + C_1 z + D_1 = 0, \\ A_2 x + B_2 y + C_2 z + D_2 = 0. \end{cases}$$

(2) 球面方程

球心在 $M_0(x_0, y_0, z_0)$,半径为 R 的**球面方程**为
$$(x - x_0)^2 + (y - y_0)^2 + (z - z_0)^2 = R^2.$$

特别地,球心在坐标原点的球面方程为
$$x^2 + y^2 + z^2 = R^2.$$

(3) 母线平行于坐标轴的柱面方程

不含变量 z 的方程 $f(x,y)=0$ 在空间表示以 xOy 面上的曲线 C 为准线,母线平行于 z 轴的柱面.

例如,方程 $x^2+y^2=R^2$ 在空间表示以 xOy 面上的圆为准线,母线平行于 z 轴的圆柱面.

方程 $y^2=2x$ 在空间表示以 xOy 面上的抛物线 $y^2=2x$ 为准线,母线平行于 z 轴的柱面,该柱面称为抛物柱面.还有母线平行于 z 轴的椭圆柱面、双曲柱面.

同理可推得不含变量 x 的方程 $f(y,z)=0$,在空间表示以 yOz 面上的曲线 C 为准线,母线平行于 x 轴的柱面.

不含变量 y 的方程 $f(x,z)=0$ 在空间表示以 zOx 面上的曲线 C 为准线,母线平行于 y 轴的柱面.

(4) 以坐标轴为旋转轴的旋转曲面方程

将 yOz 面上,方程为 $f(y,z)=0$ 的曲线 C 绕 z 轴旋转,得到的旋转曲面方程为 $f(\pm\sqrt{x^2+y^2},z)=0$;绕 y 轴旋转得到的旋转曲面方程为 $f(y,\pm\sqrt{x^2+z^2})=0$.

同理可得,xOy 面上方程为 $f(x,y)=0$ 的曲线 C 绕 x 轴旋转得到的旋转曲面方程为 $f(x,\pm\sqrt{y^2+z^2})=0$;绕 y 轴旋转得到的旋转曲面方程为 $f(\pm\sqrt{x^2+z^2},y)=0$.

zOx 面上方程为 $f(x,z)=0$ 的曲线 C 绕 x 轴旋转得到的旋转曲面方程为 $f(x,\pm\sqrt{y^2+z^2})=0$,绕 z 轴旋转得到的旋转曲面方程为 $f(\pm\sqrt{x^2+y^2},z)=0$.

如,yOz 面上的直线 $z=ay(a\neq0)$ 绕 z 轴旋转所得的旋转曲面方程为 $z=a(\pm\sqrt{x^2+y^2})$,即 $z^2=a^2(x^2+y^2)$.

xOy 面上椭圆 $\dfrac{x^2}{a^2}+\dfrac{y^2}{b^2}=1$ 绕 y 轴旋转所得的旋转曲面方程为

$$\frac{x^2+z^2}{a^2}+\frac{y^2}{b^2}=1,$$

该曲面为旋转椭球面.

2. 二元复合函数的偏导数运算法则

在二元复合函数 $z=f(u,v)$,$u=u(x,y)$,$v=v(x,y)$ 中,如果二元函数 $u=u(x,y)$,$v=v(x,y)$ 在点 (x,y) 处的偏导数 $\dfrac{\partial u}{\partial x}$,$\dfrac{\partial u}{\partial y}$ 及 $\dfrac{\partial v}{\partial x}$,$\dfrac{\partial v}{\partial y}$ 都存在,二元函数 $z=f(u,v)$ 在点 (x,y) 的对应点 (u,v) 处偏导数 $\dfrac{\partial z}{\partial u}$,$\dfrac{\partial z}{\partial v}$ 存在且连续,则二元复合函数 $z=f(u(x,y),v(x,y))$ 在点 (x,y) 处的偏导数 $\dfrac{\partial z}{\partial x}$,$\dfrac{\partial z}{\partial y}$ 存在,且偏导数为

$$\frac{\partial z}{\partial x}=\frac{\partial z}{\partial u}\frac{\partial u}{\partial x}+\frac{\partial z}{\partial v}\frac{\partial v}{\partial x},$$

$$\frac{\partial z}{\partial y}=\frac{\partial z}{\partial u}\frac{\partial u}{\partial y}+\frac{\partial z}{\partial v}\frac{\partial v}{\partial y}.$$

例 1 设二元函数 $z=f(u,v)$ 的偏导数都连续,求二元函数 $z=f(2x+3y,xy)$ 的偏导数.

解 注意到所给二元函数为二元复合函数,令中间变量 $u=2x+3y$,$v=xy$,根据二元复合函数偏导数运算法则,有

$$\frac{\partial z}{\partial x}=\frac{\partial z}{\partial u}\frac{\partial u}{\partial x}+\frac{\partial z}{\partial v}\frac{\partial v}{\partial x}=2\frac{\partial z}{\partial u}+y\frac{\partial z}{\partial v},$$

$$\frac{\partial z}{\partial y}=\frac{\partial z}{\partial u}\frac{\partial u}{\partial y}+\frac{\partial z}{\partial v}\frac{\partial v}{\partial y}=3\frac{\partial z}{\partial u}+x\frac{\partial z}{\partial v}.$$

例 2 求二元函数 $z=f(x^2-y^2,\mathrm{e}^{xy})$ 的全微分.

解 令中间变量 $u=x^2-y^2$,$v=\mathrm{e}^{xy}$,根据二元复合函数偏导数运算法则,计算偏导数:

$$\frac{\partial z}{\partial x}=\frac{\partial z}{\partial u}\frac{\partial u}{\partial x}+\frac{\partial z}{\partial v}\frac{\partial v}{\partial x}=2x\frac{\partial z}{\partial u}+y\mathrm{e}^{xy}\frac{\partial z}{\partial v},$$

$$\frac{\partial z}{\partial y}=\frac{\partial z}{\partial u}\frac{\partial u}{\partial y}+\frac{\partial z}{\partial v}\frac{\partial v}{\partial y}=-2y\frac{\partial z}{\partial u}+x\mathrm{e}^{xy}\frac{\partial z}{\partial v},$$

则全微分为

$$\mathrm{d}z=\left(2x\frac{\partial z}{\partial u}+y\mathrm{e}^{xy}\frac{\partial z}{\partial v}\right)\mathrm{d}x+\left(-2y\frac{\partial z}{\partial u}+x\mathrm{e}^{xy}\frac{\partial z}{\partial v}\right)\mathrm{d}y.$$

3. 二重积分在直角坐标系下的计算

(1) X 型区域

X 型区域 D 可表示成不等式组,即

$$D:\begin{cases}a\leqslant x\leqslant b,\\\varphi_1(x)\leqslant y\leqslant\varphi_2(x),\end{cases}$$

如图 5-21 所示,其特点是:平行于 y 轴且穿过 D 内部的直线与 D 的边界相交不多于两点.此时二重积分计算公式为

$$\iint\limits_{D}f(x,y)\mathrm{d}\sigma=\int_a^b\mathrm{d}x\int_{\varphi_1(x)}^{\varphi_2(x)}f(x,y)\mathrm{d}y.$$

(2) Y 型区域

Y 型区域 D 可表示成不等式组,即

$$D:\begin{cases}c\leqslant y\leqslant d,\\\psi_1(y)\leqslant x\leqslant\psi_2(y),\end{cases}$$

如图 5-22 所示.其特点是:平行于 x 轴且穿过 D 内部的直线与 D 的边界相交不多于两点.此时二重积分计算公式为

$$\iint\limits_{D}f(x,y)\mathrm{d}\sigma=\int_c^d\mathrm{d}y\int_{\psi_1(y)}^{\psi_2(y)}f(x,y)\mathrm{d}x.$$

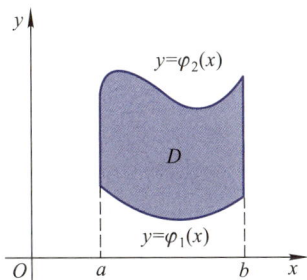

图 5-21

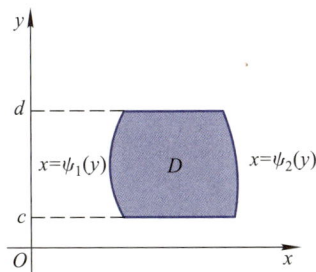

图 5-22

例 3 交换二次积分 $I=\int_0^1\mathrm{d}y\int_0^{\sqrt{y}}f(x,y)\mathrm{d}x+\int_1^2\mathrm{d}y\int_0^{2-y}f(x,y)\mathrm{d}x$ 的积分次序.

解 所给的二次积分区域可以用不等式组表示,即

$$D_1:\begin{cases}0\leqslant x\leqslant\sqrt{y},\\0\leqslant y\leqslant1;\end{cases}\quad D_2:\begin{cases}0\leqslant x\leqslant2-y,\\1\leqslant y\leqslant2.\end{cases}$$

画出区域 D_1 和 D_2 的图形,如图 5-23 所示,D_1 和 D_2 可合并成一个区域 D.

根据 D 的图形把 D 改写成 X 型区域,并用不等式组表示为 $D:\begin{cases}x^2\leqslant y\leqslant2-x,\\0\leqslant x\leqslant1.\end{cases}$ 于是交换积分次序,得到先对 y 后对 x 的积分为

$$I=\int_0^1\mathrm{d}x\int_{x^2}^{2-x}f(x,y)\mathrm{d}y.$$

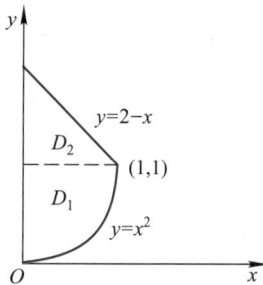

图 5-23

4. 二重积分在极坐标系下的计算

根据平面上的直角坐标 (x,y) 与极坐标 (r,θ) 之间的变换关系 $\begin{cases}x=r\cos\theta,\\y=r\sin\theta,\end{cases}$ 得到被积函数 $f(x,y)$ 的极坐标形式为 $f(x,y)=f(r\cos\theta,r\sin\theta)$.

如图 5-24 所示,区域 D 可表示为

$$\begin{cases}\alpha\leqslant\theta\leqslant\beta,\\r_1(\theta)\leqslant r\leqslant r_2(\theta),\end{cases}$$

且可取面积微元 $\mathrm{d}\sigma=r\mathrm{d}r\mathrm{d}\theta$.于是,二重积分在极坐标系下可表示成

$$\iint\limits_D f(x,y)\mathrm{d}\sigma$$
$$=\iint\limits_D f(r\cos\theta,r\sin\theta)r\mathrm{d}r\mathrm{d}\theta$$
$$=\int_\alpha^\beta\mathrm{d}\theta\int_{r_1(\theta)}^{r_2(\theta)}f(r\cos\theta,r\sin\theta)r\mathrm{d}r.$$

例 4 计算 $\iint\limits_D\mathrm{d}\sigma$,其中 $D=\{(x,y)\mid1\leqslant x^2+y^2\leqslant4\}$.

解 区域 D 可表示为

$$\begin{cases}0\leqslant\theta\leqslant2\pi,\\1\leqslant r\leqslant2,\end{cases}$$

如图 5-25 所示,则

$$\iint\limits_D\mathrm{d}\sigma=\int_0^{2\pi}\mathrm{d}\theta\int_1^2 r\mathrm{d}r$$

$$=\int_0^{2\pi}\frac{1}{2}r^2\Big|_1^2\mathrm{d}\theta=\frac{3}{2}\int_0^{2\pi}\mathrm{d}\theta$$

$$= \frac{3}{2}\theta \Big|_0^{2\pi} = 3\pi.$$

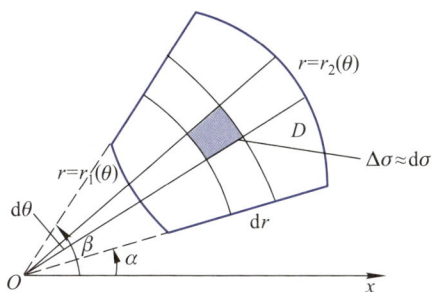

图 5 - 24

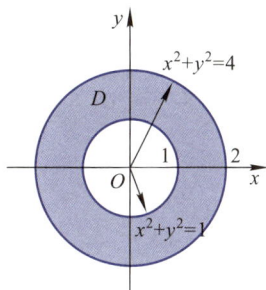

图 5 - 25

例 5 计算二重积分 $\iint\limits_{D}(x^2+y^2)\mathrm{d}x\,\mathrm{d}y$，其中 $D=\{(x,y)\mid x^2+y^2\leqslant 1\}$.

解 区域 D 可表示为

$$\begin{cases} 0\leqslant\theta\leqslant 2\pi, \\ 0\leqslant r\leqslant 1, \end{cases}$$

如图 5 - 26 所示，则

$$\iint\limits_{D}(x^2+y^2)\mathrm{d}x\,\mathrm{d}y = \int_0^{2\pi}\mathrm{d}\theta\int_0^1 r^2\cdot r\,\mathrm{d}r$$

$$= \int_0^{2\pi}\frac{1}{4}r^4\Big|_0^1\mathrm{d}\theta = \frac{\pi}{2}.$$

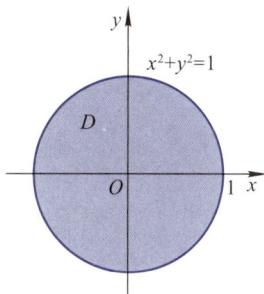

图 5 - 26

想一想

什么类型的二重积分适合在极坐标系下计算？

凡是二重积分的被积函数为 $f(x^2+y^2)$ 或积分区域是某些圆域、圆环、扇形等区域时，可考虑把二重积分在极坐标系下化成二次积分来计算.

习题五

1. 写出下列特殊点的坐标：

(1) 原点；　　　　(2) x 轴上的点；　　　(3) y 轴上的点；

(4) z 轴上的点；　　(5) xOy 面上的点；　　(6) yOz 面上的点；

(7) zOx 面上的点.

2. 指出下列各点所在的卦限：

$$(2,-1,-4),(-1,-3,1),(2,1,-1).$$

3. 设 A,B 两点为 $A(4,-7,1),B(6,2,z)$，它们间的距离为 $|AB|=11$，求点 B 的竖坐标 z.

4. 求球面 $x^2+y^2+z^2-2x+4y-4z-7=0$ 的球心与半径.

5. 求下列函数的定义域,并画出它们的定义区域.

(1) $z=\sqrt{x}+\sqrt{y}$;

(2) $z=\dfrac{\arcsin y}{\sqrt{x}}$;

(3) $z=\dfrac{1}{\sqrt{x+y}}$;

(4) $z=\ln[(16-x^2-y^2)(x^2+y^2-4)]$.

6. 设函数 $f(x,y)=x^2-2xy+3y^2$,试求:

(1) $f(0,1)$;

(2) $f(tx,ty)$;

(3) $\dfrac{f(x,y+h)-f(x,y)}{h}$.

7. 求下列函数的偏导数:

(1) $z=x^3y-xy^3$;

(2) $z=\left(\dfrac{1}{3}\right)^{\frac{y}{x}}$;

(3) $z=\ln(\mathrm{e}^x+\mathrm{e}^y)$;

(4) $z=x\mathrm{e}^{-xy}$;

(5) $z=\dfrac{x}{\sqrt{x^2+y^2}}$;

(6) $z=\cos x^2 y$;

(7) $z=\sin(xy)\tan\dfrac{y}{x}$;

(8) $z=\arctan\dfrac{x+y}{1-xy}$.

8. 求下列二元函数在给定点处的偏导数:

(1) $f(x,y)=x^2y-2y$,求 $f'_x(2,3)$,$f'_y(0,0)$;

(2) $f(x,y)=\ln(-x+\ln y)$,求 $f'_x(0,\mathrm{e})$,$f'_y(\mathrm{e},\mathrm{e})$.

9. 求下列隐函数的偏导数:

(1) $z=x^2+y^2+z^2$;

(2) $\sin z-xyz=0$.

10. 已知二元隐函数 $x\mathrm{e}^{x-yz}-x+y+2z=0$,求 z'_x 在点 $(1,2,-1)$ 处的值.

11. 设 $z=\ln(\mathrm{e}^x+\mathrm{e}^y)$,求证:

(1) $\dfrac{\partial z}{\partial x}+\dfrac{\partial z}{\partial y}=1$;

(2) $\dfrac{\partial^2 z}{\partial x^2}\dfrac{\partial^2 z}{\partial y^2}-\left(\dfrac{\partial^2 z}{\partial x\partial y}\right)^2=0$.

12. 求下列二元函数的二阶偏导数:

(1) $z=xy^4-x^3y^2$;

(2) $z=\mathrm{e}^{xy}$;

(3) $z=\sin(x-2y)$;

(4) $z=\arctan\dfrac{y}{x}$;

(5) $z=x^{2y}$;

(6) $z=y^3\ln x$.

13. 求下列二元函数的全微分 $\mathrm{d}z$:

(1) $z=x^3y^2$;

(2) $z=x^y\ (x>0,x\neq1)$;

(3) $z=\sin(x^2+y^2)$;

(4) $z=\ln(x^2-y^2)$;

(5) $z=y\mathrm{e}^{\sqrt{x}}$;

(6) $z=\arcsin(xy)$.

*14. 求函数 $z=x^2y^3$ 在点 $(2,-1)$ 处,当 $\Delta x=0.02,\Delta y=-0.01$ 时改变量的近似值.

*15. 已知二元函数 $z=f(x,y)$ 的全微分

$$dz = (ay^4 e^x - y^3 \cos x) dx + (8y^3 e^x + 3by^2 \sin x) dy,$$

求常数 a,b 的值.

16. 求下列二元函数的极值:

(1) $f(x,y) = 1 - x^2 - y^2$;

(2) $f(x,y) = \dfrac{1}{2}(x^2 + y^2) - \ln x - \ln y$;

(3) $f(x,y) = -x^2 + xy - y^2 + 2x - y$;

(4) $f(x,y) = 2x^3 + xy^2 + 5x^2 + y^2$.

17. 要造一个容积为 V_0 的无盖长方形水池,应该如何设计水池的尺寸,才能使水池的表面积最小.

18. 求下列二重积分:

(1) $\displaystyle\iint\limits_{D}(x+2y)d\sigma$,其中 D 是矩形区域:$\{(x,y) \mid -1 \leqslant x \leqslant 1, 0 \leqslant y \leqslant 2\}$;

(2) $\displaystyle\iint\limits_{D} x \sin y d\sigma$,其中 D 是矩形区域:$\left\{(x,y) \mid 1 \leqslant x \leqslant 2, 0 \leqslant y \leqslant \dfrac{\pi}{2}\right\}$;

(3) $\displaystyle\iint\limits_{D} \dfrac{1}{(x+y)^2} d\sigma$,其中 D 是由四条直线 $y=x$,$y=2x$,$x=2$ 及 $x=4$ 围成的闭区域;

(4) $\displaystyle\iint\limits_{D} \dfrac{x^2}{y^2} d\sigma$,其中 D 是由曲线 $y=\dfrac{1}{x}$ 与直线 $y=x$,$x=2$ 围成的闭区域;

(5) $\displaystyle\iint\limits_{D} x \sqrt{y} d\sigma$,其中 D 是由两条抛物线 $y=\sqrt{x}$,$y=x^2$ 围成的区域;

(6) $\displaystyle\iint\limits_{D} \sqrt{x} e^x dx dy$,其中 D 是由抛物线 $y^2=x$ 与直线 $x=1$ 围成的闭区域;

(7) $\displaystyle\iint\limits_{D} \dfrac{\sin x}{x} dx dy$,其中 D 是由直线 $y=x$ 及抛物线 $y=x^2$ 围成的闭区域;

*(8) $\displaystyle\iint\limits_{D} \dfrac{y}{(1+x^2+y^2)^{\frac{3}{2}}} d\sigma$,其中积分区域 D:$\{(x,y) \mid 0 \leqslant x \leqslant 1, 0 \leqslant y \leqslant 1\}$.

*19. 设二元函数 $z=f(u,v)$ 的一阶偏导数都连续,求下列二元函数的偏导数:

(1) $z=f\left(x^2 y^2, \dfrac{x^2}{y^2}\right)$;   (2) $z=f(x^2+y^2, \ln xy)$.

*20. 画出下列二次积分所表示的二重积分的积分区域,并交换积分次序.

(1) $\displaystyle\int_0^2 dy \int_{y^2}^{2y} f(x,y) dx$;

(2) $\displaystyle\int_1^e dx \int_0^{\ln x} f(x,y) dy$;

(3) $\displaystyle\int_0^1 dx \int_0^{x^2} f(x,y) dy + \int_1^2 dx \int_0^{\sqrt{1-(x-1)^2}} f(x,y) dy$.

*21. 利用极坐标求下列二重积分:

(1) $\displaystyle\iint\limits_{D} \sqrt{x^2+y^2} d\sigma$,其中积分区域 D:$\{(x,y) \mid x^2+y^2 \leqslant 1\}$.

(2) $\iint\limits_{D} e^{-(x^2+y^2)}d\sigma$，其中积分区域 $D:\{(x,y)\,|\,x^2+y^2\leqslant 1,x\geqslant 0,y\geqslant 0\}$.

(3) $\iint\limits_{D} \ln(1+x^2+y^2)d\sigma$，其中积分区域 $D:\{(x,y\,|\,x^2+y^2\leqslant 1,x\geqslant 0,y\geqslant 0\}$.

22. 填空题.

(1) 函数 $z=\dfrac{1}{\ln(x+y)}$ 的定义域是_____；

(2) 已知二元复合函数 $f(x+y,xy)=\dfrac{x^2+xy+y^2}{xy+1}$，则二元函数 $f(x,y)=$ _____；

(3) 方程 $x^2+y^2=0$ 在空间表示_____；

(4) 已知二元函数 $z=3^{xy}$，则偏导数 $\dfrac{\partial z}{\partial x}=$ _____；

(5) 设二元函数 $z=yx^2+e^{xy}$，则 $\dfrac{\partial z}{\partial y}\Big|_{(1,2)}=$ _____；

(6) 已知二元函数 $f(x,y)=\dfrac{y^2+x+3}{x}$，则二阶偏导数值 $f''_{xy}(2,-1)=$ _____；

(7) 已知二元函数 $z=\dfrac{1}{2}\ln(1+x^2+y^2)$，则其在点 $(1,1)$ 处的全微分 $dz|_{(1,1)}=$ _____；

(8) 二元函数 $f(x,y)=x^2+xy-2y^2$ 的驻点为_____；

(9) 二次积分 $\displaystyle\int_0^1 dx\int_0^x e^{x^2}dy=$ _____；

(10) 设积分区域 $D=\{(x,y)\,\big|\,|x|\leqslant a,|y|\leqslant a\}(a>0)$，若二重积分 $\iint\limits_{D}d\sigma=1$，则常数 $a=$ _____；

*(11) 已知 $z=\sqrt{x^2+y^2}$，用 MATLAB 计算 $\dfrac{\partial z}{\partial x}=$ _____，$\dfrac{\partial z}{\partial y}=$ _____；

*(12) 用 MATLAB 计算 $\displaystyle\int_{-1}^1 dx\int_x^1 y\sqrt{1+x^2-y^2}\,dy=$ _____.

23. 单项选择题.

(1) 点 $(1,-1,1)$ 在曲面（   ）上.

(A) $x^2+y^2-2z=0$ \qquad\qquad (B) $x^2-y^2=z$

(C) $x^2+y^2=0$ \qquad\qquad (D) $z=\ln(x^2+y^2)$

(2) 函数 $z=\ln xy$ 的定义域是（   ）.

(A) $x>0,y>0$ \qquad\qquad (B) $x>0,y>0$ 或 $x<0,y<0$

(C) $x<0,y<0$ \qquad\qquad (D) $xy\geqslant 0$

(3) 设 $D=\{(x,y)\,|\,a\leqslant x\leqslant b,c\leqslant y\leqslant d\}$，则 $\iint\limits_{D}d\sigma=$（   ）.

(A) $a+b+c+d$ \qquad\qquad (B) $abcd$

(C) $(a-b)(d-c)$ (D) $(b-a)(d-c)$

(4) 已知二元函数 $f(x,y)=\dfrac{1}{2}(x+y)(x-y)$,则二元复合函数 $f(x-y,$ $x+y)=($).

(A) $-2xy$ (B) $2xy$

(C) $-\dfrac{1}{2}xy$ (D) $\dfrac{1}{2}xy$

(5) 下列二元函数中,(   )的偏导数 $z'_x=z'_y$.

(A) $z=\sqrt{x}\sqrt{y}$ (B) $z=\mathrm{e}^x\mathrm{e}^y$

(C) $z=\ln x\ln y$ (D) $z=\sin x\sin y$

(6) 二元函数 $f(x,y)=x^3+y^3-3(x+y)$ 的极大值点为(   ).

(A) $(-1,-1)$ (B) $(-1,1)$

(C) $(1,-1)$ (D)$(1,1)$

(7) 二元函数 $z=\dfrac{x+y}{x-y}$ 的全微分 $\mathrm{d}z=($).

(A) $\dfrac{2(x\,\mathrm{d}x-y\,\mathrm{d}y)}{(x-y)^2}$ (B) $\dfrac{2(y\,\mathrm{d}y-x\,\mathrm{d}x)}{(x-y)^2}$

(C) $\dfrac{2(y\,\mathrm{d}x-x\,\mathrm{d}y)}{(x-y)^2}$ (D) $\dfrac{2(x\,\mathrm{d}y-y\,\mathrm{d}x)}{(x-y)^2}$

(8) 若二元函数 $z=\sin xy$,则 $z''_{xx}=($).

(A) $-x^2\sin xy$ (B) $x^2\sin xy$

(C) $-y^2\sin xy$ (D)$y^2\sin xy$

(9) 下列式子中正确的是(   ).

(A) $\iint\limits_{D}uv\,\mathrm{d}\sigma=\left(\iint\limits_{D}u\,\mathrm{d}\sigma\right)\left(\iint\limits_{D}v\,\mathrm{d}\sigma\right)$ (B) $\iint\limits_{D}ku\,\mathrm{d}\sigma=k\iint\limits_{D}u\,\mathrm{d}\sigma$($k$ 为常数)

(C) $\iint\limits_{D}\dfrac{u}{v}\,\mathrm{d}\sigma=\dfrac{\iint\limits_{D}u\,\mathrm{d}\sigma}{\iint\limits_{D}v\,\mathrm{d}\sigma}$ (D) $\iint\limits_{D}\mathrm{d}\sigma=1$

(10) 若 $D=\{(x,y)\,|\,0\leqslant x\leqslant1,0\leqslant y\leqslant x\}$,则二重积分 $\iint\limits_{D}f(x,y)\mathrm{d}\sigma=($).

(A) $\displaystyle\int_0^1\mathrm{d}x\int_0^1 f(x,y)\mathrm{d}y$ (B) $\displaystyle\int_0^1\mathrm{d}x\int_0^x f(x,y)\mathrm{d}y$

(C) $\displaystyle\int_0^1\mathrm{d}x\int_1^x f(x,y)\mathrm{d}y$ (D) $\displaystyle\int_0^1\mathrm{d}x\int_x^1 f(x,y)\mathrm{d}y$

第六章
无穷级数

数学文化小故事之六
——傅里叶的故事

傅里叶(1768—1830),法国数学家、物理学家,对 19 世纪的数学和物理学的发展都产生了深远影响.

傅里叶在研究热的传播时创立了一套数学理论,推导出著名的热传导方程,并在求解该方程时发现解可以由三角函数构成的级数形式表示,从而提出任一函数都可以展成三角函数的无穷级数.1822 年他在代表作《热的解析理论》中解决了热在非均匀加热的固体中分布传播问题,成为分析学在物理中应用的最早例证之一.这部经典著作将欧拉、伯努利等人在一些特殊情形下应用的三角级数方法发展成内容丰富的一般理论,三角级数后来就以傅里叶的名字命名.傅里叶应用三角级数求解热传导方程,为了处理无穷区域的热传导问题又导出了当前所称的"傅里叶积分",这一切都极大地推动了偏微分方程边值问题的研究.

傅里叶运用他的这套数学理论,证明了所有的乐声——不管是器乐还是声乐都能用一些简单的正弦函数的和来描述.每种声音都有三种品质:音调、音量和音色,并以此与其他的乐声相区别.奇妙的是,现代数学发现傅里叶变换具有非常好的性质,使得它如此地好用和有用,让人不得不感叹造物的神奇.

> **想一想**
> 宇宙之大,粒子之微,火箭之速,化工之巧,地球之变,生物之谜,日用之繁,无处不用数学.试结合所学专业,谈一谈数学的应用.

基础知识部分

前面我们曾讨论过"一尺之棰,日取其半,万世不竭"的问题,并已知道每天剩余的部分可构成一个收敛的数列 $\left\{\dfrac{1}{2}, \dfrac{1}{4}, \dfrac{1}{8}, \cdots, \dfrac{1}{2^n}, \cdots\right\}$,其极限为零.现在换一个角度考虑问题,即将每天截去部分作一合计,则可以得到

$$\frac{1}{2},$$

$$\frac{1}{2}+\frac{1}{4},$$

$$\frac{1}{2}+\frac{1}{4}+\frac{1}{8},$$

....

$$\frac{1}{2}+\frac{1}{4}+\frac{1}{8}+\cdots+\frac{1}{2^n},$$

....

这就出现了一个无穷多项的"求和"问题,并可由此引入无穷级数的概念.

无穷级数是研究函数的性质,进行数值计算的重要工具.它主要包括常数项级数和函数项级数两部分内容,本章将在介绍常数项级数的一些基本概念和性质的基础上,进一步讨论如何将函数展开成幂级数的问题.

§6.1 常数项级数的概念和性质

一、常数项级数的概念

定义 6.1 设 $u_1, u_2, u_3, \cdots, u_n, \cdots$ 为一个给定的数列,称形如 $u_1+u_2+u_3+\cdots+u_n+\cdots$ 的表达式为**常数项级数**,也称为**数项级数**,简称**级数**,记为 $\sum\limits_{n=1}^{\infty} u_n$,即

$$\sum_{n=1}^{\infty} u_n = u_1+u_2+u_3+\cdots+u_n+\cdots,$$

其中 u_n 称为级数的**一般项**或**通项**.

> **想一想**
> 级数与数列的和是相同的概念吗?

常数项级数的
概念与性质

韩彦林

例如,

$$\sum_{n=1}^{\infty}\frac{1}{n}=1+\frac{1}{2}+\frac{1}{3}+\frac{1}{4}+\cdots+\frac{1}{n}+\cdots$$

称为**调和级数**,其通项为 $u_n=\dfrac{1}{n}$;

$$\sum_{n=1}^{\infty} aq^{n-1}=a+aq+\cdots+aq^{n-1}+\cdots \quad (a>0)$$

称为**几何级数**,其通项为 $u_n=aq^{n-1}$.它们都是数项级数.

然而我们注意到,以往数的加法运算只是就有限项相加而定义的,这里遇到的新问题是:无穷多个数相加意味着什么? 怎样进行这种"加法"运算? "加法"运算的结果

是什么? 为了研究"无穷个 u_n 之和"的具体计算方法,我们需要从有限项和说起.

一般项的前 n 项之和

$$S_n = u_1 + u_2 + u_3 + \cdots + u_n$$

称为级数 $\sum\limits_{n=1}^{\infty} u_n$ 的前 n 项部分和,简称部分和,级数 $\sum\limits_{n=1}^{\infty} u_n$ 的部分和数列为 $\{S_n\}$,即

$$S_1 = u_1, \quad S_2 = u_1 + u_2, \quad S_3 = u_1 + u_2 + u_3, \cdots, \quad S_n = u_1 + u_2 + \cdots + u_n, \cdots.$$

我们根据数列 $\{S_n\}$ 有没有极限,来定义级数 $\sum\limits_{n=1}^{\infty} u_n$ 的收敛与发散.

定义 6.2 若级数 $\sum\limits_{n=1}^{\infty} u_n$ 的部分和数列有极限 S,即 $\lim\limits_{n\to\infty} S_n = S$,则称级数 $\sum\limits_{n=1}^{\infty} u_n$

收敛,并称 S 为此级数的和,记作 $\sum\limits_{n=1}^{\infty} u_n = S$,此时也称级数 $\sum\limits_{n=1}^{\infty} u_n$ **收敛于** S;若 $\{S_n\}$

的极限不存在,则称级数 $\sum\limits_{n=1}^{\infty} u_n$ **发散**.发散级数没有和.

当级数 $\sum\limits_{n=1}^{\infty} u_n$ 收敛时,称

$$r_n = S - S_n = u_{n+1} + u_{n+2} + \cdots$$

为级数 $\sum\limits_{n=1}^{\infty} u_n$ 的**余项**.显然级数 $\sum\limits_{n=1}^{\infty} u_n$ 收敛于 S 的**充要**条件是 $\lim\limits_{n\to\infty} r_n = 0$.

从定义 6.2 可以看出,研究级数的敛散性问题,化成了研究其部分和数列 $\{S_n\}$ 的极限是否存在的问题.

例 1 判别级数 $\sum\limits_{n=1}^{\infty} \dfrac{1}{n(n+1)}$ 的敛散性.

解 由于 $u_n = \dfrac{1}{n(n+1)} = \dfrac{1}{n} - \dfrac{1}{n+1}$,所以

$$S_n = \frac{1}{1 \cdot 2} + \frac{1}{2 \cdot 3} + \cdots + \frac{1}{n(n+1)}$$

$$= \left(1 - \frac{1}{2}\right) + \left(\frac{1}{2} - \frac{1}{3}\right) + \cdots + \left(\frac{1}{n} - \frac{1}{n+1}\right)$$

$$= 1 - \frac{1}{n+1}.$$

因为 $\lim\limits_{n\to\infty} S_n = \lim\limits_{n\to\infty}\left(1 - \dfrac{1}{n+1}\right) = 1$,所以级数 $\sum\limits_{n=1}^{\infty} \dfrac{1}{n(n+1)}$ 收敛,且 $\sum\limits_{n=1}^{\infty} \dfrac{1}{n(n+1)} = 1$.

例 2 判别级数 $\sum\limits_{n=1}^{\infty} \ln \dfrac{n}{n+1}$ 的敛散性.

解 级数的一般项 $u_n = \ln \dfrac{n}{n+1} = \ln n - \ln(n+1)$,所以

$$S_n = \ln \frac{1}{2} + \ln \frac{2}{3} + \ln \frac{3}{4} + \cdots + \ln \frac{n}{n+1}$$

$$= (\ln 1 - \ln 2) + (\ln 2 - \ln 3) + \cdots + [\ln n - \ln(n+1)]$$

$$= \ln 1 - \ln(n+1)$$

$$=-\ln(n+1).$$

因为 $\lim\limits_{n\to\infty}S_n=\lim\limits_{n\to\infty}[-\ln(n+1)]=-\infty$，所以级数 $\sum\limits_{n=1}^{\infty}\ln\dfrac{n}{n+1}$ 发散.

例 3 讨论几何级数 $\sum\limits_{n=1}^{\infty}aq^{n-1}(a>0)$ 的敛散性.

解 $S_n=a+aq+\cdots+aq^{n-1}$.

当 $q=1$ 时，$\lim\limits_{n\to\infty}S_n=\lim\limits_{n\to\infty}na=\infty$，故级数 $\sum\limits_{n=1}^{\infty}aq^{n-1}$ 发散；

当 $q=-1$ 时，$S_n=\begin{cases}0, & n\text{ 为偶数},\\ a, & n\text{ 为奇数},\end{cases}$ 极限 $\lim\limits_{n\to\infty}S_n$ 不存在，故级数 $\sum\limits_{n=1}^{\infty}aq^{n-1}$ 发散；

当 $|q|<1$ 时，$\lim\limits_{n\to\infty}S_n=\lim\limits_{n\to\infty}\dfrac{a}{1-q}(1-q^n)=\dfrac{a}{1-q}$，故级数 $\sum\limits_{n=1}^{\infty}aq^{n-1}$ 收敛；

当 $|q|>1$ 时，$\lim\limits_{n\to\infty}S_n=\lim\limits_{n\to\infty}\dfrac{a}{1-q}(1-q^n)=\infty$，故级数 $\sum\limits_{n=1}^{\infty}aq^{n-1}$ 发散.

综上所述，当 $|q|<1$ 时，级数 $\sum\limits_{n=1}^{\infty}aq^{n-1}$ 收敛且和为 $\dfrac{a}{1-q}$；当 $|q|\geqslant1$ 时，级数

$\sum\limits_{n=1}^{\infty}aq^{n-1}$ 发散.

二、级数的基本性质

性质 1 若级数 $\sum\limits_{n=1}^{\infty}u_n$ 收敛，则一般项 u_n 的极限为零，即 $\lim\limits_{n\to\infty}u_n=0$.

> **想一想**
>
> (1) 当 $\lim\limits_{n\to\infty}u_n\neq0$ 时，级数 $\sum\limits_{n=1}^{\infty}u_n$ 收敛还是发散？如果 $\lim\limits_{n\to\infty}u_n$ 不存在，那么该
>
> 级数发散吗？
>
> (2) $\lim\limits_{n\to\infty}u_n=0$ 时，级数 $\sum\limits_{n=1}^{\infty}u_n$ 一定收敛吗？

例 4 判别级数 $\sum\limits_{n=1}^{\infty}\sqrt[n]{0.01}$ 的敛散性.

解 因为 $\lim\limits_{n\to\infty}\sqrt[n]{0.01}=\lim\limits_{n\to\infty}0.01^{\frac{1}{n}}=0.01^0=1\neq0$，所以由性质 1 的逆否命题知，级

数 $\sum\limits_{n=1}^{\infty}\sqrt[n]{0.01}$ 发散.

例 5 判别级数 $\sum\limits_{n=1}^{\infty}\dfrac{n}{2n-1}$ 的敛散性.

解 因为极限 $\lim\limits_{n\to\infty}\dfrac{n}{2n-1}=\dfrac{1}{2}\neq0$，所以级数 $\sum\limits_{n=1}^{\infty}\dfrac{n}{2n-1}$ 发散.

性质 2　若级数 $\sum\limits_{n=1}^{\infty} u_n$ 收敛，k 为常数，则级数 $\sum\limits_{n=1}^{\infty} ku_n$ 也收敛，且级数 $\sum\limits_{n=1}^{\infty} ku_n = k\sum\limits_{n=1}^{\infty} u_n$；如果级数 $\sum\limits_{n=1}^{\infty} v_n$ 发散，k 为非零常数，则级数 $\sum\limits_{n=1}^{\infty} kv_n$ 也发散.

性质 3　若级数 $\sum\limits_{n=1}^{\infty} u_n$ 与 $\sum\limits_{n=1}^{\infty} v_n$ 都收敛，则级数 $\sum\limits_{n=1}^{\infty} (u_n \pm v_n)$ 也收敛，且

$$\sum_{n=1}^{\infty} (u_n \pm v_n) = \sum_{n=1}^{\infty} u_n \pm \sum_{n=1}^{\infty} v_n.$$

性质 4　改变级数任意有限项的值，不会改变级数的敛散性，但收敛级数的和可能会改变.

性质 5　将一个级数的相邻有限项加括号得到一个新级数，如果原级数收敛，则新级数也收敛，且与原级数有相同的和；如果新级数发散，则原级数也发散；但如果新级数收敛，原级数不一定收敛（对于下节将要讨论的正项级数而言，原级数与新级数有相同的敛散性）.

如级数 $(1-1)+(1-1)+\cdots$ 收敛，而级数 $1-1+1-1+\cdots+(-1)^{n-1}+\cdots$ 发散.

例 6　判别级数 $\sum\limits_{n=1}^{\infty} \left(\dfrac{1}{2^n}+\dfrac{1}{3^n}\right)$ 的敛散性.

正项级数

韩彦林

解　因为级数 $\sum\limits_{n=1}^{\infty} \dfrac{1}{2^n}$ 和 $\sum\limits_{n=1}^{\infty} \dfrac{1}{3^n}$ 是公比分别为 $\dfrac{1}{2}$，$\dfrac{1}{3}$ 的几何级数，它们当然都收敛. 所以级数 $\sum\limits_{n=1}^{\infty} \left(\dfrac{1}{2^n}+\dfrac{1}{3^n}\right)$ 也收敛，且

$$\sum_{n=1}^{\infty} \left(\frac{1}{2^n}+\frac{1}{3^n}\right) = \sum_{n=1}^{\infty} \frac{1}{2^n} + \sum_{n=1}^{\infty} \frac{1}{3^n} = \frac{\frac{1}{2}}{1-\frac{1}{2}} + \frac{\frac{1}{3}}{1-\frac{1}{3}} = 1 + \frac{1}{2} = \frac{3}{2}.$$

§6.2　正项级数

一、正项级数的定义

正项级数
测一测

定义 6.3　若 $u_n \geqslant 0 (n=1,2,\cdots)$，则称级数 $\sum\limits_{n=1}^{\infty} u_n = u_1 + u_2 + u_3 + \cdots$ 为**正项级数**.

二、正项级数敛散性的判别

1. 比较判别法则

定理 6.1（比较判别法则）　设 $\sum\limits_{n=1}^{\infty} u_n$，$\sum\limits_{n=1}^{\infty} v_n$ 均为正项级数，且 $u_n \leqslant v_n (n=1,2,\cdots)$，则

（1）如果 $\sum_{n=1}^{\infty} v_n$ 收敛，则 $\sum_{n=1}^{\infty} u_n$ 也收敛；

（2）如果 $\sum_{n=1}^{\infty} u_n$ 发散，则 $\sum_{n=1}^{\infty} v_n$ 也发散.

*例 1　判别调和级数 $\sum_{n=1}^{\infty} \frac{1}{n}$ 的敛散性.

解　调和级数 $\sum_{n=1}^{\infty} \frac{1}{n}=1+\frac{1}{2}+\frac{1}{3}+\frac{1}{4}+\cdots+\frac{1}{n}+\cdots$，加括号后得到新正项级数为

$$\left(1+\frac{1}{2}\right)+\left(\frac{1}{3}+\frac{1}{4}\right)+\left(\frac{1}{5}+\frac{1}{6}+\frac{1}{7}+\frac{1}{8}\right)+\left(\frac{1}{9}+\cdots+\frac{1}{16}\right)+\cdots \tag{1}$$

与级数

$$\frac{1}{2}+\left(\frac{1}{4}+\frac{1}{4}\right)+\left(\frac{1}{8}+\frac{1}{8}+\frac{1}{8}+\frac{1}{8}\right)+\left(\frac{1}{16}+\cdots+\frac{1}{16}\right)+\cdots \tag{2}$$

相比较，级数（2）的各项均不超过级数（1）的相应项，而正项级数（2）的一般项为 $\frac{1}{2}$，它当然发散.根据比较判别法则，调和级数加括号后得到的正项级数（1）也发散.再根据 §6.1 的性质 5，调和级数 $\sum_{n=1}^{\infty} \frac{1}{n}$ 发散.

*例 2　讨论正项级数 $\sum_{n=1}^{\infty} \frac{1}{n^p}=1+\frac{1}{2^p}+\frac{1}{3^p}+\cdots+\frac{1}{n^p}+\cdots$ 的敛散性.

解　当 $p\leqslant 1$ 时，$\frac{1}{n^p}\geqslant\frac{1}{n}$，由例 1 知 $\sum_{n=1}^{\infty} \frac{1}{n}$ 发散，所以由比较判别法则知 $\sum_{n=1}^{\infty} \frac{1}{n^p}$ 发散.当 $p>1$ 时，因为

$$1+\left(\frac{1}{2^p}+\frac{1}{3^p}\right)+\left(\frac{1}{4^p}+\frac{1}{5^p}+\frac{1}{6^p}+\frac{1}{7^p}\right)+\cdots$$

$$\leqslant 1+\left(\frac{1}{2^p}+\frac{1}{2^p}\right)+\left(\frac{1}{4^p}+\frac{1}{4^p}+\frac{1}{4^p}+\frac{1}{4^p}\right)+\cdots$$

$$=\sum_{n=0}^{\infty}\left(\frac{1}{2^{p-1}}\right)^n.$$

$q=\frac{1}{2^{p-1}}<1$，所以几何级数 $\sum_{n=0}^{\infty}\left(\frac{1}{2^{p-1}}\right)^n$ 收敛，由 §6.1 的性质 5，级数 $\sum_{n=1}^{\infty} \frac{1}{n^p}$ 收敛.

一般地，称正项级数 $\sum_{n=1}^{\infty} \frac{1}{n^p}$ 为广义调和级数.有这样的结论：

（1）当 $p>1$ 时，级数 $\sum_{n=1}^{\infty} \frac{1}{n^p}$ 收敛；

（2）当 $p\leqslant 1$ 时，级数 $\sum_{n=1}^{\infty} \frac{1}{n^p}$ 发散.

例如，正项级数 $\sum_{n=1}^{\infty} \frac{1}{n\sqrt{n}}$ 收敛，正项级数 $\sum_{n=1}^{\infty} \frac{1}{\sqrt{n}}$ 发散.

例 3　判别下列正项级数的敛散性：

(1) $\displaystyle\sum_{n=1}^{\infty}\frac{1}{n^2+1}$;　　　(2) $\displaystyle\sum_{n=1}^{\infty}\frac{1}{\ln(n+1)}$;　　　(3) $\displaystyle\sum_{n=1}^{\infty}\frac{1}{2^n+3}$.

解　(1) 由于 $\dfrac{1}{n^2+1}<\dfrac{1}{n^2}$,又正项级数 $\displaystyle\sum_{n=1}^{\infty}\dfrac{1}{n^2}$ 收敛,因此由比较判别法则知,正项

级数 $\displaystyle\sum_{n=1}^{\infty}\dfrac{1}{n^2+1}$ 也收敛.

(2) 由于 $\dfrac{1}{\ln(n+1)}>\dfrac{1}{n+1}\geqslant\dfrac{1}{2n}$,又正项级数 $\displaystyle\sum_{n=1}^{\infty}\dfrac{1}{2n}$ 发散,因此由比较判别法则知,

正项级数 $\displaystyle\sum_{n=1}^{\infty}\dfrac{1}{\ln(n+1)}$ 也发散.

(3) 由于 $0<\dfrac{1}{2^n+3}<\dfrac{1}{2^n}=\left(\dfrac{1}{2}\right)^n$,而 $\displaystyle\sum_{n=1}^{\infty}\left(\dfrac{1}{2}\right)^n$ 是公比为 $\dfrac{1}{2}$ 的几何级数,是收敛的,

因此由比较判别法则知,正项级数 $\displaystyle\sum_{n=1}^{\infty}\dfrac{1}{2^n+3}$ 收敛.

想一想

由已知级数的敛散性可以判别未知级数的敛散性,由上例你能得到哪些常用作比较标准的级数?

例4　判别下列正项级数的敛散性:

(1) $\displaystyle\sum_{n=1}^{\infty}\frac{1}{\sqrt{4n^3+5}}$;　　　(2) $\displaystyle\sum_{n=1}^{\infty}\frac{1}{\sqrt{n(n+1)}}$;　　　(3) $\displaystyle\sum_{n=1}^{\infty}\frac{n+1}{n^3+2n+1}$.

解　(1) 由于 $\dfrac{1}{\sqrt{4n^3+5}}<\dfrac{1}{\sqrt{n^3}}$,又正项级数 $\displaystyle\sum_{n=1}^{\infty}\dfrac{1}{\sqrt{n^3}}$ 为 $p=\dfrac{3}{2}$ 的广义调和级数,当

然收敛,因此由比较判别法则知,正项级数 $\displaystyle\sum_{n=1}^{\infty}\dfrac{1}{\sqrt{4n^3+5}}$ 也收敛.

(2) 由于 $\dfrac{1}{\sqrt{n(n+1)}}\geqslant\dfrac{1}{n+1}\geqslant\dfrac{1}{2n}$,又正项级数 $\displaystyle\sum_{n=1}^{\infty}\dfrac{1}{2n}=\dfrac{1}{2}\sum_{n=1}^{\infty}\dfrac{1}{n}$ 发散,因此由比较

判别法则知,正项级数 $\displaystyle\sum_{n=1}^{\infty}\dfrac{1}{\sqrt{n(n+1)}}$ 也发散.

(3) 由于 $\dfrac{n+1}{n^3+2n+1}<\dfrac{n+1}{n^3}\leqslant\dfrac{2n}{n^3}=\dfrac{2}{n^2}$,又正项级数 $\displaystyle\sum_{n=1}^{\infty}\dfrac{2}{n^2}$ 为 $p=2$ 的广义调和级

数,当然收敛,因此由比较判别法则知,正项级数 $\displaystyle\sum_{n=1}^{\infty}\dfrac{n+1}{n^3+2n+1}$ 也收敛.

想一想

当级数的通项为有理分式时,怎样判别级数的敛散性?

一般将 p 为分母最高幂次减分子最高幂次之差的广义调和级数与之进行比较,从而判别出级数的敛散性.

2. 比值判别法则

定理 6.2(比值判别法则) 设 $\sum\limits_{n=1}^{\infty} u_n$ 是正项级数,且 $\lim\limits_{n \to \infty} \dfrac{u_{n+1}}{u_n} = l$,则

(1) 当 $l < 1$ 时,级数 $\sum\limits_{n=1}^{\infty} u_n$ 收敛;

(2) 当 $l > 1$ 时,级数 $\sum\limits_{n=1}^{\infty} u_n$ 发散;

(3) 当 $l = 1$ 时,级数 $\sum\limits_{n=1}^{\infty} u_n$ 可能收敛,也可能发散.

比值判别法则又称为**达朗贝尔判别法则**.

例 5 判别正项级数 $\sum\limits_{n=1}^{\infty} \dfrac{n}{2^n}$ 的敛散性.

解 因为

$$\lim_{n \to \infty} \frac{u_{n+1}}{u_n} = \lim_{n \to \infty} \frac{\dfrac{n+1}{2^{n+1}}}{\dfrac{n}{2^n}} = \lim_{n \to \infty} \frac{n+1}{2n} = \frac{1}{2} < 1,$$

根据比值判别法则,可知级数 $\sum\limits_{n=1}^{\infty} \dfrac{n}{2^n}$ 收敛.

例 6 判别正项级数 $\sum\limits_{n=1}^{\infty} \dfrac{1}{n^n}$ 的敛散性.

解 因为

$$\lim_{n \to \infty} \frac{u_{n+1}}{u_n} = \lim_{n \to \infty} \frac{\dfrac{1}{(n+1)^{n+1}}}{\dfrac{1}{n^n}} = \lim_{n \to \infty} \frac{1}{\left(1 + \dfrac{1}{n}\right)^n (n+1)} = 0 < 1,$$

根据比值判别法则,可知级数 $\sum\limits_{n=1}^{\infty} \dfrac{1}{n^n}$ 收敛.

例 7 判别正项级数 $\sum\limits_{n=1}^{\infty} \dfrac{n^n}{n!}$ 的敛散性.

解 因为

$$\lim_{n \to \infty} \frac{u_{n+1}}{u_n} = \lim_{n \to \infty} \frac{\dfrac{(n+1)^{n+1}}{(n+1)!}}{\dfrac{n^n}{n!}} = \lim_{n \to \infty} \left(1 + \frac{1}{n}\right)^n = e > 1,$$

根据比值判别法则,可知级数 $\sum\limits_{n=1}^{\infty} \dfrac{n^n}{n!}$ 发散.

例 8 判别正项级数 $\sum\limits_{n=1}^{\infty} \dfrac{2^n}{n(n+1)}$ 的敛散性.

解 因为

$$\lim_{n\to\infty}\frac{u_{n+1}}{u_n}=\lim_{n\to\infty}\frac{\dfrac{2^{n+1}}{(n+1)(n+2)}}{\dfrac{2^n}{n(n+1)}}=\lim_{n\to\infty}\frac{2n}{n+2}=2>1,$$

根据比值判别法则,可知级数 $\sum_{n=1}^{\infty}\dfrac{2^n}{n(n+1)}$ 发散.

> **想一想**
>
> 在用比值判别法则时若出现 $\lim\limits_{n\to\infty}\dfrac{u_{n+1}}{u_n}=1$ 的情况,怎样判断正项级数 $\sum\limits_{n=1}^{\infty}u_n$ 的敛散性呢?

§6.3　交错级数

本节我们讨论任意项级数的敛散性,首先讨论其中最简单而又最重要的交错级数的敛散性.

一、交错级数及其敛散性

定义 6.4　若 $u_n>0(n=1,2,\cdots)$,则称正项、负项相间排列的级数

$$\sum_{n=1}^{\infty}(-1)^{n-1}u_n=u_1-u_2+u_3-u_4+\cdots$$

为交错级数.

1. 莱布尼茨判别法则

定理 6.3(莱布尼茨判别法则)　如果交错级数 $\sum\limits_{n=1}^{\infty}(-1)^{n-1}u_n$ $(u_n>0,n=1,2,\cdots)$满足:

(1) $u_n\geqslant u_{n+1}(n=1,2,\cdots)$;

(2) $\lim\limits_{n\to\infty}u_n=0$,

则该交错级数收敛,且其和 $S\leqslant u_1$,其余项的绝对值 $|r_n|\leqslant u_{n+1}$.

例 1　判别交错级数 $\sum\limits_{n=1}^{\infty}\dfrac{(-1)^{n-1}}{n}$ 的敛散性.

解　因为 $u_n=\dfrac{1}{n}$,显然 $u_{n+1}=\dfrac{1}{n+1}<\dfrac{1}{n}=u_n$,且 $\lim\limits_{n\to\infty}u_n=0$,所以该级数是收敛的.

级数 $\sum\limits_{n=1}^{\infty}\dfrac{(-1)^{n-1}}{n}$ 常称为莱布尼茨级数,以后常将此级数作为标准级数,应熟记.

2. 绝对值判别法则

定理 6.4(绝对值判别法则) 如果正项级数 $\sum\limits_{n=1}^{\infty} u_n(u_n > 0, n = 1, 2, \cdots)$ 收敛,则交错级数 $\sum\limits_{n=1}^{\infty} (-1)^{n-1} u_n$ 也收敛.

例 2 判别交错级数 $\sum\limits_{n=1}^{\infty} (-1)^{n-1} \dfrac{2n-1}{2^n}$ 的敛散性.

解 首先讨论正项级数 $\sum\limits_{n=1}^{\infty} \dfrac{2n-1}{2^n}$ 的敛散性.因为

$$\lim_{n \to \infty} \frac{u_{n+1}}{u_n} = \lim_{n \to \infty} \frac{\dfrac{2n+1}{2^{n+1}}}{\dfrac{2n-1}{2^n}} = \lim_{n \to \infty} \frac{2n+1}{2(2n-1)} = \frac{1}{2} < 1,$$

所以由比值判别法则可知正项级数 $\sum\limits_{n=1}^{\infty} \dfrac{2n-1}{2^n}$ 收敛,再由绝对值判别法则可知交错级数 $\sum\limits_{n=1}^{\infty} (-1)^{n-1} \dfrac{2n-1}{2^n}$ 也收敛.

例 3 判别交错级数 $\sum\limits_{n=1}^{\infty} (-1)^{n-1} \dfrac{1}{n\sqrt{n+1}}$ 的敛散性.

解 首先讨论正项级数 $\sum\limits_{n=1}^{\infty} \dfrac{1}{n\sqrt{n+1}}$ 的敛散性.因为

$$\frac{1}{n\sqrt{n+1}} < \frac{1}{n\sqrt{n}} = \frac{1}{n^{\frac{3}{2}}},$$

又正项级数 $\sum\limits_{n=1}^{\infty} \dfrac{1}{n^{\frac{3}{2}}}$ 为 $p = \dfrac{3}{2} > 1$ 的广义调和级数,当然收敛,由比较判别法则可知正项级数 $\sum\limits_{n=1}^{\infty} \dfrac{1}{n\sqrt{n+1}}$ 也收敛.再由绝对值判别法则可知交错级数 $\sum\limits_{n=1}^{\infty} (-1)^{n-1} \dfrac{1}{n\sqrt{n+1}}$ 也收敛.

> **想一想**
>
> 如果正项级数 $\sum\limits_{n=1}^{\infty} u_n(u_n > 0, n = 1, 2, \cdots)$ 发散,交错级数 $\sum\limits_{n=1}^{\infty} (-1)^{n-1} u_n$ 一定发散吗? 并举例说明.

二、任意项级数及其敛散性

定义 6.5 如果级数 $\sum\limits_{n=1}^{\infty} u_n$ 中的 $u_n \in \mathbf{R}(n = 1, 2, \cdots)$,则称该级数为**任意项级数**,

称 $\displaystyle\sum_{n=1}^{\infty}|u_n|$ 为绝对值级数.

定理 6.5　若任意项级数 $\displaystyle\sum_{n=1}^{\infty}u_n$ 的绝对值级数 $\displaystyle\sum_{n=1}^{\infty}|u_n|$ 收敛,则该级数收敛.

若级数 $\displaystyle\sum_{n=1}^{\infty}|u_n|$ 收敛,则称级数 $\displaystyle\sum_{n=1}^{\infty}u_n$ **绝对收敛**;若级数 $\displaystyle\sum_{n=1}^{\infty}|u_n|$ 发散,而级数 $\displaystyle\sum_{n=1}^{\infty}u_n$ 收敛,则称级数 $\displaystyle\sum_{n=1}^{\infty}u_n$ **条件收敛**.

注:我们常用上述概念判别交错级数的敛散性.若正项级数 $\displaystyle\sum_{n=1}^{\infty}u_n(u_n>0,n=1,2,\cdots)$ 收敛,则交错级数 $\displaystyle\sum_{n=1}^{\infty}(-1)^{n-1}u_n$ 绝对收敛,如级数 $\displaystyle\sum_{n=1}^{\infty}(-1)^{n-1}\frac{1}{n^2}$ 绝对收敛;若正项级数 $\displaystyle\sum_{n=1}^{\infty}u_n(u_n>0,n=1,2,\cdots)$ 发散,而交错级数 $\displaystyle\sum_{n=1}^{\infty}(-1)^{n-1}u_n$ 收敛,则交错级数 $\displaystyle\sum_{n=1}^{\infty}(-1)^{n-1}u_n$ 条件收敛,如级数 $\displaystyle\sum_{n=1}^{\infty}(-1)^{n-1}\frac{1}{n}$ 条件收敛.

例4　判别下列级数的敛散性.如果收敛,指出是绝对收敛还是条件收敛.

(1) $\displaystyle\sum_{n=1}^{\infty}(-1)^{n-1}\frac{n^3}{2^n}$;　　　　　　　(2) $\displaystyle\sum_{n=1}^{\infty}(-1)^{n-1}\frac{1}{\sqrt{n}}$.

解　(1) 因为

$$\lim_{n\to\infty}\frac{u_{n+1}}{u_n}=\lim_{n\to\infty}\left[\frac{(n+1)^3}{2^{n+1}}\cdot\frac{2^n}{n^3}\right]=\lim_{n\to\infty}\frac{1}{2}\left(\frac{n+1}{n}\right)^3=\frac{1}{2}<1,$$

所以正项级数 $\displaystyle\sum_{n=1}^{\infty}\frac{n^3}{2^n}$ 收敛.由绝对值判别法则可知,交错级数 $\displaystyle\sum_{n=1}^{\infty}(-1)^{n-1}\frac{n^3}{2^n}$ 也收敛,并且绝对收敛.

(2) 因为

$$u_n=\frac{1}{\sqrt{n}},\quad u_{n+1}=\frac{1}{\sqrt{n+1}}<\frac{1}{\sqrt{n}}=u_n,$$

且 $\displaystyle\lim_{n\to\infty}\frac{1}{\sqrt{n}}=0$,所以由莱布尼茨判别法则可知,交错级数 $\displaystyle\sum_{n=1}^{\infty}(-1)^{n-1}\frac{1}{\sqrt{n}}$ 收敛.而正项级数 $\displaystyle\sum_{n=1}^{\infty}\frac{1}{\sqrt{n}}$ 是 $p=\frac{1}{2}<1$ 的广义调和级数,它是发散的,所以交错级数 $\displaystyle\sum_{n=1}^{\infty}(-1)^{n-1}\cdot\frac{1}{\sqrt{n}}$ 条件收敛.

§6.4　幂级数

一、函数项级数的概念

类似于常数项级数,我们有如下函数项级数的概念.

交错级数
测一测

定义 6.6 设 $u_n(x)(n=1,2,\cdots)$ 是定义在区间 (a,b) 内的函数,则称

$$\sum_{n=1}^{\infty} u_n(x)=u_1(x)+u_2(x)+\cdots+u_n(x)+\cdots$$

为定义在 (a,b) 内的函数项级数,简称级数.

定义 6.7 若 $\sum_{n=1}^{\infty} u_n(x_0)$ 收敛,则称 x_0 为级数 $\sum_{n=1}^{\infty} u_n(x)$ 的**收敛点**,收敛点的集合称为该级数的**收敛域**.如果 $\sum_{n=1}^{\infty} u_n(x_0)$ 发散,则称 x_0 为级数 $\sum_{n=1}^{\infty} u_n(x)$ 的**发散点**,发散点的集合称为该级数的**发散域**.

记

$$S_n(x)=u_1(x)+u_2(x)+\cdots+u_n(x),$$

在 $\sum_{n=1}^{\infty} u_n(x)$ 的收敛域内有 $\lim\limits_{n\to\infty} S_n(x)=S(x)$,称 $S(x)$ 为级数 $\sum_{n=1}^{\infty} u_n(x)$ 的和函数.与数项级数一样,称 $r_n(x)=S(x)-S_n(x)$ 为 $\sum_{n=1}^{\infty} u_n(x)$ 的**余项**.在收敛域内总有 $\lim\limits_{n\to\infty} r_n(x)=0$.

例如,由于

$$\sum_{n=0}^{\infty} x^n=1+x+x^2+x^3+\cdots+x^n+\cdots=\frac{1}{1-x}, \quad -1<x<1, \qquad (6-1)$$

即当 $|x|<1$ 时,级数 $\sum_{n=0}^{\infty} x^n$ 的和函数 $S(x)=\frac{1}{1-x}$.

二、幂级数的概念

定义 6.8 形如

$$\sum_{n=0}^{\infty} a_n (x-x_0)^n=a_0+a_1(x-x_0)+a_2(x-x_0)^2+\cdots+a_n(x-x_0)^n+\cdots$$

$$(6-2)$$

(其中 $a_0,a_1,a_2,\cdots,a_n,\cdots$ 都是常数)的函数项级数.即各项都是常数乘幂函数的函数项级数称为**幂级数**,$a_0,a_1,a_2,\cdots,a_n,\cdots$ 称为幂级数的**系数**.

特别地,当 $x_0=0$ 时,(6-2)式就成了特殊的幂级数

$$\sum_{n=0}^{\infty} a_n x^n=a_0+a_1 x+a_2 x^2+\cdots+a_n x^n+\cdots. \qquad (6-3)$$

我们把 $\sum_{n=0}^{\infty} a_n (x-x_0)^n$ 称为 $(x-x_0)$ 的**幂级数**,$\sum_{n=0}^{\infty} a_n x^n$ 称为 x 的**幂级数**.

如果假定 $x-x_0=t$,则幂级数(6-2)变成(6-3)的形式.因此,我们只需以(6-3)式来讨论幂级数.

显然,幂级数是定义在区间 $(-\infty,+\infty)$ 内的级数.那么,幂级数的收敛域如何求?下面的定理将帮助我们解决这个问题.

定理 6.6(阿贝尔定理) 如果级数 $\sum_{n=0}^{\infty} a_n x^n$ 当 $x=x_0(x_0\neq0)$ 时收敛,那么适合

不等式 $|x|<|x_0|$ 的一切 x 使这幂级数绝对收敛.反之,如果级数 $\sum\limits_{n=0}^{\infty}a_nx^n$ 当 $x=x_0$ 时发散,那么适合不等式 $|x|>|x_0|$ 的一切 x 使这幂级数发散.

该定理我们不予证明,读者可自行思考.该定理有如下重要推论:

推论　如果幂级数 $\sum\limits_{n=0}^{\infty}a_nx^n$ 不是仅在 $x=0$ 一点收敛,也不是在整个数轴上都收敛,那么必有一个确定的正数 R 存在,使得

当 $|x|<R$ 时,幂级数绝对收敛;

当 $|x|>R$ 时,幂级数发散;

当 $x=R$ 或 $-R$ 时,幂级数可能收敛也可能发散.

正数 R 通常叫做幂级数(6-3)的收敛半径.开区间 $(-R,R)$ 叫做幂级数(6-3)的收敛区间.

定理 6.7　对于幂级数 $\sum\limits_{n=0}^{\infty}a_nx^n(a_n\neq 0)$,若 $\lim\limits_{n\to\infty}\left|\dfrac{a_{n+1}}{a_n}\right|=\rho$($\rho$ 为有限数或 $+\infty$),则该幂级数的收敛半径 R 为:

(1) 当 $0<\rho<+\infty$ 时,$R=\dfrac{1}{\rho}$;

(2) 当 $\rho=0$ 时,$R=+\infty$;

(3) 当 $\rho=+\infty$ 时,$R=0$.

在定理 6.7 中,**收敛半径** R 的含义如下:

(1) 若 $0<R<+\infty$,幂级数 $\sum\limits_{n=0}^{\infty}a_nx^n$ 在开区间 $(-R,R)$ 内收敛,在 $(-\infty,-R)$ $\bigcup(R,+\infty)$ 内发散(在端点 $x=-R$ 与 $x=R$ 处是否收敛,须判别数项级数 $\sum\limits_{n=0}^{\infty}a_n\cdot$ $(-R)^n$ 与 $\sum\limits_{n=0}^{\infty}a_nR^n$ 的敛散性,从而得到收敛域).

(2) 若 $R=+\infty$,幂级数 $\sum\limits_{n=0}^{\infty}a_nx^n$ 的收敛域为 $(-\infty,+\infty)$.

(3) 若 $R=0$,幂级数 $\sum\limits_{n=0}^{\infty}a_nx^n$ 的收敛域为 $\{0\}$.

例 1　求幂级数 $\sum\limits_{n=1}^{\infty}(-1)^{n-1}\dfrac{x^n}{n}$ 的收敛域.

解　因为
$$\rho=\lim_{n\to\infty}\left|\frac{a_{n+1}}{a_n}\right|=\lim_{n\to\infty}\frac{\dfrac{1}{n+1}}{\dfrac{1}{n}}=1,$$

所以收敛半径 $R=\dfrac{1}{\rho}=1$.

当 $x=-1$ 时,幂级数化为 $\sum\limits_{n=1}^{\infty}\dfrac{(-1)^{2n-1}}{n}=-\sum\limits_{n=1}^{\infty}\dfrac{1}{n}$,发散;

当 $x=1$ 时,幂级数化为 $\sum\limits_{n=1}^{\infty}(-1)^{n-1}\dfrac{1}{n}$,收敛.

所以,该幂级数的收敛域为 $(-1,1]$.

例 2 求幂级数 $\sum\limits_{n=0}^{\infty}\dfrac{x^n}{n!}$ 的收敛半径.

解 因为

$$\rho=\lim_{n\to\infty}\left|\dfrac{a_{n+1}}{a_n}\right|=\lim_{n\to\infty}\dfrac{\dfrac{1}{(n+1)!}}{\dfrac{1}{n!}}=\lim_{n\to\infty}\dfrac{1}{n+1}=0,$$

所以收敛半径 $R=+\infty$.

例 3 求幂级数 $\sum\limits_{n=1}^{\infty}n^n x^n$ 的收敛半径.

解 因为

$$\rho=\lim_{n\to\infty}\left|\dfrac{a_{n+1}}{a_n}\right|=\lim_{n\to\infty}\dfrac{(n+1)^{n+1}}{n^n}=\lim_{n\to\infty}\left(\dfrac{n+1}{n}\right)^n(n+1)=+\infty,$$

所以收敛半径 $R=0$.

例 4 求幂级数 $\sum\limits_{n=0}^{\infty}\dfrac{(-1)^n}{2^n}x^n$ 的收敛域.

解 因为

$$\rho=\lim_{n\to\infty}\left|\dfrac{a_{n+1}}{a_n}\right|=\lim_{n\to\infty}\dfrac{\dfrac{1}{2^{n+1}}}{\dfrac{1}{2^n}}=\lim_{n\to\infty}\dfrac{1}{2}=\dfrac{1}{2},$$

所以收敛半径 $R=2$.

当 $x=-2$ 时,幂级数化为 $\sum\limits_{n=0}^{\infty}\dfrac{(-1)^n}{2^n}(-2)^n=\sum\limits_{n=0}^{\infty}1$,由于一般项的极限 $\lim\limits_{n\to\infty}1=1\neq0$,因而该级数发散;

当 $x=2$ 时,幂级数化为 $\sum\limits_{n=0}^{\infty}\dfrac{(-1)^n}{2^n}2^n=\sum\limits_{n=0}^{\infty}(-1)^n$,由于一般项的极限 $\lim\limits_{n\to\infty}(-1)^n$ 不存在,因而该级数发散.

所以,该幂级数的收敛域为 $(-2,2)$.

*例 5** 已知级数 $\sum\limits_{n=1}^{\infty}\dfrac{b^n}{n^2 3^n}$ 收敛,求 b 的取值范围.

解 由题意分析可知,幂级数 $\sum\limits_{n=1}^{\infty}\dfrac{1}{n^2 3^n}x^n$ 的收敛域就是 b 的取值范围.

因为

$$\rho=\lim_{n\to\infty}\left|\dfrac{a_{n+1}}{a_n}\right|=\lim_{n\to\infty}\dfrac{\dfrac{1}{(n+1)^2 3^{n+1}}}{\dfrac{1}{n^2 3^n}}=\lim_{n\to\infty}\dfrac{n^2}{3(n+1)^2}=\dfrac{1}{3},$$

所以收敛半径 $R=3$.

当 $x=-3$ 时，幂级数化为 $\displaystyle\sum_{n=1}^{\infty}\frac{1}{n^2 3^n}(-3)^n=\sum_{n=1}^{\infty}\frac{(-1)^n}{n^2}$，收敛；

当 $x=3$ 时，幂级数化为 $\displaystyle\sum_{n=1}^{\infty}\frac{1}{n^2 3^n}3^n=\sum_{n=1}^{\infty}\frac{1}{n^2}$，收敛.

所以，幂级数 $\displaystyle\sum_{n=1}^{\infty}\frac{1}{n^2 3^n}x^n$ 的收敛域为 $[-3,3]$，即 b 的取值范围是 $[-3,3]$.

三、幂级数的性质

性质 1　如果幂级数 $\displaystyle\sum_{n=0}^{\infty}a_n x^n$ 和 $\displaystyle\sum_{n=0}^{\infty}b_n x^n$ 的收敛半径分别为 $R_1>0, R_2>0$，令

$R=\min(R_1,R_2)$，则在 $(-R,R)$ 内，幂级数 $\displaystyle\sum_{n=0}^{\infty}(a_n+b_n)x^n$ 收敛，且有

$$\sum_{n=0}^{\infty}(a_n\pm b_n)x^n=\sum_{n=0}^{\infty}a_n x^n\pm\sum_{n=0}^{\infty}b_n x^n.$$

性质 2　幂级数 $\displaystyle\sum_{n=0}^{\infty}a_n x^n$ 的和函数 $S(x)$ 在其收敛域上连续.

性质 3　如果幂级数 $\displaystyle\sum_{n=0}^{\infty}a_n x^n$ 的收敛半径 $R>0$，则在 $(-R,R)$ 内，其和函数 $S(x)$ 是可积的，并且有

$$\int_0^x S(t)\mathrm{d}t=\int_0^x\left(\sum_{n=0}^{\infty}a_n t^n\right)\mathrm{d}t=\sum_{n=0}^{\infty}\int_0^x a_n t^n\mathrm{d}t=\sum_{n=0}^{\infty}\frac{a_n}{n+1}x^{n+1}.$$

性质 3 表明幂级数在收敛区间内可以逐项积分.

性质 4　如果幂级数 $\displaystyle\sum_{n=0}^{\infty}a_n x^n$ 的收敛半径 $R>0$，则在 $(-R,R)$ 内，其和函数 $S(x)$ 是可导的，并且有

$$S'(x)=\left(\sum_{n=0}^{\infty}a_n x^n\right)'=\sum_{n=1}^{\infty}n a_n x^{n-1}.$$

性质 4 表明幂级数在收敛区间内可以逐项求导.

***例 6**　求幂级数 $\displaystyle\sum_{n=0}^{\infty}\frac{x^{2n+1}}{2n+1}$ 的和函数，并求级数 $\displaystyle\sum_{n=0}^{\infty}\frac{1}{2n+1}\left(\frac{1}{2}\right)^{2n+1}$ 的值.

解　因为

$$\rho=\lim_{n\to\infty}\left|\frac{a_{n+1}}{a_n}\right|=\lim_{n\to\infty}\frac{\dfrac{1}{2(n+1)+1}}{\dfrac{1}{2n+1}}=1,$$

所以收敛半径 $R=1$.显然 $x=\pm 1$ 时级数发散.

在收敛区间 $(-1,1)$ 内，设

$$S(x)=\sum_{n=0}^{\infty}\frac{x^{2n+1}}{2n+1}.$$

逐项求导,得

$$S'(x)=\sum_{n=0}^{\infty}\left(\frac{x^{2n+1}}{2n+1}\right)'=\sum_{n=0}^{\infty}x^{2n}=1+x^2+x^4+\cdots+x^{2n}+\cdots=\frac{1}{1-x^2}.$$

逐项积分,得

$$S(x)=\int_0^x S'(t)\mathrm{d}t=\int_0^x\frac{\mathrm{d}t}{1-t^2}=\frac{1}{2}\ln\frac{1+x}{1-x},\quad x\in(-1,1),$$

即

$$\sum_{n=0}^{\infty}\frac{x^{2n+1}}{2n+1}=\frac{1}{2}\ln\frac{1+x}{1-x},\quad x\in(-1,1).$$

所以

$$\sum_{n=0}^{\infty}\frac{1}{2n+1}\left(\frac{1}{2}\right)^{2n+1}=\frac{1}{2}\ln\frac{1+\frac{1}{2}}{1-\frac{1}{2}}=\frac{1}{2}\ln 3.$$

§6.5 函数的幂级数展开

在前一节我们看到,幂级数在收敛域内可以表示为一个函数,幂级数计算简便,这就使函数的数值计算在计算机上执行成为可能.幂级数的诸多优越性质促使人们考虑与前面相反的问题——能否把一个已知的函数 $f(x)$ 表示为幂级数?

假如 $f(x)$ 在点 x_0 及其左右可以展开为幂级数,即

$$f(x)=a_0+a_1x+a_2x^2+\cdots+a_nx^n+\cdots.$$

我们需要考虑:

(1) $f(x)$ 满足什么条件才能够确定并如何确定幂级数的系数 $a_0,a_1,$ $a_2,\cdots,a_n,\cdots$;

(2) $f(x)$ 满足什么条件才能够使上述幂级数收敛且收敛于函数 $f(x)$.

一、泰勒级数

1. 泰勒级数

若 $f(x)$ 在点 x_0 及其左右有任意阶导数,则可以唯一地确定幂级数的系数 $a_0,$ $a_1,a_2,\cdots,a_n,\cdots$.

考察

$$f(x)=a_0+a_1(x-x_0)+a_2(x-x_0)^2+\cdots+a_n(x-x_0)^n+\cdots. \qquad (6-4)$$

容易得到

$$f'(x)=a_1+2a_2(x-x_0)+3a_3(x-x_0)^2+\cdots+na_n(x-x_0)^{n-1}+\cdots,$$

$$f''(x)=2!\,a_2+3\cdot 2a_3(x-x_0)+\cdots+n(n-1)a_n(x-x_0)^{n-2}+\cdots,$$

$$\cdots\cdots\cdots$$
$$f^{(n)}(x)=n!\,a_n+(n+1)!\,a_{n+1}(x-x_0)+\cdots.$$

在以上各式中令 $x=x_0$,可得

$$f(x_0)=a_0,\quad f'(x_0)=a_1,\quad f''(x_0)=2!\,a_2,\cdots,\quad f^{(n)}(x_0)=n!\,a_n,\cdots,$$

所以

$$a_0=f(x_0),\quad a_1=\frac{f'(x_0)}{1!},\quad a_2=\frac{f''(x_0)}{2!},\quad\cdots,\quad a_n=\frac{f^{(n)}(x_0)}{n!},\cdots.$$

将 $a_0,a_1,a_2,\cdots,a_n,\cdots$ 代入(6-4)式,就可以得到函数 $f(x)$ 的幂级数展开式:

$$f(x)=f(x_0)+\frac{f'(x_0)}{1!}(x-x_0)+\frac{f''(x_0)}{2!}(x-x_0)^2+\cdots+$$

$$\frac{f^{(n)}(x_0)}{n!}(x-x_0)^n+\cdots. \tag{6-5}$$

定义 6.9 若函数 $f(x)$ 在点 x_0 处有任意阶导数,则称幂级数

$$\sum_{n=0}^{\infty}\frac{f^{(n)}(x_0)}{n!}(x-x_0)^n=f(x_0)+\frac{f'(x_0)}{1!}(x-x_0)+\frac{f''(x_0)}{2!}(x-x_0)^2+\cdots+$$

$$\frac{f^{(n)}(x_0)}{n!}(x-x_0)^n+\cdots \tag{6-6}$$

为函数 $f(x)$ 在点 x_0 处的泰勒级数.

在实际应用中我们主要讨论在 $x_0=0$ 处的幂级数展开式,若函数 $f(x)$ 在原点处有任意阶导数,这时公式(6-6)写成

$$\sum_{n=0}^{\infty}\frac{f^{(n)}(0)}{n!}x^n=f(0)+\frac{f'(0)}{1!}x+\frac{f''(0)}{2!}x^2+\cdots+\frac{f^{(n)}(0)}{n!}x^n+\cdots, \tag{6-7}$$

称公式(6-7)为函数 $f(x)$ 的麦克劳林级数.

2. 泰勒级数的收敛性

由公式(6-6)我们已经得到函数 $f(x)$ 在点 x_0 处的泰勒级数展开,但 $f(x)$ 在点 x_0 处的泰勒级数未必收敛.在其收敛域内,其和函数也未必等于 $f(x)$.

设公式(6-6)中幂级数的部分和为 $S_n(x)$,则当

$$\lim_{n\to\infty}S_n(x)=f(x) \tag{6-8}$$

时泰勒级数(6-6)在点 x_0 及其左右收敛于 $f(x)$.该级数的余项为

$$R_n(x)=f(x)-S_n(x).$$

显然泰勒级数(6-6)收敛于 $f(x)$ 的充要条件是 $\lim\limits_{n\to\infty}R_n(x)=0$,因此我们有如下的结论:

定理 6.8 若函数 $f(x)$ 在点 x_0 及其左右有任意阶导数,则 $f(x)$ 在点 x_0 处的泰勒级数在点 x_0 及其左右收敛于 $f(x)$ 的充要条件是泰勒级数的余项 $R_n(x)$ 满足 $\lim\limits_{n\to\infty}R_n(x)=0$.

由于泰勒级数的余项 $R_n(x)$ 的表达式较为复杂,验证 $\lim\limits_{n\to\infty}R_n(x)=0$ 有一定难度,因此在以下内容中,验证 $\lim\limits_{n\to\infty}R_n(x)=0$ 的详细过程从略.

二、函数的幂级数展开

将函数 $f(x)$ 展开成 x 的幂级数 $\sum_{n=0}^{\infty} \dfrac{f^{(n)}(0)}{n!} x^n$，有直接展开法和间接展开法.

1. 直接展开法

将 $f(x)$ 展开成 x 的幂级数的一般步骤为

(1) 求出 $f(x)$ 的各阶导数 $f'(x), f''(x), \cdots, f^{(n)}(x), \cdots$；

(2) 计算 $f(0), f'(0), f''(0), \cdots, f^{(n)}(0), \cdots$；

(3) 写出 $f(x)$ 的麦克劳林级数

$$f(0) + \frac{f'(0)}{1!} x + \frac{f''(0)}{2!} x^2 + \cdots + \frac{f^{(n)}(0)}{n!} x^n + \cdots;$$

(4) 求出上述级数的收敛半径 R；

(5) 当 $x \in (-R, R)$ 时，考察

$$\lim_{n \to \infty} R_n(x) = 0$$

是否成立. 如果 $\lim_{n \to \infty} R_n(x) = 0$ 成立，则 $\sum_{n=0}^{\infty} \dfrac{f^{(n)}(0)}{n!} x^n$ 的和函数为 $f(x)$，否则即使

$\sum_{n=0}^{\infty} \dfrac{f^{(n)}(0)}{n!} x^n$ 收敛，和函数也不一定为 $f(x)$.

例 1 将函数 $f(x) = \mathrm{e}^x$ 展开为 x 的幂级数.

解 因为

$$f'(x) = f''(x) = \cdots = f^{(n)}(x) = \cdots = \mathrm{e}^x,$$

所以

$$f(0) = f'(0) = f''(0) = \cdots = f^{(n)}(0) = \cdots = 1.$$

于是函数 $f(x) = \mathrm{e}^x$ 的麦克劳林级数为

$$1 + \frac{1}{1!} x + \frac{1}{2!} x^2 + \cdots + \frac{1}{n!} x^n + \cdots.$$

由

$$\rho = \lim_{n \to \infty} \left| \frac{a_{n+1}}{a_n} \right| = \lim_{n \to \infty} \frac{\dfrac{1}{(n+1)!}}{\dfrac{1}{n!}} = \lim_{n \to \infty} \frac{1}{n+1} = 0,$$

得收敛半径 $R = +\infty$，因而收敛域为 $(-\infty, +\infty)$.

任取 $x \in (-\infty, +\infty)$，可以推出 $\lim_{n \to \infty} R_n(x) = 0$ 成立.

所以 e^x 是麦克劳林级数的和函数，即

$$\mathrm{e}^x = 1 + \frac{1}{1!} x + \frac{1}{2!} x^2 + \frac{1}{3!} x^3 + \cdots + \frac{1}{n!} x^n + \cdots$$

$$= \sum_{n=0}^{\infty} \frac{1}{n!} x^n, \quad -\infty < x < +\infty. \tag{6-9}$$

例 2　将三角函数 $f(x) = \sin x$ 展开为 x 的幂级数.

解　因为

$$f'(x) = \cos x = \sin\left(x + \frac{\pi}{2}\right), \qquad f''(x) = -\sin x = \sin\left(x + \frac{2\pi}{2}\right),$$

$$f'''(x) = -\cos x = \sin\left(x + \frac{3\pi}{2}\right), \cdots, f^{(n)}(x) = \sin\left(x + \frac{n\pi}{2}\right),$$

$$f^{(n)}(0) = \sin \frac{n\pi}{2} = \begin{cases} 0, & n = 2m, \\ (-1)^{m-1}, & n = 2m-1 \end{cases} (m \in \mathbf{Z}),$$

所以，$f(x) = \sin x$ 的麦克劳林级数为

$$x - \frac{1}{3!} x^3 + \frac{1}{5!} x^5 - \frac{1}{7!} x^7 + \cdots.$$

又 $\rho = \lim\limits_{n \to \infty} \left| \frac{a_{n+1}}{a_n} \right| = \lim\limits_{n \to \infty} \dfrac{\dfrac{1}{(2n+1)!}}{\dfrac{1}{(2n-1)!}} = \lim\limits_{n \to \infty} \dfrac{1}{2n(2n+1)} = 0$，因此收敛半径 $R = +\infty$，收敛

域为 $(-\infty, +\infty)$.

任取 $x \in (-\infty, +\infty)$，可以推出 $\lim\limits_{n \to \infty} R_n(x) = 0$ 成立.

所以，$f(x) = \sin x$ 的幂级数展开式为

$$\sin x = x - \frac{1}{3!} x^3 + \frac{1}{5!} x^5 - \frac{1}{7!} x^7 + \cdots + \frac{(-1)^n}{(2n+1)!} x^{2n+1} + \cdots$$

$$= \sum_{n=0}^{\infty} \frac{(-1)^n}{(2n+1)!} x^{2n+1}, \quad -\infty < x < +\infty. \tag{6-10}$$

在上述展开中我们看到，将函数 $f(x)$ 展开为幂级数，先要求出 $f(x)$ 的各阶导数，并且要找出其规律，才能写出 $f^{(n)}(x)$ 的表达式.另外要求出余项 $R_n(x)$，并且判定 $\lim\limits_{n \to \infty} R_n(x)$ 是否为零.一般来说，这两者都很困难，因此需要寻求更好一点的办法，以避免求各阶导数，避免讨论 $\lim\limits_{n \to \infty} R_n(x)$ 是否为零.

2. 间接展开法

只有少数比较简单的函数的幂级数展开式能通过直接展开法得到，通常是从已知函数的幂级数展开式出发，通过变量代换、逐项求导、逐项积分或四则运算等方法求出函数的幂级数展开式，这就是**间接展开法**.由于函数展开成幂级数是唯一的，所以间接展开与直接展开所得结果是相同的.

例 3　将函数 $f(x) = \cos x$ 展开为 x 的幂级数.

解　由幂级数性质可知，对 $\sin x = \sum\limits_{n=0}^{\infty} \dfrac{(-1)^n}{(2n+1)!} x^{2n+1}$ 两边求导得

$$\cos x = \sum_{n=0}^{\infty} \left[\frac{(-1)^n}{(2n+1)!} x^{2n+1} \right]' = \sum_{n=0}^{\infty} \frac{(-1)^n}{(2n)!} x^{2n},$$

所以

$$\cos x = 1 - \frac{1}{2!}x^2 + \frac{1}{4!}x^4 - \frac{1}{6!}x^6 + \cdots + \frac{(-1)^n}{(2n)!}x^{2n} + \cdots$$

$$= \sum_{n=0}^{\infty} \frac{(-1)^n}{(2n)!}x^{2n}, \quad -\infty < x < +\infty \qquad (6-11)$$

即为函数 $f(x) = \cos x$ 的幂级数展开式.

例 4 将下列函数展开为 x 的幂级数:

(1) $\dfrac{1}{1-2x}$;　　　　(2) $\dfrac{1}{2-x}$;　　　　(3) $\dfrac{1}{1+x^2}$.

解　$\dfrac{1}{1-x} = 1 + x + x^2 + \cdots + x^n + \cdots, \quad -1 < x < 1.$

(1) 在上式中用 $2x$ 代替 x,得

$$\frac{1}{1-2x} = 1 + 2x + (2x)^2 + \cdots + (2x)^n + \cdots, \quad -1 < 2x < 1,$$

即

$$\frac{1}{1-2x} = 1 + 2x + 4x^2 + \cdots + 2^n x^n + \cdots, \quad -\frac{1}{2} < x < \frac{1}{2}.$$

(2) 因为 $\dfrac{1}{2-x} = \dfrac{1}{2} \cdot \dfrac{1}{1-\dfrac{x}{2}}$,所以用 $\dfrac{x}{2}$ 代替 x 得

$$\frac{1}{2-x} = \frac{1}{2}\left[1 + \frac{x}{2} + \left(\frac{x}{2}\right)^2 + \cdots + \left(\frac{x}{2}\right)^n + \cdots\right], \quad -1 < \frac{x}{2} < 1,$$

即

$$\frac{1}{2-x} = \frac{1}{2} + \frac{x}{2^2} + \frac{x^2}{2^3} + \cdots + \frac{x^n}{2^{n+1}} + \cdots, \quad -2 < x < 2.$$

(3) 因为 $\dfrac{1}{1+x^2} = \dfrac{1}{1-(-x^2)}$,所以用 $-x^2$ 代替 x 得

$$\frac{1}{1+x^2} = 1 + (-x^2) + (-x^2)^2 + \cdots + (-x^2)^n + \cdots, \quad -1 < -x^2 < 1,$$

即

$$\frac{1}{1+x^2} = 1 - x^2 + x^4 + \cdots + (-1)^n x^{2n} + \cdots, \quad -1 < x < 1.$$

例 5 将函数 $\arctan x$ 展开成 x 的幂级数.

解　因为 $\arctan x = \displaystyle\int_0^x \frac{1}{1+t^2}\mathrm{d}t$,而函数 $\dfrac{1}{1+t^2}$ 的幂级数展开式可直接利用例 4 的结果来得到,即

$$\frac{1}{1+t^2} = 1 - t^2 + \cdots + (-1)^n t^{2n} + \cdots, \quad -1 < t < 1.$$

将上式两端同时积分得到

$$\arctan x = x - \frac{1}{3}x^3 + \cdots + (-1)^n \frac{x^{2n+1}}{2n+1} + \cdots, \quad -1 \leqslant x \leqslant 1. \qquad (6-12)$$

注:(6-12)式当 $x = \pm 1$ 时,右端分别得数项级数

$$1 - \frac{1}{3} + \cdots + (-1)^n \frac{1}{2n+1} + \cdots,$$

$$-1 + \frac{1}{3} - \cdots + (-1)^{n+1} \frac{1}{2n+1} + \cdots,$$

它们都是收敛的.又由幂级数的和函数的连续性知,(6-12)式当 $x = \pm 1$ 时成立.

*例 6 求正项级数 $\sum\limits_{n=0}^{\infty} \frac{2^n}{n!}$ 的和.

解 可以把正项级数 $\sum\limits_{n=0}^{\infty} \frac{2^n}{n!}$ 看成是幂级数 $\sum\limits_{n=0}^{\infty} \frac{1}{n!}x^n$ 在自变量 x 取 2 时的常数项级数.又因为

$$e^x = 1 + \frac{1}{1!}x + \frac{1}{2!}x^2 + \frac{1}{3!}x^3 + \cdots + \frac{1}{n!}x^n + \cdots = \sum\limits_{n=0}^{\infty} \frac{1}{n!}x^n, \quad -\infty < x < +\infty,$$

所以

$$e^2 = 1 + \frac{2}{1!} + \frac{2^2}{2!} + \frac{2^3}{3!} + \cdots + \frac{2^n}{n!} + \cdots = \sum\limits_{n=0}^{\infty} \frac{2^n}{n!}.$$

故所求正项级数的和为 e^2.

想一想

无理数 e 的 n 阶近似计算公式是什么?

---

*例 7 将函数 $\dfrac{1}{5-x}$ 展开成 $x-2$ 的幂级数.

解 令 $x-2=t$,则 $x=t+2$,

$$\frac{1}{5-x} = \frac{1}{3-t} = \frac{1}{3} \frac{1}{1-\frac{t}{3}}$$

$$= \frac{1}{3}\left[1 + \frac{t}{3} + \left(\frac{t}{3}\right)^2 + \cdots + \left(\frac{t}{3}\right)^n + \cdots\right], \quad -1 < \frac{t}{3} < 1.$$

用 $t = x-2$ 代回,有

$$\frac{1}{5-x} = \frac{1}{3}\left[1 + \frac{x-2}{3} + \left(\frac{x-2}{3}\right)^2 + \cdots + \left(\frac{x-2}{3}\right)^n + \cdots\right]$$

$$= \frac{1}{3} + \frac{1}{3^2}(x-2) + \frac{1}{3^3}(x-2)^2 + \cdots +$$

$$\frac{1}{3^{n+1}}(x-2)^n + \cdots, \quad -1 < x < 5.$$

想一想
例 7 中收敛域(−1,5)是怎样得到的?

应用部分

§6.6 软件应用计算

一、无穷级数之和

在 MATLAB 中使用命令 symsum 来对无穷级数 $\sum\limits_{k=1}^{\infty} s_k = s_1 + s_2 + s_3 + \cdots$ 进行求和.该命令的常用格式如表 6-1 所示,其中 s 为级数的一般项.

表 6-1

命 令 格 式	功　　能
r＝symsum(s,a,b)	返回默认变量 k 从 a 开始到 b 为止 s 的和
r＝symsum(s,a,inf)	返回默认变量 k 从 a 开始到∞为止 s 的和

例 1　求 $\sum\limits_{k=1}^{n} k^2$ 的一般表达式.

解　输入命令:

syms k n;

symsum(k^2,1,n)

输出结果:

ans＝1/3 ∗ (n+1)^3＋1/2 ∗ (n+1)^2＋1/6 ∗ n+1/6

输出结果比较复杂,可以化简一下,输入命令:

simplify(ans)

输出结果:

ans＝1/3 ∗ n^3＋1/2 ∗ n^2＋1/6 ∗ n

可以再对该结果进行因式分解,输入命令:

factor(ans)

输出结果:

ans＝1/6 ∗ n ∗ (n+1) ∗ (2 ∗ n+1)

例 2　求 $\sum\limits_{k=1}^{10} k^3$.

解　输入命令：

syms k；

symsum(k^3,1,10)

输出结果：

ans＝3025

例 3　求 $\displaystyle\sum_{k=0}^{\infty}\frac{1}{k!}$.

解　输入命令：

syms k；

r＝symsum(1/sym('k! '),0,inf)

输出结果：

r＝exp(1)

二、幂级数之和

设幂级数为 $s(x)=\displaystyle\sum_{n=0}^{\infty}a_{n}x^{n}$，可以使用命令

$$symsum(s,n,0,inf)$$

来求出 $s(x)$，即 symsum 命令不仅可以求数项级数的和，还可以求幂级数的和.

例 4　求幂级数 $\displaystyle\sum_{k=0}^{\infty}\frac{x^{k}}{k!}$.

解　输入命令：

syms x k；

r＝symsum(x^k/sym('k! '),k,0,inf)

输出结果：

r＝exp(x)

例 5　求幂级数 $\displaystyle\sum_{k=0}^{\infty}x^{k}$.

解　输入命令：

syms x k；

r＝symsum(x^k,k,0,inf)

输出结果：

r＝－1/(x－1)

注：这里没有指定 x 的收敛域.

三、函数的幂级数展开

在 MATLAB 中使用命令 taylor 来得到函数的幂级数展开式，其使用格式如表 6－2 所示.

表 6-2

命 令 格 式	功　能
taylor(f,n)	返回 f 关于默认变量的 $n-1$ 阶麦克劳林展开式 $\sum\limits_{k=0}^{n-1} \dfrac{f^k(0)}{k!}x^k$
taylor(f,x,n,a)	返回 f 在 x=a 处的 $n-1$ 阶泰勒展开式 $\sum\limits_{k=0}^{n-1} \dfrac{f^k(a)}{k!}(x-a)^k$

例 6　求三角函数 $\sin x$ 幂级数展开式的前 4 项.

解　输入命令:

syms x;

s＝taylor(sin(x),8)

输出结果:

s＝x－1/6＊x^3＋1/120＊x^5－1/5040＊x^7

§6.7　经济应用

一、教育基金的现值问题

某基金会与一个学校签约,合同规定基金会每年支付 300 万元人民币用以资助教育,有效期为 10 年,总资助金额为 3 000 万元人民币.自签约之日起支付第一笔资助款,以后每年支付一笔,所有资助款都由银行兑付.银行储蓄规定年利率为 5％,每年计息一次,以复利进行计算.试问在签订合同之日,基金会应该在银行存入多少钱才能保证合同正常履行?

如果将 P(万元)存入银行作为基金,银行储蓄年利率为 r,每年计息一次,并以复利进行计算,则在 t 年后,银行存款余额为 $B=P(1+r)^t$,等价地有

$$P=\frac{B}{(1+r)^t},$$

即为了使 t 年后能够支付 B(万元),首日应存入银行 P(万元).

由于第 1 笔付款为签约当天兑现,$t=0$,其现值

$$P_1=300(万元);$$

第 2 笔付款在 1 年后兑现,$t=1$,第 2 笔付款的现值为

$$P_2=\frac{300}{(1+0.05)^1}=\frac{300}{1.05}(万元);$$

第 3 笔付款在 2 年后兑现,$t=2$,第 3 笔付款的现值为

$$P_3=\frac{300}{(1+0.05)^2}=\frac{300}{1.05^2}(万元);$$

同样,第 10 笔付款在 9 年后兑现,$t=9$,第 10 笔付款的现值为

$$P_{10} = \frac{300}{(1+0.05)^9} = \frac{300}{1.05^9} (万元).$$

此合同的总现值 $P = P_1 + P_2 + \cdots + P_{10}$,即

$$P = 300 + \frac{300}{1.05} + \frac{300}{1.05^2} + \cdots + \frac{300}{1.05^9}$$

$$= \frac{300 \times \left(1 - \frac{1}{1.05^{10}}\right)}{1 - \frac{1}{1.05}} \approx 2\,432 (万元).$$

这表明基金会应存入现值 2 432 万元.

若合同规定永不停止地每年资助 300 万元,那么基金会在签订合同之日,应该在银行存入多少钱? 其中,自签订合同之日起,规定每年付款一次,且永不停止.又设年利率为 5%,以连续复利计算.按上面的分析,基金会首日应存入银行的现值为

$$P_1 + P_2 + \cdots + P_n + \cdots.$$

下面我们来计算这个和.

如果银行年利率为 r,每年分 n 次并且以复利计算利息,则在 t 年后银行存款余额为

$$B = P\left(1 + \frac{r}{n}\right)^{nt},$$

这等价于

$$P = \frac{B}{\left(1 + \frac{r}{n}\right)^{nt}}.$$

在连续复利中可以认为,每年计算复利的次数 n 无限增加.由于

$$\lim_{n \to \infty}\left(1 + \frac{r}{n}\right)^{nt} = e^{rt},$$

因此,在连续复利条件下 $B = Pe^{rt}$,等价地有 $P = Be^{-rt}$.

这样,由于第 1 笔付款为签约当天兑现,$t = 0$,其现值 $P_1 = 300$(万元);第 2 笔付款在 1 年后兑现,相当于 $t = 1$,其现值为 $P_2 = 300e^{-0.05}$;同样地,第 3 笔付款在 2 年后兑现,相当于 $t = 2$,其现值为 $P_3 = 300e^{-0.05 \times 2}$.这样,连续不断地直至永远,则

$$总的现值 = 300 + 300e^{-0.05} + 300e^{-0.05 \times 2} + 300e^{-0.05 \times 3} + \cdots + 300e^{-0.05n} + \cdots$$

$$= \frac{300}{1 - e^{-0.05}} \approx 6\,151 (万元),$$

即基金会只需在首日存入银行 6 151 万元就能保证合同正常履行.

二、经济学中的乘数效应

设想政府通过一项削减 100 亿元税收的法案.假设每人将花费这笔额外收入的 93%,并把其余的钱存起来.试估算削减税收给消费活动带来的总效应.

依题意,0.93×100 亿元将被用于消费.对某些人来说,这些钱变成了额外收入,

它的 93％又被用于消费,因此又增加了 $0.93 \times 0.93 \times 100$ 亿元的消费,这些钱(0.93^2 $\times 100$ 亿元)的接受者又将花费它的 93％,即又增加了 $0.93^3 \times 100$ 亿元的消费.如此下去,削减税收后所产生的新的消费总和由无穷级数

$$100 \times 0.93 + 100 \times 0.93^2 + 100 \times 0.93^3 + \cdots + 100 \times 0.93^n + \cdots$$

给出.这是一个首项为 100×0.93,公比为 0.93 的几何级数,此级数收敛,它的和为

$$\frac{100 \times 0.93}{1 - 0.93} = \frac{93}{0.07} \approx 1\,328.6(亿元),$$

即削减 100 亿元的税收,将产生附加消费大约 1 328.6 亿元.

此例描述了**乘数效应**(multiplier effect).每人花费额外收入的比例被称为**边际消费倾向**(marginal propensity to consume),记为 MPC.在本例中,MPC＝0.93.正如我们上面所讨论的,削减税收后所产生的附加消费总和的计算式为

$$附加消费总和 = 100 \times \frac{0.93}{1 - 0.93} = 削减税额 \times \frac{MPC}{1 - MPC}.$$

削减税额乘以"乘数" $\frac{MPC}{1 - MPC}$ 就是它的实际效应.

§6.8 工程应用

一、雪花中的分形几何

雪花常常带给我们无限遐想,当我们凝视着片片晶莹的雪花时,不禁要问:当边数不断增加时,雪花的面积及周长是如何变化的?

我们先给定一个正三角形,然后在每条边上对称地产生一个边长为原边长的 1/3 的小正三角形,依此类推,在每条凸边上都做无限次类似的操作,如图 6-1 至图 6-5 所示,就得到了一系列类似雪花的图形.下面我们将从三个方面来说明它的面积有限而周长无限,也就是随着雪花花瓣的不断增加,雪花的面积始终是有限的而其周长却是无限的.

1. 寻找规律

设正三角形的边长为 1,第 k 次分叉时多边形的边数、边长、周长、面积分别为 n_k, a_k, C_k, S_k.则初始状态:

$$n_0 = 3, \quad a_0 = 1, \quad C_0 = 3 \times 1, \quad S_0 = \frac{\sqrt{3}}{4},$$

如图 6-1 所示.

第 1 次分叉:

$$n_1 = 3 \times 4, \quad a_1 = \frac{1}{3}, \quad C_1 = 3 \times 4 \times \frac{1}{3}, \quad S_1 = S_0 + 3 \times \left(\frac{1}{3}\right)^2 \times \frac{\sqrt{3}}{4},$$

如图 6-2 所示.

第 2 次分叉：

$$n_2 = (3 \times 4) \times 4 = 3 \times 4^2, \quad a_2 = \frac{1}{3^2}, \quad C_2 = 3 \times 4^2 \times \frac{1}{3^2} = 3 \times \left(\frac{4}{3}\right)^2,$$

$$S_2 = S_1 + 3 \times 4 \times \left(\frac{1}{3^2}\right)^2 \times \frac{\sqrt{3}}{4},$$

如图 6-3 所示.

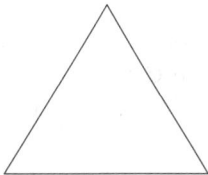

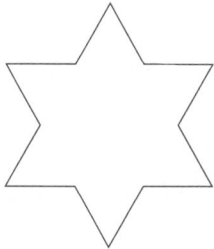

图 6-1　初始状态　　　图 6-2　第 1 次分叉结果　　　图 6-3　第 2 次分叉结果

第 3 次分叉：

$$n_3 = 3 \times 4^2 \times 4 = 3 \times 4^3, \quad a_3 = \frac{1}{3^3}, \quad C_3 = 3 \times 4^3 \times \frac{1}{3^3} = 3 \times \left(\frac{4}{3}\right)^3,$$

$$S_3 = S_2 + 3 \times 4^2 \times \left(\frac{1}{3^3}\right)^2 \times \frac{\sqrt{3}}{4},$$

如图 6-4 所示.

第 k 次分叉：

$$n_k = 3 \times 4^k, \quad a_k = \frac{1}{3^k}, \quad C_k = 3 \times \left(\frac{4}{3}\right)^k, \quad S_k = S_{k-1} + 3 \times 4^{k-1} \times \left(\frac{1}{3^k}\right)^2 \times \frac{\sqrt{3}}{4},$$

如图 6-5 所示.

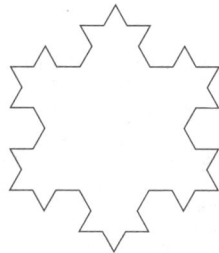

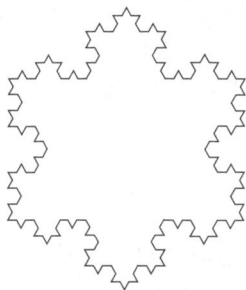

图 6-4　第 3 次分叉结果　　　　　　图 6-5　第 k 次分叉结果

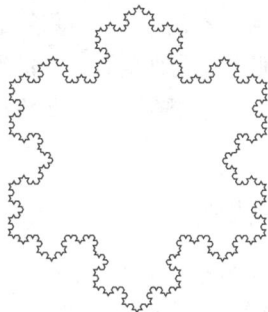

2. 结果分析

(1) 计算周长数列 $\{C_k\}$ 和面积数列 $\{S_k\}$ 的极限, 观察变化趋势.

当分叉次数 k 趋向于无穷大时, 设周长为 C, 面积为 S, 则

$$C = \lim_{k \to \infty} \left[3 \times \left(\frac{4}{3}\right)^k\right] \to \infty,$$

$$S = \frac{\sqrt{3}}{4} + 3 \times \left(\frac{1}{3}\right)^2 \times \frac{\sqrt{3}}{4} + 3 \times 4 \times \left(\frac{1}{3^2}\right)^2 \times \frac{\sqrt{3}}{4} +$$

$$3 \times 4^2 \times \left(\frac{1}{3^3}\right)^2 \times \frac{\sqrt{3}}{4} + \cdots + 3 \times 4^{k-1} \times \left(\frac{1}{3^k}\right)^2 \times \frac{\sqrt{3}}{4} + \cdots$$

$$= \sum_{k=1}^{\infty} \left[3 \times 4^{k-1} \times \left(\frac{1}{3^k}\right)^2 \times \frac{\sqrt{3}}{4}\right] + \frac{\sqrt{3}}{4} \rightarrow \frac{2}{5}\sqrt{3} \approx 0.692\ 820\ 3.$$

（2）作出 C_k，S_k 的图像，如图 6-6、图 6-7 所示.

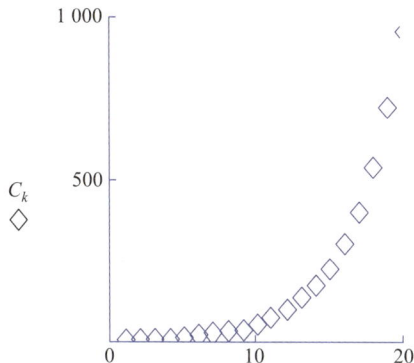

图 6-6　C_k 图像

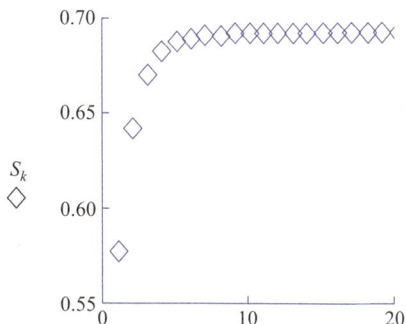

图 6-7　S_k 图像

通过以上分析，我们知道：当分叉次数趋向于无穷大时，边数、周长趋向于无穷大，边长趋向于无穷小，而面积是有限的.有限与无限、有界与无界这一既矛盾又统一的哲理完美地蕴涵于一片片晶莹剔透的雪花里.我们赖以生存的大自然，除了有诸如房屋、石柱等规则几何形体外，更多的是像花草、树木、山川等极不规则的几何形体，科学家逐渐认识到另一个几何世界的存在，后来科学家把研究不规则几何形态的学科称为**分形几何**.

分形几何的图形有一个共同的构造方式，即最终图形 F 都是按一定的规则 R 通过对初始图形不断修改得到的，其最具代表性的图形是雪花曲线.

二、阿基里斯追龟问题

芝诺是古希腊的一个哲学家，擅长诡辩.他提出了三个著名的悖论，其中之一便是（引自亚里士多德《物理学》）：

"在赛跑的时候，跑得最快的永远追不上跑得最慢的，因为追者首先必须到达被追者的出发点，这样，那个慢的总领先一段路程."

这一悖论也称为阿基里斯追龟问题.阿基里斯是古希腊神话中跑得最快的神，以他作为跑得最快者的代表，而龟代表跑得最慢者.于是，按照芝诺悖论，当阿基里斯与龟相隔一段路程时，他是永远追不到龟的.

以下我们从数学、物理两方面来说明芝诺悖论的似是而非之处.先从数学方面阐述，设一开始阿基里斯与龟之间的距离为 L，阿基里斯的速度为 V_1，龟的速度为 V_2，显然

$V_1 > V_2$.芝诺认为,当阿基里斯走完路程 L,前进至龟的起点时,龟已前行一段路程 $\dfrac{L}{V_1} \cdot V_2$;当阿基里斯走过路程 $\dfrac{L}{V_1} \cdot V_2$ 时,龟又前进一段路程 $\dfrac{L}{V_1} \cdot \dfrac{V_2}{V_1} \cdot V_2$.依此类推,每当阿基里斯到达龟的前一个起点时,龟已到达后一个起点.因此,阿基里斯永远追不上龟.

我们来计算阿基里斯追龟所用的时间,他前进第一段路程耗时 $\dfrac{L}{V_1}$,第二段路程耗时 $\dfrac{L}{V_1} \cdot \dfrac{V_2}{V_1}$,第三段路程耗时 $\dfrac{L}{V_1} \cdot \left(\dfrac{V_2}{V_1}\right)^2$,…,这样总耗时为

$$\sum_{m=0}^{\infty} \frac{L}{V_1} \left(\frac{V_2}{V_1}\right)^m = \frac{L}{V_1} \cdot \frac{1}{1-\dfrac{V_2}{V_1}}.$$

上述级数收敛,说明虽然芝诺将总耗时分成无限段,但这无限段时间的总和是一有限数,因此,阿基里斯可在有限时间内追上龟.

也可从物理方面来阐述.此问题中,除了普通时钟,还有另一种"钟".后者以阿基里斯每次都要到达上一次龟所到达的位置作为一个循环.用这种重复性过程测得的时间称为芝诺时间 t'.例如,当阿基里斯第 n 次到达龟的第 n 次起始点时,芝诺时间 $t'=n$.这样,在任何 t' 为有限的时刻,阿基里斯总追不上龟.只有当 t' 为无限时,才可能追上.

当芝诺时间 $t'=n$ 时,日常时钟对应的时间为

$$t = \sum_{m=0}^{n-1} \frac{L}{V_1} \left(\frac{V_2}{V_1}\right)^m,$$

从中解得

$$n = \frac{1}{\ln(V_2/V_1)} \ln\left[1 - \left(\frac{V_1-V_2}{L}\right)t\right].$$

即两种时间之间有如下变换关系——芝诺变换:

$$t' = \frac{1}{\ln(V_2/V_1)} \ln\left[1 - \left(\frac{V_1-V_2}{L}\right)t\right].$$

它的特点是有限性,即当 $t = L/(V_1-V_2)$ 时,t' 达到无限.因此,当 t' 从 0 到 ∞ 时,它只覆盖了 t 的一个有限范围,即从 0 到 $L/(V_1-V_2)$.

由此,芝诺悖论之"谬"在于 t' 不可能度量阿基里斯追上龟及之后的现象.简言之,芝诺选择的时间测量方法不恰当.

日常时钟也有局限性,亦即,当日常时钟 t 达到无限之后,是否还有时间? 答案是肯定的,黑洞理论告诉我们,不能用 t 来度量物质落入黑洞之后的过程.为描述物质落入黑洞之后的过程,要用其他时间来度量.

总结·拓展部分

一、本章内容总结

本章包含常数项级数与幂级数两部分,无穷级数的理论与方法对于函数研究、数

值计算以及物理学、电子技术等具有重要意义.本章主要内容包括:

(1) 常数项级数及其收敛、发散以及收敛级数和的概念,级数的基本性质及收敛的必要条件.

(2) 几何级数与广义调和级数的收敛与发散的条件.

(3) 正项级数收敛性的比较判别法则和比值判别法则.

(4) 交错级数收敛性的莱布尼茨判别法则和绝对值判别法则,任意项级数绝对收敛与条件收敛的概念与判别.

(5) 函数项级数及其收敛域、和函数的概念,幂级数及其收敛半径的概念,幂级数的收敛半径、收敛域的求法.

(6) 幂级数在其收敛区间内的基本性质(和函数的连续性、逐项求导和逐项积分).

(7) 泰勒级数、麦克劳林级数的概念,函数 $f(x)$ 在点 x_0 的泰勒级数收敛于 $f(x)$ 的条件.

(8) 用直接展开法或间接展开法将一些简单函数展开成 x 的幂级数.

本章内容较为丰富,难度也较前几章大.为满足教学实际需要,本章内容拓展中还有"函数的幂级数展开式的应用""傅里叶级数"等重要内容.

二、本章内容拓展

1. 求函数的幂级数展开式

将函数展开成幂级数,通常用间接展开法,即通过适当的变换(代数的、三角的、分析的)把问题化归为诸如 $\dfrac{1}{1-x}$,e^x,$\sin x$,$\cos x$,$\ln(1+x)$ 等初等函数的幂级数展开式的运算.求出给定函数的幂级数展开式后,还要指出相应的收敛区间,表明展开式成立的范围.熟记下列函数的幂级数展开式,对顺利求出给定函数的幂级数展开式是十分有用的.

$$\frac{1}{1-x}=1+x+x^2+x^3+\cdots+x^n+\cdots,\quad -1<x<1;$$

$$\mathrm{e}^x=1+\frac{1}{1!}x+\frac{1}{2!}x^2+\frac{1}{3!}x^3+\cdots+\frac{1}{n!}x^n+\cdots,\quad -\infty<x<+\infty;$$

$$\sin x=x-\frac{x^3}{3!}+\cdots+(-1)^n\frac{x^{2n+1}}{(2n+1)!}+\cdots,\quad -\infty<x<+\infty;$$

$$\cos x=1-\frac{x^2}{2!}+\cdots+(-1)^n\frac{x^{2n}}{(2n)!}+\cdots,\quad -\infty<x<+\infty;$$

$$\ln(1+x)=x-\frac{x^2}{2}+\cdots+(-1)^{n-1}\frac{x^n}{n}+\cdots,\quad -1<x\leqslant 1;$$

$$(1+x)^a=1+\alpha x+\frac{\alpha(\alpha-1)}{2!}x^2+\cdots+\frac{\alpha(\alpha-1)\cdots(\alpha-n+1)}{n!}x^n+\cdots,\quad -1<x<1,\alpha$$

为任意实数.

例 1　将函数 $\ln\dfrac{1+x}{1-x}$ 展开成 x 的幂级数.

解　因为 $\ln\dfrac{1+x}{1-x}=\ln(1+x)-\ln(1-x)$，又

$$\ln(1+x)=x-\frac{x^2}{2}+\cdots+(-1)^{n-1}\frac{x^n}{n}+\cdots,\quad -1<x\leqslant1,$$

把其中的 x 换成 $-x$，得

$$\ln(1-x)=-x-\frac{x^2}{2}-\cdots-\frac{x^n}{n}-\cdots,\quad -1\leqslant x<1.$$

在它们收敛域的公共部分，两个级数逐项相减，得函数 $\ln\dfrac{1+x}{1-x}$ 的幂级数展开式

$$\ln\frac{1+x}{1-x}=2\left(x+\frac{x^3}{3}+\cdots+\frac{x^{2n+1}}{2n+1}+\cdots\right),\quad -1<x<1.$$

例 2　将 $f(x)=\dfrac{\mathrm{d}}{\mathrm{d}x}\left(\dfrac{\mathrm{e}^x-\mathrm{e}}{x-1}\right)$ 在 $x=1$ 处展开成幂级数.

解　$\mathrm{e}^x=\mathrm{e}\cdot\mathrm{e}^{x-1}=\mathrm{e}\left[1+(x-1)+\dfrac{1}{2!}(x-1)^2+\cdots+\dfrac{1}{n!}(x-1)^n+\cdots\right]$,

$$\frac{\mathrm{e}^x-\mathrm{e}}{x-1}=\mathrm{e}\left[1+\frac{1}{2!}(x-1)+\frac{1}{3!}(x-1)^2+\cdots+\frac{1}{n!}(x-1)^{n-1}+\cdots\right],\quad x\neq1,$$

故

$$\frac{\mathrm{d}}{\mathrm{d}x}\left(\frac{\mathrm{e}^x-\mathrm{e}}{x-1}\right)=\mathrm{e}\left[\frac{1}{2!}+\frac{2}{3!}(x-1)+\cdots+\frac{n-1}{n!}(x-1)^{n-2}+\cdots\right],\quad x\neq1.$$

2. 函数的幂级数展开式的应用

（1）近似计算

例 3　计算 $\sqrt[5]{240}$ 的近似值（误差不超过 10^{-4}）.

解　因为

$$\sqrt[5]{240}=\sqrt[5]{243-3}=3\left(1-\frac{1}{3^4}\right)^{\frac{1}{5}},$$

所以在二项展开式中取 $\alpha=\dfrac{1}{5}$，$x=-\dfrac{1}{3^4}$，即得

$$\sqrt[5]{240}=3\left(1-\frac{1}{5}\cdot\frac{1}{3^4}-\frac{1\cdot4}{5^2\cdot2!}\cdot\frac{1}{3^8}-\frac{1\cdot4\cdot9}{5^3\cdot3!}\cdot\frac{1}{3^{12}}-\cdots\right).$$

这个级数收敛速度很快.取前两项的和作为 $\sqrt[5]{240}$ 的近似值，其误差（也叫做截断误差）为

$$|r_2|=3\left(\frac{1\cdot4}{5^2\cdot2!}\cdot\frac{1}{3^8}+\frac{1\cdot4\cdot9}{5^3\cdot3!}\cdot\frac{1}{3^{12}}+\frac{1\cdot4\cdot9\cdot14}{5^4\cdot4!}\cdot\frac{1}{3^{16}}+\cdots\right)$$

$$<3\cdot\frac{1\cdot4}{5^2\cdot2!}\cdot\frac{1}{3^8}\left[1+\frac{1}{81}+\left(\frac{1}{81}\right)^2+\cdots\right]$$

$$=\frac{6}{25}\cdot\frac{1}{3^8}\cdot\frac{1}{1-\dfrac{1}{81}}=\frac{1}{25\cdot27\cdot40}<\frac{1}{20\,000}.$$

于是取近似式为 $\sqrt[5]{240} \approx 3\left(1 - \dfrac{1}{5} \cdot \dfrac{1}{3^4}\right)$.

为了使四舍五入引起的误差(叫做舍入误差)与截断误差之和不超过 10^{-4},计算时应取五位小数,然后四舍五入.因此最后得 $\sqrt[5]{240} \approx 2.992\ 6$.

例 4　计算 $\ln 2$ 的近似值,要求误差不超过 10^{-4}.

解　利用 $\ln(1+x)$ 的幂级数展开式,令 $x=1$ 可得

$$\ln 2 = 1 - \frac{1}{2} + \frac{1}{3} - \cdots + (-1)^{n-1} \frac{1}{n} + \cdots.$$

如果取此级数前 n 项和作为 $\ln 2$ 的近似值,其误差为 $|r_n| \leqslant \dfrac{1}{n+1}$.

为了保证误差不超过 10^{-4},就需要取级数的前 10 000 项进行计算.这样做计算量太大了,我们必须用收敛速度较快的级数来代替它.

把展开式

$$\ln(1+x) = x - \frac{x^2}{2} + \frac{x^3}{3} - \frac{x^4}{4} + \cdots + (-1)^{n-1}\frac{x^n}{n} + \cdots, \quad -1 < x \leqslant 1$$

中的 x 换成 $-x$,得

$$\ln(1-x) = -x - \frac{x^2}{2} - \frac{x^3}{3} - \frac{x^4}{4} - \cdots, \quad -1 \leqslant x < 1.$$

两式相减,得到不含有偶次幂的展开式:

$$\ln \frac{1+x}{1-x} = \ln(1+x) - \ln(1-x) = 2\left(x + \frac{1}{3}x^3 + \frac{1}{5}x^5 + \cdots\right), \quad -1 < x < 1.$$

令 $\dfrac{1+x}{1-x} = 2$,解出 $x = \dfrac{1}{3}$.以 $x = \dfrac{1}{3}$ 代入最后一个展开式,得

$$\ln 2 = 2\left(\frac{1}{3} + \frac{1}{3} \cdot \frac{1}{3^3} + \frac{1}{5} \cdot \frac{1}{3^5} + \frac{1}{7} \cdot \frac{1}{3^7} + \cdots\right).$$

如果取前四项作为 $\ln 2$ 的近似值,则误差为

$$|r_4| = 2\left(\frac{1}{9} \cdot \frac{1}{3^9} + \frac{1}{11} \cdot \frac{1}{3^{11}} + \frac{1}{13} \cdot \frac{1}{3^{13}} + \cdots\right)$$

$$< \frac{2}{3^{11}}\left[1 + \frac{1}{9} + \left(\frac{1}{9}\right)^2 + \cdots\right]$$

$$= \frac{2}{3^{11}} \cdot \frac{1}{1 - \frac{1}{9}} = \frac{1}{4 \cdot 3^9} < \frac{1}{70\ 000}.$$

于是取

$$\ln 2 \approx 2\left(\frac{1}{3} + \frac{1}{3} \cdot \frac{1}{3^3} + \frac{1}{5} \cdot \frac{1}{3^5} + \frac{1}{7} \cdot \frac{1}{3^7}\right).$$

同样地,考虑到舍入误差,计算时应取五位小数:

$$\frac{1}{3} \approx 0.333\ 33, \frac{1}{3} \cdot \frac{1}{3^3} \approx 0.012\ 35, \frac{1}{5} \cdot \frac{1}{3^5} \approx 0.000\ 82, \frac{1}{7} \cdot \frac{1}{3^7} \approx 0.000\ 07.$$

因此得 $\ln 2 \approx 0.693\ 1$.

例 5　利用 $\sin x \approx x - \dfrac{1}{3!}x^3$ 求 $\sin 9°$ 的近似值,并估计误差.

解 首先把角度化成弧度:

$$9° = \frac{\pi}{180} \times 9 (弧度) = \frac{\pi}{20} (弧度),$$

从而

$$\sin \frac{\pi}{20} \approx \frac{\pi}{20} - \frac{1}{3!} \left(\frac{\pi}{20} \right)^3.$$

其次,估计这个近似值的精确度.在 $\sin x$ 的幂级数展开式中令 $x = \frac{\pi}{20}$,得

$$\sin \frac{\pi}{20} = \frac{\pi}{20} - \frac{1}{3!} \left(\frac{\pi}{20} \right)^3 + \frac{1}{5!} \left(\frac{\pi}{20} \right)^5 - \frac{1}{7!} \left(\frac{\pi}{20} \right)^7 + \cdots.$$

等式右端是一个收敛的交错级数,且各项的绝对值单调减少.取它的前两项之和作为 $\sin \frac{\pi}{20}$ 的近似值,则误差为

$$|r_2| \leqslant \frac{1}{5!} \left(\frac{\pi}{20} \right)^5 < \frac{1}{120} \cdot (0.2)^5 < \frac{1}{300\,000}.$$

取 $\frac{\pi}{20} \approx 0.157\,080$, $\left(\frac{\pi}{20} \right)^3 \approx 0.003\,876$. 于是得 $\sin 9° \approx 0.156\,43$,这时误差不超过 10^{-5}.

例 6 无理数 e 的近似计算.

分析:我们知道 $\lim\limits_{n \to \infty} \left(1 + \frac{1}{n} \right)^n = e$.通过计算实验不难发现,数列 $\left(1 + \frac{1}{n} \right)^n$ 单调增加趋于 e 的速度非常缓慢,用 $\left(1 + \frac{1}{n} \right)^n$ 作为 e 的近似计算公式效率太低.那么怎么计算 e 的近似值呢? 由于 $e = \sum\limits_{n=0}^{\infty} \frac{1}{n!} = 1 + 1 + \frac{1}{2!} + \frac{1}{3!} + \cdots$,通常用 $\sum\limits_{n=0}^{m} \frac{1}{n!} = 1 + 1 + \frac{1}{2!} + \frac{1}{3!} + \cdots + \frac{1}{m!}$ 作为 e 的近似计算公式(其中 m 为正整数).进行近似计算,当然要考虑其近似程度,因此要估计误差,误差为

$$r_m = e - \sum_{n=0}^{m} \frac{1}{n!} = \sum_{n=m+1}^{\infty} \frac{1}{n!}.$$

解 令

$$S_k = \frac{1}{(m+1)!} + \frac{1}{(m+2)!} + \cdots + \frac{1}{(m+k)!}, \quad k = 1, 2, \cdots,$$

显然

$$S_k = \frac{1}{(m+1)!} \left[1 + \frac{1}{m+2} + \cdots + \frac{1}{(m+2)(m+3)\cdots(m+k)} \right]$$

$$< \frac{1}{(m+1)!} \left[1 + \frac{1}{m+2} + \cdots + \frac{1}{(m+2)^{k-1}} \right]$$

$$< \frac{1}{(m+1)!} \sum_{l=0}^{\infty} \frac{1}{(m+2)^l}$$

$$= \frac{1}{(m+1)!} \cdot \frac{1}{1-\frac{1}{m+2}} = \frac{1}{m!} \cdot \frac{m+2}{(m+1)^2}.$$

因为 $\frac{m+2}{(m+1)^2} < \frac{1}{m}$，所以 $S_k < \frac{1}{m!\,m}$，$k=1,2,\cdots$．令 $k \to \infty$，则有

$$r_m < \frac{1}{m!\,m}. \tag{1}$$

(1)式可表示为

$$r_m = \frac{\theta}{m!\,m}, \quad 0 < \theta < 1. \tag{2}$$

于是

$$e = 1+1+\frac{1}{2!}+\cdots+\frac{1}{m!}+\frac{\theta}{m!\,m}, \tag{3}$$

$$e \approx 1+1+\frac{1}{2!}+\cdots+\frac{1}{m!}. \tag{4}$$

(1)式或(2)式作为误差估计公式，(4)式便是 e 的近似计算公式．

例如，计算 e 的近似值，使其误差不超过 10^{-7}．先求 m，使 $\frac{1}{m!\,m} \leqslant 10^{-7}$，再用(4)式

计算即可．事实上，$\frac{1}{10! \times 10} \approx 3 \times 10^{-8} < 10^{-7}$，这时，

$$e \approx 1+1+\frac{1}{2!}+\cdots+\frac{1}{10!} \approx 2.718\ 281\ 8.$$

利用(3)式，可以证明 e 是无理数．事实上，假设 e 是有理数，则存在整数 m, n，

$(m,n)=1$，使得 $e = \frac{n}{m}$．由(3)式，得

$$\frac{n}{m} = 2+\frac{1}{2!}+\cdots+\frac{1}{m!}+\frac{\theta}{m!\,m}. \tag{5}$$

(5)式两边同时乘以 $m!$，得

$$n(m-1)! = 2m! + \frac{m!}{2!} + \cdots + 1 + \frac{\theta}{m}.$$

因 $0 < \theta < 1$，$\frac{\theta}{m}$ 不是整数，矛盾，所以 e 不是有理数．

(2) 欧拉公式

① 复数项级数的概念

定义 6.10 设有复数项级数

$$(u_1+iv_1)+(u_2+iv_2)+\cdots+(u_n+iv_n)+\cdots,$$

其中 $u_n, v_n (n=1,2,3,\cdots)$ 为实常数或实函数．如果实部所成的级数

$$u_1+u_2+\cdots+u_n+\cdots$$

收敛于和 u，并且虚部所成的级数

$$v_1+v_2+\cdots+v_n+\cdots$$

收敛于和 v,则称复数项级数收敛且和为 $u+iv$.

定义 6.11 如果级数 $\sum\limits_{n=1}^{\infty}(u_n+iv_n)$ 的各项的模所构成的级数 $\sum\limits_{n=1}^{\infty}\sqrt{u_n^2+v_n^2}$ 收敛,则称级数 $\sum\limits_{n=1}^{\infty}(u_n+iv_n)$ 绝对收敛.

② 复变量指数函数

考察复数项级数

$$1+z+\frac{1}{2!}z^2+\cdots+\frac{1}{n!}z^n+\cdots,$$

其中 $z=x+iy$,可以证明此级数在复平面上是绝对收敛的,在 x 轴上它表示指数函数 e^x,在复平面上我们用它来定义复变量指数函数,记为 e^z,即

$$e^z=1+z+\frac{1}{2!}z^2+\cdots+\frac{1}{n!}z^n+\cdots.$$

③ 欧拉公式

当 $x=0$ 时,$z=iy$,上式成为

$$\begin{aligned}
e^{iy}&=1+iy+\frac{1}{2!}(iy)^2+\cdots+\frac{1}{n!}(iy)^n+\cdots\\
&=1+iy-\frac{1}{2!}y^2-i\frac{1}{3!}y^3+\frac{1}{4!}y^4+i\frac{1}{5!}y^5-\cdots\\
&=\left(1-\frac{1}{2!}y^2+\frac{1}{4!}y^4-\cdots\right)+i\left(y-\frac{1}{3!}y^3+\frac{1}{5!}y^5-\cdots\right)\\
&=\cos y+i\sin y.
\end{aligned}$$

把 y 换成 x,得

$$e^{ix}=\cos x+i\sin x. \tag{6-13}$$

这就是欧拉公式.

④ 复数的指数形式

复数 z 可以表示为

$$z=r(\cos\theta+i\sin\theta)=re^{i\theta},$$

其中 $r=|z|$ 是 z 的模,$\theta=\arg z$ 是 z 的辐角.

⑤ 三角函数与复变量指数函数之间的联系

因为 $e^{ix}=\cos x+i\sin x$,$e^{-ix}=\cos x-i\sin x$,所以

$$e^{ix}+e^{-ix}=2\cos x, e^{ix}-e^{-ix}=2i\sin x.$$

从而

$$\cos x=\frac{1}{2}(e^{ix}+e^{-ix}), \sin x=\frac{1}{2i}(e^{ix}-e^{-ix}). \tag{6-14}$$

(6-14)式也叫做欧拉公式.

⑥ 复变量指数函数的性质

因为

$$e^{z_1+z_2}=e^{z_1}\cdot e^{z_2},$$

所以有

$$e^{x+iy} = e^x e^{iy} = e^x(\cos y + i\sin y).$$

3. 傅里叶级数

各项都是正弦函数或余弦函数的函数项级数,即形如

$$\frac{a_0}{2} + \sum_{n=1}^{\infty}(a_n\cos nx + b_n\sin nx)$$

的级数,称为三角级数.三角级数应用十分广泛,在声、电、光、热、通信等领域中为了研究传播的周期性规律,常借助于三角级数;在技术领域,如电气工程中开关元件的设计,气象、地质灾害等预报的仪器也是利用三角级数的理论而构造的.

在三角级数中我们要讨论下面两个问题:

(1) 在什么条件下函数 $f(x)$ 可以展开成三角级数?

(2) 如果函数 $f(x)$ 可以展开成三角级数,应该如何确定其系数 a_0, a_n, b_n?

为了解决上面的两个问题,先学习下面的概念.

(1) 三角函数系的正交性

函数序列 $1, \cos x, \sin x, \cos 2x, \sin 2x, \cdots, \cos nx, \sin nx, \cdots$ 称为三角函数系.三角函数系中任意两个不同函数的乘积在区间 $[-\pi, \pi]$ 上的积分都为零,即

$$\int_{-\pi}^{\pi} 1 \cdot \cos nx\, dx = 0, \qquad\qquad n = 1, 2, \cdots;$$

$$\int_{-\pi}^{\pi} 1 \cdot \sin nx\, dx = 0, \qquad\qquad n = 1, 2, \cdots;$$

$$\int_{-\pi}^{\pi} \cos mx \cdot \cos nx\, dx = 0, \qquad m, n = 1, 2, \cdots, m \neq n;$$

$$\int_{-\pi}^{\pi} \sin mx \cdot \sin nx\, dx = 0, \qquad m, n = 1, 2, \cdots, m \neq n;$$

$$\int_{-\pi}^{\pi} \sin mx \cdot \cos nx\, dx = 0, \qquad m, n = 1, 2, \cdots.$$

这个性质称为三角函数系在区间 $[-\pi, \pi]$ 上的正交性.我们可以通过计算来验证上述等式.

而在三角函数系中任何一个函数的平方在区间 $[-\pi, \pi]$ 上的积分都不等于零.例如,

$$\int_{-\pi}^{\pi} 1^2\, dx = 2\pi;$$

$$\int_{-\pi}^{\pi} \cos^2 nx\, dx = \int_{-\pi}^{\pi} \sin^2 nx\, dx = \pi, n = 1, 2, \cdots.$$

(2) 以 2π 为周期的函数的傅里叶级数

先讨论如何确定三角级数的系数 $a_0, a_n, b_n(n = 1, 2, \cdots)$.

设 $f(x)$ 是以 2π 为周期的函数,不妨设 $f(x)$ 在区间 $[-\pi, \pi]$ 上可积且可以展开成三角级数:

$$f(x) = \frac{a_0}{2} + \sum_{n=1}^{\infty}(a_n\cos nx + b_n\sin nx), \qquad\qquad (6-15)$$

并且该级数可以逐项积分.

先求 a_0，对 $(6-15)$ 式两边在区间 $[-\pi,\pi]$ 上积分，得

$$\int_{-\pi}^{\pi} f(x)\mathrm{d}x = \frac{a_0}{2}\int_{-\pi}^{\pi}\mathrm{d}x + \sum_{n=1}^{\infty}\left(a_n\int_{-\pi}^{\pi}\cos nx\,\mathrm{d}x + b_n\int_{-\pi}^{\pi}\sin nx\,\mathrm{d}x\right).$$

由于上式右边括号内的积分都等于零，所以

$$\int_{-\pi}^{\pi} f(x)\mathrm{d}x = \frac{a_0}{2}\cdot 2\pi = a_0\pi,$$

即

$$a_0 = \frac{1}{\pi}\int_{-\pi}^{\pi} f(x)\mathrm{d}x.$$

再求 a_n，为消去含 $\sin nx$ 的项，用 $\cos mx$ 乘以 $(6-15)$ 式的两边，并在区间 $[-\pi,\pi]$ 上积分，得

$$\int_{-\pi}^{\pi} f(x)\cos mx\,\mathrm{d}x = \frac{a_0}{2}\int_{-\pi}^{\pi}\cos mx\,\mathrm{d}x +$$

$$\sum_{n=1}^{\infty}\left(a_n\int_{-\pi}^{\pi}\cos nx\cdot\cos mx\,\mathrm{d}x + b_n\int_{-\pi}^{\pi}\sin nx\cdot\cos mx\,\mathrm{d}x\right).$$

由三角函数系的正交性，积分 $\int_{-\pi}^{\pi}\cos mx\,\mathrm{d}x$，$\int_{-\pi}^{\pi}\cos nx\cdot\cos mx\,\mathrm{d}x\ (m\neq n)$ 与 $\int_{-\pi}^{\pi}\sin nx\cdot\cos mx\,\mathrm{d}x$ 均为零，而

$$a_m\int_{-\pi}^{\pi}\cos^2 mx\,\mathrm{d}x = a_m\pi.$$

于是得

$$\int_{-\pi}^{\pi} f(x)\cos mx\,\mathrm{d}x = a_m\pi, \quad m=1,2,\cdots.$$

把 m 换成 n，即得

$$a_n = \frac{1}{\pi}\int_{-\pi}^{\pi} f(x)\cos nx\,\mathrm{d}x, \quad n=1,2,\cdots.$$

同理可得

$$b_n = \frac{1}{\pi}\int_{-\pi}^{\pi} f(x)\sin nx\,\mathrm{d}x, \quad n=1,2,\cdots.$$

注意到计算 a_n 的公式，当 $n=0$ 时就是计算 a_0 的公式，于是计算 a_n 和 b_n 的公式为

$$\begin{cases} a_n = \dfrac{1}{\pi}\displaystyle\int_{-\pi}^{\pi} f(x)\cos nx\,\mathrm{d}x,\ n=0,1,2,\cdots, \\[2mm] b_n = \dfrac{1}{\pi}\displaystyle\int_{-\pi}^{\pi} f(x)\sin nx\,\mathrm{d}x,\ n=1,2,\cdots. \end{cases} \tag{6-16}$$

由公式 $(6-16)$ 所确定的 a_n,b_n 称为函数 $f(x)$ 的**傅里叶系数**. 以函数 $f(x)$ 的傅里叶系数为系数的三角级数

$$\frac{a_0}{2} + \sum_{n=1}^{\infty}(a_n\cos nx + b_n\sin nx)$$

称为函数 $f(x)$ 的傅里叶级数.

现在我们讨论函数 $f(x)$ 具备什么条件可以展开成三角级数,下面的定理回答了这个问题.

定理 6.9(收敛定理,狄利克雷充分条件) 设 $f(x)$ 是以 2π 为周期的函数,且在一个周期区间 $[-\pi,\pi]$ 内满足条件:

① 连续或只有有限个第一类间断点;

② 至多只有有限个极值点.

则函数 $f(x)$ 的傅里叶级数收敛,并且其和函数满足:

① 当 x 是 $f(x)$ 的连续点时,和函数等于 $f(x)$;

② 当 x 是 $f(x)$ 的间断点时,和函数等于 $\dfrac{1}{2}[f(x^-)+f(x^+)]$;

③ 当 $x=\pm\pi$ 时,和函数等于 $\dfrac{1}{2}[f(-\pi^+)+f(\pi^-)]$.

上述区间换成 $[-\pi,\pi)$ 或 $(-\pi,\pi]$ 也正确.

例 7 设 $f(x)$ 是周期为 2π 的函数,它在 $[-\pi,\pi)$ 上的表达式为

$$f(x)=\begin{cases} x, & -\pi\leqslant x<0, \\ 0, & 0\leqslant x<\pi. \end{cases}$$

将 $f(x)$ 展开成傅里叶级数.

解 函数的图形如图 6-8 所示.

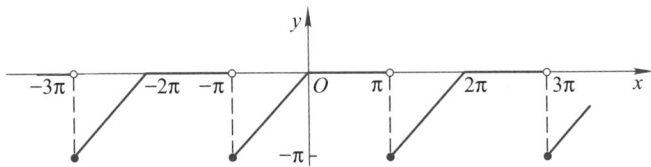

图 6-8

由图 6-8 可知,$f(x)$ 满足收敛定理的条件,在间断点 $x=(2k+1)\pi$ $(k=0,\pm1,\pm2,\cdots)$ 处,$f(x)$ 的傅里叶级数收敛于

$$\frac{f(\pi^-)+f(\pi^+)}{2}=\frac{0-\pi}{2}=-\frac{\pi}{2};$$

在连续点 $x[x\neq(2k+1)\pi]$ 处收敛于 $f(x)$.

计算傅里叶系数如下:

$$a_n=\frac{1}{\pi}\int_{-\pi}^{\pi}f(x)\cos nx\,\mathrm{d}x=\frac{1}{\pi}\int_{-\pi}^{0}x\cos nx\,\mathrm{d}x$$

$$=\frac{1}{\pi}\left(\frac{x\sin nx}{n}+\frac{\cos nx}{n^2}\right)\Bigg|_{-\pi}^{0}$$

$$=\frac{1}{n^2\pi}(1-\cos n\pi)$$

$$=\frac{1}{n^2\pi}\cdot[1-(-1)^n]$$

$$=\begin{cases} \dfrac{2}{n^2\pi}, & n=1,3,5,\cdots, \\ 0, & n=2,4,6,\cdots; \end{cases}$$

$$a_0=\frac{1}{\pi}\int_{-\pi}^{\pi}f(x)\mathrm{d}x=\frac{1}{\pi}\int_{-\pi}^{0}x\mathrm{d}x=\frac{1}{\pi}\cdot\frac{x^2}{2}\Big|_{-\pi}^{0}=-\frac{\pi}{2};$$

$$b_n=\frac{1}{\pi}\int_{-\pi}^{\pi}f(x)\sin nx\,\mathrm{d}x=\frac{1}{\pi}\int_{-\pi}^{0}x\sin nx\,\mathrm{d}x$$

$$=\frac{1}{\pi}\left(-\frac{x\cos nx}{n}+\frac{\sin nx}{n^2}\right)\Big|_{-\pi}^{0}$$

$$=-\frac{\cos n\pi}{n}=\frac{(-1)^{n+1}}{n}.$$

故 $f(x)$ 的傅里叶级数为

$$f(x)=-\frac{\pi}{4}+\sum_{n=1}^{\infty}\left[\frac{1-(-1)^n}{n^2\pi}\cos nx+\frac{(-1)^{n+1}}{n}\sin nx\right],$$
$$-\infty<x<+\infty,\quad x\neq\pm\pi,\pm3\pi,\cdots,$$

即

$$f(x)=-\frac{\pi}{4}+\left(\frac{2}{\pi}\cos x+\sin x\right)-\frac{1}{2}\sin 2x+\left(\frac{2}{9\pi}\cos 3x+\frac{1}{3}\sin 3x\right)-\frac{1}{4}\sin 4x+\cdots,$$
$$-\infty<x<+\infty,x\neq\pm\pi,\pm3\pi,\cdots.$$

其图形如图 6-9 所示.

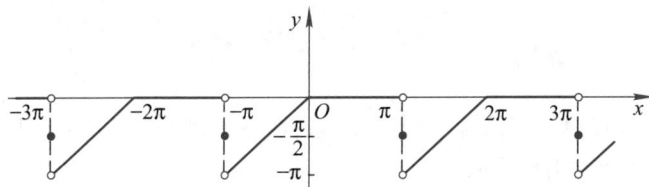

图 6-9

(3) 奇函数与偶函数的傅里叶级数

当 $f(x)$ 是奇函数时，$f(x)\cos nx$ 是奇函数，$f(x)\sin nx$ 是偶函数，故由公式 (6-16) 知

$$\begin{cases} a_n=0, & n=0,1,2,\cdots, \\ b_n=\dfrac{2}{\pi}\int_0^{\pi}f(x)\sin nx\,\mathrm{d}x, & n=1,2,\cdots, \\ f(x)=\displaystyle\sum_{n=1}^{\infty}b_n\sin nx. \end{cases}\tag{6-17}$$

我们看到奇函数的傅里叶级数是只含有正弦项的**正弦级数**.

当 $f(x)$ 是偶函数时，$f(x)\cos nx$ 是偶函数，$f(x)\sin nx$ 是奇函数，故

$$\begin{cases} b_n = 0, \quad n = 1, 2, \cdots, \\ a_n = \dfrac{2}{\pi} \displaystyle\int_0^\pi f(x) \cos nx \, dx, \quad n = 0, 1, 2, \cdots, \\ f(x) = \dfrac{a_0}{2} + \displaystyle\sum_{n=1}^\infty a_n \cos nx. \end{cases} \tag{6-18}$$

我们看到偶函数的傅里叶级数是只含有余弦项的**余弦级数**.

例 8 设函数 $f(x)$ 是以 2π 为周期的函数,它在 $[-\pi, \pi)$ 上的表达式为

$$f(x) = \begin{cases} -1, & -\pi \leqslant x < 0, \\ 1, & 0 \leqslant x < \pi. \end{cases}$$

将 $f(x)$ 展开成傅里叶级数.

解 函数的图形如图 6-10 所示.

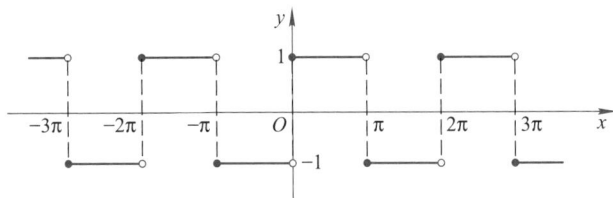

图 6-10

函数 $f(x)$ 仅在 $x = k\pi(k = 0, \pm 1, \pm 2, \cdots)$ 处是跳跃间断的,除此以外 $f(x)$ 还满足收敛定理的其他条件.由收敛定理,$f(x)$ 的傅里叶级数收敛,并且当 $x = k\pi$ 时,级数收敛于 $\dfrac{-1+1}{2} = 0$;当 $x \neq k\pi$ 时,级数收敛于 $f(x)$.

计算傅里叶系数如下:

$$\begin{aligned} a_n &= \frac{1}{\pi} \int_{-\pi}^\pi f(x) \cos nx \, dx \\ &= \frac{1}{\pi} \int_{-\pi}^0 (-1) \cos nx \, dx + \frac{1}{\pi} \int_0^\pi 1 \cdot \cos nx \, dx \\ &= 0; \\ b_n &= \frac{1}{\pi} \int_{-\pi}^\pi f(x) \sin nx \, dx \\ &= \frac{1}{\pi} \int_{-\pi}^0 (-1) \sin nx \, dx + \frac{1}{\pi} \int_0^\pi 1 \cdot \sin nx \, dx \\ &= \frac{1}{\pi} \cdot \frac{\cos nx}{n} \Big|_{-\pi}^0 + \frac{1}{\pi} \left(-\frac{\cos nx}{n} \right) \Big|_0^\pi \\ &= \frac{1}{n\pi} (1 - \cos n\pi - \cos n\pi + 1) \\ &= \frac{2}{n\pi} [1 - (-1)^n]. \end{aligned}$$

故 $f(x)$ 的傅里叶级数为

$$f(x) = \sum_{n=1}^\infty \frac{2}{n\pi} [1 - (-1)^n] \sin nx$$

$$= \frac{4}{\pi} \left[\sin x + \frac{1}{3} \sin 3x + \cdots + \frac{1}{2k-1} \sin(2k-1)x + \cdots \right],$$

$$-\infty < x < +\infty, x \neq 0, \pm\pi, \pm 2\pi, \cdots.$$

其图形如图 6-11 所示.

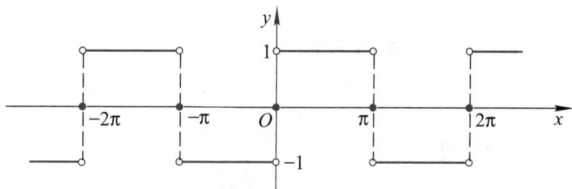

图 6-11

（4）在$[-\pi,\pi]$或$[0,\pi]$上的傅里叶级数

如果函数 $f(x)$ 仅仅在$[-\pi,\pi]$上有定义,并且满足收敛定理的条件,那么 $f(x)$ 仍可以展开成傅里叶级数,做法如下:

① 在$[-\pi,\pi)$或$(-\pi,\pi]$之外补充函数 $f(x)$ 的定义,使它被拓广成周期为 2π 的函数 $F(x)$,按这种方式拓广函数定义域的过程称为周期延拓;

② 将 $F(x)$ 展开成傅里叶级数;

③ 限制 $x \in (-\pi,\pi)$,此时 $F(x) \equiv f(x)$,这样便得到 $f(x)$ 的傅里叶级数.根据收敛定理,该级数在区间端点 $x = \pm\pi$ 处收敛于 $\dfrac{f(\pi^-) + f(-\pi^+)}{2}$.

设函数 $f(x)$ 定义在区间$[0,\pi]$上并且满足收敛定理的条件,我们在开区间$(-\pi, 0)$内补充函数 $f(x)$ 的定义,得到定义在$(-\pi,\pi]$上的函数 $F(x)$,使它在$(-\pi,\pi)$上成为奇函数(偶函数).按这种方式拓广函数定义域的过程称为奇延拓(偶延拓).

无论求$[-\pi,\pi]$还是$[0,\pi]$上的 $f(x)$ 的傅里叶级数,实际计算时,都不必构造上述的 $F(x)$,只要使用 a_0, a_n, b_n 的公式即可.

例 9 将函数 $f(x) = \begin{cases} -x, & -\pi \leqslant x < 0, \\ x, & 0 \leqslant x \leqslant \pi \end{cases}$ 展开成傅里叶级数.

解 将 $f(x)$ 在$(-\infty, +\infty)$上以 2π 为周期作周期延拓,如图 6-12 所示.

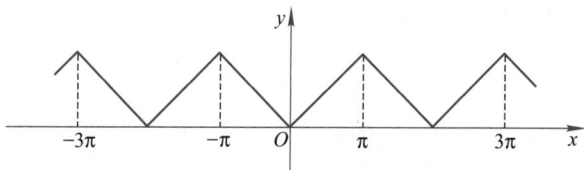

图 6-12

因此拓展后的周期函数 $F(x)$ 在$(-\infty, +\infty)$内连续,故它的傅里叶级数在$[-\pi, \pi]$上收敛于 $f(x)$.计算傅里叶系数如下:

$$a_n = \frac{1}{\pi} \int_{-\pi}^{\pi} f(x) \cos nx \, dx$$

$$= \frac{1}{\pi} \int_{-\pi}^{0} (-x) \cos nx \, dx + \frac{1}{\pi} \int_{0}^{\pi} x \cos nx \, dx$$

$$= -\frac{1}{\pi}\left(\frac{x\sin nx}{n}+\frac{\cos nx}{n^2}\right)\Big|_{-\pi}^{0} + \frac{1}{\pi}\left(\frac{x\sin nx}{n}+\frac{\cos nx}{n^2}\right)\Big|_{0}^{\pi}$$

$$= \frac{2}{n^2\pi}(\cos n\pi - 1)$$

$$= \begin{cases} -\dfrac{4}{n^2\pi}, & n=1,3,5,\cdots, \\ 0, & n=2,4,6,\cdots; \end{cases}$$

$$a_0 = \frac{1}{\pi}\int_{-\pi}^{\pi} f(x)\mathrm{d}x$$

$$= \frac{1}{\pi}\int_{-\pi}^{0}(-x)\mathrm{d}x + \frac{1}{\pi}\int_{0}^{\pi} x\mathrm{d}x$$

$$= \frac{1}{\pi}\left(-\frac{x^2}{2}\right)\Big|_{-\pi}^{0} + \frac{1}{\pi}\cdot\frac{x^2}{2}\Big|_{0}^{\pi}$$

$$= \pi;$$

$$b_n = \frac{1}{\pi}\int_{-\pi}^{\pi} f(x)\sin nx\,\mathrm{d}x$$

$$= \frac{1}{\pi}\int_{-\pi}^{0}(-x)\sin nx\,\mathrm{d}x + \frac{1}{\pi}\int_{0}^{\pi} x\sin nx\,\mathrm{d}x$$

$$= -\frac{1}{\pi}\left(-\frac{x\cos nx}{n}+\frac{\sin nx}{n^2}\right)\Big|_{-\pi}^{0} + \frac{1}{\pi}\left(-\frac{x\cos nx}{n}+\frac{\sin nx}{n^2}\right)\Big|_{0}^{\pi}$$

$$= 0, \quad n=1,2,3,\cdots.$$

故 $f(x)$ 的傅里叶级数为

$$f(x) = \frac{\pi}{2} - \frac{4}{\pi}\left(\cos x + \frac{1}{3^2}\cos 3x + \frac{1}{5^2}\cos 5x + \cdots\right), \quad -\pi \leqslant x \leqslant \pi.$$

例 10 将 $f(x)=x(0\leqslant x\leqslant \pi)$ 展开为正弦级数.

解 由于

$$a_n = 0, \quad n=0,1,2,\cdots,$$

$$b_n = \frac{2}{\pi}\int_{0}^{\pi} f(x)\sin nx\,\mathrm{d}x = \frac{2}{\pi}\int_{0}^{\pi} x\sin nx\,\mathrm{d}x$$

$$= \frac{2}{n}(-1)^{n-1}, n=1,2,\cdots,$$

因此可得正弦级数

$$2\left(\sin x - \frac{1}{2}\sin 2x + \frac{1}{3}\sin 3x - \cdots\right).$$

由于 $f(x)=x$ 为 $(0,\pi)$ 内的连续函数,因此在 $(0,\pi)$ 内有

$$x = 2\left(\sin x - \frac{1}{2}\sin 2x + \frac{1}{3}\sin 3x - \cdots\right).$$

在 $x=0, x=\pi$ 处,正弦级数分别收敛于

$$\frac{f(0^+)+f(0^-)}{2}=0, \quad \frac{f(-\pi^+)+f(\pi^-)}{2}=0.$$

（5）在$[-l,l]$上的傅里叶级数

设$f(x)$是以$2l$（l是任意正数）为周期的函数,只需作变量代换$x=\dfrac{l}{\pi}t$,就可以将$f(x)$化为以2π为周期的函数.因为当$-l\leqslant x\leqslant l$时,就有$-\pi\leqslant t\leqslant\pi$,且

$$f(x)=f\left(\frac{l}{\pi}t\right)\xlongequal{\text{记作}}g(t).$$

这样,我们通过求函数$g(t)$的傅里叶级数就可以求出函数$f(x)$的傅里叶级数.对于以$2l$（l是任意正数）为周期的函数,有下面的收敛定理:

定理6.10　在区间$[-l,l]$上,若函数$f(x)$满足定理6.9的条件,则$f(x)$可以在$[-l,l]$上展开为下列形式的傅里叶级数:

$$\frac{a_0}{2}+\sum_{n=1}^{\infty}\left(a_n\cos\frac{n\pi}{l}x+b_n\sin\frac{n\pi}{l}x\right), \tag{6-19}$$

其中

$$a_0=\frac{1}{l}\int_{-l}^{l}f(x)\mathrm{d}x; \tag{6-20}$$

$$a_n=\frac{1}{l}\int_{-l}^{l}f(x)\cos\frac{n\pi}{l}x\mathrm{d}x, \quad n=1,2,\cdots; \tag{6-21}$$

$$b_n=\frac{1}{l}\int_{-l}^{l}f(x)\sin\frac{n\pi}{l}x\mathrm{d}x, \quad n=1,2,\cdots. \tag{6-22}$$

此级数收敛,它的和函数满足:

① 当x是$f(x)$的连续点时,和函数等于$f(x)$;

② 当x是$f(x)$的间断点时,和函数等于$\dfrac{1}{2}[f(x^-)+f(x^+)]$;

③ 当$x=\pm l$时,和函数等于$\dfrac{1}{2}[f(-l^+)+f(l^-)]$.

上述区间换成$(-l,l)$或$[-l,l)$也正确.

例11　将$f(x)=x(-2\leqslant x<2)$展开为傅里叶级数.

解　由于$f(x)=x$在$[-2,2)$上展开,因此$l=2$.

$$a_0=\frac{1}{l}\int_{-l}^{l}f(x)\mathrm{d}x=\frac{1}{2}\int_{-2}^{2}x\mathrm{d}x=0;$$

$$a_n=\frac{1}{l}\int_{-l}^{l}f(x)\cos\frac{n\pi}{l}x\mathrm{d}x=\frac{1}{2}\int_{-2}^{2}x\cos\frac{n\pi}{2}x\mathrm{d}x=0, n=1,2,\cdots;$$

$$b_n=\frac{1}{l}\int_{-l}^{l}f(x)\sin\frac{n\pi}{l}x\mathrm{d}x=\frac{1}{2}\int_{-2}^{2}x\sin\frac{n\pi}{2}x\mathrm{d}x$$

$$=\int_{0}^{2}x\sin\frac{n\pi}{2}x\mathrm{d}x=\left(x\frac{-2}{n\pi}\cos\frac{n\pi x}{2}-\frac{-4}{n^2\pi^2}\sin\frac{n\pi x}{2}\right)\Big|_{0}^{2}$$

$$=\frac{-4}{n\pi}\cos n\pi=\frac{4(-1)^{n+1}}{n\pi}, n=1,2,\cdots.$$

由此可得傅里叶级数

$$\frac{4}{\pi}\sum_{n=1}^{\infty}\frac{(-1)^{n+1}}{n}\sin\frac{n\pi x}{2}.$$

由于 $f(x)=x$ 为 $(-2,2)$ 内的连续函数,因此在 $(-2,2)$ 内有

$$x=\frac{4}{\pi}\sum_{n=1}^{\infty}\frac{(-1)^{n+1}}{n}\sin\frac{n\pi x}{2}.$$

在 $x=-2,x=2$ 处,上述傅里叶级数收敛于 $\frac{1}{2}[f(-2^+)+f(2^-)]=\frac{-2+2}{2}=0.$

类似地,如果 $f(x)$ 只定义在 $[0,l]$ 上,也可以将 $f(x)$ 在 $[0,l]$ 上展开为正弦级数

$$\sum_{n=1}^{\infty}b_n\sin\frac{n\pi}{l}x,$$

其中

$$b_n=\frac{2}{l}\int_0^l f(x)\sin\frac{n\pi}{l}x\,\mathrm{d}x,\quad n=1,2,\cdots.$$

还可将 $f(x)$ 在 $[0,l]$ 上展开为余弦级数

$$\frac{a_0}{2}+\sum_{n=1}^{\infty}a_n\cos\frac{n\pi}{l}x,$$

其中

$$a_n=\frac{2}{l}\int_0^l f(x)\cos\frac{n\pi}{l}x\,\mathrm{d}x,\quad n=1,2,\cdots.$$

（6）傅里叶级数的复数形式

傅里叶级数还可以用复数形式表示.在研究周期性电信号及周期力对于电路或控制系统所产生的效应时,经常应用这种形式.

设周期为 $2l$ 的函数 $f(x)$ 的傅里叶级数为

$$\frac{a_0}{2}+\sum_{n=1}^{\infty}\left(a_n\cos\frac{n\pi}{l}x+b_n\sin\frac{n\pi}{l}x\right),\qquad(6\text{-}23)$$

其中系数为

$$a_0=\frac{1}{l}\int_{-l}^{l}f(x)\,\mathrm{d}x;\qquad(6\text{-}24)$$

$$a_n=\frac{1}{l}\int_{-l}^{l}f(x)\cos\frac{n\pi}{l}x\,\mathrm{d}x,\quad n=1,2,\cdots;\qquad(6\text{-}25)$$

$$b_n=\frac{1}{l}\int_{-l}^{l}f(x)\sin\frac{n\pi}{l}x\,\mathrm{d}x,\quad n=1,2,\cdots.\qquad(6\text{-}26)$$

由欧拉公式（6-14）得

$$\cos\frac{n\pi x}{l}=\frac{1}{2}(\mathrm{e}^{\mathrm{i}\frac{n\pi x}{l}}+\mathrm{e}^{-\mathrm{i}\frac{n\pi x}{l}}),$$

$$\sin\frac{n\pi x}{l}=\frac{1}{2\mathrm{i}}(\mathrm{e}^{\mathrm{i}\frac{n\pi x}{l}}-\mathrm{e}^{-\mathrm{i}\frac{n\pi x}{l}}).$$

于是（6-23）式可化为

$$\frac{a_0}{2}+\sum_{n=1}^{\infty}\left[\frac{a_n}{2}(\mathrm{e}^{\mathrm{i}\frac{n\pi x}{l}}+\mathrm{e}^{-\mathrm{i}\frac{n\pi x}{l}})-\frac{\mathrm{i}b_n}{2}(\mathrm{e}^{\mathrm{i}\frac{n\pi x}{l}}-\mathrm{e}^{-\mathrm{i}\frac{n\pi x}{l}})\right]$$

$$= \frac{a_0}{2} + \sum_{n=1}^{\infty} \left[\frac{a_n}{2} (e^{i\frac{n\pi x}{l}} + e^{-i\frac{n\pi x}{l}}) + \frac{ib_n}{2} (-e^{i\frac{n\pi x}{l}} + e^{-i\frac{n\pi x}{l}}) \right]$$

$$= \frac{a_0}{2} + \sum_{n=1}^{\infty} \left(\frac{a_n - ib_n}{2} e^{i\frac{n\pi x}{l}} + \frac{a_n + ib_n}{2} e^{-i\frac{n\pi x}{l}} \right).$$

记

$$\frac{a_0}{2} = c_0, \quad \frac{a_n - ib_n}{2} = c_n, \quad \frac{a_n + ib_n}{2} = c_{-n}, \quad n = 1, 2, \cdots. \tag{6-27}$$

于是(6-23)式就可表示为

$$c_0 + \sum_{n=1}^{\infty} (c_n e^{i\frac{n\pi x}{l}} + c_{-n} e^{i\frac{-n\pi x}{l}})$$

$$= (c_n e^{i\frac{n\pi x}{l}})_{n=0} + \sum_{n=1}^{\infty} (c_n e^{i\frac{n\pi x}{l}} + c_{-n} e^{i\frac{-n\pi x}{l}}).$$

即得傅里叶级数的复数形式为

$$\sum_{n=-\infty}^{\infty} c_n e^{i\frac{n\pi x}{l}}. \tag{6-28}$$

为得出系数 c_n 的表达式,把(6-25)式、(6-26)式代入(6-27)式,得

$$c_n = \frac{a_n - ib_n}{2} = \frac{1}{2} \left[\frac{1}{l} \int_{-l}^{l} f(x) \cos \frac{n\pi x}{l} dx - \frac{i}{l} \int_{-l}^{l} f(x) \sin \frac{n\pi x}{l} dx \right]$$

$$= \frac{1}{2l} \int_{-l}^{l} f(x) \left(\cos \frac{n\pi x}{l} - i\sin \frac{n\pi x}{l} \right) dx$$

$$= \frac{1}{2l} \int_{-l}^{l} f(x) e^{-i\frac{n\pi x}{l}} dx, \quad n = 1, 2, \cdots;$$

$$c_{-n} = \frac{a_n + ib_n}{2} = \frac{1}{2l} \int_{-l}^{l} f(x) e^{i\frac{n\pi x}{l}} dx, \quad n = 1, 2, \cdots.$$

注意到(6-24)式,可将 c_n 合并写为

$$c_n = \frac{1}{2l} \int_{-l}^{l} f(x) e^{-i\frac{n\pi x}{l}} dx, \quad n = 0, \pm 1, \pm 2, \cdots. \tag{6-29}$$

(6-28)式、(6-29)式合起来就是傅里叶级数的复数形式.

在傅里叶级数的复数形式中,只需用一个算式计算系数,与傅里叶级数的其他形式比较,复数形式比较简洁.但它也有一个缺点,就是遇到奇函数、偶函数时,都是一个形式,不能再简化.

例 12 把宽为 τ,高为 h、周期为 T 的矩形波(如图6-13所示)展开成复数形式的傅里叶级数.

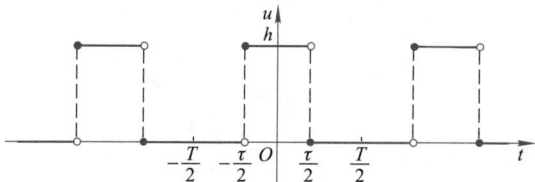

图 6-13

解 在一个周期 $\left[-\dfrac{T}{2},\dfrac{T}{2}\right)$ 内矩形波的函数表达式为

$$u(t)=\begin{cases}0, & -\dfrac{T}{2}\leqslant t<-\dfrac{\tau}{2}, \\[2mm] h, & -\dfrac{\tau}{2}\leqslant t<\dfrac{\tau}{2}, \\[2mm] 0, & \dfrac{\tau}{2}\leqslant t<\dfrac{T}{2}.\end{cases}$$

由公式(6-29)有

$$c_n=\frac{1}{T}\int_{-\frac{T}{2}}^{\frac{T}{2}}u(t)\,\mathrm{e}^{-\mathrm{i}\frac{2n\pi t}{T}}\,\mathrm{d}t=\frac{1}{T}\int_{-\frac{\tau}{2}}^{\frac{\tau}{2}}h\,\mathrm{e}^{-\mathrm{i}\frac{2n\pi t}{T}}\,\mathrm{d}t$$

$$=\frac{h}{T}\cdot\frac{-T}{2n\pi\mathrm{i}}\,\mathrm{e}^{-\mathrm{i}\frac{2n\pi t}{T}}\bigg|_{-\frac{\tau}{2}}^{\frac{\tau}{2}}=\frac{h}{n\pi}\sin\frac{n\pi\tau}{T},\ n=\pm1,\pm2,\cdots;$$

$$c_0=\frac{1}{T}\int_{-\frac{T}{2}}^{\frac{T}{2}}u(t)\,\mathrm{d}t=\frac{1}{T}\int_{-\frac{\tau}{2}}^{\frac{\tau}{2}}h\,\mathrm{d}t=\frac{h\tau}{T}.$$

将求得的 c_n 代入级数(6-28),得

$$u(t)=\frac{h\tau}{T}+\frac{h}{\pi}\sum_{\substack{n=-\infty\\n\neq0}}^{\infty}\frac{1}{n}\sin\frac{n\pi\tau}{T}\mathrm{e}^{\mathrm{i}\frac{2n\pi t}{T}},\quad -\infty<t<+\infty,\quad t\neq nT\pm\frac{\tau}{2},\quad n=0,\pm1,\pm2,\cdots.$$

习题六

1. 判断题.

(1) 如果极限 $\lim\limits_{n\to\infty}y_n=0$,则级数 $\sum\limits_{n=1}^{\infty}y_n$ 收敛; （　　）

(2) 如果级数 $\sum\limits_{n=1}^{\infty}y_n$ 发散,则极限 $\lim\limits_{n\to\infty}y_n=0$; （　　）

(3) 如果级数 $\sum\limits_{n=1}^{\infty}ku_n(k\neq0)$ 收敛,则级数 $\sum\limits_{n=1}^{\infty}u_n$ 也收敛; （　　）

(4) 如果级数 $\sum\limits_{n=1}^{m}v_n+\sum\limits_{n=1}^{\infty}u_n$ （m 为正整数）收敛,则级数 $\sum\limits_{n=1}^{\infty}u_n$ 也收敛; （　　）

(5) 如果正项级数 $\sum\limits_{n=1}^{\infty}y_n$ （$y_n>0,n=1,2,\cdots$）发散,则交错级数 $\sum\limits_{n=1}^{\infty}(-1)^{n-1}y_n$ 也发散; （　　）

(6) 若交错级数 $\sum\limits_{n=1}^{\infty}(-1)^{n-1}y_n$ 绝对收敛,则正项级数 $\sum\limits_{n=1}^{\infty}y_n$ （$y_n>0,n=1,2,\cdots$）收敛. （　　）

2. 判别下列级数的敛散性,若收敛,则求出和.

(1) $\sum\limits_{n=1}^{\infty} \dfrac{1}{(2n-1)(2n+1)}$;　　　　(2) $\sum\limits_{n=1}^{\infty} \left(\dfrac{1}{\sqrt{n}} - \dfrac{1}{\sqrt{n+1}} \right)$;

(3) $\sum\limits_{n=1}^{\infty} \dfrac{1}{\sqrt{n}+\sqrt{n-1}}$;　　　　(4) $\sum\limits_{n=1}^{\infty} n\sin\dfrac{1}{n}$;

(5) $\sum\limits_{n=1}^{\infty} (-1)^{n-1}$;　　　　　　　　(6) $\sum\limits_{n=1}^{\infty} \dfrac{n}{n+1}$.

3. 判别下列级数的敛散性,若收敛,则求出和.

(1) $\sum\limits_{n=1}^{\infty} \left(\dfrac{2}{3} \right)^{n}$;　　　　　　　(2) $\sum\limits_{n=1}^{\infty} (-1)^{n-1} \left(\dfrac{4}{5} \right)^{n}$;

(3) $\sum\limits_{n=1}^{\infty} \left(\dfrac{4}{3} \right)^{n-1}$;　　　　　　(4) $\sum\limits_{n=1}^{\infty} \dfrac{2+(-1)^{n}}{2^{n}}$.

4. 判别下列正项级数的敛散性:

(1) $\sum\limits_{n=1}^{\infty} \dfrac{1}{\sqrt[3]{n}}$;　　　　　　　(2) $\sum\limits_{n=1}^{\infty} \dfrac{1}{n+100}$;

(3) $\sum\limits_{n=1}^{\infty} \dfrac{2}{n^{2}}$;　　　　　　　　(4) $\sum\limits_{n=1}^{\infty} \dfrac{1}{\sqrt{n+5}}$;

(5) $\sum\limits_{n=1}^{\infty} \dfrac{1}{n(n+1)(n+2)}$;　　　(6) $\sum\limits_{n=1}^{\infty} \dfrac{n^{2}}{n^{3}+n-1}$;

(7) $\sum\limits_{n=1}^{\infty} \dfrac{1}{\sqrt{n(n+2)}}$;　　　　(8) $\sum\limits_{n=1}^{\infty} \dfrac{\sin^{2}n}{n^{3}}$.

5. 判别下列正项级数的敛散性:

(1) $\sum\limits_{n=1}^{\infty} \dfrac{n}{3^{n}}$;　　　　　　　(2) $\sum\limits_{n=1}^{\infty} \dfrac{2^{n}}{1\,000n}$;

(3) $\sum\limits_{n=1}^{\infty} \dfrac{1}{(2n)!}$;　　　　　　(4) $\sum\limits_{n=1}^{\infty} \dfrac{n!}{10^{n}}$;

(5) $\sum\limits_{n=1}^{\infty} \dfrac{1}{2^{2n-1}(2n-1)}$;　　　(6) $\sum\limits_{n=1}^{\infty} \dfrac{2n+1}{n^{n}}$.

6. 判别下列交错级数的敛散性,若收敛,指出是绝对收敛还是条件收敛.

(1) $\sum\limits_{n=1}^{\infty} (-1)^{n-1} \dfrac{n}{n+1}$;　　　(2) $\sum\limits_{n=1}^{\infty} (-1)^{n-1} \dfrac{1}{\sqrt[3]{n}}$;

(3) $\sum\limits_{n=1}^{\infty} (-1)^{n-1} \dfrac{1}{\ln(n+1)}$;　　(4) $\sum\limits_{n=1}^{\infty} (-1)^{n-1} \dfrac{n}{5^{n}}$;

(5) $\sum\limits_{n=1}^{\infty} (-1)^{n+1} \dfrac{2^{n}}{n!}$;　　　　(6) $\sum\limits_{n=1}^{\infty} (-1)^{n-1} \mathrm{e}^{\frac{1}{n}}$.

7. 求下列幂级数的收敛半径和收敛域:

(1) $\sum_{n=0}^{\infty} n! \, x^n$; (2) $\sum_{n=1}^{\infty} \frac{1}{n \cdot 2^n} x^n$;

(3) $\sum_{n=0}^{\infty} (-1)^n \frac{2n+1}{2^n} x^n$; (4) $\sum_{n=1}^{\infty} \frac{(-1)^{n-1}}{3^n \cdot n^2} x^n$;

(5) $\sum_{n=1}^{\infty} \frac{1}{4^n \cdot n} x^n$; (6) $\sum_{n=1}^{\infty} \frac{3^n}{n!} x^n$.

8. 将下列函数展开为 x 的幂级数:

(1) $f(x) = e^{-\frac{x}{2}}$; (2) $f(x) = x^2 e^{x^2}$;

(3) $f(x) = \frac{1}{3-x}$; (4) $f(x) = \frac{x}{1+2x}$.

*9. 求下列级数的和:

(1) $\sum_{n=0}^{\infty} \frac{1}{n!}$; (2) $\sum_{n=0}^{\infty} \frac{(-1)^n 2^n}{n!}$;

(3) $\sum_{n=0}^{\infty} \frac{3^{n+1}}{n!}$; (4) $\sum_{n=1}^{\infty} \frac{4^n}{n!}$.

*10. 利用逐项求导或逐项积分,求下列级数的和函数:

(1) $\sum_{n=1}^{\infty} \frac{x^{2n-1}}{2n-1} \, (|x|<1)$; (2) $\sum_{n=1}^{\infty} (n+1)x^n \, (|x|<1)$.

11. 利用间接展开法将下列函数展成 x 的幂级数:

(1) $y = \ln(4+x)$; (2) $y = \sin^2 x$;

(3) $y = x e^{-x}$; *(4) $y = \frac{x}{1-x-2x^2}$.

*12. 将 $y = \frac{1}{x^2+5x+6}$ 在点 $x=-4$ 处展开成幂级数.

*13. 设函数 $f(x)$ 是以 2π 为周期的函数,它在 $[-\pi,\pi)$ 上的表达式为
$$f(x) = \begin{cases} 0, & -\pi \leqslant x < 0, \\ x, & 0 \leqslant x < \pi. \end{cases}$$

试将其展开为傅里叶级数.

*14. 设函数 $f(x)$ 是以 2π 为周期的函数,它在 $[-\pi,\pi)$ 上的表达式为
$$f(x) = \begin{cases} -1, & -\pi < x < 0, \\ 0, & x=0, x=-\pi, \\ 1, & 0 < x < \pi. \end{cases}$$

试将其展开为傅里叶级数.

*15. 将函数 $f(x) = \frac{\pi-x}{2}$ 在 $[0,\pi]$ 上展开成正弦级数.

*16. 将函数 $f(x) = \frac{\pi}{2} - x$ 在 $[0,\pi]$ 上展开成余弦级数.

*17. 将 $f(x)=\dfrac{x}{2}$ 在区间 $[0,2]$ 上展开成：

(1) 正弦级数；　　　　　　　　(2) 余弦级数.

*18. 利用函数的幂级数展开式求下列各数的近似值：

(1) $\ln 3$　（误差不超过 $0.000\,1$）；

(2) $\sqrt{e}$　（误差不超过 0.001）.

*19. 利用被积函数的幂级数展开式求下列定积分的近似值：

(1) $\displaystyle\int_0^{0.5} \dfrac{1}{1+x^4}\mathrm{d}x$　（误差不超过 $0.000\,1$）；

(2) $\displaystyle\int_0^{0.5} \dfrac{\arctan x}{x}\mathrm{d}x$　（误差不超过 0.001）.

*20. 将函数 $e^x\cos x$ 展开成 x 的幂级数.

*21. 统计资料表明银行理想状态贷款方案为：假设银行最初只有 100 万元存款，在任一时刻平均只有 8% 的存款会被存款人提取.这样银行就能放心地将其余 92% 的存款贷出，即将存款的 92% 贷给其他顾客.此 92% 的贷款迟早会变为某些人的收入而再次存入银行，从而银行又可以将其 92% 贷出.如果理想状态是能如此无穷尽地发展下去，问：

(1) 银行的总存款额是多少？

(2) 总存款额除以原始存款额称为**信贷乘数**，那么理想状态下银行的信贷乘数为多少？

22. 填空题.

(1) 如果级数 $\displaystyle\sum_{n=1}^{\infty} u_n$ 与 $\displaystyle\sum_{n=1}^{\infty} v_n$ 都收敛，则级数 $\displaystyle\sum_{n=1}^{\infty}(u_n\pm v_n)$ _____；

(2) 如果级数 $\displaystyle\sum_{n=1}^{\infty} u_n$ 收敛，则级数 $\displaystyle\sum_{n=1}^{\infty} u_n+100$ _____；

(3) 设 $u_n\neq 0(n=1,2,\cdots)$，如果级数 $\displaystyle\sum_{n=1}^{\infty} u_n$ 收敛，则级数 $\displaystyle\sum_{n=1}^{\infty}\dfrac{1}{u_n}$ _____；

(4) 若级数 $\displaystyle\sum_{n=1}^{\infty} u_n$ 的前 n 项部分和 $S_n=\dfrac{2n+5}{n+3}$，则级数 $\displaystyle\sum_{n=1}^{\infty} u_n$ 的和为_____；

(5) 若 $|q|>1$，则级数 $\displaystyle\sum_{n=1}^{\infty}\dfrac{1}{q^{n-1}}$ 的和为_____；

(6) 正项级数 $\displaystyle\sum_{n=1}^{\infty}\left(\dfrac{1}{2^n}+\dfrac{1}{n^2}\right)$ 的敛散性是_____；

(7) 若 $u_n\geqslant n\ln\left(1+\dfrac{1}{n}\right)(n=1,2,\cdots)$，则正项级数 $\displaystyle\sum_{n=1}^{\infty} u_n$ 的敛散性是_____；

(8) 已知 $y_n > 0 (n=1,2,\cdots)$，若极限 $\lim\limits_{n\to\infty}\dfrac{y_{n+1}}{y_n}=\dfrac{1}{\pi}$，则交错级数 $\sum\limits_{n=1}^{\infty}(-1)^{n-1}y_n$ 的敛散性是_____；

(9) 已知 $a_n \neq 0 (n=0,1,2,\cdots)$，若极限 $\lim\limits_{n\to\infty}\dfrac{|a_n|}{|a_{n+1}|}=4$，则幂级数 $\sum\limits_{n=0}^{\infty}\dfrac{1}{a_n}x^n$ 的收敛半径 $R=$ _____；

(10) 指数函数 $f(x)=\mathrm{e}^{-x^2}$ 在区间 $(-\infty,+\infty)$ 内的幂级数展开式为_____；

*(11) 用 MATLAB 计算 $\sum\limits_{n=1}^{\infty}\dfrac{1}{n(n+1)}=$ _____；

*(12) 用 MATLAB 计算 $\dfrac{1}{5-x}$ 在 $x=2$ 处的 3 阶泰勒展开式为_____.

23. 单项选择题.

(1) 极限 $\lim\limits_{n\to\infty}y_n=0$ 是级数 $\sum\limits_{n=1}^{\infty}y_n$ 收敛的( ).

(A) 充分而非必要条件　　　　(B) 必要而非充分条件

(C) 充要条件　　　　(D) 无关条件

(2) 当( )时，级数 $\sum\limits_{n=1}^{\infty}\dfrac{a}{q^n}(a\neq 0)$ 收敛.

(A) $q\neq 0$　　　　(B) $q\neq 1$

(C) $|q|<1$　　　　(D) $|q|>1$

(3) 当( )时，正项级数 $\sum\limits_{n=1}^{\infty}y_n$ 收敛.

(A) $\lim\limits_{n\to\infty}y_n=0$　　　　(B) $\lim\limits_{n\to\infty}y_n\neq 0$

(C) $\lim\limits_{n\to\infty}\dfrac{y_{n+1}}{y_n}<1$　　　　(D) $\lim\limits_{n\to\infty}\dfrac{y_{n+1}}{y_n}>1$

(4) 当( )时，级数 $\sum\limits_{n=1}^{\infty}n^p$ 收敛.

(A) $p<-1$　　　　(B) $p>-1$

(C) $p<1$　　　　(D) $p>1$

(5) 若正项级数 $\sum\limits_{n=1}^{\infty}y_n$ 发散，则交错级数 $\sum\limits_{n=1}^{\infty}(-1)^{n-1}y_n$( ).

(A) 条件收敛　　　　(B) 绝对收敛

(C) 非绝对收敛　　　　(D) 发散

(6) 若级数 $\sum\limits_{n=1}^{\infty}y_n$ 收敛，则下列级数中( )发散.

(A) $\sum\limits_{n=1}^{\infty}y_{100+n}$　　　　(B) $100+\sum\limits_{n=1}^{\infty}y_n$

(C) $\sum\limits_{n=1}^{\infty}(100+y_n)$ \qquad\qquad (D) $\sum\limits_{n=1}^{\infty}100y_n$

(7) 下列交错级数中( )条件收敛.

(A) $\sum\limits_{n=1}^{\infty}(-1)^{n-1}\dfrac{n}{n+1}$ \qquad\qquad (B) $\sum\limits_{n=1}^{\infty}(-1)^{n-1}\dfrac{1}{n(n+1)}$

(C) $\sum\limits_{n=1}^{\infty}(-1)^{n-1}\dfrac{1}{\sqrt{n}}$ \qquad\qquad (D) $\sum\limits_{n=1}^{\infty}(-1)^{n-1}\dfrac{1}{\sqrt{n^3}}$

(8) 幂级数 $\sum\limits_{n=1}^{\infty}\dfrac{2^n}{n\sqrt{n}}x^n$ 的收敛半径为( ).

(A) 0 \qquad (B) $\dfrac{1}{2}$ \qquad (C) 2 \qquad (D) $+\infty$

(9) 幂级数 $\sum\limits_{n=1}^{\infty}\dfrac{1}{n}x^n$ 的收敛域为( ).

(A) $(-1,1)$ \quad (B) $(-1,1]$ \quad (C) $[-1,1)$ \quad (D) $[-1,1]$

(10) 幂级数 $\sum\limits_{n=1}^{\infty}3^n x^n$ 在收敛域 $\left(-\dfrac{1}{3},\dfrac{1}{3}\right)$ 内的和函数 $S(x)$ 为( ).

(A) $\dfrac{1}{1-3x}$ \quad (B) $\dfrac{1}{1+3x}$ \quad (C) $\dfrac{3x}{1-3x}$ \quad (D) $\dfrac{3x}{1+3x}$

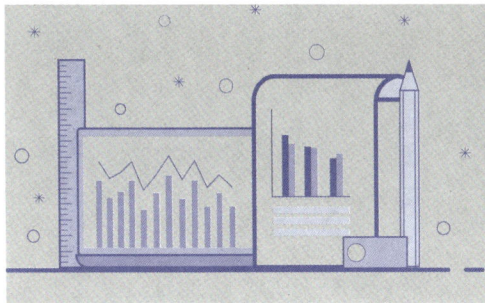

一、代数部分

1. 乘法公式

$(a+b)(a-b)=a^2-b^2$；$(a\pm b)^2=a^2\pm 2ab+b^2$；

$(a\pm b)^3=a^3\pm 3a^2b+3ab^2\pm b^3$；$(a\pm b)(a^2\mp ab+b^2)=a^3\pm b^3$；

$(x+m)(x+n)=x^2+(m+n)x+mn$；

$a^n-b^n=(a-b)(a^{n-1}+a^{n-2}b+\cdots+ab^{n-2}+b^{n-1})$.

2. 有理化因式

$\sqrt{a}-\sqrt{b}$ 与 $\sqrt{a}+\sqrt{b}$ 互为有理化因式（又称共轭根式）；

$(\sqrt{a}-\sqrt{b})(\sqrt{a}+\sqrt{b})=a-b$.

3. 幂的运算

设 $m\in \mathbf{N}_+$，$n\in \mathbf{N}_+$，$\alpha\in \mathbf{R}$，$\alpha_1\in \mathbf{R}$，$\alpha_2\in \mathbf{R}$.

$a^n=\underbrace{a\cdot a\cdot \cdots \cdot a}_{n\uparrow}$；　　　　$a^{-n}=\dfrac{1}{a^n}$；

$a^0=1$；　　　　$a^{\frac{m}{n}}=\sqrt[n]{a^m}$；　　　　$a^{-\frac{m}{n}}=\dfrac{1}{a^{\frac{m}{n}}}=\dfrac{1}{\sqrt[n]{a^m}}$；

$a^{\alpha_1}a^{\alpha_2}=a^{\alpha_1+\alpha_2}$；　　　　$\dfrac{a^{\alpha_1}}{a^{\alpha_2}}=a^{\alpha_1-\alpha_2}$；

$(a^{\alpha_1})^{\alpha_2}=a^{\alpha_1\alpha_2}$；　　　　$(ab)^\alpha=a^\alpha b^\alpha$；　　　　$\left(\dfrac{a}{b}\right)^\alpha=\dfrac{a^\alpha}{b^\alpha}$.

4. 一元二次不等式的解

一元二次不等式 $(x-x_1)(x-x_2)>0\ (x_1<x_2)$ 的解为 $x<x_1$ 或 $x>x_2$；

一元二次不等式 $(x-x_1)(x-x_2)<0\ (x_1<x_2)$ 的解为 $x_1<x<x_2$.

5. 对数的性质

$\log_a 1 = 0$，$\log_a a = 1$，$a^{\log_a x} = x$.

对数的运算法则（设 $M > 0, N > 0, \alpha \in \mathbf{R}$）：

(1) $\log_a(MN) = \log_a M + \log_a N$；

(2) $\log_a \dfrac{M}{N} = \log_a M - \log_a N$；

(3) $\log_a M^a = \alpha \log_a M$.

换底公式：$\log_a b = \dfrac{\log_c b}{\log_c a}$，$\log_a b = \dfrac{1}{\log_b a}$.

6. 充要条件

若从命题 A 成立得到命题 B 成立，则称命题 A 为命题 B 的充分条件；

若从命题 B 成立得到命题 A 成立，则称命题 A 为命题 B 的必要条件；

若从命题 A 成立得到命题 B 成立，同时从命题 B 成立也得到命题 A 成立，则称命题 A 为命题 B 的充分必要条件（当然命题 B 也是命题 A 的充分必要条件），简称充要条件.

7. 等比数列前 n 项的和

等比数列 $a, aq, aq^2, \cdots, aq^{n-1} \cdots$（公比 $q \neq 1$）的前 n 项和

$$S_n = a + aq + \cdots + aq^{n-1} = \frac{a(1-q^n)}{1-q}.$$

8. 阶乘

$n! = n(n-1)\cdots 3 \cdot 2 \cdot 1 = n(n-1)!$ （$n \in \mathbf{N}^*$），特别地，$0! = 1$.

二、三角部分

1. 同角三角函数的关系

$\sin x \cdot \csc x = 1$，$\qquad \cos x \cdot \sec x = 1$，$\qquad \tan x \cdot \cot x = 1$，

$\tan x = \dfrac{\sin x}{\cos x}$，$\qquad \cot x = \dfrac{\cos x}{\sin x}$，

$\sin^2 x + \cos^2 x = 1$，$\qquad 1 + \tan^2 x = \sec^2 x$，$\qquad 1 + \cot^2 x = \csc^2 x$.

2. 特殊角的三角函数值

x	0	$\frac{\pi}{6}$	$\frac{\pi}{4}$	$\frac{\pi}{3}$	$\frac{\pi}{2}$	π
$\sin x$	0	$\frac{1}{2}$	$\frac{\sqrt{2}}{2}$	$\frac{\sqrt{3}}{2}$	1	0
$\cos x$	1	$\frac{\sqrt{3}}{2}$	$\frac{\sqrt{2}}{2}$	$\frac{1}{2}$	0	-1
$\tan x$	0	$\frac{\sqrt{3}}{3}$	1	$\sqrt{3}$	不存在	0
$\cot x$	不存在	$\sqrt{3}$	1	$\frac{\sqrt{3}}{3}$	0	不存在

3. 诱导公式

$\sin(-x)=-\sin x$,　　　　$\cos(-x)=\cos x$,　　　　$\tan(-x)=-\tan x$,

$\cot(-x)=-\cot x$,　　　　$\sin\left(\frac{\pi}{2}-x\right)=\cos x$,　　$\cos\left(\frac{\pi}{2}-x\right)=\sin x$,

$\tan\left(\frac{\pi}{2}-x\right)=\cot x$,　　　　$\cot\left(\frac{\pi}{2}-x\right)=\tan x$.

4. 和角、差角、倍角公式

$\sin(\alpha\pm\beta)=\sin\alpha\cos\beta\pm\cos\alpha\sin\beta$,　　$\cos(\alpha\pm\beta)=\cos\alpha\cos\beta\mp\sin\alpha\sin\beta$,

$\tan(\alpha\pm\beta)=\dfrac{\tan\alpha\pm\tan\beta}{1\mp\tan\alpha\tan\beta}$,　　　　　　$\sin2\alpha=2\sin\alpha\cos\alpha$,

$\cos2\alpha=\cos^2\alpha-\sin^2\alpha=2\cos^2\alpha-1=1-2\sin^2\alpha$, $\tan2\alpha=\dfrac{2\tan\alpha}{1-\tan^2\alpha}$

变形有$\sin^2\alpha=\dfrac{1-\cos2\alpha}{2}$, $\cos^2\alpha=\dfrac{1+\cos2\alpha}{2}$.

5. 和差化积公式

$\sin\alpha+\sin\beta=2\sin\dfrac{\alpha+\beta}{2}\cos\dfrac{\alpha-\beta}{2}$,　　　$\sin\alpha-\sin\beta=2\cos\dfrac{\alpha+\beta}{2}\sin\dfrac{\alpha-\beta}{2}$,

$\cos\alpha+\cos\beta=2\cos\dfrac{\alpha+\beta}{2}\cos\dfrac{\alpha-\beta}{2}$,　　　$\cos\alpha-\cos\beta=-2\sin\dfrac{\alpha+\beta}{2}\sin\dfrac{\alpha-\beta}{2}$.

6. 反三角函数

$y=\sin x$, $x\in\left[-\dfrac{\pi}{2},\dfrac{\pi}{2}\right]$的反函数为反正弦函数 $y=\arcsin x$, $x\in[-1,1]$;

$y=\cos x$, $x\in[0,\pi]$的反函数为反余弦函数 $y=\arccos x$, $x\in[-1,1]$;

$y = \tan x$，$x \in \left(-\dfrac{\pi}{2}, \dfrac{\pi}{2} \right)$ 的反函数为反正切函数 $y = \arctan x$，$x \in \mathbf{R}$；

$y = \cot x$，$x \in (0, \pi)$ 的反函数为反余切函数 $y = \mathrm{arccot}\, x$，$x \in \mathbf{R}.$

反三角函数有以下性质：

$$\arcsin x + \arccos x = \frac{\pi}{2}, \qquad\qquad \arctan x + \mathrm{arccot}\, x = \frac{\pi}{2}.$$

三、平面解析几何部分

方程 $x = x_0$ 表示过 $(x_0, 0)$ 且与 x 轴垂直的直线.

方程 $y = y_0$ 表示过 $(0, y_0)$ 且与 y 轴垂直的直线.

方程 $(x - x_0)^2 + (y - y_0)^2 = r^2 (r > 0)$ 表示圆心在 (x_0, y_0)，半径为 r 的圆. 特别当圆心在原点时，圆的方程为 $x^2 + y^2 = r^2$. $y = -\sqrt{r^2 - x^2}$ 表示下半圆，$y = \sqrt{r^2 - x^2}$ 表示上半圆.

方程 $y = ax^2 (a \neq 0)$ 表示顶点在原点的抛物线，当 $a > 0$ 时开口向上，当 $a < 0$ 时开口向下.

方程 $y^2 = ax (a \neq 0)$ 表示顶点在原点的抛物线，当 $a > 0$ 时开口向右，当 $a < 0$ 时开口向左.

抛物线的标准方程（其中 $p > 0$）

$y^2 = 2px$（开口向右），$y^2 = -2px$（开口向左）；

$x^2 = 2py$（开口向上），$x^2 = -2py$（开口向下）.

椭圆的标准方程（其中 $a > b > 0$）

$\dfrac{x^2}{a^2} + \dfrac{y^2}{b^2} = 1$（焦点在 x 轴上），$\dfrac{x^2}{b^2} + \dfrac{y^2}{a^2} = 1$（焦点在 y 轴上）；

双曲线的标准方程（其中 $a > 0$，$b > 0$）

$\dfrac{x^2}{a^2} - \dfrac{y^2}{b^2} = 1$（焦点在 x 轴上），$\dfrac{y^2}{a^2} - \dfrac{x^2}{b^2} = 1$（焦点在 y 轴上）.

一、什么是数学建模

数学作为一门研究现实世界数量关系和空间形式的科学，在它产生和发展的历史长河中，一直和人们生活的实际需要密切相关．数学模型是连接数学理论与实际问题之间的桥梁，是对于现实问题中的某一特定对象，为了某个特定目的，作出一些必要的简化和假设，运用适当的数学工具得到的数学结构．它能解释特定现象的现实性态，或者能预测对象的未来状态，或者能提供处理对象的最优决策或控制．

建立数学模型的过程称为数学建模．作为用数学方法解决实际问题的第一步，数学建模自然有着与数学同样悠久的历史．两千多年以前创造的欧几里得几何，17 世纪发现的牛顿万有引力定律，都是科学发展史上数学建模的成功范例．

进入 20 世纪以来，随着科学以空前的广度和深度向一切领域的渗透以及电子计算机的出现与飞速发展，数学建模越来越受到人们的重视．在以声、光、热、力、电这些物理学科为基础的诸如机械、电机、土木、水利等工程技术领域中，数学建模的普遍性和重要性不言而喻．无论是发展通信、航天、微电子、自动化等高新技术本身，还是将高新技术应用于传统工业去创造新工艺、开发新产品，计算机技术支持下的数学建模和模拟都是经常使用的有效手段．数学建模、数值计算和计算机图形学等相结合形成的计算机软件，已经被固化于产品中，在许多高新技术领域起着核心作用，是高新技术的特征之一．在这个意义上，数学不仅作为一门科学，是学习其他技术的基础，而且直接走向技术的前台．随着数学向诸如经济、人口、生态、地质等所谓非物理领域的渗透，一些交叉学科如计量经济学、人口控制论、数学生态学、数学地质学等应运而生．一般来说，不存在作为支配关系的物理定律，当用数学方法研究这些领域中的定量关系时，数学建模就成为首要的、关键的步骤，是推动这些学科发展与应用的基础．在这些领域里建立不同类型、不同方法、不同深浅程度的模型的余地相当大，为数学建模提供了广阔的新天地．

美国科学院的一位院士总结了将数学科学转化为生产力过程中成功和失败的经验，得出了"数学是一种关键的、普遍的、可以应用的技术"的结论，认为数学"对加强经济竞争力具有重要意义"，而"计算和建模重新成为中心课题，它们是数学科学技术转化的主要途径"．

　　用数学方法解决现实问题的第一步就是建立数学模型，然而数学建模绝非易事，通常需要通过对现实问题的探求，经过简化、抽象，建立初步的数学模型，再通过各种检验和评价，发现模型的不足之处，然后作出改进，得到新的模型．这样的过程通常要重复多次，才能得到理想的数学模型．

　　特定问题和对象的多样性，带来了数学模型的多样性．数学模型根据不同的分类标准有着多种分类．

　　（1）按对象变化特征分，有不连续变化模型和连续变化模型．不连续变化模型又可分为离散模型和突变模型．

　　（2）按时间关系分，有稳态模型和动态模型．稳态模型又称为静态模型，如回归模型等．动态模型一般由微分方程给出．

　　（3）按精确程度分，有集中参数模型和分布参数模型．

　　（4）按研究方法分，有初等模型、微分方程模型、运筹模型和代数模型等．

　　（5）按对象所在领域分，有经济模型、生态模型、人口模型、交通模型等．

　　（6）按对象的认识程度分，有白箱模型、灰箱模型、黑箱模型．这里的"白""灰""黑"是指对研究对象的内部结构与参数的了解程度，其界限与当时的认识水平有关，随着技术的不断进步，许多问题会由"黑"变"白"．

　　从一个较复杂的客体对象抽象出来的数学模型往往不是单一类型的模型，而是一种复合类型的模型．数学建模面临的实际问题是多种多样的，建模的目的不同、分析的方法不同、采用的数学工具不同，所得模型的类型也不同，我们不能指望归纳出若干条准则和适用于一切实际问题的数学建模方法．

二、数学建模的一般步骤

　　数学建模的步骤并没有一定的模式，通常与问题性质、建模目的等有关．下面介绍的是机理分析方法建模的一般过程，如附图 2-1 所示．

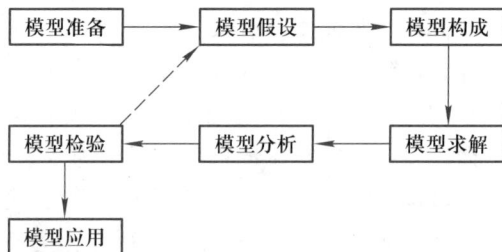

附图 2-1

　　模型准备　了解问题的实际背景，明确建模目的，搜集必要的信息如现象、数据等，尽量弄清对象的主要特征，形成一个比较清晰的"问题"，由此初步确定用哪一类模型．情况明才能方法对．在模型准备阶段要深入调查研究，虚心向实际工作者请教，尽量掌握第一手资料．

　　模型假设　根据对象的特征和建模目的，抓住问题的本质，忽略次要因素，作出必要的、合理的简化假设．对于建模的成败，这是非常重要和困难的一步．假设作得不合理或太简单，会导致错误的或无用的模型；假设作得过分详细，试图把复杂对象的众多因素都考虑进去，会导致难以或无法继续下一步的工作．常常需要在合理与简化之间作出恰当的折中．通常，作假设的依据，一是出于对问题内在规律的认识，二是来自对现象、数据的分析以及二者的综合．想象力、洞察力、判断力和经验，在模型假设中起着重要作用．

模型构成　根据所作的假设，用数学的语言、符号描述对象的内在规律，建立包含常量、变量等的数学模型，如优化模型、微分方程模型、差分方程模型、图的模型等．这除了需要一些相关学科的专门知识之外，还常常需要较为广博的应用数学方面的知识．要善于发挥想象力，注意使用类比法，分析对象与熟悉的其他对象的共性，借用已有的模型．建模时还应遵循的一个原则是，尽量采用简单的数学工具，因为所建立的模型总是希望更多的人了解和使用，而不是只供少数人欣赏．

模型求解　可以采用解方程、画图形、优化方法、数值计算、统计分析等各种数学方法，特别是数学软件和计算机技术．

模型分析　对求解结果进行数学上的分析，如结果的误差分析、统计分析、模型对数据的灵敏性分析、对假设的强健性分析等．

模型检验　把求解和分析结果"翻译"回到实际问题，与实际的现象、数据进行比较，检验模型的合理性和适用性．如果结果和实际不符，问题常常出在模型假设上，应该修改、补充假设，重新建模，如附图 2 - 1 中的虚线所示．这一步对于模型是否真的有用非常关键，要以严肃认真的态度对待．有些模型要经过几次反复，不断完善，才能使检验结果获得某种程度上的满意．

模型应用　应用模型是建模的宗旨，也是对模型的最客观、最公正的检验．因此，一个成功的数学模型，须根据建模的目的，将其用于分析、研究和解决实际问题，充分发挥数学模型在生产和科研中的特殊作用．

从以上步骤可以看出，数学建模是一个反复修改假设、反复建立模型、求解、验证以获得合理数学模型的过程．

三、数学建模竞赛介绍

数学建模在 20 世纪六七十年代进入一些西方国家的大学，我国的某些大学也在 20 世纪 80 年代初将数学建模引入课堂．经过多年的发展，现在绝大多数本科院校和许多专科学校都开设了各种形式的数学建模课程和讲座，为培养学生利用数学方法分析、解决实际问题的能力开辟了一条有效的途径．

大学生数学建模竞赛最早是 1985 年在美国出现的．1989 年，在几位从事数学建模教育的教师的组织和推动下，我国一些大学的学生开始参加美国的竞赛，经过两三年的参与，师生们都认为这种竞赛有利于学生的全面发展，也是推动数学建模教学在高校迅速发展的好形式．1992 年由中国工业与应用数学学会组织举办了我国 10 个城市的大学生数学建模联赛，74 所院校的 314 个队参加．原国家教委领导及时发现并扶植、培育了这一新生事物，决定从 1994 年起由原国家教委高等教育司和中国工业与应用数学学会共同主办全国大学生数学建模竞赛，每年一届.

竞赛不限专业(面向所有专业的大学生)，参加竞赛的学生 90% 以上来自非数学专业，甚至每年都有人文和社会科学专业的部分大学生参赛.从 1999 年起，竞赛分本科组和专科组同时举行.在全国大学生数学建模竞赛的影响和带动下，许多学校组织、举办相应的活动.一些学生在校内发起、组织数学建模协会，建立网站，起到了很好的宣传、普及作用.同时许多学校都举办校内的竞赛，使更多的学生得到锻炼.还有一些地区性、行业性的数学建模联赛(或邀请赛)也已经开始定期举行，而且规模正在不断扩大.

1. 中国大学生数学建模竞赛 (China Undergraduate Mathematical Contest in Modeling, 简称 CUMCM) 的情况

我国的数学建模竞赛自 2019 年开始是由中国工业与应用数学学会主办、高等教育出版社赞助的全国性竞赛，也是全国最有影响力、规模最大的一项大学生课外科技活动.该竞赛于 2007 年成为教育部质量工程首批资助的学科竞赛之一.

本项赛事一般定于每年 9 月中下旬举行.竞赛分赛区进行，每个赛区的竞赛由本赛区组委会全权负责，所有赛区同时在不同的地点进行.竞赛题目一般来源于工程技术和管理科学等各个方面，所涉及的内容一般都是开放的，题目具有较大的灵活性供参赛者充分发挥其想象力和创造力.例如：

2004 年：奥运会临时超市网点设计；电力市场输电阻塞管理；饮酒驾车；公务员招聘.

2005 年：长江水质的评价和预测；DVD 在线租赁；雨量预报方法的评价.

2006 年：出版社的资源配置；艾滋病疗法评价与疗效预测；易拉罐形状和尺寸的最优设计；煤矿瓦斯和煤尘的监测与控制.

2007 年：中国人口增长预测；乘公交，看奥运；手机"套餐"优惠几何；体能测试时间安排.

2008 年：数码相机定位；高等教育学费标准探讨；地面搜索；NBA 赛程的分析与评价.

2009 年：制动器试验台的控制方法分析；眼科病床的合理安排；卫星和飞船的跟踪测控；会议筹备.

竞赛以通信形式进行，大学生以队为单位参赛，每队不超过 3 人（须属于同一所学校）在规定时间内可以自由地搜集资料、调查研究，使用计算机、软件和互联网，但不得与队外任何人(包括指导教师在内)以任何方式讨论赛题.竞赛要求每个队完成一篇用数学建模方法解决实际问题的科技论文.论文是评奖的依据，竞赛评奖以假设的合理性、建模的创造性、结果的正确性以及文字表述的清晰程度为主要标准.评奖分三个阶段，即初评—省评—全国评.

可以看出，这项竞赛从内容到形式与传统的数学竞赛不同，是大学阶段除毕业设计以外难得的一次"真刀真枪"的训练，在相当程度上模拟了学生毕业后工作时的情况，既丰富、活跃了广大学生的课外生活，也为优秀学生脱颖而出创造了条件.

2. 美国大学生数学建模竞赛简介

美国大学生数学建模竞赛(以下简称"美国赛")分为两种,即 MCM(Mathematical Contest in Modeling,数学建模竞赛)和 ICM(Interdisciplinary Contest in Modeling,交叉学科建模竞赛). MCM/ICM 着重强调研究问题、解决方案的原创性、团队合作、交流以及结果的合理性.

MCM 和 ICM 影响力很大,很多学校都会组织学生参赛. 我国基本上每年都有队伍获得特等奖.

3. 数学建模竞赛需掌握的十类算法

(1) 蒙特卡罗算法

该算法又称随机性模拟算法,是通过计算机仿真来解决问题的算法,同时可以通过模拟来检验模型的正确性,几乎是竞赛时必用的算法.

(2) 数据拟合、参数估计、插值等数据处理算法

竞赛中通常会遇到大量的数据需要处理,而处理数据的关键就在于这些算法,通常以 MATLAB 软件作为工具.

(3) 线性规划、整数规划、多元规划、二次规划等规划类算法

数学建模竞赛大多数问题属于最优化问题,很多时候这些问题可以用数学规划算法来描述,通常使用 Lindo,Lingo 等软件来求解.

(4) 图论算法

这类算法可以分为很多种,包括最短路、网络流、二分图等算法,涉及图论的问题可以用这些算法解决,需要认真准备.

(5) 动态规划、回溯搜索、分治、分支定界等计算机算法

这些算法是算法设计中比较常用的方法,竞赛中很多场合会用到.

(6) 最优化理论的三大非经典算法——模拟退火算法、神经网络算法、遗传算法

这些算法是用来解决一些较困难的最优化问题的,对于某些问题非常有帮助,但是算法的实现比较困难,需慎重使用.

(7) 网格算法和穷举法

两者都是暴力搜索最优点的算法,在很多竞赛题中有所应用,当重点讨论模型本身而轻视算法的时候,可以使用这种暴力方案,最好使用一些高级语言进行编程.

(8) 连续数据离散化算法

很多问题都是从实际中来的,数据可以是连续的,而计算机只能处理离散的数据. 因此,将连续数据离散化后进行差分代替微分、求和代替积分等思想是非常重要的.

(9) 数值分析算法

如果在竞赛中采用高级语言进行编程,那些数值分析中常用的算法比如方程组求解、矩阵运算、函数积分等算法就需要额外编写库函数进行调用.

（10）图像处理算法

竞赛题中有一类问题与图形有关，即使问题与图形无关，论文中也需要图形来说明问题，这些图形如何展示以及如何处理就成了需要解决的问题，通常使用MATLAB软件进行处理．

四、数学模型举例

模型一　传染病模型

1. 问题的提出及分析(建模准备)

传染病是危及人类身体健康的重要因素之一，长期以来一直受到世界各国的关注．传染病的传播规律是什么？疾病的传染行为如何影响它的流行？它是否会蔓延持续下去，成为本地区的"传染病"？这种传染病最终是否能被控制？这些都是人们十分关注的问题．

由于传染病的传播涉及的因素很多，如病人的数量、传染率和治愈率的大小等，此外还要考虑人群的迁入和迁出以及潜伏期等因素的影响，如果一开始就把所有的因素全部考虑在内来建立数学模型，将无从下手．因而我们在建模时宜先将问题简化，按照循序渐进的思路，依照一般的传播机理，逐步建立一个与实际相吻合的模型．

2. 初步模型

（1）模型假设

a. 人一旦得病后，久治不愈，在传染期间内不会死亡；

b. 疾病的传染率为常数 $k(k>0)$，即单位时间内一个病人能传染的人数是常数 k；

c. 不考虑出生与死亡的过程和人群的迁入与迁出．

（2）建模与求解

用 $I(t)$ 表示 t 时刻病人的数量，则 $I(t+\Delta t)-I(t)=kI(t)\Delta t$，于是有

$$\begin{cases} \dfrac{\mathrm{d}I(t)}{\mathrm{d}t}=kI(t), \\ I(0)=I_0. \end{cases} \tag{1}$$

对（1）式求解，得

$$I(t)=I_0\mathrm{e}^{kt}. \tag{2}$$

对（2）式稍加分析，我们发现，当 $t\to+\infty$ 时，$I(t)\to+\infty$，即随着时间的推移，病人的数量将无限增加，所有的人最终将全被感染，这与实际情况不符．因为在不考虑传染病期间的出生、死亡和迁移时，一个地区的总人数可视为常数．进一步分析，k 应为时间 t 的函数．在传染病流行初期 k 较大，随着病人数的增多，健康人数的减少，被传染的机会也减少，于是 k 将变小，故应对模型进行修改．

3. 改善模型

设 t 时刻健康人数为 $S(t)$.

（1）模型假设

a. 地区总人数为 n，即 $I(t)+S(t)=n$；

b. 病人在单位时间内传染的人数与当时健康的人数成正比，比例系数为 k（称为传染系数）；

c. 人一旦得病后久治不愈，但在传染期间内不会死亡.

（2）建模与求解

由假设，可得方程

$$\begin{cases} \dfrac{\mathrm{d}I(t)}{\mathrm{d}t}=kS(t)\cdot I(t), \\ I(0)=I_0. \end{cases} \tag{3}$$

将假设 a 代入（3）式，得

$$\begin{cases} \dfrac{\mathrm{d}I}{\mathrm{d}t}=kI(n-I), \\ I(0)=I_0. \end{cases} \tag{4}$$

（4）式为可分离变量的微分方程，解得

$$I(t)=\frac{n}{1+\left(\dfrac{n}{I_0}-1\right)\mathrm{e}^{-knt}}. \tag{5}$$

$I(t)$ 及 $\dfrac{\mathrm{d}I}{\mathrm{d}t}$ 的函数曲线如附图 2-2 所示，它们分别表示传染病人数、传染病人数的变化率与时间 t 的关系.

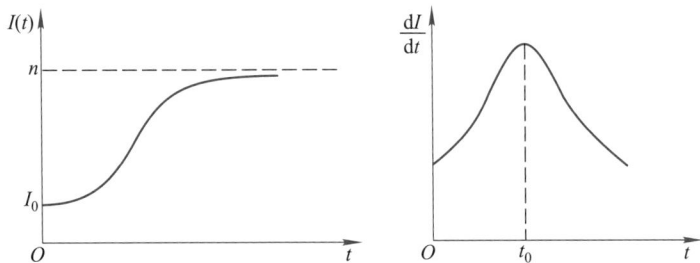

附图 2-2

由（5）式可得

$$\frac{\mathrm{d}I}{\mathrm{d}t}=\frac{kn^2\left(\dfrac{n}{I_0}-1\right)\mathrm{e}^{-knt}}{\left[1+\left(\dfrac{n}{I_0}-1\right)\mathrm{e}^{-knt}\right]^2}. \tag{6}$$

对（6）式求导，并令 $\dfrac{\mathrm{d}^2 I}{\mathrm{d}t^2}=0$，得

$$t_0 = \frac{\ln\left(\dfrac{n}{I_0}-1\right)}{kn}. \tag{7}$$

对以上结果进行分析，可以看出当 $t=t_0$ 时，$\dfrac{\mathrm{d}I}{\mathrm{d}t}$ 达到最大值，此时病人数增加得最快，这一时刻称为疾病的传染高峰. 由(7)式可知，当 k 或 n 增大时，t_0 随之减少，这表示传染高峰随着传染系数与总人数的增加而更快地来临，这与实际情况比较符合. 由(5)式知，当 $t \to +\infty$ 时，$I(t) \to n$，这表示所有的人最终都将成为病人，这与实际情况不符. 经过进一步分析，发现这是由假设 c 所致，没有考虑病人可以治愈的情况.

4. 最终模型

有些传染病(如痢疾)患者愈后免疫力很低，还有可能再次被传染而成为病人.

(1) 模型假设

a. 健康人数和病人数在总人数中所占的比例分别为 $s(t)$，$i(t)$，则 $s(t)+i(t)=1$；

b. 病人在单位时间内传染的人数与当时的健康人数成正比，比例系数为 k；

c. 每天治愈的人数与病人数成正比，比例系数为 μ，称为日治愈率，病人愈后成为仍可被感染的健康者，称 $\dfrac{1}{\mu}$ 为传染病的平均传染期.

(2) 建模与求解

由假设 a 和假设 b 可得

$$\begin{cases} \dfrac{\mathrm{d}i(t)}{\mathrm{d}t}n = kn \cdot s(t) \cdot i(t) - \mu n \cdot i(t), \\ i(0) = i_0. \end{cases} \tag{8}$$

将假设 a 代入(8)式，得

$$\begin{cases} \dfrac{\mathrm{d}i}{\mathrm{d}t} = ki(1-i) - \mu i, \\ i(0) = i_0. \end{cases} \tag{9}$$

对(9)式进行分离变量求解，需对 k，μ 进行讨论.

当 $k=\mu$ 时，(9)式可化为 $-\dfrac{\mathrm{d}i}{ki^2} = \mathrm{d}t$，两边积分，代入初值条件得

$$i(t) = \left(kt + \frac{1}{i_0}\right)^{-1}.$$

当 $k \neq \mu$ 时，(9)式可化为

$$\frac{1}{k-\mu}\left(\frac{1}{i} + \frac{k}{k-\mu-ki}\right)\mathrm{d}i = \mathrm{d}t,$$

解得

$$i(t) = \left[\mathrm{e}^{-(k-\mu)t}\left(\frac{1}{i_0} - \frac{k}{k-\mu}\right) + \frac{k}{k-\mu}\right]^{-1}.$$

综上得

$$i(t)=\begin{cases}\left[\mathrm{e}^{-(k-\mu)t}\left(\dfrac{1}{i_0}-\dfrac{k}{k-\mu}\right)+\dfrac{k}{k-\mu}\right]^{-1},\ k\neq\mu,\\[4mm]\left(kt+\dfrac{1}{i_0}\right)^{-1},\ k=\mu.\end{cases}\tag{10}$$

上式中，定义 $\sigma=\dfrac{k}{\mu}$，由 k 与 $\dfrac{1}{\mu}$ 的含义，可知 σ 表示的含义是：病人在平均传染期内传染的人数与当时健康的人数成正比，比例系数为 σ. 由(10)式有

$$\lim_{t\to\infty}i(t)=\begin{cases}1-\dfrac{1}{\sigma},\ \sigma>1,\\[4mm]0,\ \sigma\leqslant1.\end{cases}$$

根据(10)式可作出 $i(t)$ 的图像，如附图 $2-3$ 所示.

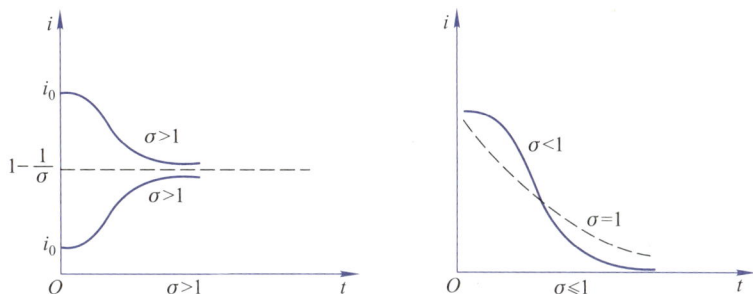

附图 $2-3$

当 $\sigma\leqslant1$ 时，病人数在总人数中所占的比例 $i(t)$ 越来越小，最终趋于零，这一点可从 σ 的含义上得到一个直观的解释，就是传染期内被传染的人数不超过当时健康的人数；当 $\sigma>1$ 时，$i(t)$ 的变化趋势取决于 i_0 的大小，最终以 $1-\dfrac{1}{\sigma}$ 为极限；当 σ 增大时，$i(\infty)$ 也增大，这是因为随着传染期内被传染人数占当时健康人数的比例的增加，当时的病人数所占比例也随之上升. 本模型中，当 $t\to+\infty$ 时，$i(t)$ 与实际情况较前面两个模型更吻合，但仍有缺陷，还需考虑其他一些因素，这里就不再讨论了.

模型二　卫星和飞船的跟踪测控

1. 问题的提出

卫星和飞船在国民经济和国防建设中有着重要的作用，对它们的发射和运行过程进行测控是航天系统的一个重要组成部分，理想的状况是对卫星和飞船(特别是载人飞船)进行全程跟踪测控.

测控设备只能观测到所在点切平面以上的空域，且在与地平面夹角 $3°$ 的范围内测控效果不好，实际上每个测控站的测控范围只考虑与地平面夹角 $3°$ 以上的空域. 在一个卫星或飞船的发射与运行过程中，往往有多个测控站联合完成测控任务.

利用模型分析卫星或飞船的测控情况，具体问题如下：

(1) 在所有测控站都与卫星或飞船的运行轨道共面的情况下，至少应该建立多

少个测控站才能对其进行全程跟踪测控？

（2）如果一个卫星或飞船的运行轨道与地球赤道平面有固定的夹角，且在离地面高度为 H 的球面 S 上运行，考虑到地球自转时该卫星或飞船在运行过程中相继两圈的经度有一些差异，问至少应该建立多少个测控站，才能对该卫星或飞船可能运行的区域全部覆盖以达到全程跟踪测控的目的？

2. 问题的分析

在所有测控站与卫星或飞船的运行轨道共面的情况下，考虑有两种运行轨道——圆形轨道与椭圆形轨道. 实际上每个测控站的测控范围只考虑与地平面夹角 $3°$ 以上的空域，不难得出一个测控站观测到的度数范围 θ_1 为 $174°$，因此事实上就是求解布几个测控站就可以覆盖整个卫星或飞船运行的圆形轨道或者椭圆形轨道.

（1）针对圆形轨道，可以利用三角形正弦定理推导出卫星或飞船运行轨道的半径，再根据所得到的半径划分范围，从而可以得到每段半径范围内至少需要建立的测控站的个数；

（2）针对椭圆形轨道，由于卫星或飞船沿以地心为焦点的椭圆形轨道运行，因此以地心为焦点，建立平面直角坐标系，求出近日点和远日点的距离范围，从而确定至少需要建立的测控站的个数.

3. 符号说明

（1）r：地球半径，此处假设为 6 378 km；

（2）R：卫星或飞船运行轨道半径，以地心为圆心；

（3）x：NQ 的长度（如附图 2-4 所示）；

（4）H：卫星或飞船离地面的高度（$R = H + r$）；

（5）α：OQ 与 NQ 的夹角（如附图 2-4 所示）；

（6）θ：测控站所测圆弧所对应的圆心角的一半，即 $\angle NOQ$（如附图 2-4 所示）；

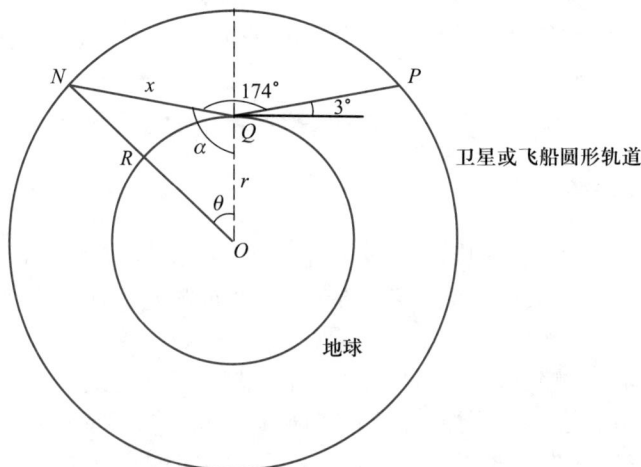

附图 2-4

(7) β：轨道倾角，卫星或飞船运行轨道所在平面与地球赤道平面所构成的夹角；

(8) n：测控站的个数；

(9) H_1，H_2：近地点高度、远地点高度.

4. 模型建立与求解

(1) 圆形轨道

> **引理**   在所有测控站与卫星或飞船的运行轨道共面的情况下，当卫星或飞船运行轨道为圆形轨道时，所需测控站的个数至少为 3 个.

证明   如附图 2-5 所示，其中 A，C，E，G 为测控站，圆弧段 IB，BD，DF 等表示每个测控站所能测控的范围，它们的大小均相同. 假设需要 n 个测控站才能完成对卫星或飞船的全程测控.

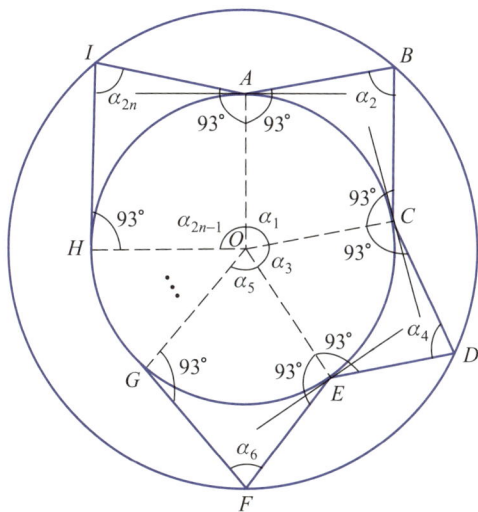

附图 2-5

考察四边形 $OABC$，由题意，测控站的范围只考虑地平面夹角 $3°$ 以上的空域，可知 $\angle OAB = 93°$，$\angle OCB = 93°$. 根据四边形内角和为 $360°$，可得

$$\alpha_1 + \alpha_2 = 360° - 2 \times 93° = 174°. \tag{1}$$

同理可得

$$\alpha_3 + \alpha_4 = 360° - 2 \times 93° = 174°, \tag{2}$$

$$\alpha_5 + \alpha_6 = 360° - 2 \times 93° = 174°, \tag{3}$$

$$\cdots\cdots$$

$$\alpha_{2n-3} + \alpha_{2n-2} = 360° - 2 \times 93° = 174°, \tag{$n-1$}$$

$$\alpha_{2n-1} + \alpha_{2n} = 360° - 2 \times 93° = 174°. \tag{n}$$

因为

$$\alpha_1 + \alpha_3 + \alpha_5 + \cdots + \alpha_{2n-3} + \alpha_{2n-1} = 360°,$$

则(1)式＋(2)式＋(3)式＋$\cdots$＋($n-1$)式＋(n)式得

$$360° + \alpha_2 + \alpha_4 + \cdots + \alpha_{2n-2} + \alpha_{2n} = 174° \cdot n.$$

从而

$$\alpha_2 + \alpha_4 + \cdots + \alpha_{2n-2} + \alpha_{2n} = 174° \cdot n - 360° > 0$$

$$\Rightarrow n > \frac{360°}{174°} \approx 2.069\ 0$$

$$\Rightarrow n \geqslant 3 \ \text{且} \ n \in \mathbf{Z}.$$

引理得证.

接下来考虑当卫星或飞船的运行高度为 H 时测控站的个数. 如附图 2-4 所示, 其中 Q 为一个测控站, 这个测控站的测控范围为弧 NP, 所对应的圆心角为 2θ, 因此需要的测控站个数为 $n = \left\lceil \dfrac{360}{2\theta} \right\rceil$.

根据正弦定理, 有

$$\frac{r}{\sin\left(87° - \dfrac{180°}{n}\right)} = \frac{r+H}{\sin 93°}, \tag{1}$$

可得

$$H = \frac{r\sin 93°}{\sin\left(87° - \dfrac{180°}{n}\right)} - r. \tag{2}$$

当 $n = 3$ 时, 可得卫星或飞船的运行高度 $H \approx 7\ 651.5$ km.

分析(2)式可以发现高度与测控站个数负相关, 即运行高度越高, 需要的测控站就越少, 反之则越多. 因此当运行高度低于 7 651.5 km 时, 3 个测控站便出现了监测盲区(不能完全监测卫星或飞船的运行情况), 需要增加测控站个数(如附图 2-6 所示), 所需的测控站个数大于 3. 而当运行高度大于 7 651.5 km 时, 3 个测控站完全可以监测, 同时由引理可知, 最少测控站个数也是 3, 因此此时至少需要 3 个测控站.

用 MATLAB 编程, 可得不同卫星或飞船轨道高度下测控站个数, 见附表 2-1.

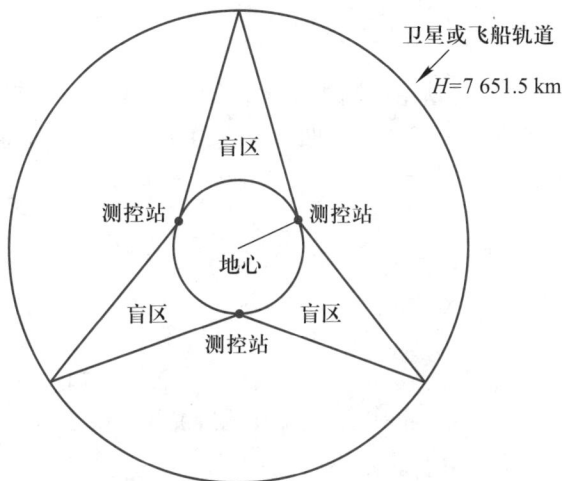

附图 2-6

测控站个数 n	卫星或飞船的高度 H/km	测控站个数 n	卫星或飞船的高度 H/km
3	$[7\,651.5, +\infty)$	10	$[444.4, 541.3)$
4	$[3\,140.7, 7\,651.5)$	11	$[374.66, 444.4)$
5	$[1\,817.7, 3\,140.7)$	12	$[319.04, 374.66)$
6	$[1\,216.5, 1\,817.7)$	13	$[276.84, 319.04)$
7	$[883.34, 1\,216.5)$	14	$[243.22, 276.84)$
8	$[678.68, 883.34)$	15	$[215.94, 243.22)$
9	$[541.3, 678.68)$		

（2）椭圆形轨道

当卫星或飞船沿椭圆形轨道运行时，其运行轨道是以地心为焦点的椭圆形轨道，是不对称图形，且每一个测控站的测控弧长也是不相同的，总的测控站个数和起始测控站的位置也有很大关系，因此我们采用数值寻优的方法解决问题．由于卫星或飞船运行的高度不是一个确定的值，因此我们只能根据远地点（航天器绕地球运行的椭圆形轨道上距地心最远的一点）和近地点的高度（近地点与地球表面的距离称为近地点高度）来描述不同的运行轨道，并由此确定测控站个数．建立以椭圆形轨道中心为原点、地心为焦点的直角坐标系，如附图 2-7 所示．

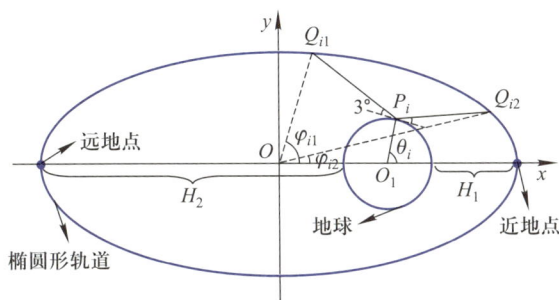

附图 2-7

我们首先可以给出椭圆形轨道的测控站个数的上下限．以近地点高度与地球半径之和 $H_1 + r$ 为半径作圆，可以计算出此圆形轨道所需要的测控站个数 n_1，由于这个圆是椭圆形轨道的内切圆，根据圆形轨道的特征，我们知道高度越高，所需要的测控站个数越少，因此椭圆形轨道所需的测控站个数 n 一定小于等于 n_1．同理，以远地点高度与地球半径之和 $H_2 + r$ 为半径作圆，可得该圆形轨道所需的测控站个数为 n_2，而此圆是椭圆形轨道的外切圆，因此椭圆形轨道所需的测控站个数 n 一定大于等于 n_2．以 $H_1 = 200$ km，$H_2 = 343$ km 为例，可以得到 $12 \leqslant n \leqslant 16$．

建立卫星或飞船的轨道方程为

$$\begin{cases} x = a\cos\varphi, \\ y = b\sin\varphi, \quad 0 \leqslant \varphi \leqslant 2\pi. \end{cases} \tag{1}$$

地球表面某测控站的坐标方程为

$$\begin{cases} x = c + r\cos\theta, \\ y = r\sin\theta, \end{cases} \tag{2}$$

其中

$$c = \sqrt{a^2 - b^2} = \frac{H_2 - H_1}{2}, \quad a = r + \frac{H_1 + H_2}{2}. \tag{3}$$

P_i 为第 i 个测控站，它的坐标为 $(c + r\cos\theta_i, r\sin\theta_i)$. P_i 测控的区域交椭圆形轨道于 $Q_{i1}(a\cos\varphi_{i1}, b\sin\varphi_{i1})$，$Q_{i2}(a\cos\varphi_{i2}, b\sin\varphi_{i2})$ 两点，如附图 2-7 所示，用向量表示为

$$\overrightarrow{O_1P_i} = (r\cos\theta_i, r\sin\theta_i), \tag{4}$$

$$\overrightarrow{P_iQ_{ij}} = (a\cos\varphi_{ij} - c - r\cos\theta_i, b\sin\varphi_{ij} - r\sin\theta_i), \quad j = 1, 2. \tag{5}$$

$\overrightarrow{O_1P_i}$ 与 $\overrightarrow{P_iQ_{ij}}$ $(j = 1, 2)$ 两向量间的夹角为 $87°$，所以有

$$\cos 87° = \frac{\overrightarrow{O_1P_i} \cdot \overrightarrow{P_iQ_{ij}}}{|\overrightarrow{O_1P_i}| \cdot |\overrightarrow{P_iQ_{ij}}|} = \frac{-r^2 - rc\cos\theta_i + ar\cos\theta_i\cos\varphi_{ij} + rb\sin\theta_i\sin\varphi_{ij}}{r \cdot \sqrt{(a\cos\varphi_{ij} - c - r\cos\theta_i)^2 + (b\sin\varphi_{ij} - r\sin\theta_i)^2}},$$

化简得

$$\sin 3° \sqrt{(a\cos\varphi_{ij} - c - r\cos\theta_i)^2 + (b\sin\varphi_{ij} - r\sin\theta_i)^2}$$
$$= -r - c\cos\theta_i + a\cos\theta_i\cos\varphi_{ij} + b\sin\theta_i\sin\varphi_{ij}. \tag{6}$$

根据 θ_i 的值，由 (6) 式就可以得到相应的 φ_{ij}. 算法如下：根据初始的 θ_1，可以得到 φ_{11}，φ_{12}（第一个测控站的测控区域与椭圆的两个交点的角度）；再以 φ_{12} 作为下一个测控站的测控区域与椭圆的第一个交点的角度，可以寻找到下一个测控站所对应的角度 θ_2. 依此类推，得到所有的 θ_i $(i = 1, 2, \cdots, n)$，直到最后一个测控站的测控区域与第一个测控站的测控区域在椭圆上有交集，即 $\varphi_{n2} \geqslant \varphi_{11}$ 时，停止寻找，n 就是测控站的个数. 以 $H_1 = 200$ km，$H_2 = 343$ km 为例，选取第一个测控站的 $\theta_1 = 0$，用 MATLAB 编程找到所有测控站以及测控区域，见附表 2-2.

附表 2-2

测控站的角度 θ_i（弧度制）	测控区域与椭圆形轨道第一个交点的角度 φ_{i1}	测控区域与椭圆形轨道第二个交点的角度 φ_{i2}
$\theta_1 = 0$	$\varphi_{11} = -0.1989$	$\varphi_{12} = 0.1989$
$\theta_2 = 0.4021$	$\varphi_{21} = 0.1989$	$\varphi_{22} = 0.6035$
$\theta_3 = 0.8172$	$\varphi_{31} = 0.6035$	$\varphi_{32} = 1.0277$
$\theta_4 = 1.2567$	$\varphi_{41} = 1.0277$	$\varphi_{42} = 1.4818$
$\theta_5 = 1.7283$	$\varphi_{51} = 1.4818$	$\varphi_{52} = 1.9710$
$\theta_6 = 2.2335$	$\varphi_{61} = 1.9710$	$\varphi_{62} = 2.4931$
$\theta_7 = 2.7657$	$\varphi_{71} = 2.4931$	$\varphi_{72} = 3.0370$
$\theta_8 = 3.3105$	$\varphi_{81} = 3.0370$	$\varphi_{82} = 3.5847$

若继续按此布控，则有 $\theta_9=3.849\ 6$，$\theta_{10}=4.366\ 3$，$\theta_{11}=4.850\ 9$，$\theta_{12}=5.302\ 0$，$\theta_{13}=5.725\ 2$，$\theta_{14}=6.130\ 8$，最后一个测控站的测控区域（$\varphi_{14,2}=6.330\ 6$，$\varphi_{14,1}=5.931\ 7$）和第一个测控站的测控区域（$-0.198\ 9$，$0.198\ 9$）有交集，因此共需要 14 个测控站.

另一种方法是，由于测控站的起始点选在 $\theta_1=0$ 处，故只考虑在 x 轴上方测控站的布置方法，对于 x 轴下方，布置方法完全对称于上方. 但在布置第八个测控站时，由于该测控站布置在第三卦限内，下方是否需要布置第七个测控站还需要进一步研究. 下方第七个测控站测控区域与 x 轴右方向夹角分别为 $\pi-3.037\ 0\approx0.104\ 6$，$\pi-2.493\ 1\approx0.648\ 5$，上方的第八个测控站测控区域与 x 轴右方向夹角为 $3.584\ 7-\pi\approx0.443\ 1>0.104\ 6$，但是 $0.443\ 1<0.648\ 5$，因此 x 轴下方第七个测控站的测控区域和 x 轴上方第八个测控站的测控区域有交集，所以最终需要布置 14 个测控站. 它们的 θ_i 分别为 0，$\pm0.402\ 1$，$\pm0.817\ 2$，$\pm1.256\ 7$，$\pm1.728\ 3$，$\pm2.233\ 5$，$\pm2.765\ 7$，$3.310\ 5$. 当 $\theta_1\neq0$，即选取其他的起始点时，经软件计算，所需要的测控站都大于或等于 14 个.

以上建模分析中还存在如下两个问题：

（1）并没有考虑卫星或飞船发射过程当中的监控问题，这在一定程度上会影响测控站的个数；

（2）由于涉及地球自转问题，卫星或飞船运行区域是一个球带面，测控站的测控区域投影到球带面上是蜂窝状，求解起来有一定的难度.

有兴趣的读者可以进一步研究.

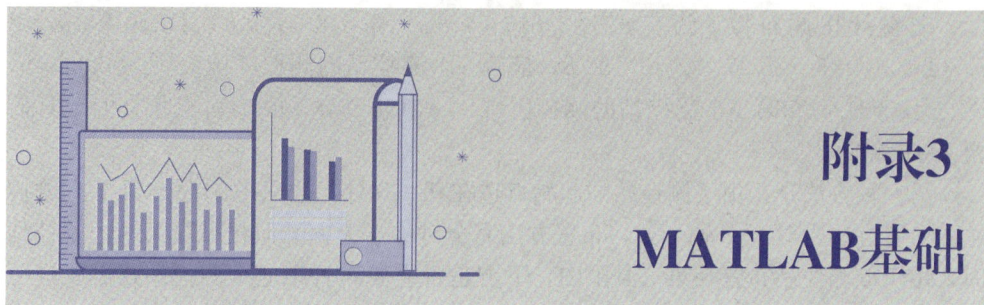

一、MATLAB 简介

MATLAB 是由美国的 MathWorks 公司推出的一款数学软件. 它的名字是 Matrix Laboratory(矩阵实验室)的简称. 矩阵是 MATLAB 计算的核心. 本书主要使用 MATLAB 的符号运算功能. 这里对 MATLAB 中的符号运算作一些简单的介绍.

二、什么是符号运算

先看两个数学表达式 $x+1$ 与 $1+3$. 这两个简单的表达式中，第一个含有未知数——因为不知道 x 到底等于多少，因此这是一个符号运算；而后一个则为数值运算，它等于 4. 一般来说，只要涉及表达式中含有未知数的运算都为符号运算. 微积分主要的处理对象是函数，一般而言，任意一个函数至少含有一个未知数. 因此利用 MATLAB 对微积分进行的运算基本上都是符号运算.

三、命令的输入

MATLAB 有两种输入命令的方式，第一种是在命令窗口即 Command Window 中的提示符 ">>" 后输入命令，按回车键即可执行. 另一种是新建一个 M 文件，把需要执行的命令都输入到这个文件中，然后保存，按 F5 运行，其输出结果会在命令窗口中显示出来. 本书采用了这两种输入方式. 一般来说，如果一次输入的命令比较多，就可以使用第二种方式；如果输入的命令较少，就使用第一种方式.

四、建立符号变量和符号表达式

例 1　建立函数 $f(x)=\sin(ax+b)$.

解　可以在一个新建的 M 文件中输入以下命令：

syms a b x；

f＝sin(a＊x＋b)

这样就建立了一个函数. 保存后运行，输出结果：

f＝

sin(a＊x＋b)

定义了一个函数之后，可以用前面各章中介绍的命令来对它进行操作，比如可以求这个函数的导数、不定积分和定积分等，当然还可以对此函数进行求值.

"syms a b x" 这条命令定义了三个符号变量，此后，用户可以在表达式中使用这些变量进行各种运算. "f＝sin(a＊x＋b)" 把符号表达式 "sin(a＊x＋b)" 赋值给 f.

可以用如下两种方式来定义符号变量：

（1）syms var1 var2 … varn：一次定义 n 个符号变量 var1,var2,…,varn；

（2）sym('var')：一次定义一个符号变量 var.

建议使用第一种方式，因为它书写比较简单.

例 2 求一元二次方程 $ax^2＋bx＋c＝0$ 的根.

解 输入命令：

syms a b c；

solve('a＊x^2＋b＊x＋c＝0')

输出结果：

ans＝

[1/2/a＊(−b＋(b^2−4＊a＊c)^(1/2))]

[1/2/a＊(−b−(b^2−4＊a＊c)^(1/2))]

即所求的根为 $\dfrac{−b＋\sqrt{b^2−4ac}}{2a}$ 和 $\dfrac{−b−\sqrt{b^2−4ac}}{2a}$.

例 3 求方程 $x^2＋x＋1＝0$ 的根.

解 可以直接在命令窗口中输入命令：

solve('x^2＋x＋1＝0')

输出结果：

ans＝

[−1/2＋1/2＊i＊3^(1/2)]

[−1/2−1/2＊i＊3^(1/2)]

例 4 求解二元一次方程组 $\begin{cases} ax＋by＝e, \\ cx＋dy＝f. \end{cases}$

解 输入命令：

s＝solve('a＊x＋b＊y＝e,c＊x＋d＊y＝f')

输出结果：

s＝

x：[1x1 sym]

y：[1x1 sym]

再次输入命令：

s. x

输出结果：

ans＝

－(－d＊e＋f＊b)/(a＊d－b＊c)

继续输入命令：

s. y

输出结果：

ans＝

(a＊f－e＊c)/(a＊d－b＊c)

五、符号表达式的运算

1. 利用 expand 命令把多项式函数、三角函数等展开

例 5 把 $\cos(x+y)$ 展开．

解 输入命令：

syms x y;

expand(cos(x＋y))

输出结果：

ans＝

cos(x)＊cos(y)－sin(x)＊sin(y)

例 6 把$(x+1)(x+2)(x+3)$展开．

解 输入命令：

syms x;

expand((x＋1)＊(x＋2)＊(x＋3))

输出结果：

ans＝

x^3＋6＊x^2＋11＊x＋6

2. 利用 factor 命令进行因式分解

例 7 对 x^6+1 进行因式分解.

解 输入命令：

syms x;

factor(x^6＋1)

输出结果：

ans＝

(x^2＋1)＊(x^4－x^2＋1)

例 8 把数字 12 345 678 901 234 567 890 分解成质数的乘积．

解 输入命令：

n＝sym('12345678901234567890');

factor(n)

输出结果：

ans＝

(2)＊(3)^2＊(5)＊(101)＊(3803)＊(3607)＊(27961)＊(3541)

3. 利用 simplify 对表达式进行化简

例 9　化简 $\sin^2 x + \cos^2 x$.

解　输入命令：

syms x;

simplify(sin(x)^2＋cos(x)^2)

输出结果：

ans＝

1

例 10　化简 $e^{c\ln\sqrt{a+b}}$.

解　输入命令：

syms a b c;

simplify(exp(c＊log(sqrt(a＋b))))

输出结果：

ans＝

(a＋b)^(1/2＊c)

六、任意精度的计算

例 11　输出 π 的前 50 位数字.

解　输入命令：

vpa(pi,50)

输出结果：

ans＝

3.1415926535897932384626433832795028841971693993751

例 12　把有理数 $\dfrac{123}{124}$ 精确到小数点后 50 位.

解　输入命令：

vpa(123/124,50)

输出结果：

ans＝

.99193548387096774193548387096774193548387096774194

七、数值计算

下面简单介绍一下在微积分中需要使用的数值方法．定积分可以通过牛顿-莱布尼茨公式来计算，这就需要先求不定积分，但不是所有函数的原函数都可以用初等函数表示出来，比如 $\dfrac{\sin x}{x}$，故其定积分就很难求解．MATLAB 提供了求解定积分的数值方法，可以使用下面的几种命令来求一元函数的数值积分．

(1) quad('fun',a,b,tol)：fun 是被积函数，a 与 b 表示积分区间 (a,b)，tol 表示绝对误差（缺省时为 10^{-6}）；

(2) quadl('fun',a,b,tol)：各参数含义与 quad 命令一致；

(3) int(fun,a,b)：fun 是被积函数，a 与 b 表示积分区间 (a,b)．

例 13 计算 $\displaystyle\int_0^\pi \dfrac{\sin x}{x}\mathrm{d}x$．

解 输入命令：

quadl('sin(x)./x',0,pi)

输出结果：

ans＝

1.8519

注：① 这里会出现警告信息，因为在 $x=0$ 处被积函数没有意义；

② 这里输入的除法命令为"./"而不是"/"，比一般的除法命令多了一个点．在本书中只有计算数值积分时才这样使用．同样地，还有把"＊"换成".＊"，把幂运算"^"换成".^"的情况．

例 14 计算 $\displaystyle\int_0^\pi \sin x\,\mathrm{d}x$．

解 输入命令：

quadl('sin(x)',0,pi)

输出结果：

ans＝

2.0000

例 15 计算 $\displaystyle\int_0^1 x\,\mathrm{e}^x\,\mathrm{d}x$．

解 输入命令：

syms x;

int(x ＊ exp(x)，0，1)

输出结果：

ans＝

1

这与通过分部积分法计算的结果是一致的．

对于二元函数，可以使用 dblquad 命令来计算其数值积分，命令格式为

$$q=\text{dblquad}(\text{fun},\text{xmin},\text{xmax},\text{ymin},\text{ymax}),$$

这表示被积函数 fun 在积分区域 $[\text{xmin},\text{xmax}]\times[\text{ymin},\text{ymax}]$ 上的积分．该命令只能计算矩形区域上的积分．

例 16　计算 $\displaystyle\int_{1.0}^{1.5}\int_{1.4}^{2.0}\ln(x+2y)\mathrm{d}x\mathrm{d}y$ ．

解　输入命令：
dblquad('log(x+2*y)',1.4,2,1,1.5)
输出结果：
ans＝
0.4296

八、MATLAB 图形绘制功能

MATLAB 基本绘图命令见附表 3－1.

附表 3－1

命令	功　　能	命令	功　　能
plot	建立向量或矩阵各列列向量的图形	ylabel	给 y 轴加标记
loglog	x 轴、y 轴都取 对数标度建立图形	text	在图形指定的位置上 加文本字符串
title	给图形加标题	gtext	在鼠标的位置上加文本字符串
xlabel	给 x 轴加标记	grid	打开网格线

例 17　用 plot 命令画出 $\sin x$ 在区间 $[0,10]$ 上的图形．

解　plot 是绘制一维曲线的基本命令，但在使用此命令之前，我们需先定义曲线上每一点的 x 坐标及 y 坐标．输入下列命令可画出一条正弦曲线：

x＝0：0.001：10;　　％ 0 到 10 的 10000 个点的 x 坐标

y＝sin(x);　　　　　％ 对应的 y 坐标

plot(x,y);　　　　　％ 绘图

输出结果如附图 3－1 所示．

fplot 命令可以用来自动地画一个已定义的函数分布图，而无须产生绘图所需要的一组数据作为变量．其命令格式为

$$\text{fplot}('\text{fun}',[\text{xmin xmax ymin ymax}]),$$

其中 fun 为一个已定义的函数名称，例如 sin，cos 等；而 xmin，xmax，ymin，ymax 则是设定绘图横轴和纵轴的下限及上限．

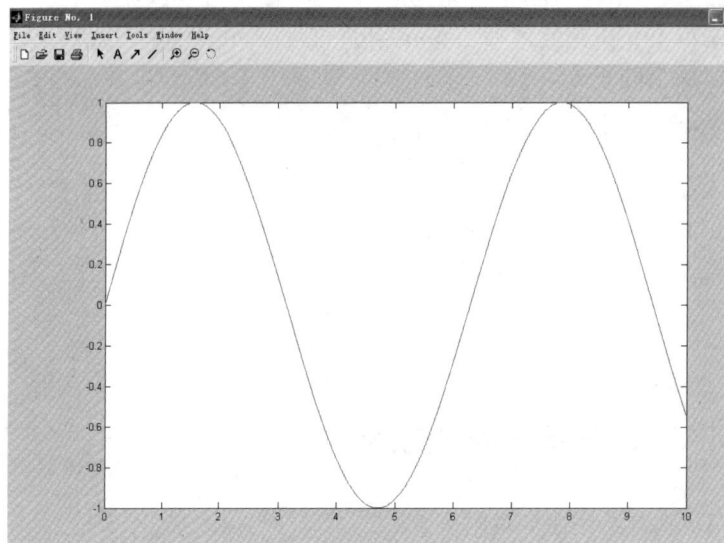

附图 3-1

例 18 作出 $\dfrac{\sin x}{x}$ 在区域 $[-10,10] \times [-1,1.2]$ 上的图形.

解 输入命令:

fplot('sin(x)./x',[-10 10 -1 1.2])

输出结果如附图 3-2 所示.

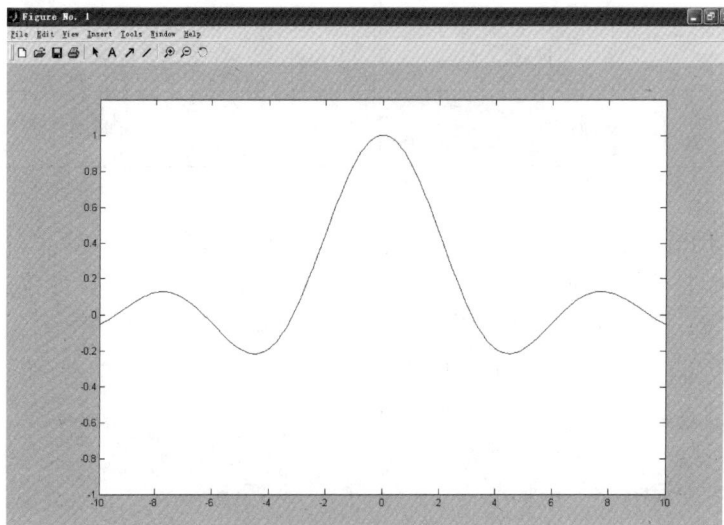

附图 3-2

例 19 画椭圆 $\dfrac{x^2}{4^2} + \dfrac{y^2}{3^2} = 1$.

解 输入命令:

```
a=[0:pi/50:2 * pi]';        %角度为 0～2 * pi
X=cos(a) * 4;               %参数方程
Y=sin(a) * 3;
plot(X,Y);
xlabel(' x'), ylabel(' y');
title('椭圆')
```

输出结果如附图 3－3 所示.

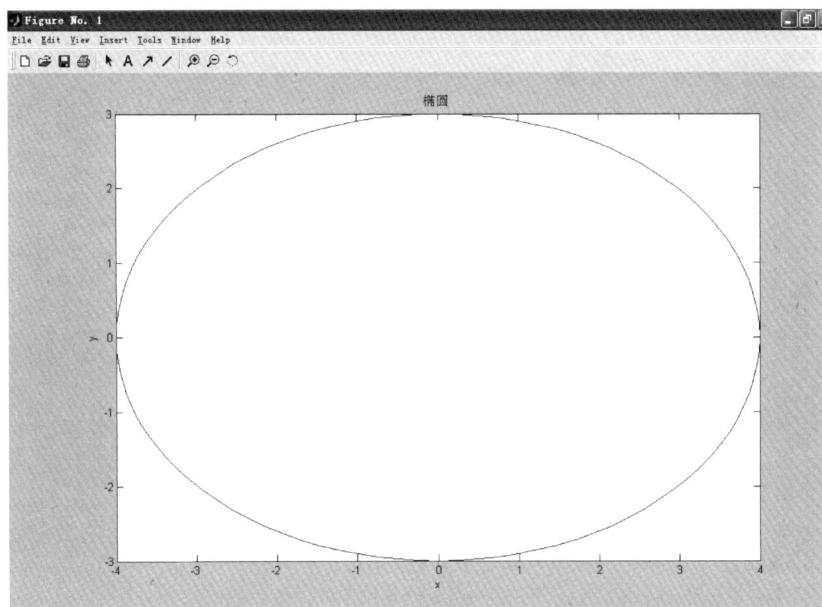

附图 3－3

plot3 命令将绘制二维图形的 plot 命令的特性扩展到三维空间图形. 命令格式除了包括第三维的信息(比如 z 方向)之外，与 plot 相同. plot3 的一般命令格式是

$$plot3(x,y,z,s),$$

这里 x, y 和 z 是向量或矩阵，s 是可选的字符串，用来指定颜色、标记符号和线形(s 可以省略).

例 20　作出空间中的三维螺旋线.

解　输入命令:

```
t=0: pi/50: 10 * pi;
plot3(sin(t),cos(t),t)
grid          %添加网格
```

输出结果如附图 3－4 所示.

MATLAB 还提供了很多三维立体图形的作图命令，这里不再赘述.

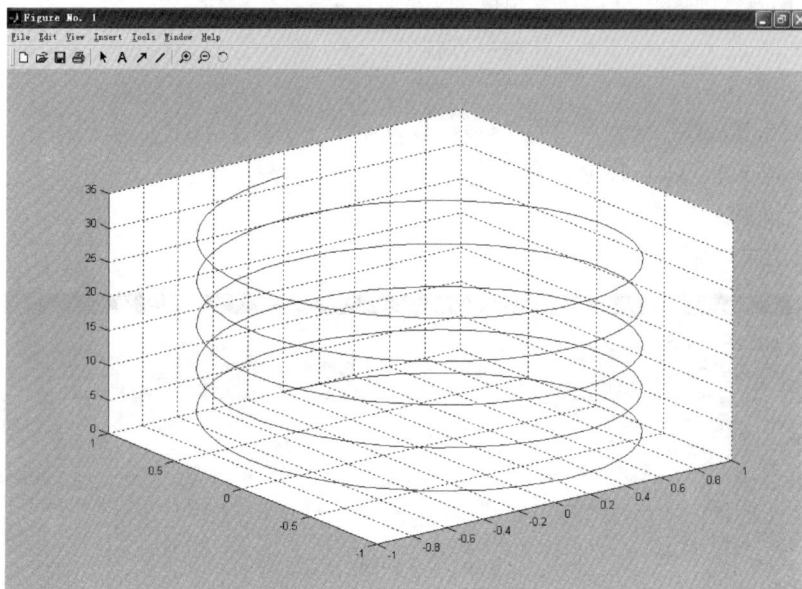

附图 3 - 4

一、数学与数学的发展

数学，一个拥有久远历史而又充满生机活力的学科，一个亲切熟悉而又略显神秘可畏的课程，一个生活中无处不体现出价值而又似乎离你很远的领域，你觉得自己真正了解数学了吗？了解数学对科学技术发展、社会文明进步的作用了吗？了解数学对你日常行为、思想的影响了吗？让我们从不同于课本知识的角度再来认识一下数学，感受一下数学的魅力吧.

我国已故著名数学家华罗庚曾说过："宇宙之大、粒子之微、光箭之速、化工之巧、地球之变、生物之谜、日用之繁，数学无处不在."凡是出现"量"和"形"的地方都少不了数学. 那么，数学是什么呢？简单地说，数学是研究现实世界数量关系和空间形式的一门科学. 它不仅是一个有着丰富内容的知识体系，是学习和研究现代科学技术必不可少的基本工具，而且也是一种思想方法，广泛影响着人类的生活和思想.

数学的发展大致经历了如下四个时期.

1. 数学萌芽时期

这个时期人类建立了基本的数学概念，如自然数的概念，并认识了简单的数学图形. 但是，这一时期数学的发展十分缓慢，形成的知识也是片段的、零碎的、缺乏逻辑的，没有严密的体系，算术与几何也没有分开.

2. 初等数学时期

初等数学时期也称为常量数学时期. 这个时期数学研究的主要对象是常数、常量和不变的图形. 经过漫长的萌芽阶段，这一时期人类在生产和实践的基础上积累了大量丰富的"数"和"形"的知识. 到了公元前 6 世纪，希腊几何学的出现成为转折点. 数学由具体的试验阶段，过渡到抽象的理论阶段，开创了初等数学. 此后又经过不断的发展和交流，逐渐形成了算术、几何、代数、三角等独立学科. 这个时期的基本成果构成了现在中学数学的主要内容.

3. 变量数学时期

这个时期初等数学的内容和方法已经满足不了社会日益发展的需要. 于是人们开始研究变量数学, 研究函数的变化规律. 有了变量, 运动就进入了数学, 有了变量和运动的概念, 微积分的建立就有了充足的条件. 此时, 牛顿和莱布尼茨同时建立了微积分学, 使这一时期数学的发展达到顶峰. 微积分学的创立, 极大地推动了数学的发展, 过去很多初等数学束手无策的问题, 如求物体运动的瞬时速度问题、求不规则图形的面积问题、求变力做功问题等, 运用微积分理论方法可以使这些问题迎刃而解, 显示出微积分学的非凡威力. 在微积分的基础上, 微分方程、微分几何、复变函数、实变函数等一批新的数学分支蓬勃发展起来了.

4. 现代数学时期

19 世纪末以来, 科学技术的飞速发展, 给人类社会带来前所未有的变化, 也对数学不断提出了更高的要求, 要求用新的数学方法解决科学技术上的新问题. 以往的数学只是应用于物理学、天文学、化学、工程学等领域, 而现代科学技术的发展, 使得数学还应用于经济学、生物学、社会学、神经系统、思维规律和语言学等学科的研究. 与此同时, 数学内部不断发现的矛盾和问题也不断推动着数学向广度和深度持续发展. 在当代, 计算机应用技术的提高对数学自身的发展和广泛的运用起到了至关重要的作用. 例如, 1976 年数学家利用计算机证明了一个数学上重要的猜想——四色猜想 (每幅地图都可以用四种颜色着色, 使得有共同边界的国家着上不同的颜色). 它不仅解决了一个历时 100 多年的难题, 而且成为数学史上一系列新思维的起点.

数学是人类文明的杰出成果, 是学习其他科学技术的重要基础, 也是我们自小学就开始学习的最重要的一门课程. 著名数学家霍格说: "如果一个学生要成为完全合格的、多方面武装的专家, 他在其发展初期就必定来到一座大门并且通过这座门. 在这座大门上用每一种人类语言刻着同样一句话'这里使用数学语言'."

当今, 我们正处在一个数字化社会, 在生活中几乎处处充满着数学. 例如, 天气预报中经常会听到降水概率、空气污染指数等数学概念; 连续复利 (每时每刻都在计算利息) 和普通复利两种计息方式, 哪一种对存款人更有利? 购房还贷时, 等额本息和等额本金两种还贷方式, 哪种更省钱? 在经济学中, 还会经常碰到永续年金问题. 所谓年金就是一定时期内每期等额的收付款项, 而永续年金是指无限期支付的年金, 著名的诺贝尔奖就是永续年金, 永续年金的计算要用到微积分的知识. 今天这个高科技时代, 我们在享用各种高科技产品的时候有没有想过, 几乎每一项高新技术的背后也都有着极其抽象的数学知识, 高新技术从本质上说就是数学技术. 凡此种种, 我们的生活、学习、工作都离不开数学. 可以说, 数学无处不在. 今天我们要想在学习、工作中有所作为, 要想取得突出的成就, 必要的数学知识、较好的数学素养、较高的数学思维都是必需的.

二、数学的作用

为了更好地认识数学、理解数学、体会数学，我们先从以下几个方面来谈一下数学的作用.

1. 数学是一切科学的共同语言

诺贝尔奖获得者、物理学家费曼曾说："若是没有数学语言，宇宙几乎是不可描述的."享有"近代自然科学之父"尊称的大物理学家伽利略曾说过："展现在我们眼前的宇宙像一本用数学语言写成的大书，如不掌握数学符号语言，就像在黑暗的迷宫里游荡，什么也认识不清."所以说数学是一切科学的共同语言，几乎所有的科学都离不开数学语言的表达和解释. 例如：牛顿用数学语言——主要是微积分，展示了他的力学三大定律和万有引力定律；爱因斯坦用数学语言——主要是非欧几何，阐述了他的广义相对论；经济学家用数学语言——如微积分、线性方程等，描述了经济运行规律. 当今，社会的数学化程度越来越高，数学的应用也越来越广泛，连一些过去认为与数学无缘的学科，如历史学、考古学、语言学、心理学等现在也都成为数学能够大显身手的领域. 另外，由于数学语言是依靠符号来表达的，而世界各国又采用相同的数学符号，所以数学语言已成为人类社会交流和贮存信息的重要手段，这也使得数学语言成为人类文明的共同语言.

2. 数学是打开科学大门的一把钥匙

提出"知识就是力量"的伟大科学先驱培根还说"数学是打开科学大门的钥匙". 伦琴因发现 X 射线于 1901 年成为诺贝尔奖的第一位获奖人，记者问他需要什么时，他回答："第一是数学，第二是数学，第三还是数学."回顾科学发展的历史，那些具有划时代意义的科学理论成就，无一例外地都借助于数学的力量.

没有数学，就没有牛顿力学和近代物理学；

没有数学，就没有行星运动三大定律和万有引力定律，也就没有天文学；

没有数学，就不可能有电磁波理论，也就不会有现代通信技术；

没有数学，就不会有流体力学的理论基础，也不可能产生航空学；

没有数学，就不可能产生广义相对论；

没有数学，就不会有数理逻辑，也就不会有现代电子计算机的诞生.

爱因斯坦曾说："为什么数学比其他一切科学受到特殊尊重，一个理由是它的命题是绝对可靠的和无可争辩的，另一个理由是数学给予精密自然科学以某种程度的可靠性. 没有数学，这些科学是达不到这种可靠性的."所以说，数学是打开科学大门的一把钥匙，任何一门科学尤其是自然科学只有使用了数学，才能称其为一门科学，否则就是不完善与不成熟的，忽视数学必将影响到所有的科学和技术进步.

3. 数学是培养思维的一种工具

学习数学的过程同时也是一个培养思维的过程.

首先，数学的抽象性帮助我们形成抓住事物共性和本质的思维品质. 例如：把实际问题转化为数学问题的过程就是一个科学的抽象过程. 它要求人们善于把问题中次要因素、次要关系、次要过程先撇在一边，抽出主要因素、主要关系和主要过程，而后化为一个数学问题.

其次，数学是思维的体操. 进行数学推导和演算都是锻炼思维的过程，这种锻炼能够提高多种思维能力，如抽象能力、逻辑能力和辩证思维能力等. 例如，几何证明是每个人都经历过的学习过程，这些证明使人们根据条件依靠逻辑的力量推出一个个勾股定理般奇妙但确定的结论，其对逻辑思维能力的培养让每个学生都深有体会.

因此，数学不仅仅是一种应用工具，它更是一个普通人所必备的素养. 它会影响一个人的言行、思维方式等各方面. 如果一个人不是以数学为终身职业，那么他的数学素养并不是表现在他能解多难的题，解题有多快，数学能考多少分，关键在于他是否真正领会了数学的思想和精神，是否将这些思想精神融入他的日常生活和言行中去. 日本著名数学教育家米山国藏说："我搞了多年的数学教育，发现学生们在初中、高中接受的数学知识因毕业进入社会后，几乎没有什么机会应用这些作为知识的数学，所以通常是出校门不到一两年就很快忘掉了. 然而，不管他们从事什么业务工作，唯有深深铭刻于头脑中的数学精神、数学的思维方法、研究方法和着眼点等，都随时地发生作用，使他们受益终生."

4. 数学是解决实际问题的方法和模型

下面通过一个真实的例子来看一下数学方法是如何发挥作用的.

事情发生在 18 世纪，东普鲁士首府哥尼斯堡（今属俄罗斯加里宁格勒）内有一条大河，河中有两个小岛. 全城被大河分割成四块陆地. 河上架有七座桥，把四块陆地像附图 4-1 那样联系起来. 当时许多喜欢散步的市民都在思索如下的问题：一个散步者能否从某一陆地出发，不重复地经过每座桥一次，最后回到原来的出发地.

这个问题似乎不难解决，所以吸引了许多人都想来试试看，但是日复一日的尝试谁也没能成功. 于是有人便写信给当时著名的数学家欧拉求教. 欧拉毕竟是数学家，以敏锐的数学眼光，以高度的抽象能力，用 A，B，C，D 4 个点表示 4 块陆地，用两点间的一条线表示连接两块陆地之间的一座桥，就得到如附图 4-2 那样一个由 4 个点和 7 条线组成的图形.

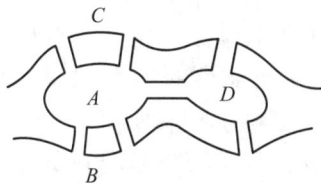

附图 4-1

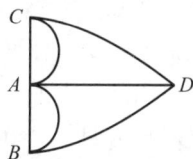

附图 4-2

于是，七桥问题就转化为一个如附图 4-2 那样的图形是否可以"一笔画"的问题（能否从一个点出发不离开纸面且画出所有的连线，使笔仍回到这个点）. 1736 年欧拉给出证明：答案是否定的.

这就是著名的哥尼斯堡七桥问题. 这个问题的答案今天的小学生也已知道. 那就是考察图形中点（称为顶点）所连接的线的条数，连接奇数条线的顶点称为奇顶点，连接偶数条线的顶点称为偶顶点. 欧拉得出图形能够"一笔画"的充分必要条件是：图形中的奇顶点个数为 0 或 2. 随之一个新的数学分支——图论诞生了. 在今天，科技的迅猛发展为图论提供了越来越多需要解决的问题，而图论研究也为计算机科学和另外一些科学领域的研究发展做出了显著的贡献.

哥尼斯堡七桥问题是一个用数学方法和模型解决现实问题的经典例子. 欧拉将实际问题抽象为一个图的模型进行分析，在当时是一种全新的思维方式，充分显示了数学方法和模型解决实际问题的威力，也显示了数学思维的基本特点——抽象.

通过这个例子，你是否对熟悉的数学有了新的认识呢？

三、数学的魅力

数学不仅以它高度的形式化、绝对的真理性、广泛的应用、独特的思维吸引了人类为之发展不断追求，而且还以它不可思议的魅力激励着一代代人为之奋斗不息，成为数学发展的不竭动力. 让我们再从下面几个方面来体会一下数学的魅力所在.

1. 诱人的数学猜想

所谓猜想就是由人们的直观或直觉上的判断认为可能成立但又未经严格证明的命题. 它是数学独特魅力的一种体现. 下面是大家熟知的哥德巴赫猜想.

1742 年德国数学家哥德巴赫写信给当时世界上最著名的瑞士数学家欧拉，提出了两个猜想：

猜想 1　每个大于 6 的偶数都可以表示成两个奇素数之和；

猜想 2　每个大于等于 9 的奇数都可以表示成三个奇素数之和.

然而，这个看起来似乎简单的问题直到 1937 年也仅猜想 2 获得解决. 而猜想 1 在 270 年后的今天仍未解决. 我国著名数学家陈景润于 1973 年证明了："每个充分大的偶数都可表示为一个奇素数与另一个不超过两个奇素数乘积之和." 这个结果距哥德巴赫猜想 1 虽只有一步之遥，但一个猜想在未得到严格证明之前，还只能是猜想. 人们通俗地把哥德巴赫第一个猜想说成 "1+1"，而把陈景润的结论说成 "1+2". 看似简单的哥德巴赫猜想却难倒了全世界 200 多年来最杰出的数学家！数学上有很多重要的猜想，有的已经证明成为定理，如"四色猜想""费马猜想"，有的则仍未证明，如"哥德巴赫猜想""黎曼猜想". 这些猜想吸引和激励着全世界一代代数学家为之奋斗努力，而每一个猜想的证明，都会带动相关学科的飞速发展.

2. 神奇的预言

数学能够正确地反映现实世界中的空间形式与数量关系，在自然科学研究中常常表现出了惊人的准确性和预见性. 由数学推导而得出的结论可以先于经验事实或实验结果而成为神奇的预言, 这样的例子不胜枚举. 例如, 1846 年海王星就是在数学计算的基础上被发现的. 在此之前天文学家观察到, 1781 年发现的第 7 个行星——天王星的运动轨道, 总是同根据万有引力定律计算出来的结果有一定的偏离. 当时有人推测, 在天王星轨道外还有一个未被发现的行星, 是它对天王星的引力引起的天王星轨道的偏离. 英国剑桥大学学生亚当斯和法国年轻天文爱好者勒维列根据天王星的观测资料, 各自独立地用万有引力定律计算出了这颗新行星的轨道, 并于 1846 年 9 月 23 日晚, 由德国天文学家加勒在勒维列预言的位置发现了这颗行星, 后来命名为海王星. 用同样的方法, 在 1930 年 3 月 14 日, 科学家又发现了冥王星. 著名的 "哈雷彗星" 的发现也同海王星、冥王星的发现一样是通过数学推导计算首先预见的. 这些无不展现了数学的神奇作用.

3. 数学的简洁美

数学以简洁著称. 数学的简洁性并不是指数学内容本身简单, 而是指数学表达形式与数学理论体系的结构简洁. 这主要表现在其表达的形式上、符号上、语言上、方法上. 英国数学家阿蒂亚说: "数学的目的在于用简单而基本的词汇尽可能多地解释世界." 古老的拉丁格言中有这样一句话: "简单是真理的标志."

数学语言的简洁表现之一: 直角三角形三边之间的关系可用 $c^2 = a^2 + b^2$ 来表示; 欧拉公式 $e^{i\pi} + 1 = 0$ 把 0, 1, i, e, π 这五个重要的常数简单而巧妙地结合在一起; 爱因斯坦用 $E = mc^2$ 就把宇宙中质能互换这样深奥复杂的关系简单地揭示出来.

数学问题的简洁表现之二: 三大尺规作图问题 (用直尺和圆规求解倍立方、三等分任意角和化圆为方问题); 欧几里得几何的第五公设问题; 哥尼斯堡七桥问题; 费马关于素数的猜想; 哥德巴赫猜想; 蒲丰投针问题等都以极其简明而深刻的表述方式吸引着人们的注意.

数学概念的简洁表现之三: 数学概念是数学语言的精髓. 不少数学概念已历经沧桑, 内涵不断发生着深刻的变化, 每一次变化都使这个概念更加清晰、准确、简洁. 例如, 函数概念自莱布尼茨 1673 年提出历经 300 多年, 经过约翰·伯努利、达朗贝尔、欧拉、柯西、狄利克雷、戴德金、康托等不断修正, 一次比一次深刻. 我们现在学习的极限概念、导数概念、定积分概念等也无不是一代代数学家修正、提炼的结果.

数学证明的简洁表现之四: 简洁的证明, 看上去思路自然, 条理清晰, 显示出数学证明不容辩驳的逻辑力量, 给人带来美的享受. $\sqrt{2}$ 是无理数的证明; 勾股定理的证明; 哥尼斯堡七桥问题的证明; 拉格朗日中值定理的证明; 牛顿-莱布尼茨公式的证明无不让我们体会着数学证明的魅力.

数学是神奇的、美妙的, 它的真谛就是利用已知探索未知. 随着科学技术的迅猛发展, 数学的地位日益提高. 如今, 数学已经渗透到各行各业的方方面面, 渗透到我们日常生活的每个角落. 没有它, 人类就很难进步和发展. 所以, 今天的我们只有努力地去学习，勤奋地去探索，才能掌握数学的语言、数学的工具，才能发现数学的奥妙，才能感觉到它的作用和魅力，从而自觉地应用数学的思维、数学的方法去分析问题、解决问题. 爱因斯坦曾说，热爱是最好的老师. 希望每位同学在充分认识数学作用的广泛性和重要性的基础上，能够热爱数学，能够学好数学.

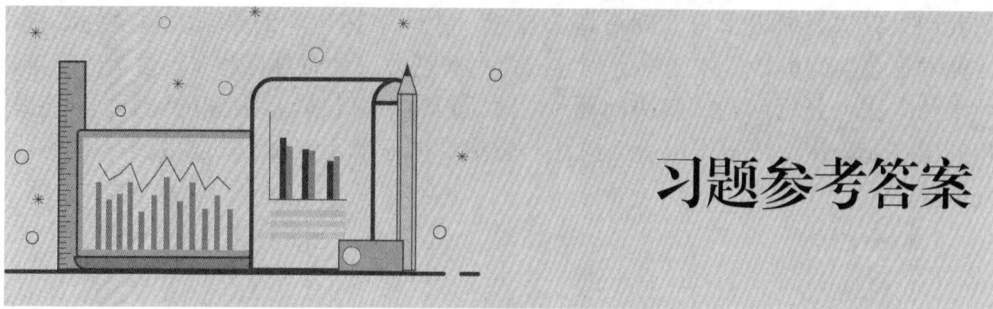

习题参考答案

习题一

1. (1) $\{x \mid -1 < x < 3\ 且\ x \neq 0\}$；　　　　(2) $\{x \mid -1 \leqslant x < 0\ 或\ x > 0\}$；

   (3) $\{x \mid -1 < x < 1\}$；　　　　　　　(4) $\{x \mid 1 < x < 2\}$.

2. $f(-2) = 4$，$f(0) = 1$，$f[f(3)] = 5$.

3. $f(x) = x^2 - x$.

4. (1) 偶函数；(2) 奇函数；(3) 奇函数；(4) 偶函数.

5. (1) $y = \sqrt{x^2 - 1}$，$(-\infty, -1] \cup [1, +\infty)$；

   (2) $y = \sin \sqrt{2x - 1}$，$\left[\dfrac{1}{2}, +\infty\right)$.

6. (1) $y = \cos u$，$u = 3x$；　　　　　(2) $y = u^8$，$u = 3x + 2$；

   (3) $y = \lg u$，$u = \lg x$；　　　　　(4) $y = \arcsin u$，$u = \sqrt{v}$，$v = x^2 - 1$；

   (5) $y = u^2$，$u = \sin v$，$v = 3x + \dfrac{\pi}{4}$；

   (6) $y = \lg u$，$u = \sqrt{v}$，$v = \sin w$，$w = 2x + 1$.

7. $S = \pi r^2 + \dfrac{2V}{r}$　$(r > 0)$.

8. $y = 7x + 68$　$(1 \leqslant x \leqslant 14)$.

9. $y = \dfrac{k}{\pi R^2} x$，定义域 $\left[0, \dfrac{\pi R^2 h}{k}\right]$.

10. $y = \begin{cases} 130x, & 0 \leqslant x \leqslant 700, \\ 117(x - 700) + 91\,000, & 700 < x \leqslant 1\,000. \end{cases}$

11. $y = 1.172\,8^x + 1.72$，约 589.15 万亿元.

12. $\overline{C} = \overline{C}(x) = \dfrac{4}{x} + \sqrt{x}$，定义域 $(0, +\infty)$.

13. $R = R(x) = 1\,000x - \dfrac{x^2}{8}$，定义域 $(0, 8\,000)$.

14. $L = L(x) = -\dfrac{x^2}{2} + 65x - 200$，定义域 $(0, 150)$.

15. (1) 0；(2) 0；(3) $-\infty$；(4) 0；

    (5) -4；(6) 不存在；(7) $\dfrac{1}{2}$；(8) 0.

16. (1) $\lim\limits_{x \to 0^-} f(x) = -1$，$\lim\limits_{x \to 0^+} f(x) = 1$，$\lim\limits_{x \to 0} f(x)$ 不存在；

(2) $\lim\limits_{x\to 0^-} f(x)=1$，$\lim\limits_{x\to 0^+} f(x)=1$，$\lim\limits_{x\to 0} f(x)=1$；

(3) $\lim\limits_{x\to 0^-} f(x)=1$，$\lim\limits_{x\to 0^+} f(x)=1$，$\lim\limits_{x\to 0} f(x)=1$.

17. (1) 连续；(2) 连续；(3) 不连续.

18. (1) $2\Delta x$；(2) $\sin(x_0+\Delta x)-\sin x_0$；

(3) $\ln(x_0+\Delta x)-\ln x_0$；(4) $(\Delta x)^2+2x_0\Delta x+\Delta x$.

19. (1) 0；(2) 3；(3) 12；(4) 4；(5) $\dfrac{1}{4}$；(6) 2；(7) 0；

(8) $\dfrac{1}{6}$；(9) $\dfrac{1}{2}$；(10) $-\dfrac{1}{2}$；(11) 0；(12) ∞；(13) $\sqrt{3}$；(14) 3.

20. $a=0$，$b=6$.

21. (1) m；(2) $\dfrac{2}{3}$；(3) 1；(4) 2；(5) 2；(6) 0.

22. (1) e^5；(2) e^3；(3) e^{-3}；(4) e^{-k}；(5) e；(6) e^3.

23. (1) 0；(2) $2+\dfrac{\pi}{6}$；(3) $\tan 1$；(4) -2.

24. (1) ∞；(2) 0；(3) ∞；(4) 0.

25. (1) $x\to 0$ 时，x^3+x^2 是比 x 高阶的无穷小；

(2) $x\to 0^+$ 时，$\sqrt[3]{x}$ 是比 $\sqrt{x}$ 低阶的无穷小；

(3) $x\to 2$ 时，x^2-4 与 $4x-8$ 是等价的无穷小；

(4) $x\to\infty$ 时，$\dfrac{1}{x}$ 是比 $\dfrac{1}{x^2}$ 低阶的无穷小.

26. (1) $\dfrac{1}{3}$；(2) $-\dfrac{1}{2}$；(3) 1；(4) $\dfrac{1}{2\sqrt{x}}$；(5) $2x$；(6) 1；

(7) $\dfrac{1}{2}$；(8) 0；(9) 0；(10) $e^{-\frac{4}{3}}$；(11) $\dfrac{1}{2}$；(12) 2.

27. 在 $x=0$ 处连续.

28. (1) $\dfrac{2}{3}$；(2) 1；(3) $\dfrac{1}{2}$；(4) $\dfrac{1}{2}$.

29. (1) $x=-2$ 是第二类间断点，且是无穷间断点；

(2) $x=0$ 是第一类间断点，且是可去间断点；

(3) $x=-1$ 是第一类间断点，且是跳跃间断点；

(4) $x=0$ 是第二类间断点，且是无穷间断点，$x=1$ 是第一类间断点，且是可去间断点.

30. (1) $(-\infty,-1)$，$(-1,1)$，$(1,+\infty)$；(2) $[0,2]$.

31. (1) 水平渐近线 $y=1$，垂直渐近线 $x=1$；

(2) 水平渐近线 $y=0$，没有垂直渐近线；

(3) 水平渐近线 $y=0$，没有垂直渐近线；

(4) 垂直渐近线 $x=1$，没有水平渐近线.

32. 略.

33. 略.

34. (1) 错；(2) 对；(3) 错；(4) 错；(5) 错；(6) 错；(7) 错；(8) 对；

(9) 错；(10) 错；(11) 对.

35. (1) -1，1；(2) $x\to 0$；(3) 4，$\dfrac{1}{2}$；(4) 不存在；(5) 1；(6) 0；(7) 1；(8) $e^{\Delta x}-1$；

(9) 0；(10) $-\sqrt{2}$；(11) $e^{\frac{1}{2}}$.

36.（1）A；（2）D；（3）B；（4）C；（5）C；（6）C；（7）B；（8）B；（9）B；（10）D.

习题二

1. 3.

2.（1）错；（2）错；（3）错；（4）错.

3.（1）$6x^2-12$；　　　　　　　　　　（2）$5+\dfrac{2}{3}x^{-3}$；

（3）$\dfrac{3}{2}x^{-\frac{1}{2}}-\dfrac{3}{5}x^{-\frac{2}{5}}$；　　　　　（4）$\dfrac{4}{3}x^3+\dfrac{1}{2}x^{-\frac{3}{2}}$；

（5）$\dfrac{7}{2}x^{\frac{5}{2}}-\dfrac{3}{2}x^{\frac{1}{2}}$；　　　　　（6）$\dfrac{2}{(1-x)^2}$.

4.（1）$3^x\ln 3-10^x\ln 10$；　　　　（2）$5x^4+5^x\ln 5$；

（3）$3^x(1+x\ln 3)$；　　　　　　（4）$\left(\dfrac{1}{2}x^{-\frac{1}{2}}+x^{\frac{1}{2}}\right)\mathrm{e}^x$；

（5）$\dfrac{3}{x\ln 2}-\dfrac{2}{x\ln 3}$；　　　　　（6）$x(2\ln x+1)$；

（7）$\dfrac{1+x-x\ln x}{x(1+x)^2}$；　　　　　（8）$-\dfrac{1}{x\ln^2 x}$.

5.（1）$\dfrac{\sin x}{x}+\ln x\cos x$；　　　　（2）$-\cot x\csc x$；

（3）$\dfrac{x\sec^2 x-\tan x}{x^2}$；　　　　（4）$\mathrm{e}^x(\cos x-\sin x)$；

（5）$\cot x-x\csc^2 x$；　　　　（6）$\dfrac{\sqrt{1-x^2}+2x\arcsin x}{(1-x^2)^2}$；

（7）$2x+\dfrac{1}{3\sqrt{1-x^2}}$；　　　　（8）$2x\operatorname{arccot} x-1$.

6.（1）$2x+2$；　　　　　　　　（2）$x-4x^{-3}$；

（3）$-\dfrac{2\mathrm{e}^x}{(1+\mathrm{e}^x)^2}$；　　　　　（4）$3^x\ln 3-3x^2$；

（5）$\left(\dfrac{1}{2}\lg x+\dfrac{1}{\ln 10}\right)x^{-\frac{1}{2}}$；　　（6）$\dfrac{2}{x(1-\ln x)^2}$；

（7）$\dfrac{1-\cos x}{\sin^2 x}$；　　　　　（8）$\sec^2 x+\csc^2 x$；

（9）$\dfrac{x^2}{1+x^2}+2x\arctan x$；　　（10）$-\dfrac{2x\arcsin x+\sqrt{1-x^2}}{(\arcsin x)^2}$.

7.（1）$20(3+2x)^9$；　　　　　　（2）$x(1-x^2)^{-\frac{3}{2}}$；

（3）$\dfrac{2^{\sqrt{x}-1}\ln 2}{\sqrt{x}}$；　　　　　（4）$2x\mathrm{e}^{x^2}$；

（5）$\dfrac{\cot x}{\ln 10}$；　　　　　　（6）$\dfrac{2x}{x^2-1}$；

（7）$-10^x\sin 10^x\ln 10$；　　　（8）$2\sec^2\left(2x-\dfrac{\pi}{8}\right)$；

（9）$\dfrac{3}{\sqrt{1-9x^2}}$；　　　　　（10）$-\dfrac{1}{2x^2+2x+1}$.

8.（1）$-60x^2(1-x^3)^{19}$；　　　　（2）$5\mathrm{e}^x(1+\mathrm{e}^x)^4$；

(3) $\dfrac{1}{2\ln 10 \cdot \sqrt{x}\,(1+\sqrt{x}\,)}$;

(4) $\dfrac{1}{2x\sqrt{1+\ln x}}$;

(5) $\cos x\,\mathrm{e}^{\sin x}$;

(6) $-2^x\sin 2^x\ln 2$;

(7) $\sin 2x$;

(8) $-5\sin x\cos^4 x$;

(9) $\dfrac{2x}{x^4-2x^2+2}$;

(10) $-\dfrac{2\operatorname{arccot} x}{1+x^2}$.

9. (1) $-\dfrac{\mathrm{e}^{\sqrt{x}}\csc^2\mathrm{e}^{\sqrt{x}}}{2\sqrt{x}}$;

(2) $-\dfrac{1}{x^2}\cot\dfrac{1}{x}$;

(3) $\dfrac{1}{x\ln x\ln\ln x}$;

(4) $-6\cos(1-2x)\sin^2(1-2x)$;

(5) $-\dfrac{2}{1+x^2}\arctan\dfrac{1}{x}$;

(6) $-\dfrac{1}{x^2}+\dfrac{2}{x^2+4}$;

(7) $(2x-1)\mathrm{e}^{\frac{1}{x}}$;

(8) $\arctan\sqrt{x}+\dfrac{\sqrt{x}}{2(1+x)}$;

(9) $\dfrac{3x\cos 3x-\sin 3x}{x^2}$;

(10) $-\dfrac{3\mathrm{e}^{3x}}{(\mathrm{e}^{3x}+1)^2}$.

10. (1) $\dfrac{f'(\sqrt{x}\,)}{2\sqrt{x}}$;

(2) $\dfrac{f'(x)}{2\sqrt{f(x)}}$;

(3) $2^x f'(2^x)\ln 2$;

(4) $\mathrm{e}^{f(x)}f'(x)$;

(5) $2f'(\sin 2x)\cos 2x$;

(6) $-\dfrac{1}{\sqrt{x^4-x^2}}f'\!\left(\arcsin\dfrac{1}{x}\right)$;

(7) $\dfrac{2\ln x}{x}f'(\ln^2 x)$;

(8) $\dfrac{2x}{f(x^2)}f'(x^2)$.

11. (1) 7；(2) $27(1-\ln 3)$ ；(3) $\dfrac{4}{\ln 2}$ ；(4) 1；(5) $-\pi^2$ ；(6) -1 .

12. (1) $\dfrac{2x-y}{x-2y}$;

(2) $\dfrac{2x}{3y^2-3}$;

(3) $\dfrac{3x^2-y}{\mathrm{e}^y+x}$;

(4) $\dfrac{1-y\mathrm{e}^{xy}}{x\mathrm{e}^{xy}-1}$;

(5) $\dfrac{y\mathrm{e}^y-2xy^2}{x^2 y-xy\mathrm{e}^y+1}$;

(6) $\dfrac{y^2(x^2+y^2)-y}{(\cos y-2xy)(x^2+y^2)-x}$.

13. (1) $12x^2-12x$;

(2) $\dfrac{2-2x^2}{(1+x^2)^2}$;

(3) $-2\mathrm{e}^x\sin x$;

(4) $(6x+4x^3)\mathrm{e}^{x^2}$;

(5) $\dfrac{2-2\ln x}{x^2}$;

(6) $-\csc^2 x$.

14. (1) $2x\,\mathrm{d}x$;

(2) $3x^2\,\mathrm{d}x$;

(3) $-\dfrac{1}{x^2}\mathrm{d}x$;

(4) $\dfrac{1}{2\sqrt{x}}\mathrm{d}x$;

(5) $\dfrac{1}{x\ln 2}\mathrm{d}x$;

(6) $2^x\ln 2\,\mathrm{d}x$;

(7) $\sec^2 x\,\mathrm{d}x$;

(8) $-\dfrac{1}{1+x^2}\mathrm{d}x$.

15. (1) $(12x^2-4x^3)\mathrm{d}x$;

(2) $\dfrac{\sin x-x\cos x}{\sin^2 x}\mathrm{d}x$;

(3) $x^{-1}3^{\ln x}\ln 3\mathrm{d}x$; $\qquad$ (4) $\dfrac{x}{x^2-1}\mathrm{d}x$;

(5) $x\sec^2\dfrac{1+x^2}{2}\mathrm{d}x$; $\qquad$ (6) $-\dfrac{1}{2\sqrt{x(1-x)}}\mathrm{d}x$;

(7) $\dfrac{\mathrm{e}^y}{1-x\mathrm{e}^y}\mathrm{d}x$; $\qquad$ (8) $-\dfrac{y^2}{1+xy}\mathrm{d}x$.

16.(1) 单调增加区间 $(-\infty,+\infty)$，无极值；

(2) 单调减少区间 $(-\infty,0)$，单调增加区间 $(0,+\infty)$，极小值 $f(0)=2$；

(3) 单调减少区间 $(0,2)$，单调增加区间 $(2,+\infty)$，极小值 $f(2)=4-8\ln 2$；

(4) 单调减少区间 $(\mathrm{e},+\infty)$，单调增加区间 $(0,\mathrm{e})$，极大值 $f(\mathrm{e})=\dfrac{1}{\mathrm{e}}$；

(5) 单调减少区间 $(0,1)$，单调增加区间 $(-\infty,0)$，$(1,+\infty)$；
    极小值 $f(1)=-1$，极大值 $f(0)=0$；

(6) 单调减少区间 $(-3,1)$，单调增加区间 $(-\infty,-3)$，$(1,+\infty)$；
    极小值 $f(1)=-2\mathrm{e}$，极大值 $f(-3)=6\mathrm{e}^{-3}$；

(7) 单调减少区间 $(-\infty,-1)$，$(1,+\infty)$，单调增加区间 $(-1,1)$；
    极小值 $f(-1)=1-\dfrac{\pi}{2}$，极大值 $f(1)=\dfrac{\pi}{2}-1$；

(8) 单调减少区间 $(-\infty,0)$，$(2,+\infty)$，单调增加区间 $(0,2)$；
    极小值 $f(0)=0$，极大值 $f(2)=4\mathrm{e}^{-2}$.

17.(1) 最小值 $f(0)=1$，最大值 $f(1)=\mathrm{e}-1$；

(2) 最小值 $f(0)=0$，最大值 $f(1)=\dfrac{1}{2}$；

(3) 最小值 $f(\mathrm{e}^{-1})=-\mathrm{e}^{-1}$；

(4) 最小值 $f(0)=1$.

18. 2.

19. $\eta(6)=-\dfrac{1}{3}$.

20.(1) $x=30(\mathrm{kg})$，$\overline{C}(30)=\dfrac{38}{3}(元/\mathrm{kg})$；

(2) $x=45(\mathrm{kg})$，$L(45)=800(元)$.

21. $\dfrac{28-t}{8}$，$\dfrac{1}{8}(28t-t^2)$.

22.(1) 在分界点处可导且 $f'(0)=0$； $\qquad$ (2) 在分界点处可导且 $f'(0)=1$.

23.(1) $x^{\frac{1}{x}-2}(1-\ln x)$； $\qquad$ (2) $(\ln x)^x\left(\ln\ln x+\dfrac{1}{\ln x}\right)$；

(3) $x^{\sin x}\left(\cos x\ln x+\dfrac{\sin x}{x}\right)$； $\qquad$ (4) $(\sin x)^x(\ln\sin x+x\cot x)$；

(5) $\dfrac{1-x-x^2}{1-x^2}\sqrt{\dfrac{1-x}{1+x}}$；

(6) $\left[\dfrac{x(2-x)}{(1-x)^2}-\dfrac{x^2(9-x)}{2(1-x)(9-x^2)}\right]\sqrt{\dfrac{3-x}{(3+x)^2}}$.

24.(1) $\dfrac{3t^2-1}{2t}$； $\quad$ (2) $\dfrac{\sin t}{1-\cos t}$； $\quad$ (3) $\dfrac{\sqrt[3]{(1-\sqrt{t})^2}}{\sqrt[6]{t}\sqrt{1-\sqrt[3]{t}}}$； $\quad$ (4) $\dfrac{t}{2}$.

25.(1) 满足； $\quad$ (2) 不满足； $\quad$ (3) 满足； $\qquad$ (4) 满足.

26.(1) 满足，$\xi=\dfrac{5\pm\sqrt{13}}{12}$；   (2) 满足，$\xi=\dfrac{1}{\ln 2}$.

27.(1) ∞；(2) $-\dfrac{1}{6}$；(3) 2；(4) $\dfrac{3}{2}$；(5) $\dfrac{1}{2}$；(6) 0.

28.(1) $\dfrac{\mathrm{e}}{2}$；(2) $-\dfrac{1}{2}$；(3) $\dfrac{1}{6}$；(4) -4；(5) 0；(6) 0；(7) $\dfrac{3}{2}$；(8) $-\dfrac{1}{2}$.

29.(1) 在$(-\infty,+\infty)$内下凹，没有拐点；

(2) 在$(-2,+\infty)$内上凹，在$(-\infty,-2)$内下凹，拐点$(-2,-2\mathrm{e}^{-2})$；

(3) 在$\left(-\infty,-\dfrac{\sqrt{3}}{3}\right)$，$\left(\dfrac{\sqrt{3}}{3},+\infty\right)$内上凹，在$\left(-\dfrac{\sqrt{3}}{3},\dfrac{\sqrt{3}}{3}\right)$内下凹，拐点$\left(-\dfrac{\sqrt{3}}{3},\dfrac{3}{4}\right)$，

$\left(\dfrac{\sqrt{3}}{3},\dfrac{3}{4}\right)$；

(4) 在$(0,1)$内上凹，在$(1,+\infty)$内下凹，拐点$(1,-1)$.

30.(1) $\dfrac{1}{4}$；   (2) 2；

(3) -1；   (4) $\dfrac{2x^2-2(1+x^4)\arctan x^2}{x^3(1+x^4)}$；

(5) $y=2$；   (6) $2f'(x^2+b)+4x^2f''(x^2+b)$；

(7) $-\pi$；   (8) 0.02；

(9) 2；   (10) -2；

(11) 50 000；   (12) $2bm$；

(13) -1；   (14) $(-\infty,+\infty)$；

(15) $-(1+\cos x)^{\frac{1}{x}}\dfrac{x\tan\dfrac{x}{2}+\ln(1+\cos x)}{x^2}$；

(16) 11，-14.

31.(1) C；(2) C；(3) B；(4) B；(5) C；(6) D；(7) C；(8) C；(9) B；(10) C；

(11) B；(12) C；(13) B.

习题三

1.(1) $x-x^3+C$；   (2) $\dfrac{2^x}{\ln 2}+\dfrac{1}{3}x^3+C$；

(3) $\dfrac{2}{3}x\sqrt{x}-2\sqrt{x}+C$；   (4) $10^{10}x-\mathrm{e}^x+C$；

(5) $x-\arctan x+C$；   (6) $\dfrac{1}{2}t^2+3t+3\ln|t|-\dfrac{1}{t}+C$；

(7) $\dfrac{1}{2}x-\dfrac{1}{2}\cos x+C$；   (8) $\dfrac{1}{2}x+\dfrac{1}{2}\sin x+C$；

(9) $\tan x-x+C$；   (10) $\arcsin x-\ln|x|+C$；

(11) e^t+t+C；   (12) $\sin x+\cos x+C$.

2. 略.

3.(1) $\dfrac{1}{10}(x-1)^{10}+C$；   (2) $\dfrac{1}{2}\mathrm{e}^{2x+1}+C$；

(3) $5\sin\dfrac{x}{5}+C$；   (4) $\dfrac{a^{3x}}{3\ln a}+C$；

(5) $-\mathrm{e}^{-x}+C$;

(6) $\dfrac{1}{2}\ln|1+2t|+C$;

(7) $\ln(1+x^2)+C$;

(8) $\dfrac{1}{12}(x^2+1)^6+C$;

(9) $-\dfrac{1}{2(2x-3)}+C$;

(10) $-\dfrac{2}{7}(2-x)^{\frac{7}{2}}+C$;

(11) $\dfrac{1}{3}(u^2-5)^{\frac{3}{2}}+C$;

(12) $\dfrac{1}{6}\arctan\dfrac{3}{2}x+C$;

(13) $\arcsin\dfrac{x}{3}+C$;

(14) $-\mathrm{e}^{\frac{1}{x}}+C$;

(15) $-\sin\dfrac{1}{x}+C$;

(16) $\ln|\ln x|+C$;

(17) $\dfrac{1}{3}(\ln x)^3+C$;

(18) $\ln(\mathrm{e}^x+1)+C$;

(19) $\arcsin \mathrm{e}^x+C$;

(20) $\arctan \mathrm{e}^t+C$;

(21) $\mathrm{e}^{\sin x}+C$;

(22) $-\dfrac{1}{3}\cos^3 x+C$;

(23) $\dfrac{1}{3}\tan^3 x+C$;

(24) $\tan x+\dfrac{1}{3}\tan^3 x+C$;

(25) $\dfrac{2}{3}(\arcsin x)^{\frac{3}{2}}+C$;

(26) $\dfrac{1}{3}(\arctan x)^3+C$;

(27) $\dfrac{1}{a}f(ax+b)+C$;

(28) $\dfrac{\tan^2 x}{2}+\ln|\cos x|+C$;

(29) $\dfrac{1}{2}\ln(x^2+1)-\arctan x+C$;

(30) $\ln(x^2-x+3)+C$.

4.(1) $x-2\ln|x+2|+C$;

(2) $\dfrac{1}{2}x^2-2x+4\ln|x+2|+C$;

(3) $\dfrac{1}{3}x^3-x+\arctan x+C$;

(4) $\dfrac{1}{5}\ln\left|\dfrac{x-3}{x+2}\right|+C$;

(5) $\dfrac{1}{4}\ln\left|\dfrac{x-2}{x+2}\right|+C$;

(6) $-\cos x+\dfrac{1}{3}\cos^3 x+C$;

(7) $\sin x-\dfrac{2}{3}\sin^3 x+\dfrac{1}{5}\sin^5 x+C$;

(8) $\dfrac{x}{2}-\dfrac{1}{12}\sin 6x+C$.

5.(1) $\dfrac{3}{4}(x+a)^{\frac{4}{3}}+C$;

(2) $\dfrac{2}{3}(x+1)\sqrt{x+1}-2\sqrt{x+1}+C$

(3) $\dfrac{1}{9}(2x+3)^{\frac{9}{4}}-\dfrac{3}{5}(2x+3)^{\frac{5}{4}}+C$;

(4) $\sqrt{2x-3}-\ln(\sqrt{2x-3}+1)+C$;

(5) $6(\sqrt[6]{x}-\arctan\sqrt[6]{x})+C$;

(6) $\dfrac{1}{2}(\arcsin x-x\sqrt{1-x^2})+C$;

(7) $-\sqrt{1-x^2}+\dfrac{2}{3}\sqrt{(1-x^2)^3}-\dfrac{1}{5}\sqrt{(1-x^2)^5}+C$;

(8) $\dfrac{1}{2}(\arcsin x+x\sqrt{1-x^2})+C$;

(9) $-\dfrac{\sqrt{1-x^2}}{x}+C$；

(10) $-4\sqrt{4-x^2}+\dfrac{1}{3}\sqrt{(4-x^2)^3}+C$.

6. (1) $x\ln(x^2+1)-2x+2\arctan x+C$；　　(2) $x\arctan x-\dfrac{1}{2}\ln(1+x^2)+C$；

(3) $(x-1)\mathrm{e}^x+C$；　　　　　　　　(4) $-x\cos x+\sin x+C$；

(5) $-\dfrac{1}{x}(\ln x+1)+C$；　　　　　(6) $-\mathrm{e}^{-x}(x^2+2x+2)+C$；

(7) $\dfrac{1}{8}x^4\left(2\ln^2 x-\ln x+\dfrac{1}{4}\right)+C$；　(8) $2\mathrm{e}^{\sqrt{x}}(\sqrt{x}-1)+C$；

(9) $[\ln(\ln x)-1]\ln x+C$；　　　　　(10) $xf'(x)-f(x)+C$.

7. (1) 4；(2) 4；(3) $-\ln 2$；(4) 1；(5) $\dfrac{\pi}{2}$；(6) $\dfrac{\pi}{3}$.

8. (1) $\dfrac{\ln 7}{3}$；　　　　　　　　　(2) $2(\sqrt{2}-1)$；

(3) $\dfrac{1}{15}$；　　　　　　　　　　(4) $\dfrac{1}{4}$；

(5) $\dfrac{2}{3}\sqrt{(1-\mathrm{e}^{-1})^3}$；　　　　(6) $\dfrac{1}{2}\ln 2$；

(7) $\ln 2$；　　　　　　　　　　(8) $\mathrm{e}-\mathrm{e}^{\frac{1}{2}}$；

(9) 0；　　　　　　　　　　　(10) $\sin \mathrm{e}-\sin 1$；

(11) $\ln 2$；　　　　　　　　　(12) $2(\cos 1-\cos 2)$；

(13) $\dfrac{\pi}{6}$；　　　　　　　　　(14) $\dfrac{\pi}{8}$.

9. (1) 5；　(2) $\dfrac{5}{2}$；　(3) 4；　(4) $\dfrac{17}{6}$；　(5) $\dfrac{2}{3}$.

10. (1) $\dfrac{12}{5}$；　　　　　　　　　(2) $\dfrac{32}{3}$；

(3) $6-4\ln 2$；　　　　　　　(4) $\dfrac{3}{2}(\ln 5-\ln 2)$；

(5) $\dfrac{1}{\sqrt{3}}$；　　　　　　　　(6) $\sqrt{3}-\dfrac{\pi}{3}$；

(7) $\dfrac{\pi}{3}+\dfrac{\sqrt{3}}{2}$；　　　　　(8) 0；

(9) 2π；　　　　　　　　　(10) 2.

11. (1) 1；　　　　　　　　　(2) $\dfrac{\pi}{4}-\dfrac{1}{2}\ln 2$；

(3) $1-2\mathrm{e}^{-1}$；　　　　　(4) 1；

(5) $\dfrac{1}{9}(2\mathrm{e}^3+1)$；　　　　(6) $\dfrac{\pi}{4}-\dfrac{1}{2}$；

(7) $\mathrm{e}-2$；　　　　　　　　(8) $\pi-2$.

12. (1) $-\dfrac{1}{2}$；　　　(2) $\dfrac{1}{6}$；　　(3) 发散；　　(4) $\dfrac{1}{2}$.

13. (1) $\dfrac{1}{6}$；　　　(2) $\mathrm{e}+\dfrac{1}{\mathrm{e}}-2$；　(3) $\dfrac{2}{3}\sqrt{2}$；

(4) $\dfrac{3}{2}-\ln 2$;　　(5) $\dfrac{7}{6}$;　　　　(6) 16.

14. $\dfrac{9}{4}$.

15. (1) $\dfrac{\pi}{5}$;　　　　(2) $\dfrac{64}{3}\pi$;　　(3) $\dfrac{48}{5}\pi$, $\dfrac{24}{5}\pi$;　　(4) $160\pi^2$.

16. (1) $y=\dfrac{1}{2}(x-1)$;　　(2) $\dfrac{1}{3}$;　　　　(3) $V_x=\dfrac{\pi}{6}$, $V_y=\dfrac{6\pi}{5}$.

17. 6.133 m^3

18. 50，100.

19. $C(x)=1\,000+3x+40\sqrt{x}$(元).

20. (1) 9 987.5;　　　　　　　　(2) 19 850.

21. (1) 400(台);　　　　　　　　(2) 0.5(万元).

22. 0.001 8k(J).

23. $\dfrac{GmMh}{R(R+h)}$ 或 $\dfrac{mgR^2h}{R(R+h)}$.

24. $2ka^2$(功单位).

25. $\dfrac{27}{2}\rho g\approx 1.323\times 10^5$(N).

26. $\dfrac{90}{5}\rho g\approx 1.764\times 10^5$(N).

27. $\dfrac{2}{\pi}$.

28. 当 $x=0$ 时取到极小值 0.

29. $\dfrac{9}{14}$.

30. 12(m/s).

31. (1) $2^x\ln 2$;　　　　　　　　(2) $\dfrac{\sqrt{2}}{2}$;

　　(3) $\tan x-\cot x+c$;　　　　(4) $\dfrac{1}{2}x^2+\dfrac{1}{4}x^4+C$;

　　(5) $-F\left(\dfrac{1}{x}\right)+C$;　　　　(6) $\dfrac{\pi}{2}$;

　　(7) $\sqrt{\mathrm{e}^2-1}$;　　　　　　(8) $\dfrac{1}{2}\displaystyle\int_0^2 f(t)\mathrm{d}t$;

　　(9) e;　　　　　　　　　　(10) $\dfrac{1}{2}$;

　　(11) $s(t)=\dfrac{3}{2}t^2-2t+5$;　　(12) $\dfrac{1}{2}a(t_2^2-t_1^2)+b(t_2-t_1)$;

　　(13) $2(\sqrt{x-1}-\arctan\sqrt{x-1})+C$;　　(14) $\dfrac{\pi}{12}$.

32. (1) B; (2) D; (3) A; (4) D; (5) C; (6) B; (7) D; (8) C; (9) A; (10) B; (11) C; (12) D.

习题四

1. (1) $y^2=2(x+C)$;　　　　　　　　(2) $y=-\dfrac{1}{x^2+C}$ 与 $y=0$;

(3) $y=\ln(\mathrm{e}^x+C)$;

(4) $y=-\dfrac{Cx}{x+C}$;

(5) $y^2=C(x-1)^2-1$;

(6) $y=\ln[C(1+x^2)-1]$;

(7) $3(x^2-y^2)+2(x^3-y^3)=C$;

(8) $\ln^2 x-\ln^2 y=C$.

2. (1) $x^3+y^3=9$;

(2) $y=(x+3)^3$;

(3) $y=-\dfrac{1}{\ln(1+\sin x)+1}$;

(4) $y=\tan\left(\arctan x+\dfrac{\pi}{12}\right)$.

3. (1) $y=C\mathrm{e}^{5x}$;

(2) $y=C\mathrm{e}^{\frac{1}{x}}$;

(3) $y=C(x+1)^2$;

(4) $y=C\mathrm{e}^{\cos x}$;

(5) $y=\mathrm{e}^{x^2}(\sin x+C)$;

(6) $y=\dfrac{1}{x}(\mathrm{e}^x+C)$;

(7) $y=(1+x^2)(x+C)$;

(8) $x=\dfrac{1}{2}y^3+Cy$;

(9) $y=7\mathrm{e}^{-\frac{x}{2}}+3$;

(10) $y=\dfrac{2}{x+1}(\mathrm{e}^{-1}-\mathrm{e}^{-x})$.

4. (1) $y=C_1\mathrm{e}^{-3x}+C_2\mathrm{e}^{3x}$;

(2) $y=C_1\mathrm{e}^{3x}+C_2\mathrm{e}^{-x}$;

(3) $y=C_1\cos x+C_2\sin x$;

(4) $y=\mathrm{e}^x\left(C_1\cos\dfrac{x}{2}+C_2\sin\dfrac{x}{2}\right)$;

(5) $y=C_1\mathrm{e}^x+C_2x\mathrm{e}^x$;

(6) $y=C_1+C_2\mathrm{e}^{4x}$.

5. (1) $y=7\mathrm{e}^x-5\mathrm{e}^{2x}$;

(2) $y=2\mathrm{e}^{-\frac{1}{2}x}+x\mathrm{e}^{-\frac{1}{2}x}$;

(3) $y=\mathrm{e}^{-2x}\sin 3x$.

6. (1) $y^*=2x^2-7$;

(2) $y^*=\dfrac{1}{2}\mathrm{e}^x$;

(3) $y^*=-\dfrac{2}{5}\cos x-\dfrac{4}{5}\sin x$;

(4) $y=C_1\mathrm{e}^{2x}+C_2-\dfrac{3}{4}x^2-\dfrac{5}{4}x$;

(5) $y=\left(\dfrac{5}{6}x^3+C_2x+C_1\right)\mathrm{e}^{-3x}$;

(6) $y^*=\dfrac{1}{4}(1+x\sin 2x-\cos 2x)$.

7. (1) $y=\dfrac{x^2}{2}\ln x-\dfrac{3}{4}x^2+C_1x+C_2$;

(2) $y=-\dfrac{1}{2}\sin 2x+C_1\sin x-x+C_2$;

(3) $y=-\ln|\cos(x+C_1)|+C_2$.

8. $\mathrm{e}^{-2y}=1-x$.

9. (1) $\dfrac{3}{p^2}+\dfrac{1}{p}$ ($p>0$);

(2) $\dfrac{1}{p+1}+\dfrac{3}{p-2}$ ($p>2$);

(3) $\dfrac{2}{p^2+4}$ ($p>0$).

10. (1) 错; (2) 错; (3) 对; (4) 错; (5) 错.

11. (1) $y=(x+C)\cos x$;

(2) $y\arcsin x=x-\dfrac{1}{2}$;

(3) $y=C_1+\dfrac{C_2}{x^2}$;

(4) $y=C_1(y_2(x)-y_1(x))+C_2(y_3(x)-y_1(x))+y_1(x)$;

(5) $y=3+x^2+C_1x+C_2\mathrm{e}^{-x}$;

(6) $y^*=Ax+B+x(Cx+D)\mathrm{e}^{-x}+\mathrm{e}^x(E\cos 2x+F\sin 2x)$;

(7) $y=\mathrm{e}^x(1+C_1\cos x+C_2\sin x)$;

(8) $y=C_1 e^{-2x}+\left(C_2+\dfrac{1}{4}x\right)e^{2x}$;

(9) $y''+4y=0$;

(10) $e^{2x}\ln 2$;

(11) $y=C_1 e^{3x}+C_2 e^{-x}$.

12. (1) D; (2) D; (3) D; (4) A; (5) C; (6) B; (7) A.

13. $s(t)=50e^{\frac{\ln 2}{10}t}$.

14. $f(x)=Ce^x\sqrt{2x-1}$.

习题五

1. (1) $(0,0,0)$;　　(2) $(x,0,0)$;　　(3) $(0,y,0)$;　　(4) $(0,0,z)$;

(5) $(x,y,0)$;　　(6) $(0,y,z)$;　　(7) $(x,0,z)$.

2. 第八卦限；第三卦限；第五卦限.

3. $z=7$ 或 -5.

4. $M_0(1,-2,2)$, $R=4$.

5. (1) $\{(x,y)\mid x\geqslant 0 \text{ 且 } y\geqslant 0\}$;　　(2) $\{(x,y)\mid x>0, -1\leqslant y\leqslant 1\}$;

(3) $\{(x,y)\mid x+y>0\}$;　　(4) $\{(x,y)\mid 4<x^2+y^2<16\}$.

6. (1) 3;　　(2) $t^2 f(x,y)$;　　(3) $-2x+6y+3h$.

7. (1) $z_x'=3x^2y-y^3$, $z_y'=x^3-3xy^2$;

(2) $z_x'=\left(\dfrac{1}{3}\right)^{\frac{y}{x}}\dfrac{y}{x^2}\ln 3$, $z_y'=-\left(\dfrac{1}{3}\right)^{\frac{y}{x}}\dfrac{1}{x}\ln 3$;

(3) $z_x'=\dfrac{e^x}{e^x+e^y}$, $z_y'=\dfrac{e^y}{e^x+e^y}$;

(4) $z_x'=e^{-xy}(1-xy)$, $z_y'=-x^2 e^{-xy}$;

(5) $z_x'=\dfrac{y^2}{(x^2+y^2)^{\frac{3}{2}}}$, $z_y'=-\dfrac{xy}{(x^2+y^2)^{\frac{3}{2}}}$;

(6) $z_x'=-2xy\sin x^2 y$, $z_y'=-x^2\sin x^2 y$;

(7) $z_x'=y\cos(xy)\tan\dfrac{y}{x}-\dfrac{y}{x^2}\sin(xy)\sec^2\dfrac{y}{x}$,

$z_y'=x\cos(xy)\tan\dfrac{y}{x}+\dfrac{1}{x}\sin(xy)\sec^2\dfrac{y}{x}$;

(8) $z_x'=\dfrac{1}{1+x^2}$, $z_y'=\dfrac{1}{1+y^2}$.

8. (1) $f_x'(2,3)=12$, $f_y'(0,0)=-2$;

(2) $f_x'(0,e)=-1$, $f_y'(e,e)=\dfrac{1}{e(1-e)}$.

9. (1) $z_x'=\dfrac{2x}{1-2z}$, $z_y'=\dfrac{2y}{1-2z}$;　　(2) $z_x'=\dfrac{yz}{\cos z-xy}$, $z_y'=\dfrac{xz}{\cos z-xy}$.

10. $\dfrac{1-2e^3}{2(1-e^3)}$.

11. 略.

12. (1) $z_{xx}''=-6xy^2$, $z_{xy}''=z_{yx}''=4y^3-6x^2y$, $z_{yy}''=12xy^2-2x^3$;

(2) $z_{xx}''=y^2 e^{xy}$, $z_{xy}''=z_{yx}''=(1+xy)e^{xy}$, $z_{yy}''=x^2 e^{xy}$;

(3) $z_{xx}''=-\sin(x-2y)$, $z_{xy}''=z_{yx}''=2\sin(x-2y)$, $z_{yy}''=-4\sin(x-2y)$;

(4) $z''_{xx} = \dfrac{2xy}{(x^2+y^2)^2}$, $z''_{xy} = z''_{yx} = \dfrac{y^2-x^2}{(x^2+y^2)^2}$, $z''_{yy} = -\dfrac{2xy}{(x^2+y^2)^2}$;

(5) $z''_{xx} = 2y(2y-1)x^{2y-2}$, $z''_{xy} = z''_{yx} = 2x^{2y-1}(1+2y\ln x)$, $z''_{yy} = 4x^{2y}\ln^2 x$;

(6) $z''_{xx} = -\dfrac{y^3}{x^2}$, $z''_{xy} = z''_{yx} = \dfrac{3y^2}{x}$, $z''_{yy} = 6y\ln x$.

13. (1) $3x^2y^2\,\mathrm{d}x + 2x^3y\,\mathrm{d}y$;   (2) $yx^{y-1}\,\mathrm{d}x + x^y\ln x\,\mathrm{d}y$;

(3) $2x\cos(x^2+y^2)\,\mathrm{d}x + 2y\cos(x^2+y^2)\,\mathrm{d}y$;

(4) $\dfrac{2x}{x^2-y^2}\,\mathrm{d}x - \dfrac{2y}{x^2-y^2}\,\mathrm{d}y$;   (5) $\dfrac{y\mathrm{e}^{\sqrt{x}}}{2\sqrt{x}}\,\mathrm{d}x + \mathrm{e}^{\sqrt{x}}\,\mathrm{d}y$;

(6) $\dfrac{y}{\sqrt{1-x^2y^2}}\,\mathrm{d}x + \dfrac{x}{\sqrt{1-x^2y^2}}\,\mathrm{d}y$.

14. -0.2.

15. $a=2$，$b=-1$.

16. (1) 极大值 $f(0,0)=1$;

(2) 极小值 $f(1,1)=1$;

(3) 极大值 $f(1,0)=1$;

(4) 极小值 $f(0,0)=0$，极大值 $f\left(-\dfrac{5}{3},0\right)=\dfrac{125}{27}$.

17. 无盖长方形水池的长和宽均为 $\sqrt[3]{2V_0}$，高为 $\dfrac{1}{2}\sqrt[3]{2V_0}$ 时，表面积最小.

18. (1) 8;   (2) $\dfrac{3}{2}$;

(3) $\dfrac{1}{6}\ln 2$;   (4) $\dfrac{9}{4}$;

(5) $\dfrac{6}{55}$;   (6) 2;

(7) $1-\sin 1$;   (8) $\ln\dfrac{2+\sqrt{2}}{1+\sqrt{3}}$.

19. (1) 令中间变量 $u=x^2y^2$，$v=\dfrac{x^2}{y^2}$，则

$$\dfrac{\partial z}{\partial x} = 2xy^2\dfrac{\partial z}{\partial u} + \dfrac{2x}{y^2}\dfrac{\partial z}{\partial v}, \quad \dfrac{\partial z}{\partial y} = 2x^2y\dfrac{\partial z}{\partial u} - \dfrac{2x^2}{y^3}\dfrac{\partial z}{\partial v}.$$

(2) 令中间变量 $u=x^2+y^2$，$v=\ln xy$，则

$$\dfrac{\partial z}{\partial x} = 2x\dfrac{\partial z}{\partial u} + \dfrac{1}{x}\dfrac{\partial z}{\partial v}, \quad \dfrac{\partial z}{\partial y} = 2y\dfrac{\partial z}{\partial u} + \dfrac{1}{y}\dfrac{\partial z}{\partial v}.$$

20. (1) $\displaystyle\int_0^4 \mathrm{d}x \int_{\frac{x}{2}}^{\sqrt{x}} f(x,y)\,\mathrm{d}y$;   (2) $\displaystyle\int_0^1 \mathrm{d}y \int_{\mathrm{e}^y}^{\mathrm{e}} f(x,y)\,\mathrm{d}x$;

(3) $\displaystyle\int_0^1 \mathrm{d}y \int_{\sqrt{y}}^{1+\sqrt{1-y^2}} f(x,y)\,\mathrm{d}x$.

21. (1) $\dfrac{2}{3}\pi$;   (2) $\dfrac{\pi}{4}(1-\mathrm{e}^{-1})$;

(3) $\dfrac{\pi}{4}(2\ln 2-1)$.

22. (1) $x+y>0$ 且 $x+y\neq 1$;   (2) $\dfrac{x^2-y}{y+1}$;

(3) z 轴;   (4) $3^{xy}y\ln 3$;

(5) $1+e^2$;   (6) $\dfrac{1}{2}$;

(7) $\dfrac{1}{3}(\mathrm{d}x+\mathrm{d}y)$;   (8) $(0,0)$;

(9) $\dfrac{1}{2}(e-1)$;   (10) $\dfrac{1}{2}$;

(11) $\dfrac{x}{\sqrt{x^2+y^2}}$, $\dfrac{y}{\sqrt{x^2+y^2}}$;   (12) $\dfrac{1}{2}$.

23. (1) A; (2) B; (3) D; (4) A; (5) B; (6) A; (7) D; (8) C; (9) B; (10) B.

习题六

1. (1) 错; (2) 错; (3) 对; (4) 对; (5) 错; (6) 对.

2. (1) 收敛且和为 $\dfrac{1}{2}$;   (2) 收敛且和为 1;   (3) 发散;

   (4) 发散;   (5) 发散;   (6) 发散.

3. (1) 收敛且和为 2;   (2) 收敛且和为 $\dfrac{4}{9}$;   (3) 发散;

   (4) 收敛且和为 $\dfrac{5}{3}$.

4. (1) 发散; (2) 发散; (3) 收敛; (4) 发散; (5) 收敛; (6) 发散;
   (7) 发散; (8) 收敛.

5. (1) 收敛; (2) 发散; (3) 收敛; (4) 发散; (5) 收敛; (6) 收敛.

6. (1) 发散; (2) 条件收敛; (3) 条件收敛; (4) 绝对收敛;
   (5) 绝对收敛; (6) 发散.

7. (1) $R=0$, 收敛域为 $x=0$;   (2) $R=2$, 收敛域为 $[-2,2)$;
   (3) $R=2$, 收敛域为 $(-2,2)$;   (4) $R=3$, 收敛域为 $[-3,3]$;
   (5) $R=4$, 收敛域为 $[-4,4)$;   (6) $R=+\infty$, 收敛域为 $(-\infty,+\infty)$.

8. (1) $\displaystyle\sum_{n=0}^{\infty}\dfrac{(-1)^n}{2^n\cdot n!}x^n$, $-\infty<x<+\infty$;

   (2) $\displaystyle\sum_{n=0}^{\infty}\dfrac{1}{n!}x^{2n+2}$, $-\infty<x<+\infty$;

   (3) $\displaystyle\sum_{n=0}^{\infty}\dfrac{1}{3^{n+1}}x^n$, $-3<x<3$;

   (4) $\displaystyle\sum_{n=0}^{\infty}(-2)^n x^{n+1}$, $-\dfrac{1}{2}<x<\dfrac{1}{2}$.

9. (1) e;   (2) e^{-2};   (3) $3e^3$;   (4) e^4-1.

10. (1) $S(x)=\dfrac{1}{2}\ln\dfrac{1+x}{1-x}$, $|x|<1$;   (2) $S(x)=\dfrac{2x-x^2}{(1-x)^2}$, $|x|<1$.

11. (1) $2\ln 2+\displaystyle\sum_{n=1}^{\infty}(-1)^{n-1}\dfrac{x^n}{n-4^n}$, $-4<x\leqslant 4$;

   (2) $\displaystyle\sum_{n=1}^{\infty}(-1)^{n+1}\dfrac{2^{2n-1}}{(2n)!}x^{2n}$, $-\infty<x<+\infty$;

   (3) $\displaystyle\sum_{n=0}^{\infty}(-1)^n\dfrac{x^{n+1}}{n!}$, $-\infty<x<+\infty$;

   (4) $\dfrac{1}{3}\displaystyle\sum_{n=0}^{\infty}\left[2^n+(-1)^{n+1}\right]x^n$, $-\dfrac{1}{2}<x<\dfrac{1}{2}$.

12. $\dfrac{1}{x^2+5x+6}=\displaystyle\sum_{n=0}^{\infty}\left(1-\dfrac{1}{2^{n+1}}\right)(x+4)^n$，$-5<x<-3$.

13. 当 $-\infty<x<+\infty$，$x\neq(2k+1)\pi(k=0,\pm1,\pm2,\cdots)$时，

$$f(x)=\dfrac{\pi}{4}-\left(\dfrac{2}{\pi}\cos x-\sin x\right)-\dfrac{1}{2}\sin 2x-\left(\dfrac{2}{9\pi}\cos 3x-\dfrac{1}{3}\sin 3x\right)-\dfrac{1}{4}\sin 4x-\cdots;$$

$$f(\pm\pi)=\dfrac{\pi}{2}.$$

14. 当 $-\infty<x<+\infty$，$x\neq k\pi(k=0,\pm1,\pm2,\cdots)$时，

$$f(x)=\dfrac{4}{\pi}\left(\sin x+\dfrac{1}{3}\sin 3x+\dfrac{1}{5}\sin 5x+\cdots\right);\quad f(0)=f(\pm\pi)=0.$$

15. $\dfrac{\pi-x}{2}=\displaystyle\sum_{n=1}^{\infty}\dfrac{1}{n}\sin nx$，$0<x<\pi$.

16. $\dfrac{\pi}{2}-x=\dfrac{4}{\pi}\displaystyle\sum_{k=1}^{\infty}\dfrac{1}{(2k-1)^2}\cos(2k-1)x$，$0\leqslant x\leqslant\pi$.

17. (1) $\dfrac{x}{2}=\dfrac{2}{\pi}\displaystyle\sum_{n=1}^{\infty}(-1)^{n+1}\dfrac{1}{n}\sin\dfrac{n\pi}{2}x$，$0\leqslant x<2$；

(2) $\dfrac{x}{2}=\dfrac{1}{2}-\dfrac{4}{\pi^2}\displaystyle\sum_{k=1}^{\infty}\dfrac{1}{(2k-1)^2}\cos\dfrac{(2k-1)\pi}{2}x$，$0\leqslant x\leqslant 2$.

18. (1) 1.098 6； (2) 1.648.

19. (1) 0.494 0； (2) 0.487.

20. $\mathrm{e}^x\cos x=\displaystyle\sum_{n=0}^{\infty}2^{\frac{n}{2}}\cos\dfrac{n\pi}{4}\cdot\dfrac{x^n}{n!}$，$x\in(-\infty,+\infty)$. 提示：$\mathrm{e}^x\cos x=\mathrm{Re}\ \mathrm{e}^{(1+\mathrm{i})x}$

$=\mathrm{Re}\ \mathrm{e}^{\sqrt{2}\left(\cos\frac{\pi}{4}+\mathrm{i}\sin\frac{\pi}{4}\right)x}$.

21. (1) $0.92+(0.92)^2+(0.92)^3+\cdots+(0.92)^n+\cdots$（百万元）；

(2) 11.5.

22. (1) 收敛；(2) 收敛；(3) 发散；(4) 2；(5) $\dfrac{q}{q-1}$；(6) 收敛；(7) 发散；(8) 绝对收

敛；(9) 4；(10) $\displaystyle\sum_{n=0}^{\infty}\dfrac{(-1)^n}{n!}x^{2n}$；(11) 1；(12) $\dfrac{1}{9}+\dfrac{1}{9}x+\dfrac{1}{27}(x-2)^2+\dfrac{1}{81}(x-2)^3$.

23. (1) B；(2) D；(3) C；(4) A；(5) C；(6) C；(7) C；(8) B；(9) C；(10) C.

参考书目

[1] 赵树嫄. 微积分. 3 版. 北京：中国人民大学出版社，2007.

[2] 周誓达. 微积分. 2 版. 北京：中国人民大学出版社，2008.

[3] 宣立新. 高等数学. 3 版. 北京：高等教育出版社，2010.

[4] 李心灿. 高等数学应用 205 例. 北京：高等教育出版社，1997.

[5] 张建忠. 高等数学. 苏州：苏州大学出版社，2003.

[6] 瞿向阳. 应用高等数学. 上海：上海交通大学出版社，2000.

[7] 梅顺治，刘富贵. 高等数学方法与应用. 北京：科学出版社，2000.

[8] 李继玲，沈跃云，韩鑫. 数学实验基础. 北京：清华大学出版社，2004.

[9] 姜启源，谢金星，叶俊. 数学模型. 5 版. 北京：高等教育出版社，2018.

[10] 蔡锁章. 数学建模原理与方法. 北京：海洋出版社，1998.

[11] 刘书田. 微积分. 北京：高等教育出版社，2004.

[12] 何良材. 高等应用数学. 重庆：重庆大学出版社，2000.

[13] 董洗印，杨静懿. 微积分. 北京：对外经济贸易大学出版社，1991.

[14] 同济大学数学系. 高等数学：下册. 7 版. 北京：高等教育出版社，2014.

[15] 李亚杰. 简明微积分. 3 版. 北京：高等教育出版社，2015.

[16] 张顺燕. 数学的思想、方法和应用. 北京：北京大学出版社，2003.

[17] 李文林. 数学史概论. 4 版. 北京：高等教育出版社，2021.

[18] 李心灿. 微积分的创立者及其先驱. 3 版. 北京：高等教育出版社，2007.

[19] 张楚廷. 数学文化. 北京：高等教育出版社，2000.

[20] 陈刚. 经济应用数学. 北京：高等教育出版社，2008.

[21] 李大潜. 中国大学生数学建模竞赛. 4 版. 北京：高等教育出版社，2011.

[22] 朱道元. 数学建模精品案例. 南京：东南大学出版社，1999.

[23] 张圣勤. MATLAB 7.0 实用教程. 北京：机械工业出版社，2006.

[24] 张从军，等. 线性代数. 上海：复旦大学出版社，2006.

[25] 王元明. 数学是什么. 南京：东南大学出版社，2004.

[26] 张顺燕. 数学的美与理. 北京：北京大学出版社，2004.

读者意见反馈

为收集对教材的意见建议，进一步完善教材编写并做好服务工作，读者可将对本教材的意见建议通过如下渠道反馈至我社。

咨询电话　400—810—0598

反馈邮箱　gjdzfwb@pub.hep.cn

通信地址　北京市朝阳区惠新东街 4 号富盛大厦 1 座
　　　　　　高等教育出版社总编辑办公室

邮政编码　100029

资源服务提示

授课教师如需获得本书配套教辅资源，请登录"高等教育出版社产品信息检索系统"（http://xuanshu.hep.com.cn/）搜索本书并下载资源，首次使用本系统的用户，请先注册并进行教师资格认证。也可电邮至资源服务支持邮箱：mayzh@hep.com.cn，申请获得相关资源。

联系我们

高教社高职数学研讨群：498096900